高等学校教材

机械工程材料

(第2版)

何世禹　金晓鸥　主编

哈爾濱工業大學出版社

内 容 提 要

本书主要介绍机械工程上常用的金属材料及非金属材料的组织与性能特点，改变材料组织与性能的基本途径以及材料的选用等。全书共分五篇(17 章)，即金属材料基础、工业用钢、铸钢与铸铁、有色金属材料及非金属材料。

本书经审定为高等院校机械类冷加工专业本科生全国通用教材，也可供从事机械设计的工程技术人员参考。

图书在版编目(CIP)数据

机械工程材料/何世禹，金晓鸥编著. —2 版. 哈尔滨：哈尔滨工业大学出版社，2006.3(2018.7 重印)

ISBN 978-7-5603-0798-5

Ⅰ.工…　Ⅱ.①何…②金…　Ⅲ.工程材料-高等学校-教材　Ⅳ.TB3

中国版本图书馆 CIP 数据核字(2006)第 008117 号

责任编辑　孙　杰
封面设计　卞秉利
出版发行　哈尔滨工业大学出版社
社　　址　哈尔滨市南岗区复华四道街 10 号　邮编 150006
传　　真　0451-86414749
网　　址　http://hitpress.hit.edu.cn
印　　刷　哈尔滨市工大节能印刷厂
开　　本　787mm×1092mm　1/16　印张 17.5　字数 401 千字
版　　次　1995 年 5 月第 1 版　2006 年 3 月第 2 版
　　　　　2018 年 7 月第 17 次印刷
书　　号　ISBN 978-7-5603-0798-5
定　　价　36.80 元

再版前言

本书系根据高等工科院校机械工程材料和物理化学教材编审组制定的对“机械工程材料”课教学基本要求，并按照机械工程材料及物理化学课程教学指导小组会议投标评审意见和要求编写的全国通用教材。全书共分五篇，包括金属材料基础、工业用钢、铸钢与铸铁、有色金属材料及非金属材料。

在“机械工程材料”课教学基本要求中，要求学生在设计机械产品时知道如何选择和使用材料及制定零件的加工工艺。因此，本书的体系以工程上所用材料的使用性能及工艺性能特征为主进行编写，以满足设计－选材－使用的要求。同时，本书详细阐述了各种材料化学成分、组织结构和性能关系的基本概念，便于学生对每种材料的了解与掌握。从内容安排上，本书以工业用钢为重点，结合典型、代表性零件，根据零件的工作条件及失效形式提出对材料使用性能及工艺性能要求，按着碳钢－低合金钢－高合金钢的层次来阐述它们的特征及选用。这样更能加深对各类钢材合金化及加工工艺特征的理解。本书无论在教材体系或内容的安排上均做了改革性的尝试，这种尝试能否取得有益效果要由实践来检验。

本书自第1版出版以来，经过国内许多院校师生的使用，他们认为该教材对培养机械类专业的本科生是适宜的，并提出了许多宝贵意见。随着新材料学科的不断发展，作者又对本书进行了补充和调整，进一步适应培养学生的需要。

本书由哈尔滨工业大学何世禹和黑龙江大学金晓鸥主编。何世禹编写了第一、三篇共6章；金晓鸥编写了第二、四篇共8章；哈尔滨工业大学邢玉清编写了第五篇共3章，全书由洛阳工学院席聚奎教授主审。

本书在编写过程中得到哈尔滨工业大学张吉人教授的指导，对教材体系、章节安排、内容取舍等提出了宝贵意见。南京工学院戴枝荣、洛阳工学院吴磊等对本书也提出了中肯的意见。哈尔滨工业大学张玉兰及何慧为本教材提供了显微组织照片等资料，在此一并表示感谢。

本书系机械类冷加工专业大学本科的技术基础课教材，也可供从事机械类冷加工专业的工程技术人员参考。

由于编者水平有限，本书不足之处在所难免，衷心希望批评指正。

何世禹　金晓鸥

2005年12月于哈工大

目录

第三篇　铸钢与铸铁

第四篇　有色金属材料

第五篇　非金属材料

绪 论

材料是人类从事生产和生活的物质基础。材料与人类进化有着密切的关系,它是衡量人类社会文明程度的标志之一。因此,历史学家按照人类使用材料的种类及性质差异,把历史时代分为石器时代、青铜器时代、铁器时代等。今天人类已经进入了人工合成材料时代。

迄今为止,人类发现和制造的材料类别相当繁多。机械工程材料主要是指用于机械工程、电器工程、建筑工程、化工工程、航空和航天工程等领域中的材料。

目前,人类所使用的机械工程材料,按化学成分可分为以下四大类:金属材料、高分子材料、陶瓷材料及复合材料。

同人类历史发展一样,机械工程材料也有一个发展过程。其发展的推动力是人类不断地创造新型机械与装置,对材料提出了更高的要求,当已有的材料满足不了要求时,迫使人类不断地研制新材料。以交通运输工具而言,它经历了这样的发展过程:人力车→马车→汽车→火车→飞机→人造卫星→宇宙飞船。不难看出,不同的交通运输工具,其工作条件差异很大,当然对材料的性能要求也不一样。而且这些交通运输工具越来越先进,对材料的性能要求也越来越高,越来越严格,这必然推动材料的发展,使新材料的不断出现。新的材料出现又使新运输工具的制造成为可能。因此,材料与机器及装置的更新在不断地进行着。

在人类研究材料发展的历史长河中,发现材料的性能与它的组织结构有密切关系。因此要研究材料,就必须先了解材料的性能、组织与结构的基本概念。

工程材料的性能主要是指材料的使用性能及工艺性能。

材料的使用性能是指在服役条件下,能保证安全可靠工作所必备的性能,其中包括材料的机械性能(力学性能)、物理性能、化学性能等。对绝大多数工程材料来说,机械性能是最主要的使用性能。

材料的工艺性能是指材料的可加工性。其中包括锻造性能、铸造性能、焊接性能、热处理及切削加工性能等。

材料的组织是指借助于显微镜所能观察到的材料微观组成与形貌。因此,又称显微组织。

材料的结构是指构成材料的基本质点(原子、离子或分子等)的结合与排列的情况。它表明材料的构成方式。

研究结果表明,材料的性能与组织、结构间存在着因果关系。也就是说,材料的性能是由它的组织结构决定的。因此,要想改变材料的性能,必须改变它的组织或结构。工程上用来改变材料组织与结构的主要途径是通过改变它的化学成分及加工工艺来实现的。由此可以得出这样的结论:材料的化学成分、组织结构和加工工艺与材料的性能之间存在着一定的规律性。它成为材料科学的基本理论,是不断研制新材料、新工艺及新技术的依据。

不言而喻，机械工程材料也是以此理论为基础的。但对于非材料专业的人员来说，其任务主要是从事各种机械产品的设计。要求设计者应根据零件的工作条件与性能要求，学会合理地选择和使用材料，科学地编制出机械零件的加工工艺。因此，机械工程材料教材编写的内容与重点显然与材料专业不同。它主要是在介绍有关材料的性能与组织结构等基本概念的基础上，重点掌握已有各类工程材料的使用性能及加工工艺特点，为合理地选材及编制零件的加工工艺奠定基础，这是培养高水平的设计者不可缺少的课程。

第一篇

金属材料基础

金属材料是指以金属键来表征其特性的材料，它包括纯金属及其合金。可分为两大类：黑色金属和有色金属。

黑色金属：指以铁为基本元素的合金，如钢和铸铁等。

有色金属：指钢铁以外的各种金属材料，如铝、镁、铜及其合金等。

由于金属材料具有良好的机械性能，因而无论在过去还是现在，它是机械工程材料中应用最广泛的基本材料。人类对它的认识比其他材料更全面、更深刻，已形成了系统的理论。

所谓金属材料基础，主要是指金属的组织与结构，金属材料在外力作用下的行为以及性能的基本概念，这是掌握金属材料各项性能的基本内容。

第1章　纯金属的晶体结构与组织

1.1　纯金属的晶体结构

在自然界中,人类已经发现的化学元素有81种属于纯金属。但工业上的纯金属从来就不是绝对纯的,由于提取方法不同,其纯度也有差异。通常所说的纯金属一般是指没有故意加入其他元素的工业纯金属,往往含有某些微量的杂质元素。

纯金属是人类在历史上应用最早的金属,首先是金,其次是铜。纯金属的强度远低于合金,因而随着机械工业的发展,作为机械工程材料很少应用,而主要是使用它的合金。纯金属主要是作为合金的基础金属及合金元素来使用。常用的纯金属有:Fe、Cu、Al、Mg、Ti、Cr、W、Mo、V、Mn、Zr、Nb、Co、Ni、Zn、Sn、Pb、Sb等。

尽管纯金属在工程上使用量不多,但它是合金的基本材料,是进一步研究合金的重要理论基础,因此,首先要研究纯金属的晶体结构与组织。

一、纯金属的晶体结构

在研究自然界固态物质最基本质点(原子、离子或分子等)的排列中发现,大多数的固态物质,其最基本质点的排列都有一定的规律性,同时还具有规则的外形和一定的熔点等特征,如食盐、单晶硅等。人们把这类固态物质称为晶体。反之,为非晶体。

金属一般均属晶体。但应注意人们对某些金属采用特殊的工艺措施,也可使固态金属呈非晶态。在本教材中主要研究金属的晶体性质与结构。

金属的晶体结构是指构成金属晶体中的原子(离子)的结合与排列情况。

在基础化学中已知,金属晶体中的原子(离子)之间是靠金属键结合的。

金属晶体中原子(离子)排列的规律性,可由X射线结构分析方法测定。结果表明,原子(离子)排列均有其周期性。金属晶体中原子(离子)排列的周期性可用其基本几何单元体——"晶胞"来描述。

(一)晶胞

金属的晶体结构,一般是通过如下的假设与抽象来描述的。

已知,组成金属晶体中的原子(离子)都是在它自己固定的位置上永远做热振动的。要把这种状态的原子(离子)排列的规律性反映出来是有困难的。因而可先假设原子是处于静止不动状态中,并根据原子结构模型假设它们都是些刚性小球。这样便可把金属晶体中原子(离子)排列状况抽象为是由一个个刚性小球按照一定的几何规律堆积起来的,如图1.1(a)所示。但用这种几何图形来描述晶体中原子(离子)排列的规律性并不太方便,因为在晶体内部的原子(离子)排列情况从图形中不易看得出来,为此,又进一步抽象,把晶体中原子(离子)所在的位置——原子振动中心,看做为一些结点,并用一些线条把这些结点联接起来，构成空间几何格架，称为“晶格”，如图 1.1(b)所示。这样用晶格就可以把晶体中原子排列的规律性反映出来。但由于金属晶体中原子排列是有周期性的，没有必要研究全部晶格，只要能够从晶格中取出一个单元体，它具有整个晶体一切几何特征就可以。从而抽象出用“晶胞”这个名词来描述晶体中原子(离子)排列的周期性。

因此可定义晶胞是用来说明金属晶体中原子(离子)排列的最小的基本几何图形，它可以表征出整个晶体的一切几何特征，如图 1.1(c)所示。由此可见，金属晶体中原子(离子)排列的周期性可理解为由这种晶胞在三维空间中多次重复排列的结果。

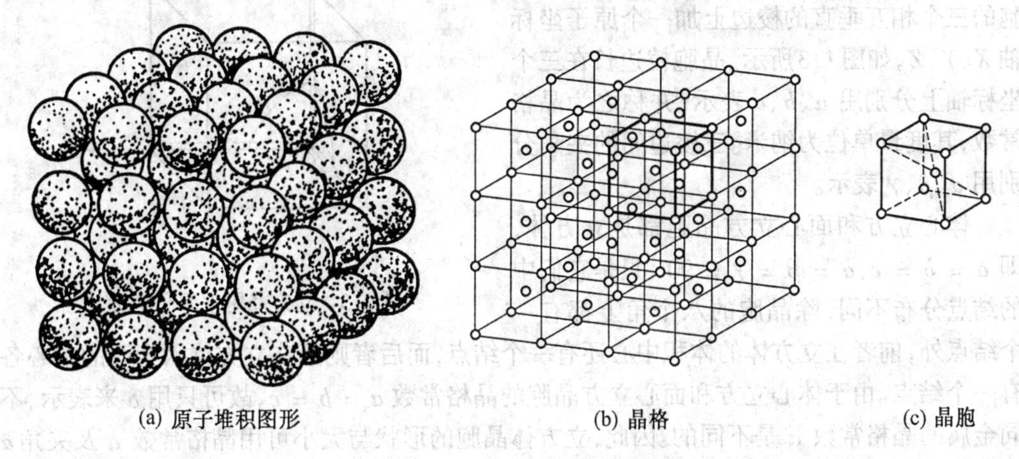

(a) 原子堆积图形　　(b) 晶格　　(c) 晶胞

图 1.1　晶体结构示意图

(二)金属晶体的三种典型晶胞

虽然金属在固态都是晶体，但各种金属的晶体结构并不完全相同。工业上常用的金属中，除少数具有复杂晶体结构外，绝大多数金属都具有比较简单的晶体结构。其中最常见的金属晶体结构有三种类型：体心立方结构、面心立方结构和密排六方结构。图 1.2 分别表示出了三种金属结构的晶胞。

室温下的纯铁、铬、钨、钼、钒、铌等金属的晶体结构为体心立方。911 ~ 1 392℃的铁、

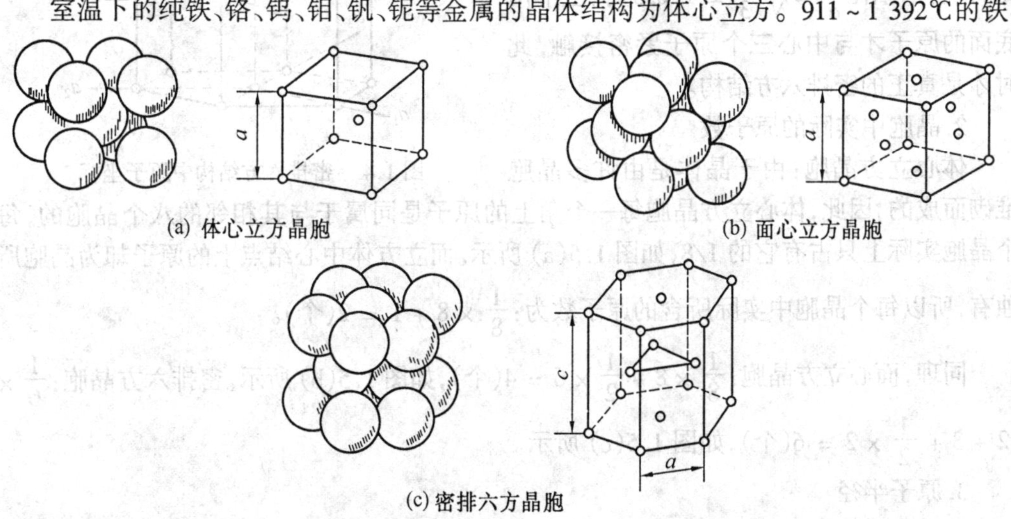

(a) 体心立方晶胞　　(b) 面心立方晶胞

(c) 密排六方晶胞

图 1.2　常见金属的晶胞

铜、铝、金、银、钴等为面心立方结构。镁、铍、锌等为密排六方结构。

由于金属的晶体结构类型不同,金属的性能也不同。具有相同晶胞类型的不同金属,其性能亦不同,这主要是由晶胞特征不同决定的。常常用如下的主要几何参数来表征晶胞的特征:晶胞的形状及大小,晶胞中实际的原子数,原子半径,晶胞中原子排列的紧密程度等。

1.晶胞的形状及大小

为了描述立方晶胞的形状及大小,在晶胞的三个相互垂直的棱边上加一个原子坐标轴 X、Y、Z,如图1.3所示。晶胞棱边长在三个坐标轴上分别用 a、b、c 表示,并称之为晶格常数,其度量单位为纳米。三棱边间的夹角分别用 α、β、γ 表示。

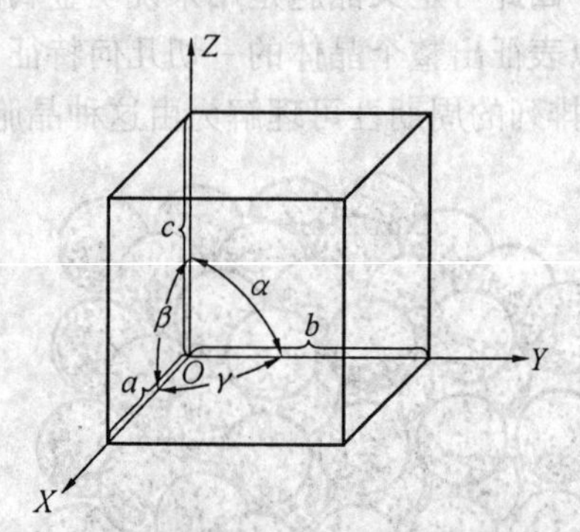

图1.3 立方晶胞中原子坐标

体心立方和面心立方晶胞都是立方体,即 $a=b=c,\alpha=\beta=\gamma=90°$,只是它们中的结点分布不同,除晶胞的八个角上都有一个结点外,前者在立方体的体积中心还有一个结点,而后者则是在立方体六个面的中心各有一个结点。由于体心立方和面心立方晶胞的晶格常数 $a=b=c$,故可只用 a 来表示,不同金属的晶格常数 a 是不同的。因此,立方体晶胞的形状与大小可用晶格常数 a 及夹角 α 表示。

密排六方晶胞的原子坐标如图1.4所示。晶格常数有四个,由 $a_1=a_2=a_3\neq c$ 来表示,即晶胞尺寸由六角底面的边长 a 和上下两底面的间距 c 来决定。c 与 a 之比称为轴比,只有当轴比 $\frac{c}{a}=\sqrt{\frac{8}{3}}\approx 1.633$ 时,上下两底面的原子才与中心三个原子紧密接触,此时才是真正的密排六方结构。

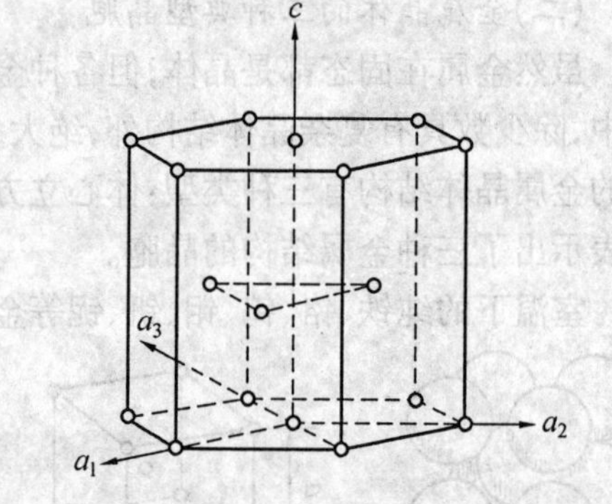

图1.4 密排六方结构中原子坐标

2.晶胞中实际的原子数

体心立方晶胞:由于晶体是由许多晶胞堆砌而成的,因此,体心立方晶胞每一个角上的原子是同属于与其相邻的八个晶胞的,每个晶胞实际上只占有它的1/8,如图1.5(a)所示。而立方体中心结点上的原子却为晶胞所独有,所以每个晶胞中实际所含的原子数为:$\frac{1}{8}\times 8+1=2$(个)。

同理,面心立方晶胞:$\frac{1}{8}\times 8+\frac{1}{2}\times 6=4$(个),如图1.5(b)所示。密排六方晶胞:$\frac{1}{6}\times 12+3+\frac{1}{2}\times 2=6$(个),如图1.5(c)所示。

3.原子半径

由于金属晶体中的原子可近似地看做具有一定大小的刚性小球,那么原子半径可以

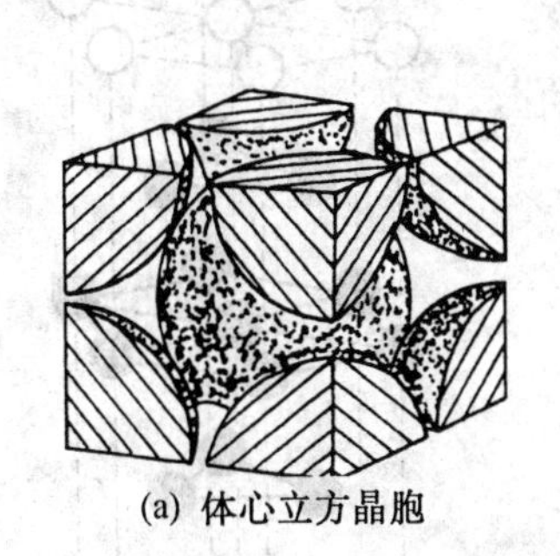

(a) 体心立方晶胞

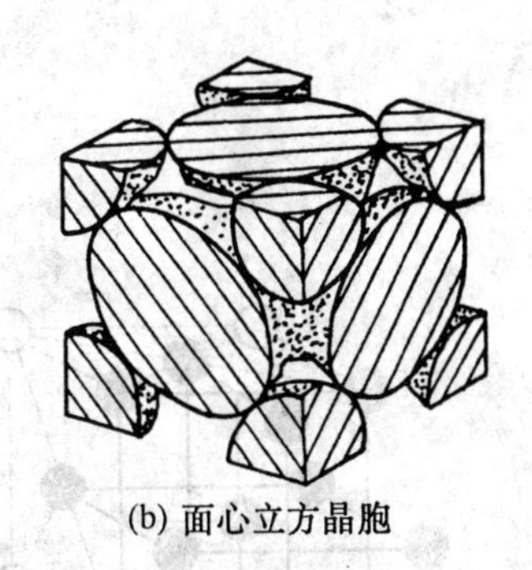

(b) 面心立方晶胞

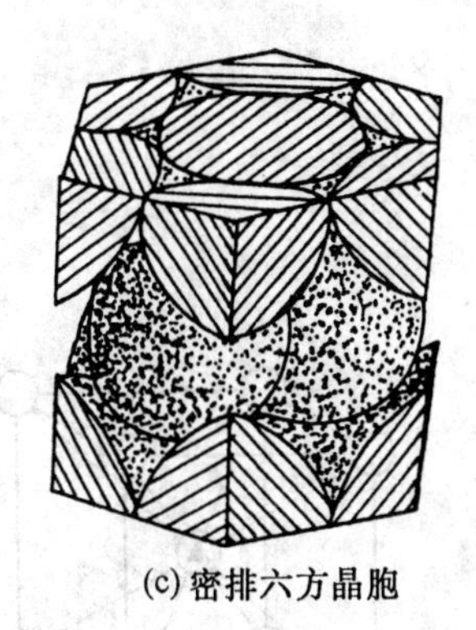

(c) 密排六方晶胞

图 1.5　三种典型晶胞实际所含原子数计算示意图

定义为相互接触两个原子的中心距离的一半(即最近原子间距的一半),据此就不难根据晶格常数来推算原子半径,如图 1.6 所示。

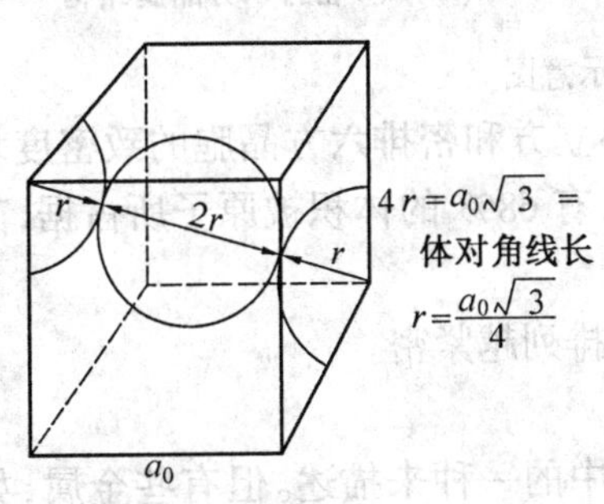

(a) 体心立方:球(原子)沿体对角线方向上相接触

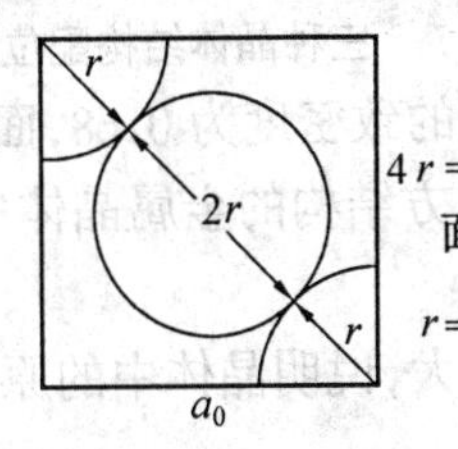

(b) 面心立方:球(原子)沿面对角线方向上相接触

$r = \frac{a_0}{2}$

(c) 密排六方:球(原子)沿六角边方向上相接触

图 1.6　原子半径计算示意图

4.晶胞中原子排列的紧密程度

通常用配位数、致密度来表征晶体中原子排列的紧密程度。

配位数是指晶体结构中与任一原子等距离、最近邻的原子数目。显然晶体中配位数越大,晶体中的原子排列越紧密。三种典型金属晶体的配位数如图 1.7 所示。体心立方晶体结构的配位数为 8,面心立方晶体结构的配位数为 12,密排六方晶体结构的配位数为 12。可以看出,体心立方晶体结构原子排列不紧密,另两种晶体结构中原子排列比体心立方的要紧密得多。

从晶格配位数看,它不过是各种晶格密度的相对表达法。对晶体原子排列紧密程度进行定量比较,常用致密度。晶格致密度是指晶胞中所含全部原子(将其视为球体)的体积总和与该晶胞体积之比,即

$$K = \frac{nV_{小球}}{V_{晶胞}}$$

式中　K—— 致密度;

n—— 晶胞原子数;

$V_{小球}$—— 原子体积;

$V_{晶胞}$—— 晶胞体积。

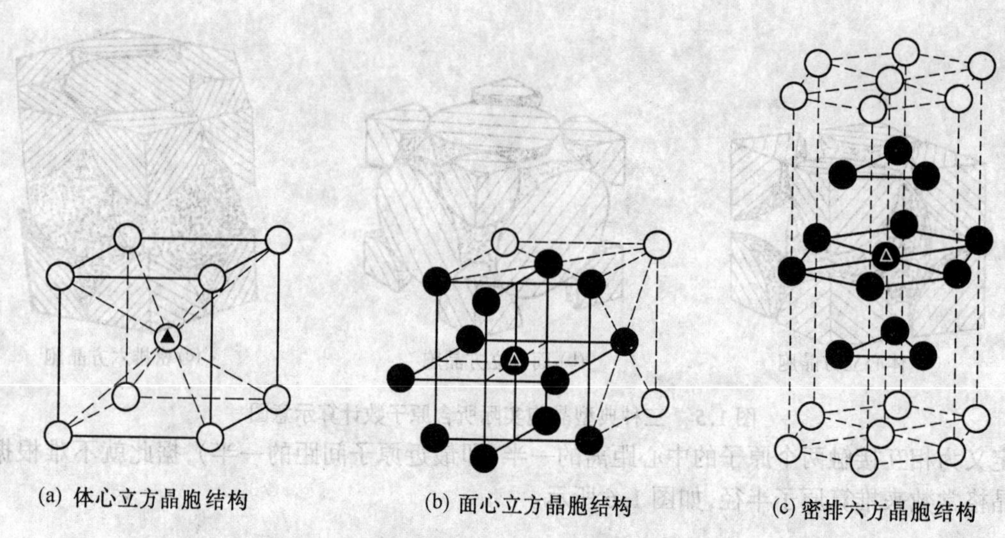

图 1.7　三种晶体结构配位数示意图

由此可计算出体心立方晶胞的致密度为 0.68，面心立方和密排六方晶胞的致密度均为 0.74。此数值说明，具有体心立方结构的金属晶体中，有 68% 的体积被原子所占据，其余 32% 的体积则为空隙体积。

晶体中的配位数和致密度越大，说明晶体中的原子排列越紧密。

（三）多晶型

绝大多数纯金属的晶体结构可以用上述三种晶胞中的一种来描述。但有些金属，如铁、锰、钴、铬等，在不同的温度或压力范围内具有两种或几种晶体结构。固态金属有两种或两种以上的晶体结构称多晶型。当条件变化时，金属会由一种结构转变成另一种结构。称此转变为多晶型转变，或者称同素异构转变。例如纯铁，在 911℃ 以下具有体心立方结构，在 911 ~ 1 392℃ 具有面心立方结构，当温度在 1 392℃ 至熔点间又是体心立方结构。

金属的多晶型转变具有重要的意义，它一方面会导致晶体体积的变化，同时还会引起性能的改变。由于不同晶体结构的致密度不同，当金属由一种结构转变为另一种结构时，必然伴随着体积的突变，这常用比容变化来表示，比容是指单位质量晶体的体积。

由于面心立方和密排六方晶体结构的致密度比体心立方结构大，因而由面心立方或密排六方结构向体心立方结构转变时，晶体的体积会增加；反之，会减少。图 1.8 纯铁的多晶型转变的膨胀曲线就说明了这一点。

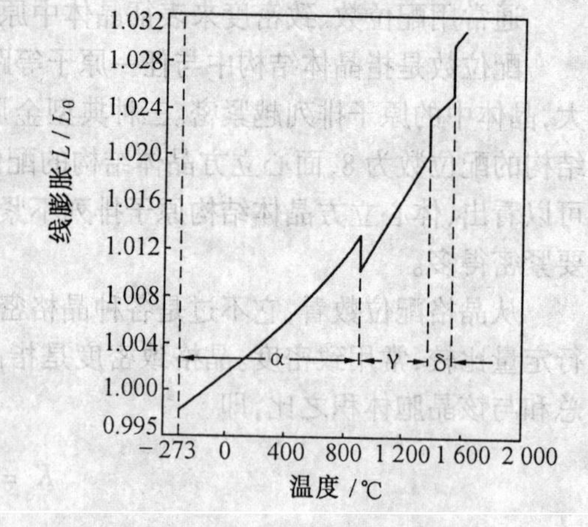

图 1.8　纯铁加热时的膨胀曲线

（四）晶向与晶面

当人们研究工程材料的各种性能与晶体结构的关系时，发现不仅是不同晶体结构的金属性能有明显差异，而且在同一种类型晶胞的不同方向上性能也不同。为了描述这种差异，提出了晶向与晶面的概念。

晶向是指晶格中各种原子列的位向，并用晶向指数来表示。晶向指数的确定方法是：

(1) 通过坐标原点引一直线，使其平行于所求的晶向；

(2) 求出该直线上任意一点的三个坐标值；

(3) 将三个坐标值按比例化为最小整数，加一方括号，即为所求的晶向指数，一般形式为[*uvw*]。如图 1.9(a) 所示晶向 *OA* 的晶向指数为[111]。

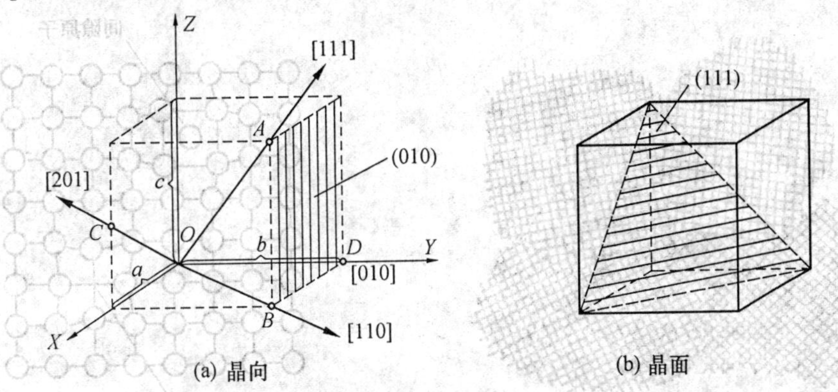

图 1.9　晶向指数和晶面指数求法示意图

晶面是指晶格中不同方位上的原子面。其方位可用晶面指数表示。晶面指数的确定方法如下。

(1) 沿晶胞的三个坐标轴，由原点起取该晶面在各坐标轴上的截距(以晶格常数值 *a*、*b*、*c* 分别作为三个相应轴上的度量单位)。

(2) 取截距的倒数。

(3) 把它们化为三个最小的简单整数，并括在一个圆括弧中表示。一般形式为(*hkl*)，如图 1.9(b) 所示。

不难看出，不同指数的晶面和晶向上的原子排列密度是不同的。

当我们研究了晶体中原子排列的规律后，再看看晶体的性能特征。

实测表明，晶体的性能在不同方向上具有不同的数值，这种现象称为各向异性现象。它是区别晶体与非晶体的一个重要特征。

晶体的各向异性在单晶体中表现得最为突出。例如，体心立方晶格的 α－Fe 单晶体，其弹性模量 *E* 就是各向异性的：在[111] 方向，$E = 284\,000$ MPa；而在[100] 方向，$E = 132\,000$ MPa。

二、晶体缺陷

从上可知，用晶胞就能描述金属晶体中的原子排列规律。如有一块纯铁，它在室温下的原子排列规律就是由体心立方晶胞在三维(*X*、*Y*、*Z*) 方向上多次重复堆砌的结晶。称这块纯铁为单晶体。不难理解，所谓单晶体是指晶体中原子排列的位向或方式均是相同的晶体。但是，这是一种理想化的情况。因为实际工程上所使用的材料并非单晶体，绝大多数是多晶体。它是由若干个小的单晶体组成的，多晶体中每个单晶体被称为晶粒。当然，每个晶粒中原子位向是不会相同的，如图 1.10 所示。研究结果还发现，即使在一个晶粒内，实际金属的结构与理想的状态也有差异。因此，在实际金属中或多或少地存在着偏离理想结构的微观区域，把这种偏离晶体完整性的微观区域称为晶体缺陷。

按照晶体缺陷的几何尺寸大小，可将晶体缺陷分为三类：点缺陷、线缺陷、面缺陷。同样，可通过晶格的几何图形来描述这些缺陷的特征。

点缺陷的特点是在 X、Y、Z 三个方向上的尺寸都很小，主要是指空位、间隙原子等。空位是指未被原子占据的晶格结点，如图 1.11 所示。

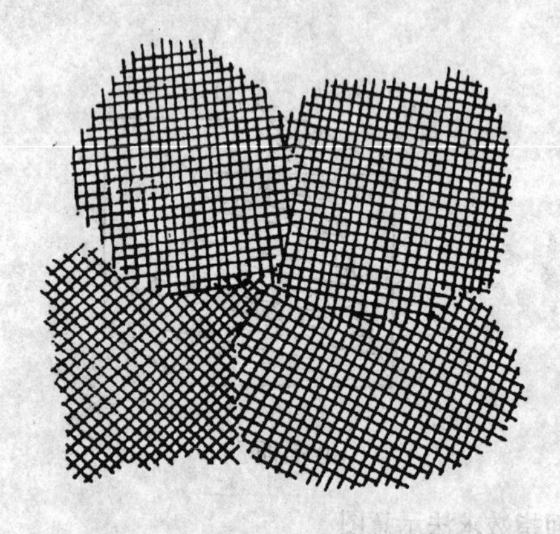

图 1.10　多晶体中不同位向晶胞示意图

间隙原子

晶格空位

图 1.11　点缺陷示意图

这种缺陷可能是晶体在结晶过程中由于堆积不完善所造成的，也可能由已形成的晶体在高温或外力作用下而引起的。温度的作用尤为明显。晶体中的原子并不是静止不动的，而是在其平衡位置中心做热振动，并受周围原子的约束，处于平衡状态。当温度升高后，原子振动的能量加大，当大到足以克服周围原子的约束，该原子就可能脱离原子振动中心，跑到金属表面或晶格的间隙中，则形成了空位。而跑到晶格间隙的原子称为间隙原子，当然间隙原子也可能是外来溶入的。

晶体中出现空位和间隙原子后，破坏了原子间的平衡，使它们要偏离平衡位置，造成了晶格局部的弹性变形，称此为晶格畸变。因此，空位和间隙原子的出现就破坏了原子排列的规律性。

晶体中的线缺陷就是位错。它是指晶体中的原子发生了有规律的错排现象。按着位错的形态可分为刃型位错和螺型位错。图 1.12 为刃型位错的示意图。

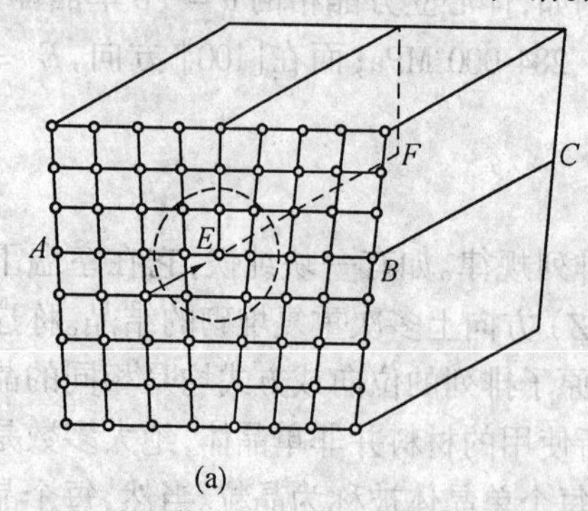

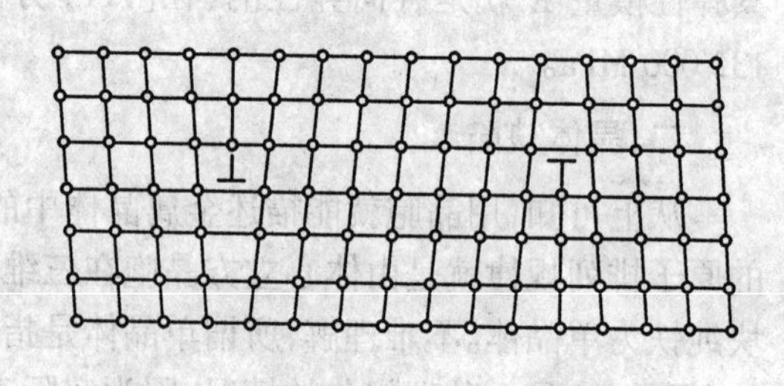

图 1.12　刃型位错示意图

刃型位错可以描述为晶体内多余半原子面的刃口，好像一片刀刃切入晶体，中止在内部。沿着半原子面的刃边 EF 线附近，晶格发生很大的畸变，这就是一条刃型位错，晶格畸变中心的连线 EF 就是刃型位错线。位错线并不是一个原子列，而是一个晶格畸变的"管道"。不难看出，在 ABC 晶面上方位错线附近的原子在一定的范围内，将受到垂直于位错线两侧的原子压力。相反，在 ABC 晶面下方位错线附近的原子在一定范围内则受到两侧的拉应力。因此，沿着位错其晶格能量总是增加的。为了研究方便，将刃型位错又分为正、负两种，当多出的半个原子面位于晶体的上方时，称正号刃型位错，用符号"$\perp$"表示。反之，若多出的半个原子面是处在晶体下方时，则称为负号刃型位错，以符号"$\top$"表示。显然这是相对性的。

晶体中位错可在由液态转变成固态过程中产生，而在固态经塑性变形时，位错更易产生。它在温度和外力作用下还能够不断地运动。因此，晶体中的位错数量在外界条件（温度、外力）作用下会发生变化。为了评定金属中位错数量的多少，常用位错密度来衡量，用符号"ρ"表示。

位错密度：指单位体积中所包含位错线的总长度。ρ 的单位为 $cm/cm^3(1/cm^2)$。金属中的位错密度一般在 $10^8 \sim 10^{13}\ cm^{-2}$ 范围内波动。

面缺陷包括晶界、亚晶界和孪晶界。

在多晶体材料中有许多晶粒，在任意一个晶粒内，所有原子都是按同一方位和方式排列的。但在相邻两晶粒中其原子排列方位则不同，因而在两个相邻的晶粒之间存在一个过渡区，称此为晶界。这个区域的原子排列与两个晶粒都不相同。如图 1.13 所示。

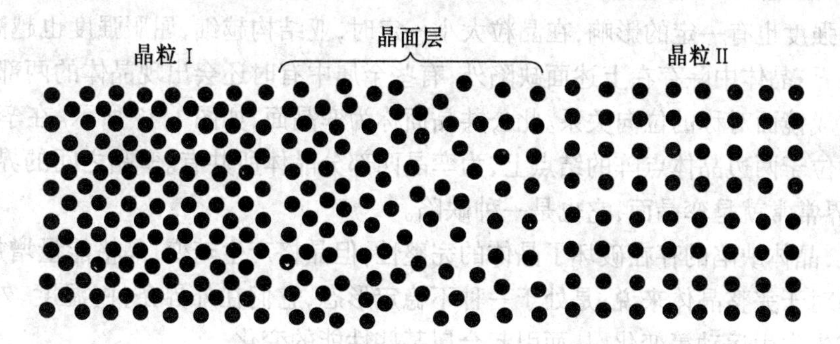

图 1.13　晶内和晶界上的原子分布模型

虽然不能看到晶界处的单个原子，但只要将金属经过腐蚀，就不难在显微镜下看到晶界。如图 1.14 所示。

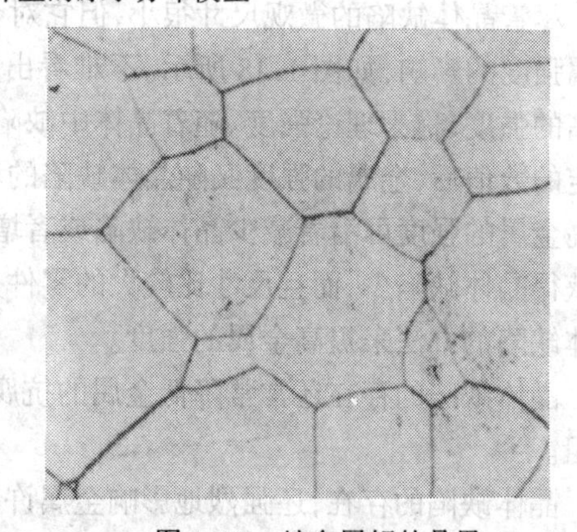

图 1.14　纯金属钼的晶界

虽然晶界可能是曲面，实际上晶界具有几个原子间距的厚度，可以认为它是二维的，是面缺陷中的一种。由于相邻晶粒的取向失配，使晶界上原子不能有效地堆积，因此，在晶界上的原子比晶粒内部的原子具有更高的能量。此外，晶界上的原子致密度也较低。晶界上原子排列的这些特点必然会对金属的性能发生重要影响。

亚晶界：在多晶体的每一个晶粒内，晶格位向也并非完全一致，而是存在着许多尺寸很小、位向差也很小（一般是几十分到几度）的小晶块，它们相互嵌镶而成晶粒。这些小晶块称为亚结构（或称亚晶、嵌镶块）。在亚结构内部，原子排列位向一致。

两相邻亚结构间的边界称为亚晶界，亚晶界也是一种“面型”的不完整结构，它实际上是由一系列位错所组成的小角度晶界，如图 1.15 所示。因此，亚晶界附近原子的排列不规则，并产生晶格畸变。图 1.16 为 Au－Ni 合金中的亚结构。

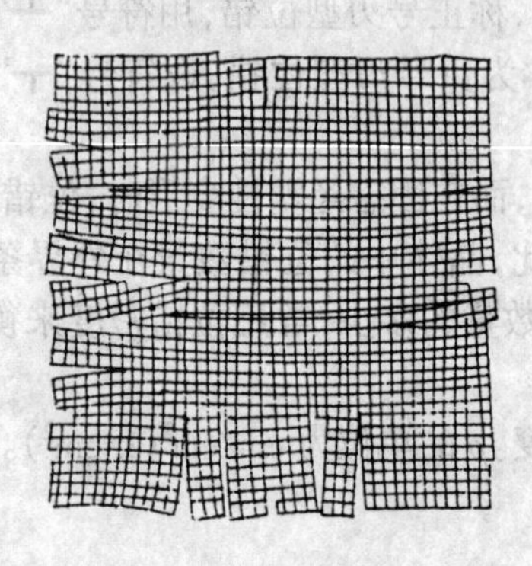

图 1.15　亚晶界示意图

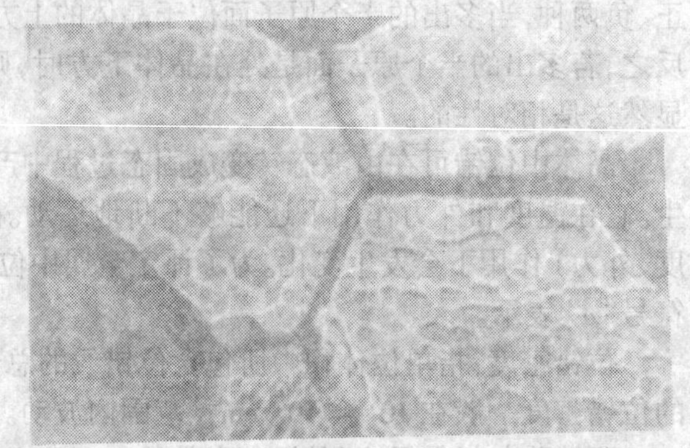

图 1.16　Au－Ni 合金中的亚晶粒 ×200

亚结构尺寸大小与金属加工条件有关。在铸态金属中，亚结构较大，其边长一般为 10^{-2} cm，在经过加工变形或热处理后，亚结构则细化至 10^{-6} ～ 10^{-4} cm。亚结构的尺寸大小对金属的强度也有一定的影响，在晶粒大小一定时，亚结构越细，屈服强度也越高。

孪晶界：晶体中除存在上述面缺陷外，有些金属中有时还会出现晶体的两部分沿某一公共面构成镜面对称的位向关系。此公共晶面称为孪晶面，如图 1.17 所示。在孪晶面上的原子同时位于两边晶体点阵的结点上，为孪晶两部分晶体所共有。孪晶之间的界面称孪晶界。孪晶界常常就是孪晶面，它也是一种缺陷。

总之，晶体缺陷的存在破坏了晶体的完整性，但晶格产生畸变，晶格能量增加。因而晶体缺陷相对于完整晶体来说，是处于一种不稳定形态，它们在外界条件（温度、外力等）变化时会首先发生运动等变化，从而引起金属某些性能的变化。

尽管晶体缺陷的微观尺寸很小，但它对金属性能的影响是相当大的。例如，对室温下金属强度的影响，如图 1.18 所示。不难看出，如果金属晶体无缺陷时，通过理论计算具有极高的强度，称为理论强度。随着晶体中缺陷的增加，金属的强度迅速下降，当缺陷增加到一定的数值后，金属的强度又随晶体缺陷的增加而增加。这一规律的发现告诉我们，要想提高金属的强度可沿着减少晶体缺陷或者增加晶体缺陷两个方向去进行。但在工程上要想获得晶体缺陷少，而且尺寸比较大的零件是很不容易办到的。因此，工程上常采用增加晶体缺陷的办法来提高金属的强度。

晶体缺陷的存在还常常降低金属的抗腐蚀性能。在绝大多数情况下，还会增加金属的电阻。

晶体缺陷的存在，还强烈地影响金属许多过程，如金属的变形与断裂、金属的扩散、金属的结晶、金属的固态相变过程等，相关的知识将在以后有关章节中介绍。

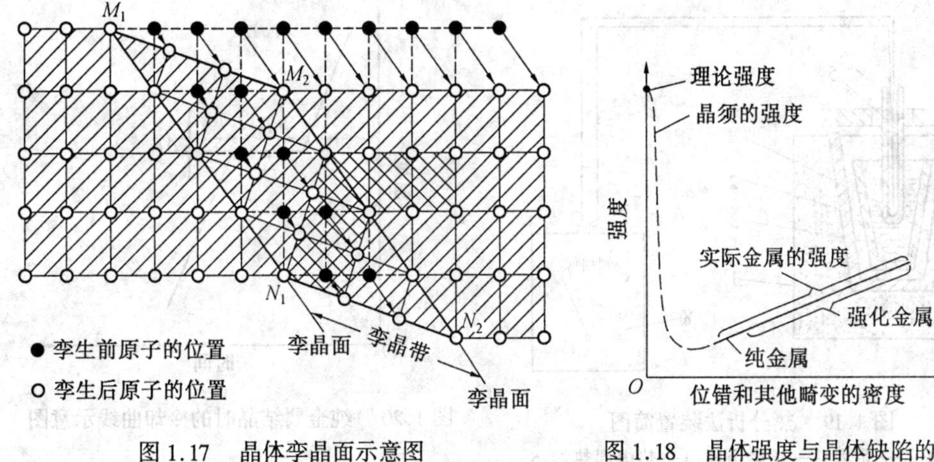

图 1.17　晶体孪晶面示意图　　　　图 1.18　晶体强度与晶体缺陷的关系

1.2　纯金属的结晶与组织

绝大多数机器零件所用的金属材料是经冶炼、浇注、压力加工及切削而成的。也有一些零件是直接由液态金属铸造而成的。因此，通常所说的金属组织可根据加工状态分为铸态组织（铸造组织）和变形态组织（压力加工组织）。不难看出，金属的铸态组织是从液态转变为固态时的组织。而变形态组织是在金属凝固后再经过使组织发生变化的压力加工过程中形成的。所以，金属的铸态组织是金属材料的原始组织。它不仅直接影响铸件的性能，而且还影响材料的变形工艺性能与使用性能。因此，有必要首先研究金属铸态组织的特征及形成过程，也就是金属由液态转变为固态的结晶规律，并为进一步研究合金的固态相变打下基础。

一、纯金属结晶的温度条件

纯金属结晶是指金属从液态转变为晶体状态的过程。从物质的内部结构（指内部原子排列情况）来看，结晶就是原子从不规则排列状态（液态）过渡到规则排列状态（晶体状态）的过程。纯金属都有一定的熔点。在熔点温度时液体和固体共存，这时液体中的原子结晶到固体上的速度与固体上的原子溶入液体中的速度相等，称此状态为动态平衡。但这种状态实际上很难实现，是一种理想情况。因此，金属熔点又称为理论结晶温度，也称为平衡结晶温度。

实际情况是，液体金属只有在低于该金属的理论结晶温度时才能结晶。通常把液体冷却到低于理论结晶温度的这一现象称为过冷。因此，使液态纯金属能顺利结晶的条件是它必须过冷。而理论结晶温度与实际结晶温度的差值称为过冷度。过冷度的大小可采用热分析方法来测定，如图 1.19 所示。将一个小坩埚放入炉内，使欲测的纯金属在坩埚内熔化，然后将热电偶的热端浸入熔融的金属液中，并停炉缓慢冷却。每隔一定时间间隔记录一次温度，这样就测出了液体金属在结晶时的温度 – 时间曲线，称此曲线为冷却曲线，如图 1.20 所示。

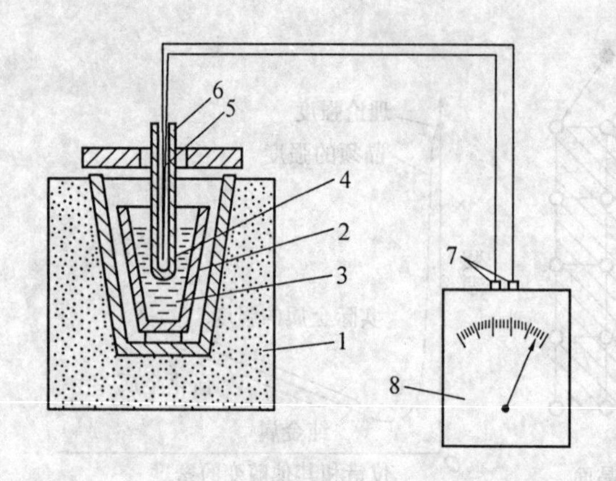

图 1.19 热分析法装置简图

1— 电炉;2— 坩埚;3— 熔融金属;4— 热电偶热端;5— 热电偶;6— 保护管;7— 热电偶冷端;8— 检流计

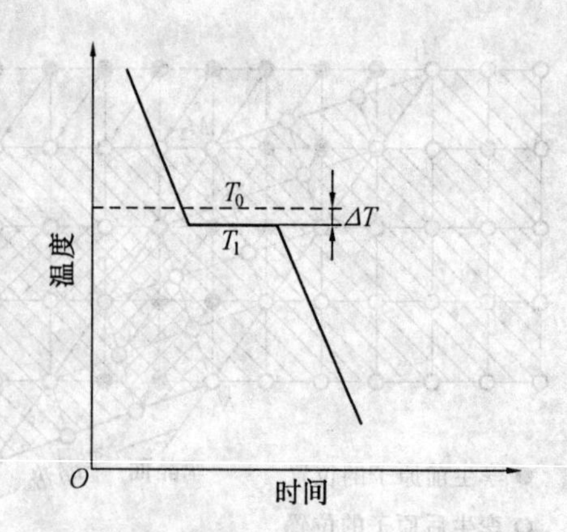

图 1.20 纯金属结晶时的冷却曲线示意图

通过曲线可以看出,当液体金属下降到一定温度时,在冷却曲线上出现了平台,这意味着坩埚内的温度停止下降保持不变。产生这种现象的原因,是由于液体金属结晶时释放出了热量,称此热量为结晶潜热。当坩埚内由于液体金属结晶时放出的潜热与坩埚散失的热量相等时,则坩埚内温度不变,冷却曲线出现平台。当液态金属全部结晶终了时,由于再无潜热放出,坩埚内的温度又继续下降。因而,在一般情况下,冷却曲线上出现平台时,表明液体正在结晶,这时的温度就是纯金属的实际结晶温度。而过冷度可表示为

$$\Delta T = T_0 - T_n$$

式中 T_0—— 理论结晶温度;

T_n—— 金属实际结晶温度;

ΔT—— 过冷度。

不同冷却速度时的过冷度是不一样的,冷却速度越大,则过冷度也越大,如图 1.21 所示。

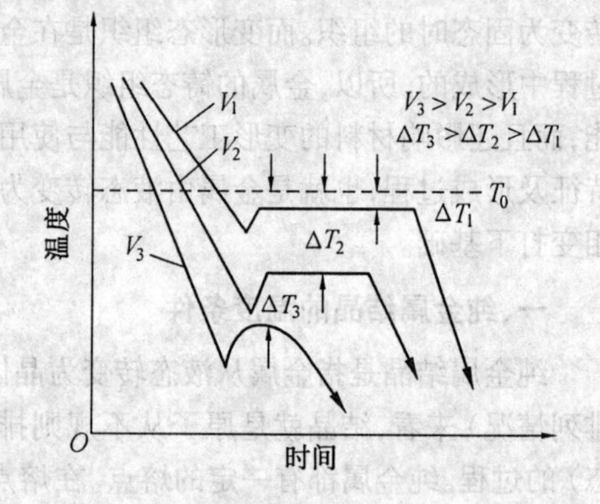

图 1.21 过冷度与冷却速度的关系

二、纯金属的结晶过程

液态金属结晶时,首先在液体中形成一些极微小的晶体,然后再以它们为核心不断地向液体中长大,这种作为结晶核心的微小晶体叫做晶核。结晶就是不断地形成晶核和晶核不断长大的过程。

液态纯金属结晶时,形核和长大过程可用图 1.22 示意表示。此图说明,当液态金属缓慢冷却到低于熔点时,经过一定时间,开始出现第一批晶核。随着时间的推移,已形成的晶核不断长大,同时在液态金属中又会不断地产生新的晶核并逐渐长大,直至液体金属全部消失为止。

从金属的结晶过程中可知,结晶首先形核而后是它的长大。那么晶核是如何形成?又是怎样长大的呢?

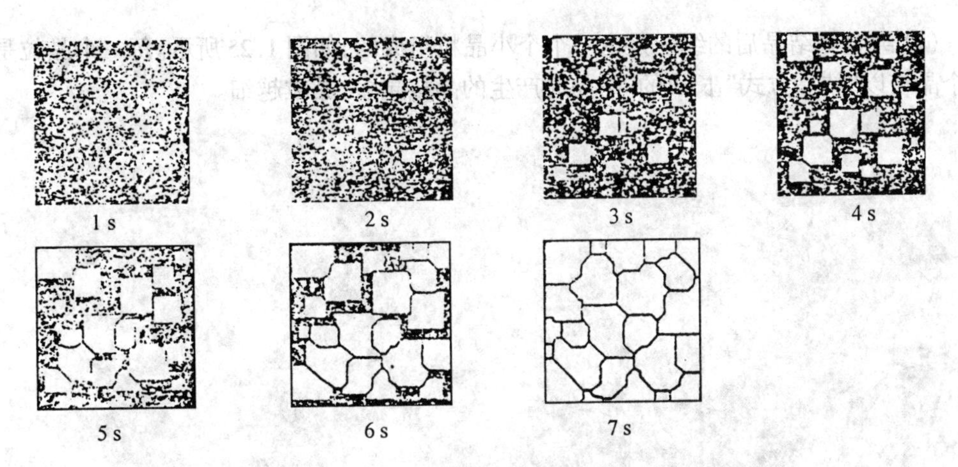

图 1.22　金属结晶过程示意图

研究表明，液态金属结晶时晶核常以两种方式形成：均质形核及非均质形核。

均质形核：是指只依靠液态金属本身在一定过冷度下形成晶核。

非均质形核：依附于液体中未溶的固态杂质表面而形成晶核。

在纯金属中总是不可避免地含有一些杂质。金属熔化后，难熔杂质的细小颗粒将分布于液体中。液态金属结晶时，晶核往往优先依附于这些杂质的表面而形成。在生产实际中，液态金属结晶时形核方式主要是非均质形核。

晶核形成后，要继续长大，其长大方式受许多因素的影响，影响最强烈的因素是液体的散热速度与方向。通常在散热速度最快的方向上晶核长大速度最快。在绝大多数情况下，晶核的生长方式如图 1.23 所示。

在晶核开始生长的初期，因其内部原子规则排列的特点，其外形也大多是比较规则的，如图 1.23(a) 所示。但随着晶体的成长，在晶体的棱角处，由于它的散热速度快，此处便优先生长，如树枝一样长成枝干。在此枝干的棱角处以同样的原因，再长成一分枝，最后枝间填满而形成一个晶粒，晶核的这种成长方式称为枝晶成长。

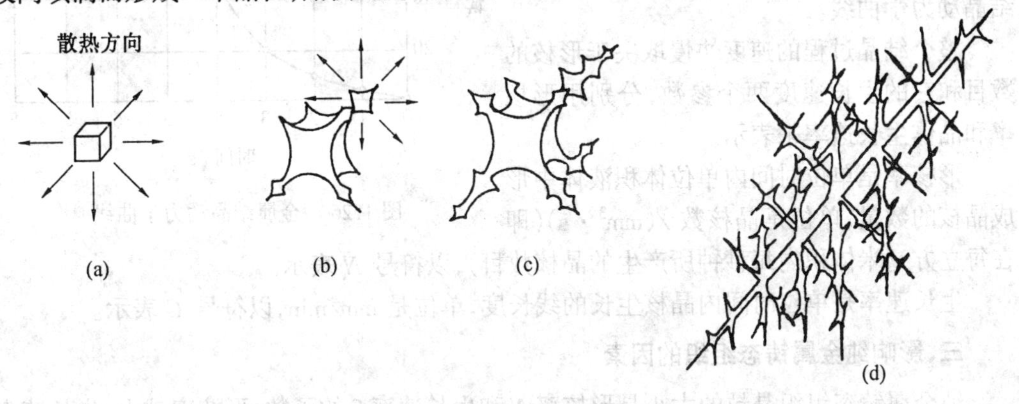

图 1.23　晶核成长示意图

如果在结晶过程中，由于在枝间处金属结晶所造成的体积收缩没有充分液体金属补充时，就会留下空隙，这时就保留了树枝状晶的形态。图 1.24 是金属锑表面的树枝状晶。

根据上述的结晶过程可以说明如下几个问题。

(1) 纯金属结晶后的组织是由一个个小晶粒组成的，如图 1.25 所示。每一个晶粒是由一个晶核以“枝晶方式”长成的。结晶时产生的晶核越多，晶粒越细。

图 1.24　锑锭表面树枝状晶

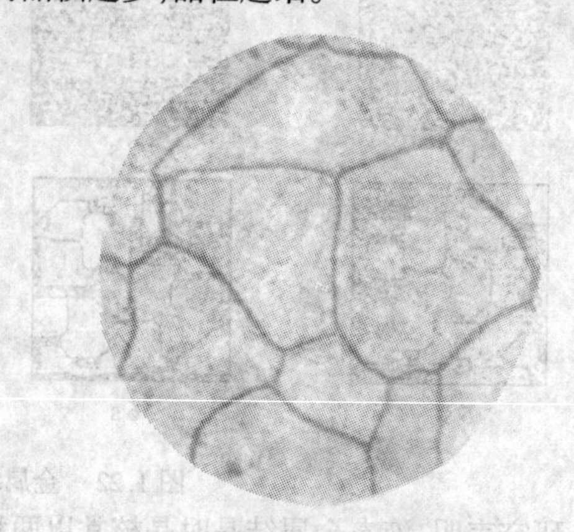

图 1.25　纯金属的显微组织

(2) 在结晶过程中，当晶体周围尚是液体时，晶体具有规则的外形。但是，晶体一旦互相接触，其规则外形便遭到破坏，这时晶体就具有无规则的外形。并且在枝晶成长的过程中，由于液体流动的影响，枝干本身的重力作用和彼此间的碰撞，以及杂质元素影响等多种原因，还会使某些枝干发生偏斜或折断，以致造成晶粒中的嵌镶块、位错等各种晶体缺陷。因此，实际金属中的晶体缺陷往往与结晶过程有关。

(3) 随着结晶过程的发展，参与结晶的晶体越来越多，因此，结晶过程的初始阶段是加速进行的，一直到某一时刻(液体的 50% 已发生结晶)，生长的晶体间发生相互接触，于是开始明显地阻碍其生长，加之形成新晶核的液体越来越少，因而结晶过程便趋于缓慢。这个规律的定量表示如图 1.26 所示。它表示结晶时间与晶体转变量间的关系曲线，称为结晶动力学曲线。

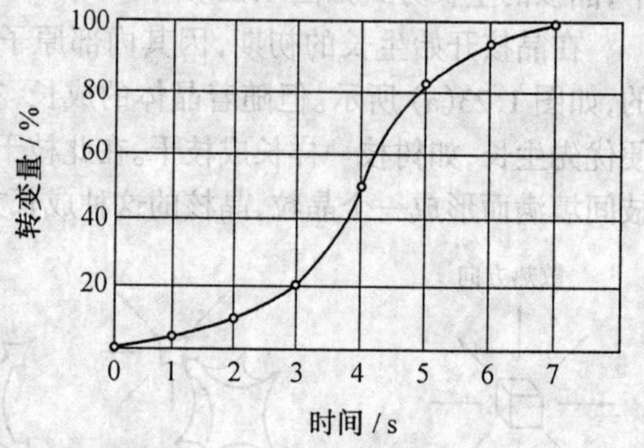

图 1.26　金属结晶动力学曲线

整个结晶过程的速度快慢取决于形核的数目和它的生长速度两个参数，分别用形核率和晶体生长速率来表示。

形核率是单位时间内单位体积液体中形成晶核的数量，单位是晶核数 /($mm^3 \cdot s$)(即在每立方毫米体积内每秒钟所产生的晶核数目)，以符号 N 表示。

生长速率是单位时间内晶核生长的线长度，单位是 mm/min，以符号 G 表示。

三、影响纯金属铸态组织的因素

纯金属铸态组织晶粒的大小是形核率 N 和生长速率 G 的函数。形核率越大，生长速率越小，则晶粒越细。因此，纯金属铸态组织的变化受形核率和生长速率两个因素的控制，而影响形核率和生长速率最重要的因素是过冷度和杂质。

随着过冷度的增加，即液态金属冷却速度的增加，形核率和生长速率均增大。但是，两者增长的程度不同，形核率 N 增长要快一些，如图 1.27 所示。当过冷度达到很大时，形核率 N 和生长速率 G 反而会下降。这是由于液体结晶时无论是形核或长大，均需原子扩散，当温度太低时，原子扩散能力减弱了，因而使结晶速度降低。对于液体金属而言，不易过冷到如此大的过冷度。只有在某些盐、有机物的结晶过程中才能观察到这种现象。

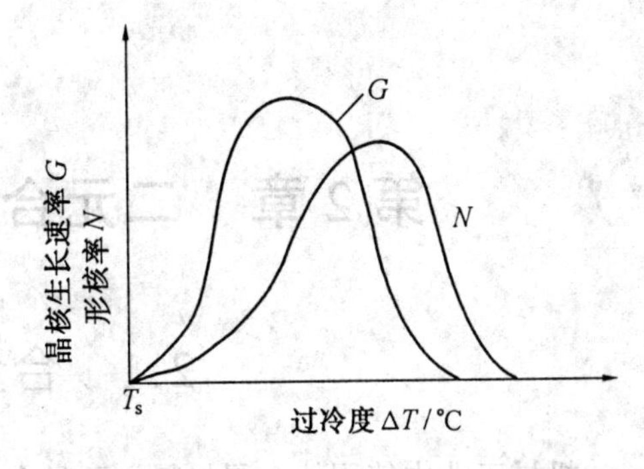

图 1.27　形核率 N 及生长速率 G 与过冷度的关系

根据这一原理，工程上常常采用加大液态金属冷却速度的方法来细化铸态组织，如采用钢模铸造，在砂模中加冷铁等。

其次，外来杂质能增加金属的形核率，并阻碍晶核的生长。如果在浇注前向液态金属中加入某些难熔的固态颗粒，会显著地增加晶核数量，使金属晶粒细化，这种方法称变质处理，所加入的难熔杂质叫变质剂。由于变质处理对细化金属晶粒的效果比增加结晶时的冷却速度或过冷度的效果更好，因而变质处理方法目前在工业生产上得到了广泛的应用。

此外，在金属结晶时用机械振动或超声波，或在结晶时使液体金属与晶体产生相对运动(如离心铸造)，也会促使晶核的形成进而使晶粒细化。

人们之所以希望获得细晶粒的铸态组织，是因为细晶粒组织的强度和塑性均比粗大晶粒高。

通常把液态金属称为液相，已结晶的固态金属称为固相。称金属从液体状态向晶体状态的转变为相变，或液态相变。上述液态相变的规律对研究固态相变也具有重要指导意义。

第2章　二元合金的相结构与组织

2.1　合金的相结构

机械工业中使用的金属材料主要是合金。工程上常用的合金有铁合金、铝合金、铜合金、镁合金、钛合金及低熔点(铅、锡)合金等。

合金是指由两种或两种以上的金属元素或金属元素与非金属元素组成的,具有金属特性的物质。组成合金最基本的独立物质称为组元。一般说来,组元就是组成合金的元素,铁碳合金的组元是铁和碳。由两个组元组成的合金称为二元合金。由三个组元组成的合金称为三元合金,由三个以上组元组成的合金称为多元合金。

实践证明,在纯金属中加入适量的合金元素会显著改变和提高它的性能。采用合金元素来改变金属性能的方法称合金化。金属经合金化后,其性能发生明显变化的原因,是在其显微组织中发生了明显的变化,这种变化在显微镜下可以观察到。如在铝中加入质量分数为11.7%的硅构成合金,其显微组织如图2.1所示。

图2.1　Al-Si合金的显微组织

从图中不难看出,此合金的显微组织是由两种基本组成物组成的,即在白色的基底上分布着一种黑色针状物。由实验分析知,所有白色部分的化学成分和晶体结构均一样,黑色针状部分是另一种化学成分和组织结构。通常将合金中这种具有相同化学成分、相同晶体结构与同一聚集状态并以界面相互隔开的部分称做一种"相"。纯金属在固态下只有一种相。但合金在固态时不一定是一种相,多数是两种或两种以上的相。如铝硅合金中白色基体为一种相,黑色针状物为另一种相,该合金的组织由两相组成的。虽然在各种合金中存在的相是多种多样的,但可以把它们归纳为两大类:固溶体和金属间化合物。下面分别讨论这两类相的结构与性质。

一、固溶体

在固态下,合金中组元如能互相溶解而形成一均匀的固相,这种相即称为固溶体。不难看出,固溶体与溶液一样,也是由溶剂和溶质两部分组成的。在形成固溶体时,元素之一晶格被保留下来,该元素为溶剂,其余元素为溶质。由单一固溶体构成的合金称单相合金。其组织与纯金属相似,也是由均匀晶粒组成的。固溶体的晶体结构与纯金属有相似之处,只有一种晶格,并且与溶剂的相同。与纯金属结构不同之处是在溶剂的晶格中存在有溶质原子。根据溶质原子在溶剂晶格中存在的位置不同,通常把固溶体又分为置换式固溶体和间隙式固溶体两类。

置换式固溶体是指在固溶体中的溶质原子占据了溶剂原子晶格结点位置而形成的固溶体,如图2.2(a)所示。金属元素与金属元素之间形成的固溶体通常都是置换式固溶体。

间隙式固溶体是指在固溶体中的溶质原子存在于溶剂原子晶格间隙的位置,如图2.2(b)所示。一般来讲,当溶剂与溶质的原子直径的比值 $d_{溶质}/d_{溶剂} \leqslant 0.59$ 时,则形成间隙式固溶体。过渡族金属,如铁与碳、氮、氢和硼等非金属元素往往形成间隙式固溶体。

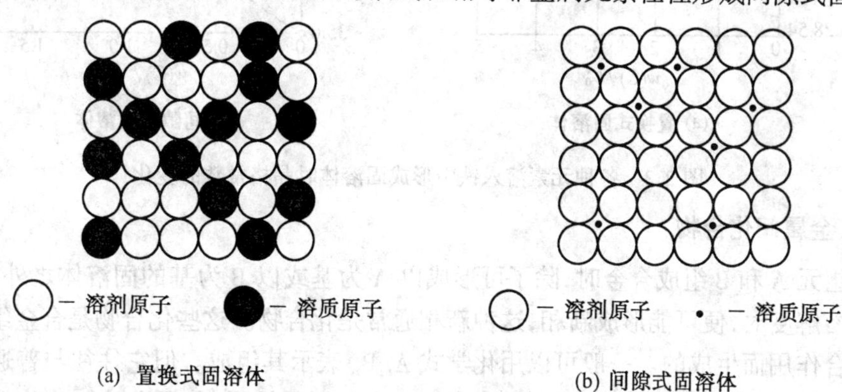

图2.2 固溶体的两种类型

在两种固溶体中,溶质原子在溶剂中均有一定的溶解度,但置换式固溶体的溶解度与间隙式固溶体不同,前者往往较大甚至能无限溶解,形成无限固溶体。而后者,由于溶剂的间隙是有限的,故间隙式固溶体的溶解度只能是有限的。

在置换式固溶体中,溶质元素溶入溶剂中的溶解度大小,主要与组元的晶格类型、组元间的原子直径的差别、组元间电化学性的差别等有关,只有组元间晶格类型相同,原子直径差别越小,电化学性越接近,溶质原子的溶解度才越大。

置换式固溶体的溶解度大小除与上述因素有关外,还与温度有关。通常是温度越高溶解度越大。因此,在高温已达饱和的有限固溶体,当冷却至低温时,由于其溶解度的降低,固溶体将发生分解而析出另一相。

在两种固溶体中,随着溶质原子的溶入,固溶体的晶格常数将发生变化。在形成置换式固溶体时,若溶质原子直径较溶剂原子直径大,则随着溶质浓度的增加,固溶体晶格常数将增大。反之,则晶格常数减少,如图2.3(a)所示。在形成间隙式固溶体时,由于溶质原子尺寸一般均大于溶剂间隙的尺寸,所以间隙式固溶体的晶格常数总是增大的,如图2.3(b)所示。因此,固溶体的晶格畸变较纯金属大得多。正是由于固溶体晶体结构的这种变化,使合金的强度和硬度随着溶质原子浓度的增加而提高,合金的塑性及韧性有所下降,通常称这种强化方式为固溶强化。

固溶强化是一种重要的强化方式,几乎所有对综合机械性能要求较高(强度、韧性和塑性之间有较好的配合)的材料都是以固溶体作为最基本的相组成物。可是通过单纯的固溶强化所达到的最高强度指标仍然有限,因而不得不在固溶强化的基础上再补充进行其他强化方法。

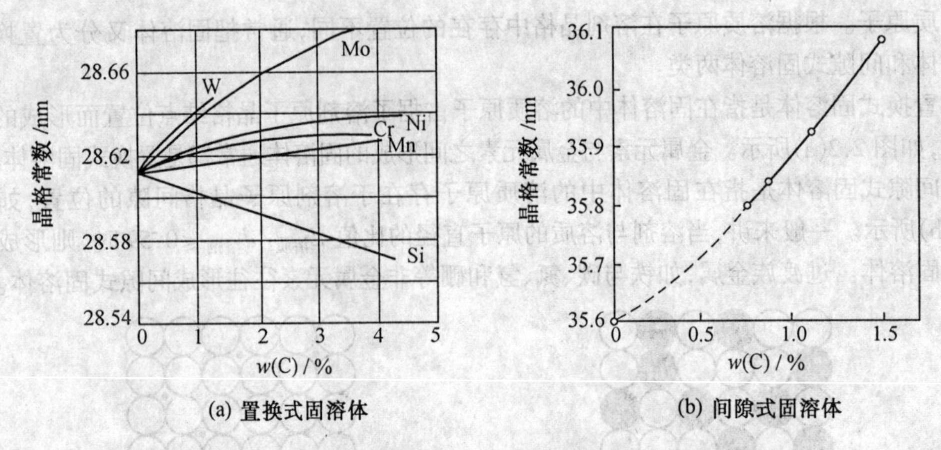

图 2.3　各种元素溶入铁中形成固溶体时晶格常数的变化

二、金属间化合物

两组元 A 和 B 组成合金时，除了可形成以 A 为基或以 B 为基的固溶体之外，当超过固溶体溶解度时，便可能形成新相，这种新相通常是化合物。这些化合物是合金组元之间发生化合作用而生成的。一般可以用化学式 A_mB_n 表示其组成。但它往往与普通化合物不同，不遵循化合价的规律，并在一定程度上具有金属的性质（如导电性），故称金属间化合物。

金属间化合物的类型很多，主要有正常价化合物、电子化合物、间隙相等。

正常价化合物是指化学分子式符合原子价规律的化合物，其成分是固定不变的，如 Mg_2Si、Mg_2Sn、Mg_2Pb、MnS 等。

电子化合物是指按照一定价电子浓度的比值组成一定晶格类型的化合物。所谓价电子浓度即化合物中价电子数与原子数之间的比值，即

$$c_{电子} = \frac{价电子数}{原子数}$$

如 CuZn 化合物为电子化合物，Cu 的价电子数为 1，Zn 的价电子数为 2，化合物的总价电子数为 3，原子数为 2。因此，CuZn 的价电子浓度为 3/2。在 Cu－Zn，Cu－Sn，Cu－Al，Cu－Si等合金中常形成电子化合物。

间隙相是过渡族金属元素与氢、氮、碳、硼等原子半径较小的元素形成的金属间化合物。形成间隙相的尺寸条件是非金属原子半径与金属原子半径的比值应小于等于 0.59。在钢中的 WC、VC、TiC、W_2C、Mo_2C、ZrC 等均属于间隙相。

当非金属原子半径与金属原子半径之比值大于 0.59 时，则形成具有复杂晶格的间隙化合物，如钢中的 Fe_3C。它既不符合正常价化合物的化合规律，也不符合电子化合物或间隙相的形成规律，它是一种结构比较复杂的金属间化合物。

上述各类金属间化合物，无论在晶体结构、成分和性能上均有自己的特点。金属间化合物的晶体结构类型完全不同于任一组元的晶体结构。除正常价化合物外，其他类型金属间化合物的成分往往是可变化的，即可以形成以金属间化合物为基的固溶体。在此情况下，化合物 A_nB_m 的晶格保留不变，但可过剩 B 原子，置换晶格中某些 A 原子而形成所

谓缺位固溶体。这种化合物中还可以溶有第三种元素 C,此时 C 原子可置换晶格结点上的某些 A 原子或 B 原子。

金属间化合物有时可采用通用的符号表示,即以 M 代表金属,以 X 代表非金属。如 Fe_4B_2 硼化物可用 M_4X_2 来表示。

金属间化合物的性能与固溶体有明显的不同,其熔点高、硬度高、很脆。因此,合金中以固溶体为主,弥散分布适量的金属间化合物,会提高合金的强度、硬度及耐磨性能。所以常常用金属间化合物来强化合金。这种强化方式称为第二相质点强化或弥散强化。它是各类合金钢及有色合金中的重要强化方法。

2.2 二元合金相图

合金的性能不但与合金中的相结构有关,还与合金的显微组织形态有关。

合金的显微组织是由合金的化学成分、温度及压力等因素决定的。在普通大气压条件下,为了简化研究,可以认为压力不变。此时,合金组织仅由合金的化学成分和温度决定。

研究纯金属的组织状态比较容易,因为它的化学成分是固定不变的,只与温度有关。而合金不但与温度有关外,由于化学成分的变化会显著改变合金的组织,因而增加了研究合金显微组织的形成及变化规律的复杂性。为了解决这一问题,人们用试验方法,建立了一系列的曲线图,并在这种图上把合金状态及显微组织的形成规律与合金的化学成分和温度间的关系反映出来。这种图称为合金状态图,是研究上述问题的有效工具。

合金状态图是用图解的方法表示合金系中合金状态与温度和成分之间的关系。也可以说,用图解的方法表示不同成分、温度下合金中相的平衡关系,因而也称为相图。由于状态图是在极其缓慢的冷却速度条件下测定出来的,故又称平衡图。

相图是表明合金的状态随温度及化学成分的变化关系。用纵坐标表示温度变化,用横坐标表示化学成分的变化,如图 2.4 所示。因二组元在合金中的总的质量分数为 100%,横坐标上每一点相当于每个组元所占的质量分数。如点 *C* 表示 A 组元的质量分数为 60%,B 组元的质量分数为 40%;点 *D* 表示 A 组元的质量分数为 40%,B 组元的质量分数为 60%;距 *A* 点越远,合金中的 B 组元的含量越多,至 *B* 点时 B 组元的质量分数为 100%。因此,相图横坐标的两个端点 A、B 为纯组元,在两个端点之间为二元合金。

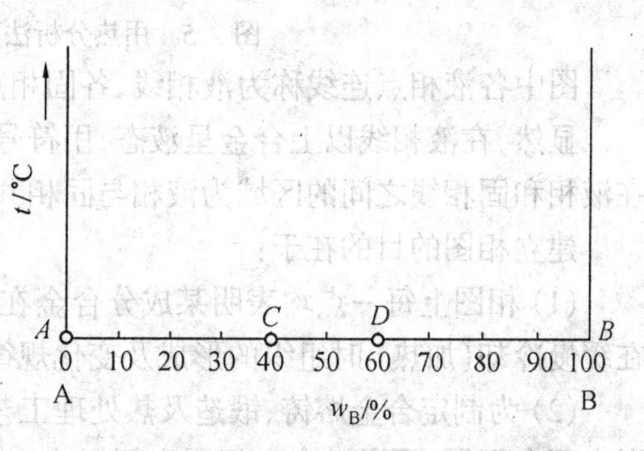

图 2.4　二元合金状态图的坐标图

到目前为止,相图基本上是用实验方法来建立的,最常用的是热分析法。

以 Cu – Ni 合金为例说明相图的建立方法及步骤。Cu – Ni 二元合金是属于无限置换式固溶体合金。

第一步:配制一系列成分的合金。

① $w(Cu)=100\%$;

② $w(Cu)=70\%$, $w(Ni)=30\%$;

③ $w(Cu)=50\%$, $w(Ni)=50\%$;

④ $w(Cu)=30\%$, $w(Ni)=70\%$;

⑤ $w(Ni)=100\%$。

第二步:将各合金分别熔化,并以极其缓慢的冷却速度测定这些合金的冷却曲线,如图 2.5(a)所示。其中①及⑤号分别为纯 Cu 和纯 Ni 的冷却曲线,在曲线上出现平台的温度,为纯 Cu 和纯 Ni 的结晶温度。②、③、④为固溶体合金的冷却曲线,不难看出,这些合金的结晶是在一个温度范围内进行的,即有结晶开始点温度(a、b、c),又有结晶终止点温度(a'、b'、c')。通常称结晶开始点为液相点,结晶终了点为固相点,通称它们为临界点。

第三步:将这些临界点标在坐标图中,把性质相同的临界点连接起来,得到如图 2.5(b)所示的相图。

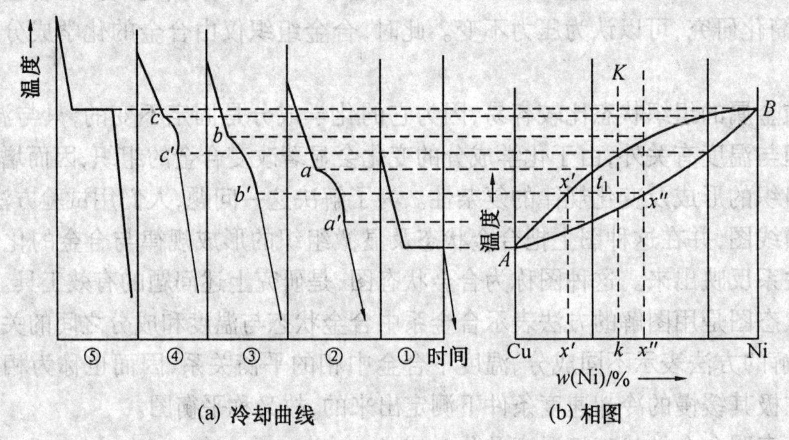

图 2.5　用热分析法建立 Cu - Ni 合金相图

图中各液相点连线称为液相线,各固相点的连线称为固相线。

显然,在液相线以上合金呈液态,用符号 L 表示。在固相线以下合金呈固态,用α表示。在液相和固相线之间的区域为液相与固相共存,用 α + L 表示,固相 α 是固溶体。

建立相图的目的在于:

(1) 相图上每一点均表明某成分合金在某一温度下的状态。通过相图可以预测合金在缓慢冷却(加热)时组织的形成及变化规律。

(2) 为制定合金熔铸、锻造及热处理工艺等提供理论根据。至于如何应用相图来解决以上两个问题,可通过合金相图实例阐述。

2.3　二元合金相图的基本类型及相图分析

人们建立的二元合金相图的数量已相当多,在诸多二元合金相图中,大体上可归纳如下三种基本类型:匀晶相图、共晶相图及包晶相图。由于合金相图不同,合金的结晶过程及组织亦不同。以下分析最简单的三种基本类型的二元合金相图。

一、匀晶相图

匀晶相图是指二组元在液态与固态下均能彼此无限互溶，结晶后形成均匀的固溶体，如图 2.6 所示为 Cu－Ni 二元合金相图，此外 Fe－Cr、Au－Ag、Fe－Ni、W－Mo 等合金都能形成这种类型的相图。

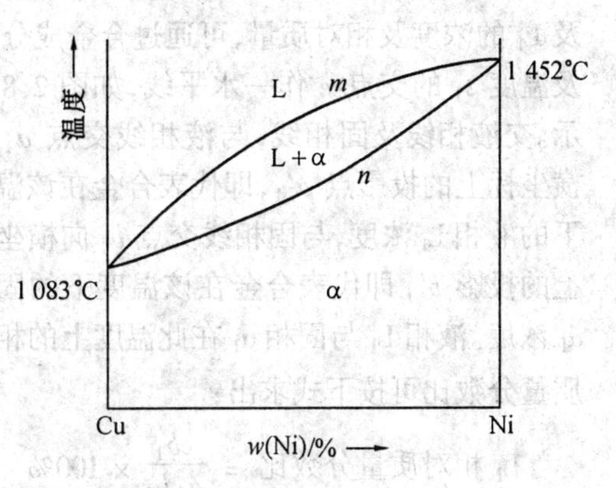

图 2.6　Cu－Ni 二元匀晶相图

1. 相图分析

为了利用相图分析合金的结晶过程，也就是合金组织的形成与变化规律，首先要进行相图分析，明确相图中的点、线和区的金属学意义及相的类型。

匀晶相图中，Cu、Ni 代表二组元，t_A 为纯组元 Cu 的熔点；t_B 为纯组元 Ni 的熔点；$t_A m t_B$ 线为液相线，在液相线以上为液相区，为均匀液体，用 L 表示；$t_A n t_B$ 为固相线，在固相线以下为固相区，为均匀固溶体，用α表示。在液相线与固相线之间为 L＋α 两相区。由于此相图中所有合金的结晶过程及显微组织都相同，只是结晶温度范围不同而已，现以合金 Ⅰ 为例分析合金的结晶过程。

2. 合金的结晶分析

合金 Ⅰ 结晶过程的冷却曲线如图 2.7 所示。

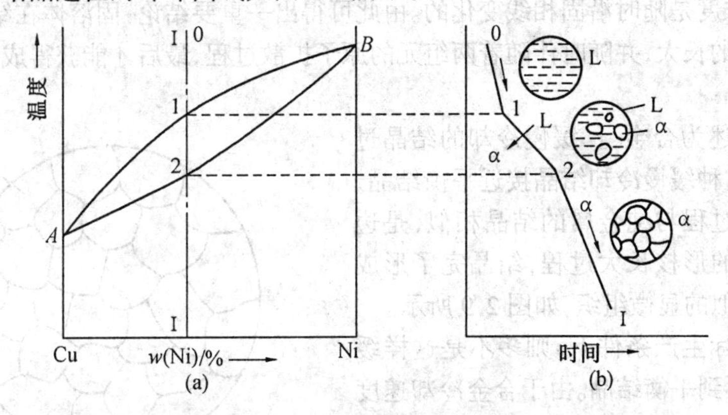

图 2.7　合金 Ⅰ 的冷却曲线与组织形成示意图

从相图可知，冷却曲线上的点 1 相当于结晶开始点，随着温度的降低，液相减少，固相增多，至点 2 时结晶完了，液相全部转变为固溶体。在 L＋α 两相区中，在某一温度上会同时共存两个相，在该温度下，这两个相的浓度与相对数量从宏观上看均不发生变化，如图2.8 所示。这两个相处于平衡状态，称平衡相。不难看出，在α＋L 两相区中随着温度的降低，固相的相对质量不断增加，而液相的质量不断减少。不但如此，在结晶过程中固相和液相的浓度也将发生变化。那么在某一温度下究竟结晶出多少 α 固溶体及在该温度上固溶体中 Ni 的含量？以及还剩下多少液相？液相中 Ni 的含量是多少？为了解答这些问题，我们介绍一个确定两个平衡相浓度及相对质量的法则，即杠杆法则。

欲求合金Ⅰ在温度 t_1 时的两平衡相 α_1 及 L_1 的浓度及相对质量,可通过合金成分Ⅰ及温度 t_1 的交点 c 作一水平线,如图 2.8 所示。交液相线及固相线,与液相线交点 a_1 向横坐标上的投影点 a'_1,即代表合金在该温度下的液相 L_1 浓度,与固相线交点 b_1 向横坐标上的投影 b'_1 即代表合金在该温度下的固相 α_1 浓度。液相 L_1 与固相 α_1 在此温度上的相对质量分数比可按下式求出:

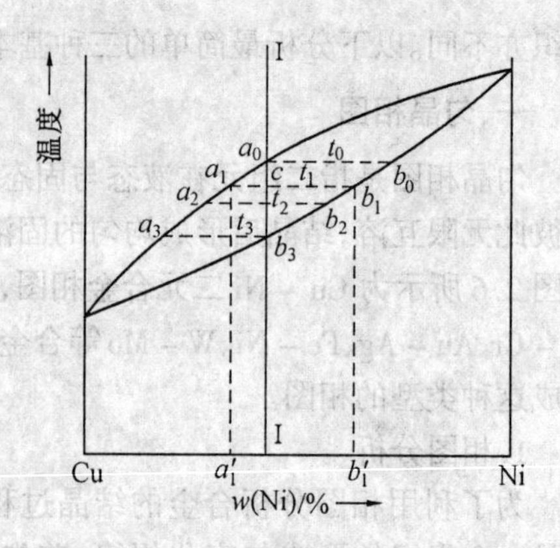

图 2.8　二元合金相图中的平衡相

$$L_1\ 相对质量分数比 = \frac{cb_1}{a_1b_1} \times 100\%$$

$$\alpha_1\ 相对质量分数比 = \frac{a_1c}{a_1b_1} \times 100\%$$

此法则与力学中的杠杆定律类似,在支点为 c 的杠杆 a_1b_1 上,若 a_1、b_1 两端点上各挂一重物,当杠杆平衡时,则两重物相对质量比与两者杠杆臂长成反比。

如合金Ⅰ从 t_1 温度继续冷却至 t_2 温度,这时在 t_2 温度做一杠杆,去求合金Ⅰ在 t_2 温度下的两相浓度和相对质量分数比,则显然可见,与在 t_1 温度下的浓度和质量比不同,不仅液相减少,固相增多,而且液相 L_2 与固相 α_2 的浓度也与 t_1 温度时不同。若随着温度降低,重复运用杠杆法则,则可得如下规律:合金在结晶过程中,液相浓度是随时沿液相线变化的,固相浓度是随时沿固相线变化的。由此可得出一重要结论:固溶体在结晶过程中,随着固相晶体的长大,并随时伴随着两组元的原子扩散过程,最后才能获得成分均匀的固溶体。

以上所述为合金Ⅰ缓慢冷却的结晶过程,或者说这种缓慢冷却结晶接近平衡结晶,由于其结晶过程与纯金属的结晶相似,是边形核边长大的形核长大过程,结晶完了形成与纯金属近似的显微组织,如图 2.9 所示。

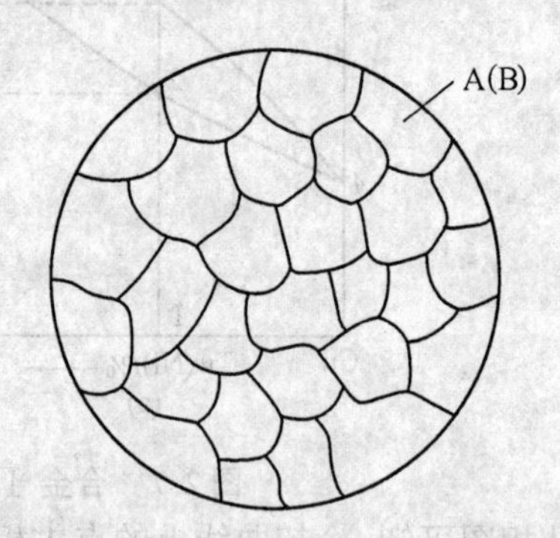

图 2.9　固溶体合金组织(示意图)

但在实际生产条件下,则多不是这样缓慢冷却,得不到平衡结晶。由于合金冷却速度较快,即如液相中原子扩散来得及,而固相中的原子来不及扩散,以至于固溶体先结晶的中心与后结晶的部分成分不同,称为晶内偏析。又因金属的结晶多以枝晶方式长大,所以这种偏析多呈树枝状,先结晶的枝轴与后结晶的枝间成分不同,故又称为枝晶偏析,如图 2.10 所示。

晶内偏析的存在,将影响合金性能,因此在生产中通常把具有晶内偏析的合金加热到高温(低于固相线)并进行长时间保温,使合金进行充分的扩散,成分均匀化可消除枝晶偏析,称这种处理为扩散退火或均匀化。

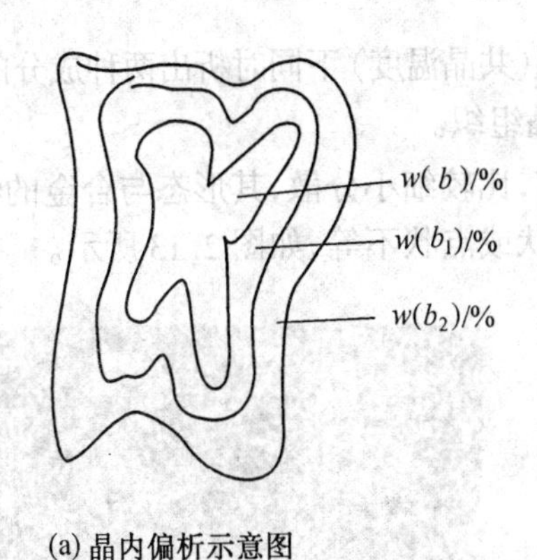

(a) 晶内偏析示意图

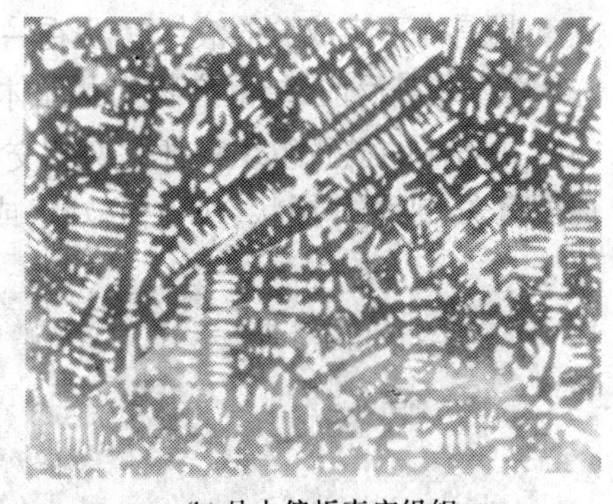

(b) 晶内偏析真实组织

图 2.10　Cu－Ni 合金的晶内偏析组织

二、共晶相图

两个组元在液态下无限互溶，而在固态下仅有限溶解，如图 2.11 所示。Al－Si、Al－Sn、Al－Cu 等很多合金都具有这种类型的相图。

1. 相图分析

这类相图的合金，由于两组元在固态下只能相互有限溶解，故通常都形成两种固溶体，其一为 Sn 组元溶于 Pb 组元的固溶体，用 α 表示，另一为 Pb 组元溶于 Sn 组元的固溶体，用 β 表示。

图上 *A* 及 *B* 分别为组元 Pb 和 Sn 的熔点，*C*、*D* 点分别是固溶体 α、β 的最大溶解度点，*F*、*G* 点分别是固溶体 α、β 在室温下的溶解度点，而 *CF* 及 *DG* 则代表两固溶体 α 及 β 的溶解度曲线。

图上 *AEB* 线为液相线，*ACEDB* 线为固相线，其中 *CED* 一段水平线又称共晶反应线，*E* 点为共晶点，通常把共晶点成分合金称为共晶合金，共晶点温度称为共晶温度。共晶合金结晶过程的冷却曲线如图 2.12 所示，该合金在平衡条件下的结晶是在恒温下进行的，并可用如下反应式表示其共晶反应，即

$$L_E \xrightarrow{\text{共晶温度}} \alpha_C + \beta_D$$

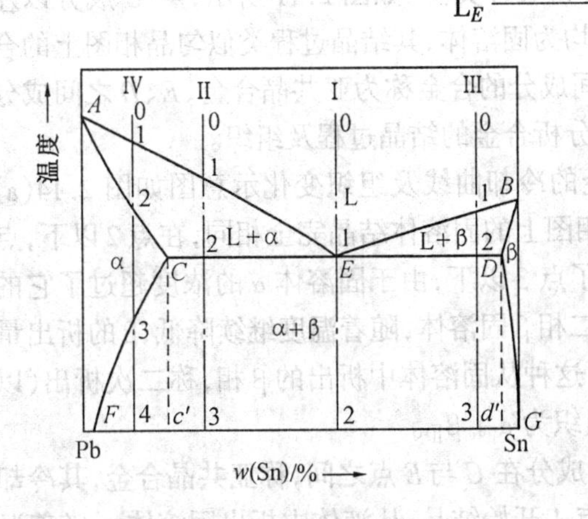

图 2.11　Pb－Sn 二元共晶相图

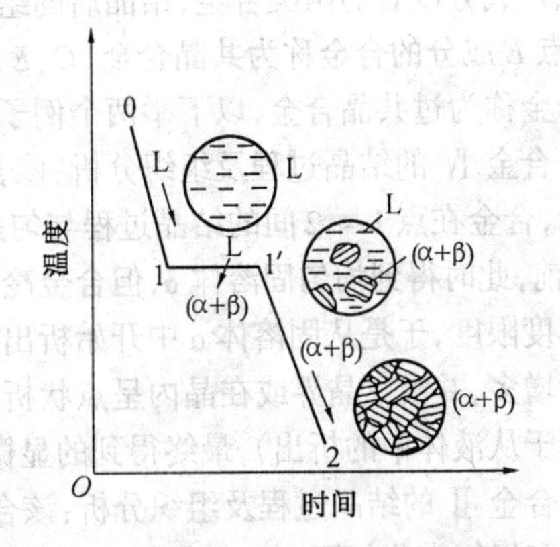

图 2.12　共晶合金结晶冷却速度曲线与组织示意图

即具有一定成分的液体(L_E)在一定恒温(共晶温度)下同时析出两种成分的固体($\alpha_C + \beta_D$)称为共晶反应,结晶产物为共晶体或共晶组织。

共晶体的显微组织特征是两相交替分布,比较细小分散,其形态与合金的特性及冷却速度有关,或为片层状,或为树枝状,或为针状或点状不等,如图 2.13 所示。

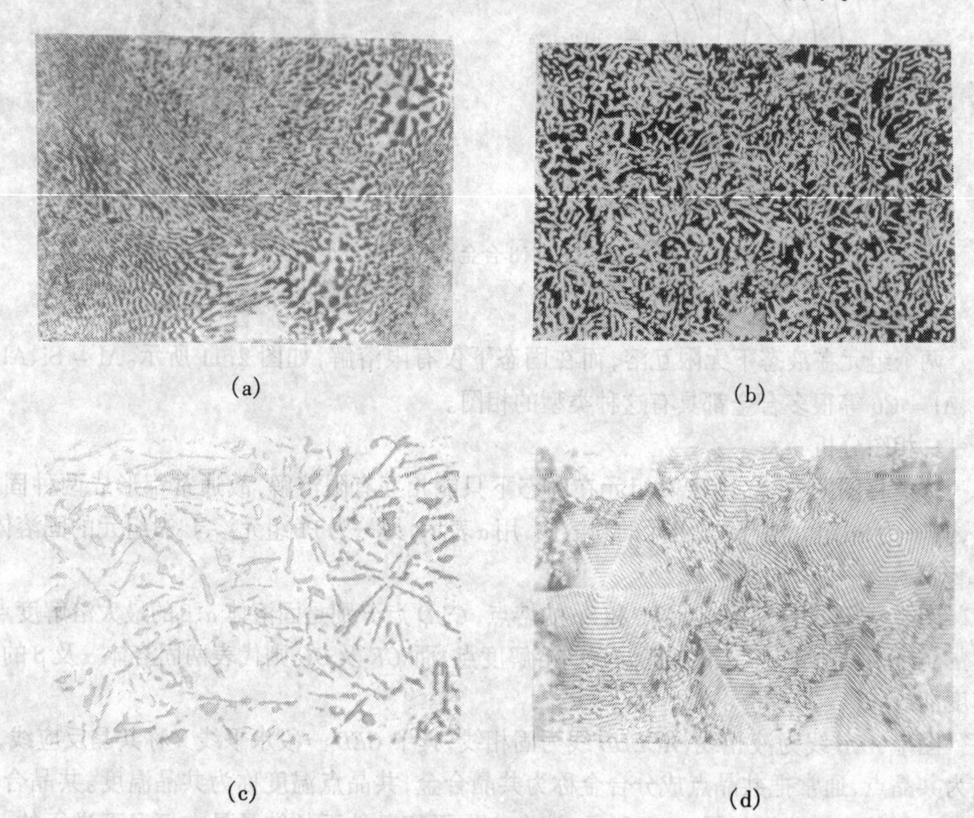

(a) (b) (c) (d)

图 2.13 几种典型共晶体的显微组织

2. 合金的结晶过程及组织

相图上合金的结晶过程及组织大致可分为五种类型。如图 2.11 所示,点 C 成分以左和点 D 成分以右的两类合金,结晶后的组织均为固溶体,其结晶过程类似匀晶相图上的合金;点 E 成分的合金称为共晶合金,C、E 之间成分的合金称为亚共晶合金,E、D 之间成分的合金称为过共晶合金,以下举两个例子来分析合金的结晶过程及组织。

合金 Ⅳ 的结晶过程及组织分析:该合金的冷却曲线及组织变化示意图如图 2.14(a)所示,合金在点 1 ~ 2 间的结晶过程与匀晶相图上的固溶体结晶完全相同,在点 2 以下,点 3 以前,此时得到均匀固溶体 α,但合金冷到了点 3 以下,由于固溶体 α 的浓度超过了它的溶解度限度,于是从固溶体 α 中开始析出第二相 β 固溶体,随着温度继续降低,β 的析出量逐渐增多,并沿 α 晶界或在晶内呈点状析出,这种从固溶体中析出的 β 相,称二次析出(以区别于从液体中的析出),最终得到的显微组织为 $\alpha + \beta_{\text{II}}$。

合金 Ⅱ 的结晶过程及组织分析:该合金成分在 C 与 E 点之间,称亚共晶合金,其冷却曲线和组织变化如图 2.14(b) 所示。合金自点 1 开始结晶,从液体中析出固溶体 α,随着温度降低，α相的浓度沿固相线变化，L相浓度沿液相线变化，应当注意，当合金冷却到接近点2温度时，利用杠杆定律可计算出剩余一部分液体的相对质量，当合金冷却到点2时，剩余液体的浓度已变为点 E 的成分，即变成与共晶合金的液体成分相同，当继续冷却时，剩下这部分液体则按共晶反应形成共晶体。所以合金冷至点2以下得到是初生α及(α+β)共晶体组织。因而，亚共晶合金在室温下的组织是由 α+(α+β) 组成。

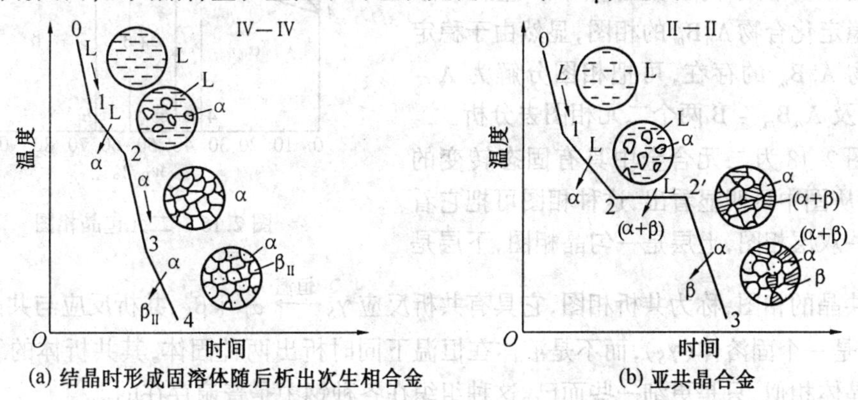

(a) 结晶时形成固溶体随后析出次生相合金　(b) 亚共晶合金

图 2.14　合金冷却曲线和组织示意图

合金自点2温度冷至室温的过程中，同理，自α中也会析出二次相 β_{II}，故合金的室温组织为：$\alpha+\beta_{II}+(\alpha+\beta)$。显然，共晶体(α+β)中的α也应会析出 β_{II}，β也应会析出 α_{II}，但此常可忽略不计。

相图上点 E 以右，点 D 以左成分的过共晶合金，其合金的结晶过程与亚共晶合金相似，所不同的是初生相不是α，而是β固溶体。因而对过共晶合金的结晶过程不再做具体分析。

通过结晶过程分析，把各种合金成分在结晶后的组织都标在相图上，则如图 2.15 所示。这种标注相图各区组织的方法，与前述相图的表示方法不同，前述相图表示方法仅是标明了各相区的相的名称，如今则标明了各相区的组织组成物名称。所谓合金的组织组成物，是指组成合金显微组织的独立部分。例如亚共晶合金中的组织是由 α+(α+β) 组成的，其中α是组织组成物，而(α+β)也是其中的组织组成物。显然，这种标法是更有用的，它阐明了各种合金的具体结晶过程和显微组织。

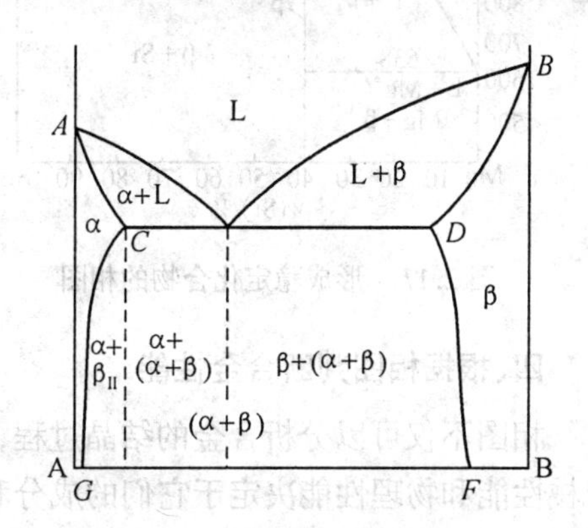

图 2.15　共晶合金组织组成物图

三、包晶相图及其他相图

包晶相图如图 2.16 所示，相图分析及合金结晶过程分析的方法均与上述方法类似。这种相图的特点是，相图上有一代表包晶反应的水平线，其恒温反应是 $L_C+\beta_D \xrightarrow{\text{恒温}} \alpha_P$，即在一定温度下由一定成分的液体($L_C$)与一定成分的固体($\beta_D$)在恒温下转变成为另一种固相($\alpha_P$)。由于两相反应必从相界面处开始,即 α_P 相必然包着 β_D 相形成,故称包晶反应。这种相图也是二元合金相图的一种基本类型,但工业上遇到较少,故不详述。

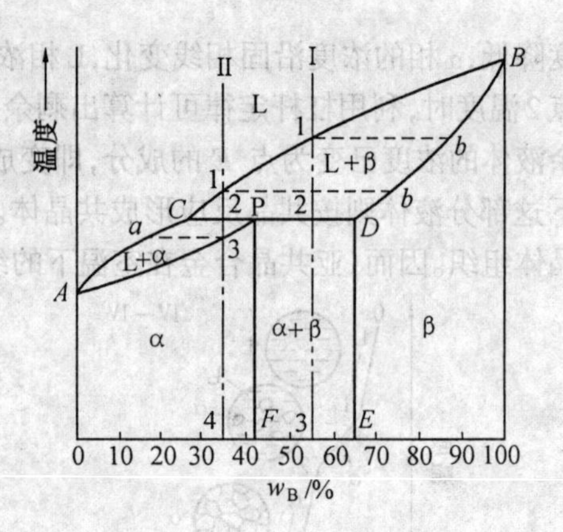

图 2.16　二元包晶相图

图 2.17 所示为二元合金中二组元可形成一稳定化合物 A_nB_m 的相图,显然由于稳定化合物 A_nB_m 的存在,可把相图分解为 A - A_nB_m 及 A_nB_m - B 两个二元相图去分析。

图 2.18 为二元合金中具有固态转变的相图,从图中可明显看出,这种相图可把它看成是一双层相图,上层是一匀晶相图,下层是类似共晶的相图,称为共析相图,它具有共析反应 $\gamma_S \xrightarrow{\text{恒温}} \alpha_P + \beta_K$,共析反应与共晶反应不同,它是一个固溶体($\gamma_S$),而不是液体在恒温下同时析出两种固体,其共析体的组织形态与共晶体相似,只是更细一些而已。这种组织在各种钢中是普遍存在的。

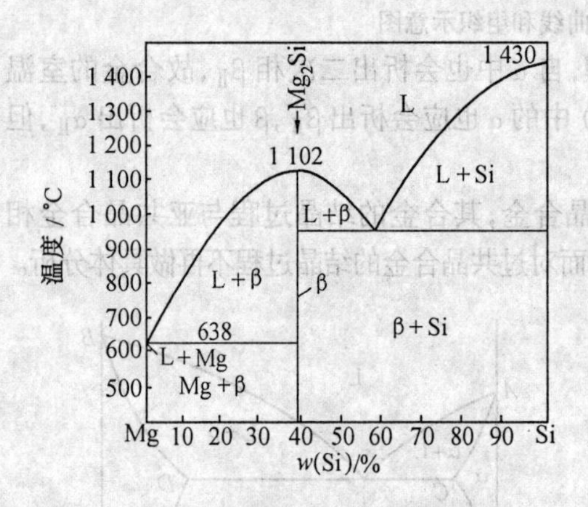

图 2.17　形成稳定化合物的相图

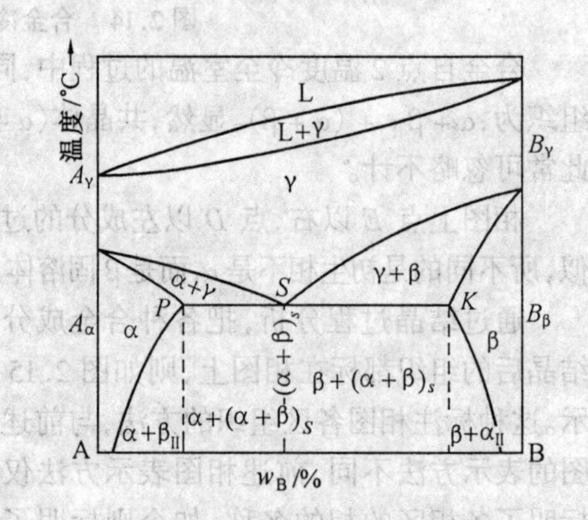

图 2.18　具有固态相变的相图

四、根据相图判断合金性能

相图不仅可以分析合金的结晶过程,而且可以分析合金的成分与组织的关系,合金的机械性能和物理性能决定于它们的成分和组织,合金的某些工艺性能决定于合金的结晶过程。因此,在相图中可反映出合金成分与合金性能之间有一定的联系或变化规律。

图 2.19 和图 2.20 所示分别为匀晶相图和共晶相图中合金成分与机械性能、物理性能及铸造性能之间关系的示意图。

由图看出,单相固溶体的机械性能和物理性能与合金成分呈曲线变化关系。

双相机械混合物的机械性能和物理性能大致是两个组成相性能的平均值,并与成分呈线性关系。但是双相合金的性能不但取决于合金中两相的类型和性能,还与合金组织的粗细、形貌及分布有关。共晶成分的合金,由于组织往往较细,故合金的强度、硬度往往高于其平均值,如图 2.19 中虚线所示。

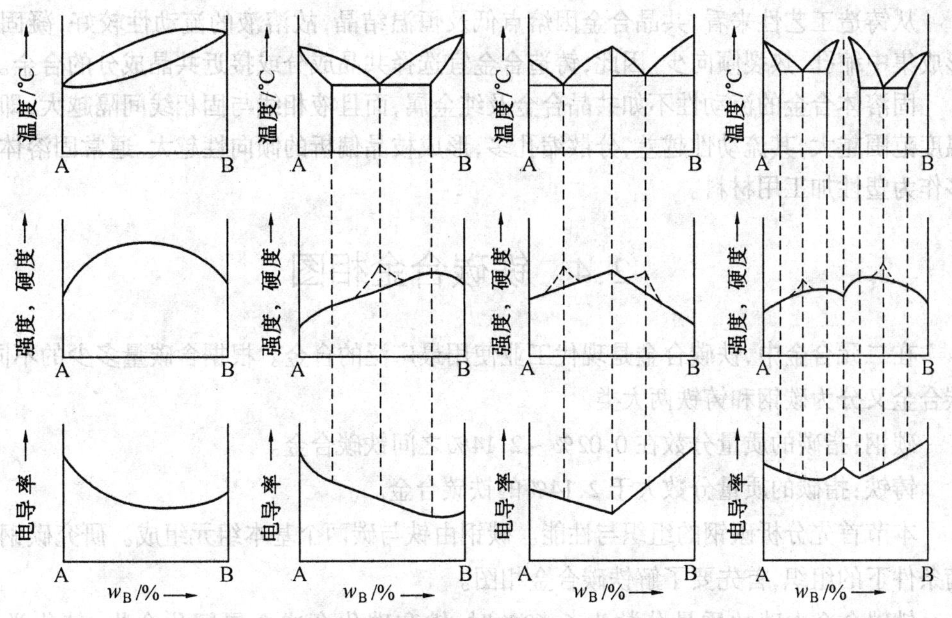

图 2.19　合金硬度、强度及电导率与相图之间的关系

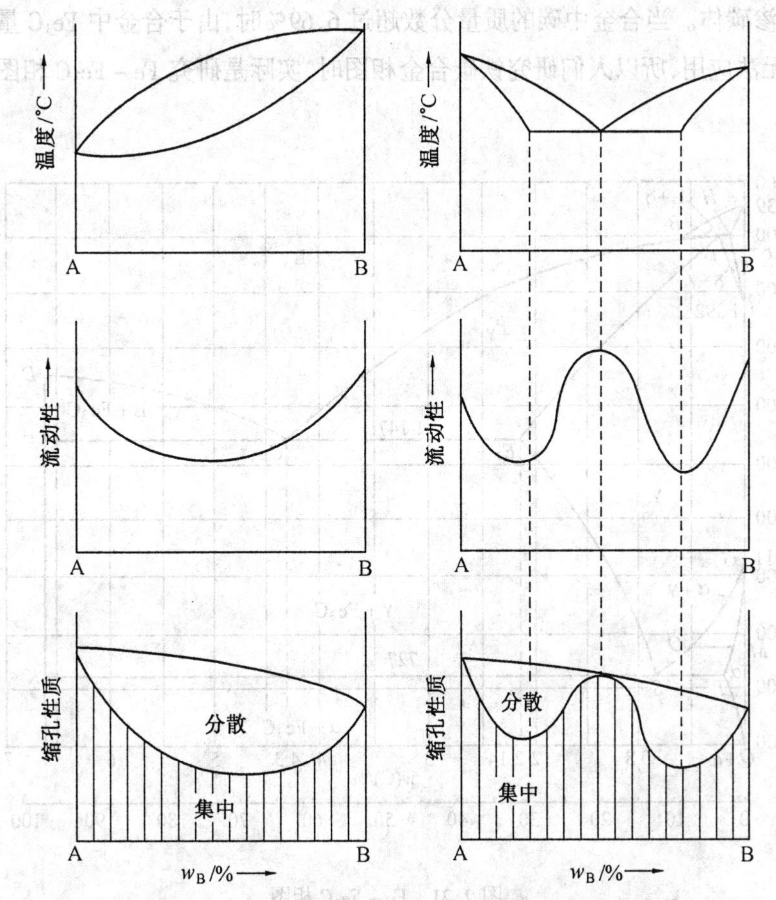

图 2.20　合金的流动性、缩孔性质与相图之间的关系

从铸造工艺性来看，共晶合金因熔点低及恒温结晶，故溶液的流动性较好，凝固后易形成集中缩孔，热裂倾向少。因此，铸造合金宜选择共晶成分或接近共晶成分的合金。

固溶体合金的流动性不如共晶合金及纯金属，而且液相线与固相线间隔越大，即结晶温度范围越大，其流动性越差，分散缩孔多，形成枝晶偏析的倾向性越大。通常固溶体合金多作为塑性加工用材料。

2.4 铁碳合金相图

在二元合金中，铁碳合金是现代工业使用最广泛的合金。根据含碳量多少的不同，铁碳合金又分为碳钢和铸铁两大类。

碳钢：指碳的质量分数在0.02%~2.14%之间铁碳合金。

铸铁：指碳的质量分数大于2.14%的铁碳合金。

本节首先分析碳钢的组织与性能。碳钢由铁与碳两个基本组元组成。研究碳钢在平衡条件下的组织，首先要了解铁碳合金相图。

铁碳合金中碳的质量分数为6.69%时，铁和碳化合成金属间化合物，其化学式为Fe_3C，称为渗碳体。当合金中碳的质量分数超过6.69%时，由于合金中Fe_3C量太多，使合金太脆亦无法应用，所以人们研究铁碳合金相图时，实际是研究Fe－Fe_3C相图部分，如图2.21所示。

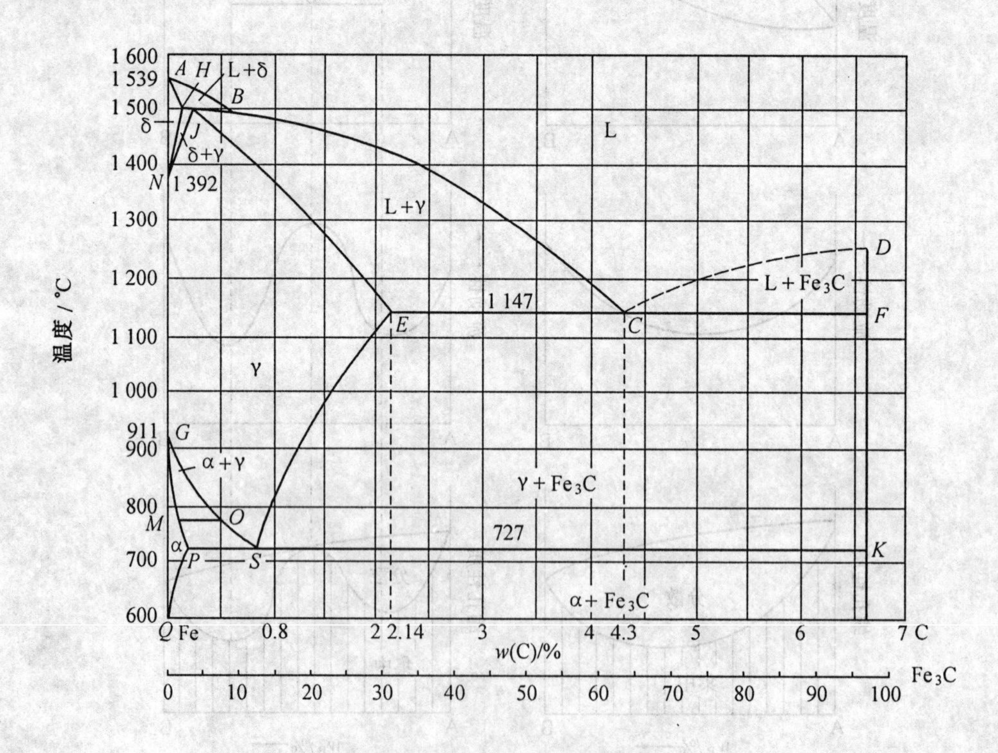

图2.21 Fe－Fe_3C相图

一、$Fe - Fe_3C$ 相图分析

为了分析 $Fe - Fe_3C$ 相图,首先介绍 $Fe - Fe_3C$ 相图中组元的性能与相的类型,然后分析碳钢的结晶过程及在固态下的相变过程。

(一)纯铁的性质

1.纯铁的晶体结构

纯铁在固态下具有同素异构转变的特性。它在不同温度范围内有不同的晶格类型(多型性),如图 2.22 所示。

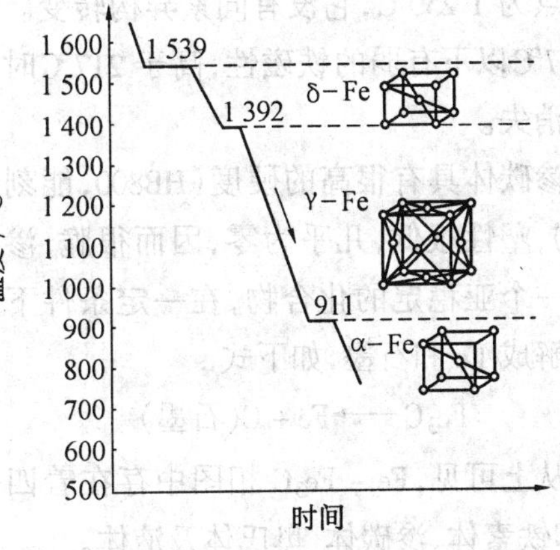

图 2.22　纯铁的冷却曲线

在 1 392 ~ 1 539℃时,为体心立方晶格,通常称 δ 铁,用 δ - Fe 表示,又称高温 α - Fe。

在 911 ~ 1 392℃范围,为面心立方晶格,称 γ 铁,用 γ - Fe 表示。

在 911℃以下,为体心立方晶格,称 α 铁,用 α - Fe 表示。

2.纯铁的机械性能

工业纯铁的机械性能:

抗拉强度 250 MPa;

屈服强度 120 MPa;

延伸率($\delta \times 100$)50;

断面收缩率($\psi \times 100$)85;

硬度 HB80。

因受杂质的影响,上述的数据可能在一定范围内波动。纯铁在 768℃发生磁性转变,在 768℃以下为铁磁性,在 768℃以上为顺磁性。

3.碳在铁中的固溶度

碳与铁能形成间隙式固溶体,它在铁中的固溶度,在很大程度上取决于铁的晶格类型。碳原子的直径为 0.154 nm,而体心立方晶胞中的四面体间隙直径仅有 0.062 nm,在此条件下,从纯几何观点看,碳原子不能进入体心立方晶胞的间隙中,似乎 α - Fe 不能固溶碳。实际上,α - Fe 中还是能固溶微量的碳,即在 727℃时固溶质量分数为 0.02%的碳,在室温条件下能固溶质量分数为 0.008%的碳,这主要是因为实际晶体中存在着晶体缺陷所致,但在 δ - Fe 中,因温度高,固溶碳量比 α - Fe 中大。

面心立方晶胞的八面体间隙直径为 0.102 nm,碳原子可固溶于 γ - Fe 中,在 1 147℃时可固溶质量分数为 2.14%的碳,在 727℃时可固溶质量分数为 0.8%的碳。

碳固溶于 α - Fe(或 δ - Fe)中形成的间隙固溶体称为铁素体,用 α(或 δ)或 F 表示。

碳固溶于 γ - Fe 中形成的间隙固溶体称奥氏体,用 γ 或 A 表示。

(二)渗碳体的性质

当碳在铁中的含量超过在铁中的溶解度时,多余的碳以 Fe_3C 形式存在于铁碳合金中,称为渗碳体。

渗碳体的晶体结构非常复杂,有多种描述方法,图 2.23 是比较恰当的一种。渗碳体的熔点为 1 250℃,它没有同素异构转变。但在 217℃以下有弱的铁磁性,高于 217℃时铁磁性消失。

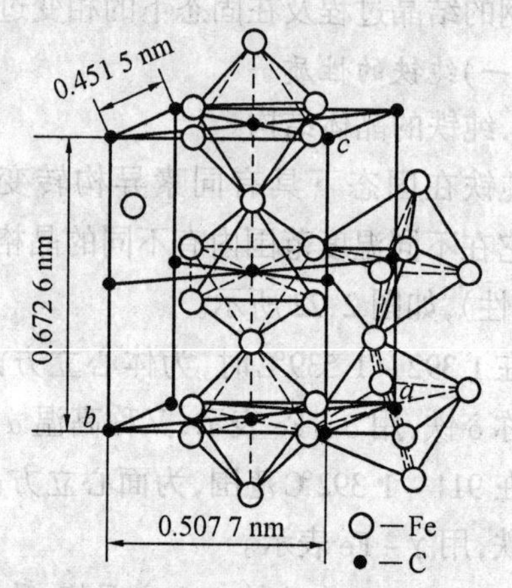

图 2.23 渗碳体点阵

渗碳体具有很高的硬度(HB800,能刻划玻璃),塑性很低,几乎为零,因而很脆,渗碳体是一个亚稳定的化合物,在一定条件下能够分解成 Fe 和石墨,如下式

$$Fe_3C \longrightarrow Fe + C(石墨)$$

从上可见,$Fe-Fe_3C$ 相图中存在着四个相,即铁素体、渗碳体、奥氏体及液体。

$Fe-Fe_3C$ 相图中的特性点的温度、碳浓度及物理意义如表 2.1 所示。

表 2.1 铁碳相图中的特性点

点的符号	温度/℃	w(C)/%	说明
A	1 539	0	纯铁的熔点
B	1 499	0.50	包晶反应时液态合金的浓度
C	1 147	4.30	共晶点 $L_C \rightarrow \gamma_E + Fe_3C$
D	1 250	6.69	渗碳体溶化点
E	1 147	2.14	碳在 $\gamma-Fe$ 中最大溶解度
F	1 147	6.69	渗碳体的成分
G	911	0	$\alpha-Fe \rightleftharpoons \gamma-Fe$ 同素异构转变点(A_3)
H	1 499	0.1	碳在 $\delta-Fe$ 中最大溶解度
J	1 499	0.16	包晶点 $L_B + \delta_H \rightleftharpoons \gamma_J$
K	727	6.69	渗碳体的成分
M	768	0	A_2 点(磁性转变点)
N	1 392	0	$\gamma-Fe \rightleftharpoons \delta-Fe$ 同素异构转变点(A_2)
O	768	~0.5	磁性转变点
P	727	0.02	碳在 $\alpha-Fe$ 中最大溶解度
S	727	0.8	共析点 $\gamma_S \rightleftharpoons \alpha_P + Fe_3C$
Q	~600	0.01	碳在 $\alpha-Fe$ 中溶解度

在图 2.21 $Fe-Fe_3C$ 相图中的 $ABCD$ 为液相线;$AHJECF$ 为固相线。

ES 线是碳在 $\gamma-Fe$ 中为固溶度曲线。随着温度的降低,碳在奥氏体中的固溶度减少,并以 Fe_3C 的形式析出,从奥氏体中析出的 Fe_3C 称为二次渗碳体。碳在奥氏体中的固

溶度沿着 ES 线变化。

PQ 线是碳在 $\alpha-Fe$ 中的固溶度曲线。随着温度的降低,碳在铁素体中的固溶度减少,也以 Fe_3C 形式析出。从铁素体中析出的渗碳体称为三次渗碳体。碳在铁素体中的固溶度沿 PQ 线变化。

除此之外,在相图中还有三条水平线(HJB、ECF、PSK)。在这三条水平线上发生以下三个等温反应。

在 1 499℃(HJB 线上)发生包晶反应,即

$$L_B + \delta_H \xrightarrow{1\ 499℃} \gamma_J$$

包晶反应是碳的质量分数为 0.10% 的铁素体与质量分数为 0.50% 碳的液相在1 499℃时转变成 J 点成为碳的质量分数为 0.16% 的奥氏体。包晶反应仅发生在碳的质量分数从 0.10% 到 0.50% 的钢中。

在 1 147℃(ECF 线上)发生共晶反应,即

$$L_C \xrightarrow{1\ 147℃} \gamma_E + Fe_3C_F$$

共晶反应产物是奥氏体和渗碳体的机械混合物,称为莱氏体,用字母 E 表示。此反应发生在碳的质量分数高于 2.14% 的所有合金中。

在 727℃(PSK 线上)发生共析反应,是固态下的相变,即

$$\gamma_S \xrightarrow{727℃} \alpha_P + Fe_3C_K$$

反应产物为铁素体与渗碳体的机械混合物,称珠光体,用字母 P 表示。

碳的质量分数高于 0.02% 的合金中都发生共析反应。

在平衡条件下,这三个反应都是在恒温下进行的。

二、碳钢在平衡条件下的固态相变及组织

按钢中碳含量的不同,碳钢又分为亚共析钢、共析钢、过共析钢三类。

亚共析钢:指钢中碳的质量分数为 0.02% ~ 0.8% 的铁碳合金。

共析钢:指钢中碳的质量分数等于 0.8% 的铁碳合金。

过共析钢:指钢中碳的质量分数为 0.8% ~ 2.14% 的铁碳合金。工程上应用的过共析钢的碳的质量分数一般应小于等于 1.4%。

在生产实践中,经常通过固态相变来改变碳钢的组织和性能。因此,本节着重讨论奥氏体转变过程,有关铁碳合金液体结晶过程将在铸铁章节中介绍。

(一)共析钢在平衡条件下的固态转变及组织

共析钢的奥氏体在冷却时的转变过程如图 2.24 所示。

共析钢在冷却到点 S 以上时,钢的组织为单相奥氏体。当冷却到 S 点(727℃)时,奥氏体将发生共析反应,生成珠光体。

在 727℃时,共析反应形成的铁素体中碳的质量分数为 0.02%,随着温度的降低,碳在 $\alpha-Fe$ 中的固溶度下降,并以三次渗碳体的形式在共析渗碳体的基础上析出,由于三次渗碳体的数量很少,一般情况下可忽略不计。因此,共析钢在室温下的平衡组织是 100% 的珠光体。

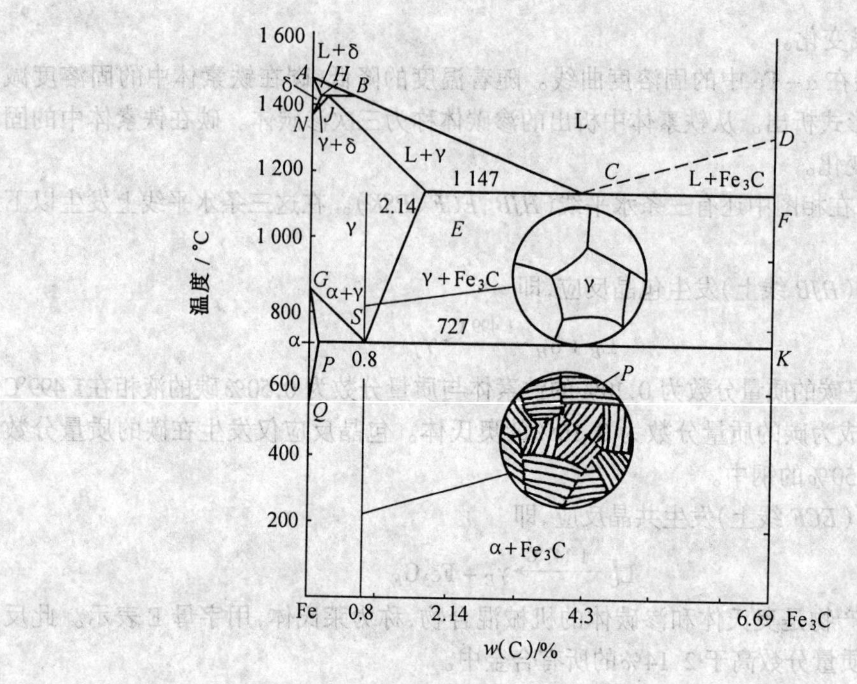

图 2.24　共析钢奥氏体转变过程示意图

珠光体组织是由层片状的铁素体与渗碳体构成的二相混合物。

(二)亚共析钢在平衡条件下的固态转变及组织

以合金Ⅰ为例,亚共析钢的奥氏体转变过程如图 2.25 所示。

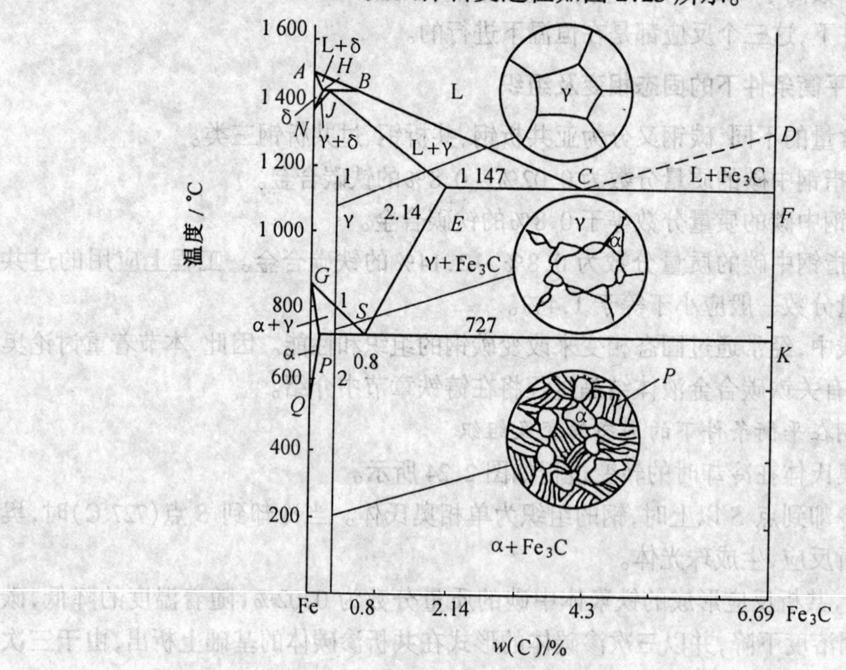

图 2.25　亚共析钢奥氏体转变的示意图

当奥氏体冷却到点1的温度时，开始析出铁素体。*GS*线上的点1相当于这个过程的开始点，继续冷却时，由于析出了几乎不含碳的铁素体，使未转变的奥氏体碳含量增加，奥氏体的成分沿 *GS* 线变化，铁素体的碳含量沿 *GP* 线变化。当合金冷却到点2时，奥氏体并没有全部转变成铁素体，而还有一部分奥氏体尚未转变，而且这时剩余奥氏体的碳含量达到共析浓度，在恒温下发生共析转变，生成珠光体。因此，亚共析钢奥氏体固态相变后的组织由铁素体和珠光体构成。

在亚共析钢中，室温下的组织均是由铁素体和珠光体构成，铁素体和珠光体数量的比例决定于钢的含碳量。碳的质量分数低于0.02%的钢，其组织为单一的铁素体；当碳的质量分数为0.8%时，则为单一的珠光体组织；当含碳量介于其间时，其组织则由铁素体和珠光体组成。

(三)过共析钢在平衡条件下的固态转变及组织

过共析钢在平衡条件下奥氏体转变过程如图2.26所示。

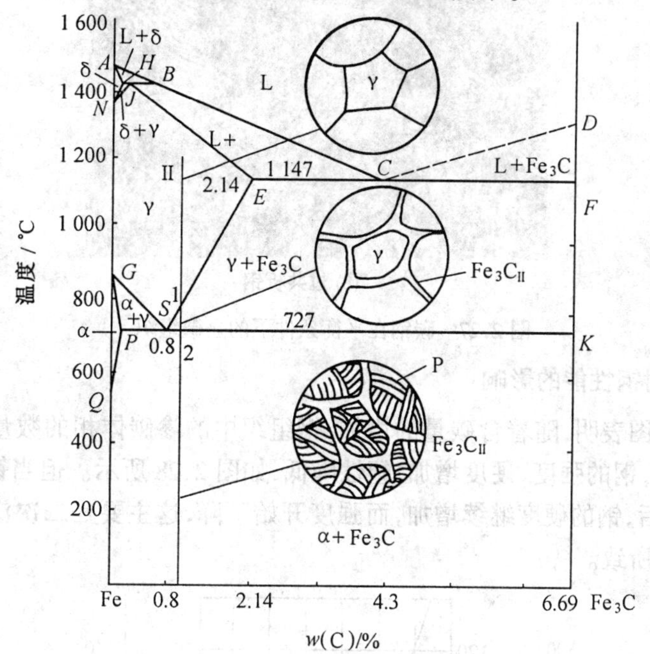

图2.26　过共析钢奥氏体转变示意图

以合金Ⅱ为例，碳的质量分数高于0.8%的合金Ⅱ，在点1处开始从奥氏体中沿晶界析出二次渗碳体。由于二次渗碳体的析出，奥氏体的含碳量降低，并沿着 *ES* 线变化。在点2处，奥氏体的成分达到了共析成分，发生共析反应，生成珠光体。因此，过共析钢的组织是由沿晶界析出的网状二次渗碳体和珠光体构成。钢中含碳量越多，则二次渗碳体的数量也越多。

综上所述，在平衡条件下，共析钢的组织为珠光体(P)；亚共析钢的组织为铁素体和珠光体(α+P)；过共析钢的组织为珠光体和二次渗碳体($P+Fe_3C_{II}$)。其显微组织分别如图2.27(a)、(b)、(c)所示。

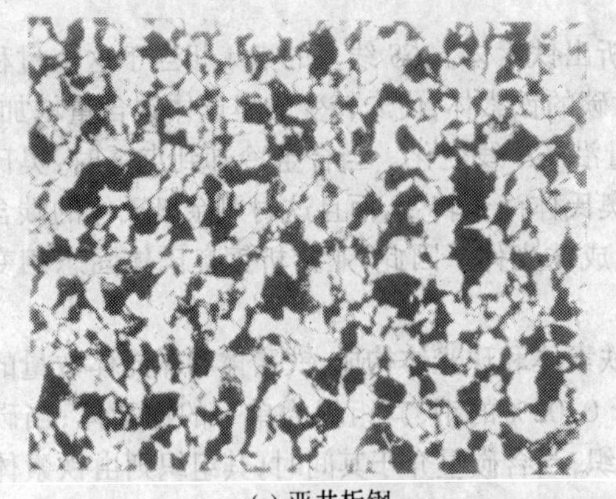

(a) 亚共析钢

(b) 共析钢

(c) 过共析钢

图 2.27　碳钢在平衡条件下的显微组织

三、含碳量对钢性能的影响

Fe－Fe_3C 相图表明，随着含碳量的增加，钢组织中的渗碳体相的数量增加，因此，随着含碳量的增高，钢的强度、硬度增加，塑性降低，如图 2.28 所示。但当钢中碳的质量分数超过 1.0%以后，钢的硬度继续增加，而强度开始下降，这主要是二次渗碳体沿奥氏体晶界呈网状析出所致。

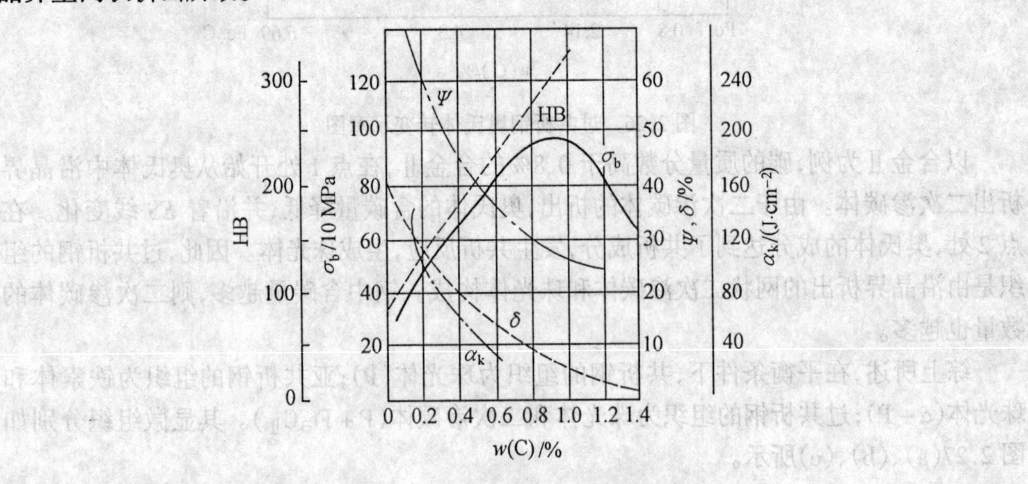

图 2.28　碳对钢的机械性能的影响

第3章　金属的塑性变形与再结晶

金属的一项重要特性就是具有塑性，能够在外力作用下产生塑性变形。

利用其塑性，可对金属材料进行各种压力加工（如锻造、轧制、挤压、冲压等）来生产机器零件或零件的毛坯。

实践表明，金属材料经塑性变形后以及变形后再加热时，其组织与性能均会发生明显变化。这些变化不但会影响到压力加工工艺的进行，而且还会影响到下一步工艺过程的实施、零件的质量和使用寿命。因此，研究金属材料经塑性变形及变形后再加热时的组织与性能的变化，对制定零件的加工工艺路线及保证零件在使用中的安全可靠性是非常重要的。同时对了解金属机械性能的物理意义，合理地使用金属材料等也有重要的意义。

3.1　金属的变形过程

金属在外力作用下首先发生弹性变形。当外力达到一定数值后，便产生塑性变形。

一、金属的弹性变形

从宏观上看，当金属试样去除外力后能立即恢复原状的变形称为弹性变形。从微观来看，在未受力时，金属晶体中的原子之间的引力和斥力相等，原子处于平衡位置，如图3.1(a)所示。当施加拉力后，原子间距 c 被拉长如图3.1(b)所示，原子偏离平衡位置，这时原子间的引力抵抗拉力，力图恢复原状，此时晶体处于弹性变形状态。只要拉力去除，原子便在引力的作用下恢复到原来的位置。因此，在弹性变形时，只是原子间距的微小变化而无显微组织的变化。

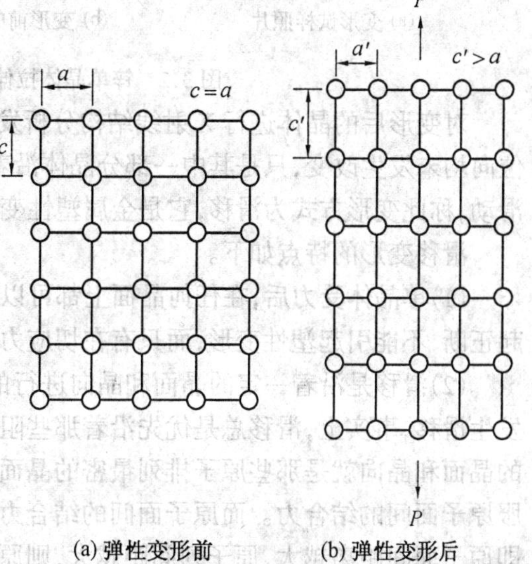

(a) 弹性变形前　(b) 弹性变形后

图3.1　晶体受正应力作用时的变形示意图

金属的弹性变形主要有以下三个特点。

(1)具有可逆性，即外力去除后，变形便完全消失。

(2)弹性形变量很小。

(3)应力和应变成线性关系，即

$$\sigma = E \cdot \varepsilon \tag{3.1}$$

式中 σ—— 正应力；

ε—— 正应变；

E—— 弹性模量。

由此可见，金属弹性模量的高低取决于金属晶体中原子之间的结合力，而与金属的显微组织无关。

二、金属的塑性变形

金属塑性变形的最基本方式是滑移。那么何谓滑移，滑移变形方式有何特点呢？为了回答这些问题，人们首先研究了单晶体的塑性变形过程。

如将一个表面经过抛光的纯锌单晶体进行拉伸试验，在试样的表面上出现了许多互相平行的倾斜线条的痕迹，称为滑移带，如图 3.2 所示。

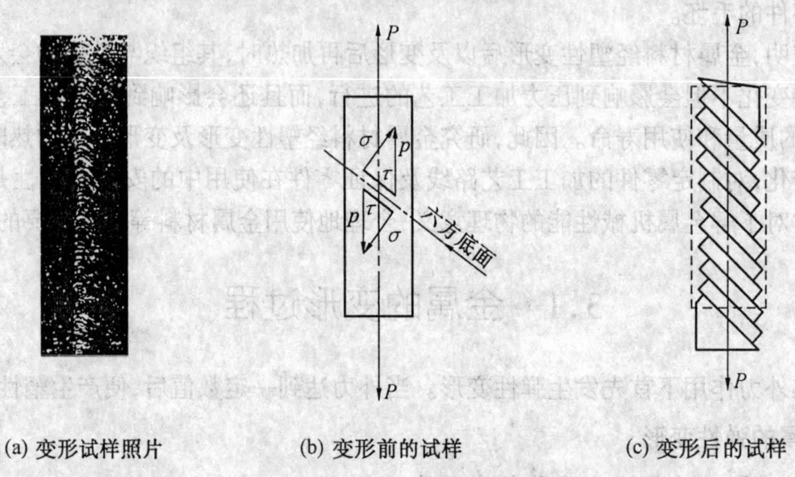

(a) 变形试样照片　　(b) 变形前的试样　　(c) 变形后的试样

图 3.2　锌单晶体拉伸试样的照片及示意图

对变形后的晶体进行 X 射线结构分析发现，在平行线条两侧晶体的结构类型和晶体位向均未发生改变，只是其中一部分晶体沿着某一晶面和晶向相对于另一部分晶体发生滑动，称此变形方式为滑移，它是金属塑性变形的最基本方式。

滑移变形的特点如下。

(1)单晶体受力后，在任何晶面上都可以分解为正应力和切应力。其中正应力只能引起正断，不能引起塑性变形，而只有在切应力的作用下才能产生滑移，使金属塑性变形。

(2)滑移是沿着一定的晶面和晶向进行的，但是，并不是在任意的晶面和晶向都可以发生滑移，事实上，滑移总是优先沿着那些阻力最小的晶面和晶向发生的。一般阻力最小的晶面和晶向就是那些原子排列最密的晶面和晶向。这是因为要产生滑移，外力必须克服原子面间的结合力。而原子面间的结合力与原子面间的距离和原子列间的距离有关，即原子面间距离越大、原子列间距越大，则原子面间的结合力越小。通常称此晶面为滑移面，此晶向为滑移方向。因此，金属发生塑性变形时，总是优先沿着原子排列最密的晶面和晶向上发生。通常把一个滑移面和其上的一个滑移方向称为一个滑移系。每一个滑移系表示金属晶体在产生滑移动作时可能采取的一个空间位向。在其他条件相同时，金属晶体中滑移系越多，该金属的塑性越好。

(3)晶体滑移后，在其表面上出现滑移痕迹，通常称为滑移带，如图 3.3(a)所示。用电子显微镜观察每一条滑移带还会发现，任一条滑移带实际上都是由若干条滑移线组成的，如图 3.3(b)所示。

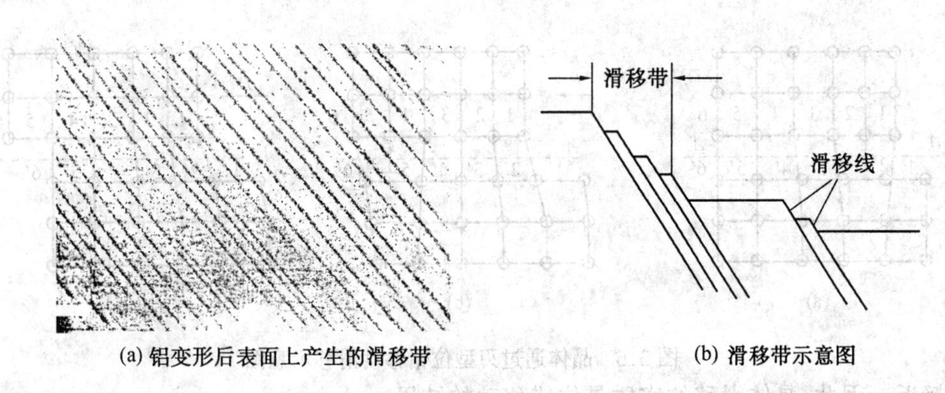

(a) 铝变形后表面上产生的滑移带　　(b) 滑移带示意图

图 3.3　滑移带

(4)金属晶体滑移变形时，除了两部分晶体的相对滑动外，还伴随着晶体的转动，在拉伸时转向外力作用的方向，在压缩时转向垂直于受力方向，如图 3.4 所示。

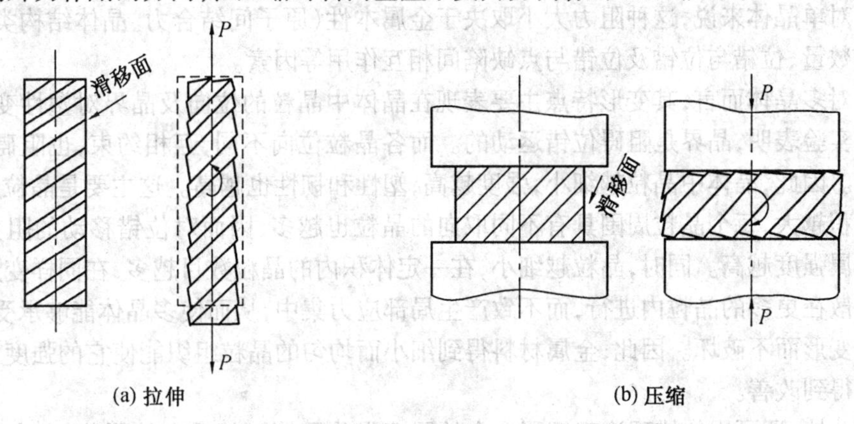

(a) 拉伸　　(b) 压缩

图 3.4　晶体滑移时转动示意图

滑移变形的机理最初曾设想滑移过程是晶体的一部分相对于另一部分做整体刚性移动，如图 3.5 所示。实际上这种设想是不正确的。

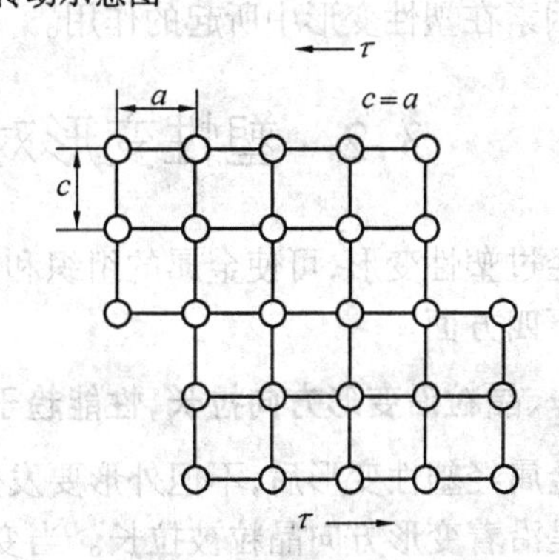

图 3.5　晶体刚性滑移示意图

按此模型计算晶体产生滑动的最小切应力与用试验方法测出的结果相差很大。如铜，理论计算滑移所需的最小切应力为 1 500 MPa，而试验测出的最小切应力仅 1 MPa，两者相差 1 500 倍之多。由此，可以说明这种刚性滑移理论不符合实际。大量试验结果表明，滑移变形是通过位错的移动来完成的，如图 3.6 所示。

不难看出，当晶体通过位错移动产生滑移时，实际上并不需要整个滑移面上的全部原子一起移动。位错在力 P 的作用下向右移动，只需沿滑移面 AA 改变其近邻原子的位置即可实现，位错最终移出晶体表面而消失，如图 3.6(c)所示。这个过程很容易进行，比全部原子同时位移所需之力小得多。按照位错移动的模型计算滑移所需要的力与实际测得

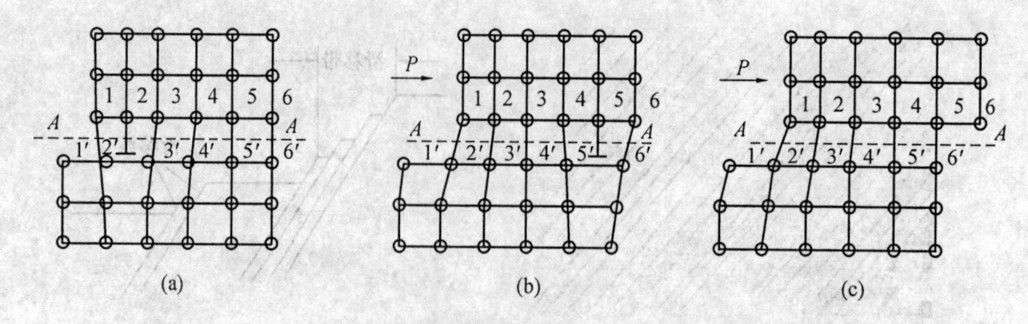

图 3.6　晶体通过刃型位错移动滑移示意图

的接近。因此,晶体滑移的实质是位错移动的结果。

由此可见,晶体滑移所需要的最小切应力实际上是滑移面内位错移动时所需要的力,这个力被称为位错移动的临界切应力。此力的大小主要取决于位错移动时所要克服的阻力。

对单晶体来说,这种阻力大小取决于金属本性(原子间结合力、晶体结构类型等)、位错的数量、位错与位错及位错与点缺陷间相互作用等因素。

对多晶体而言,其变形特点主要表现在晶体中晶粒的位向及晶界对塑性变形的影响上。实验表明,晶界是阻碍位错运动的。而各晶粒位向不同,互相约束,也阻碍了晶粒的变形。因此,晶体中晶粒越细小,强度越高,塑性和韧性也越高。这主要是晶粒越细小,晶界面积越大,每个晶粒周围具有不同取向的晶粒也越多,因而对位错移动的阻力也越大,故金属强度越高。同时,晶粒越细小,在一定体积内的晶粒数目越多,在同样变形量下,变形分散在更多的晶粒内进行,而不致产生局部应力集中,从而使多晶体能够承受较大量的塑性变形而不破坏。因此,金属材料得到细小而均匀的晶粒组织能使它的强度、塑性及韧性都得到改善。

此外,还可用位错理论来解释合金的固溶强化及第二相质点的形状、大小、数量及分布等因素在塑性变形中所起的作用。

3.2　塑性变形对金属组织与性能的影响

经过塑性变形,可使金属的组织和性能发生一系列重大的变化,这些变化大致可以分为以下四方面。

一、晶粒沿变形方向拉长,性能趋于各向异性

金属经塑性变形后,不但外形要发生变化,其内部的晶粒形状也会发生相应的变化,通常是沿着变形方向晶粒被拉长。当变形量很大时,各晶粒将会被拉长成为细条状或纤维状,这种组织称为纤维状组织,如图 3.7 所示。此时,金属的性能也将会具有明显的方向性,如纵向的强度和塑性远大于横向的。

二、位错密度增加,产生加工硬化

经塑性变形后,金属内部的位错数目将随变形量的增大而增加,使金属材料产生加工硬化,即金属的强度及硬度提高,塑性和韧性下降,如图 3.8 所示。加工硬化也称为形变强化,人们常常利用加工硬化来提高金属的强度。

(a)未变形

(b)变形80%以后

图3.7　纯铜经不同程度冷轧变形后的显微组织

如自行车链条的链片是用19 Mn钢带制造的，将3.5 mm厚带料经过五次冷轧后其硬度由原来的HB150提高到HB275。因此，形变强化对一些用热处理不能强化的材料来说，显得更为重要。

加工硬化也是使某些压力加工工艺能够实现的重要因素。如冷拉钢丝拉过模孔的部分，由于发生了加工硬化，不再继续变形而使变形转移到尚未拉过模孔的部分，这样钢丝才可以继续通过模孔而成形。又如，金属材料在冷冲压过程中(如图3.9所示)，由于r处变形最大，首先产生加工硬化，当金属在r处变形到一定程度后，随后的变形即转移到其他部分，这样便可以得到厚薄均匀的冲压件。

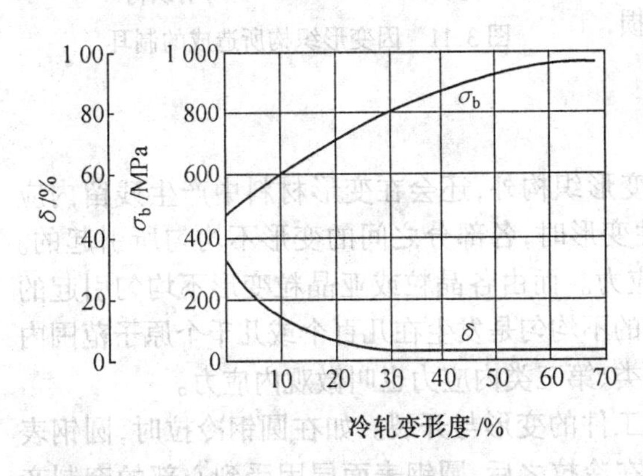

图3.8　碳的质量分数为0.3%的钢冷加工后机械性能的变化

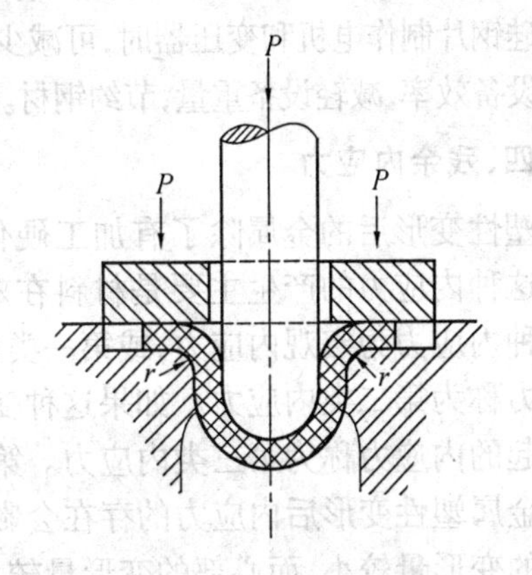

图3.9　冲压示意图

加工硬化虽然在工程上有着广泛的用途，但它也有不利的一面。如冷轧材料时，由于会发生加工硬化现象，增加了后序冷轧工艺的动力消耗。为此需要在冷变形过程中增加中间处理工艺，这样就增加了金属制品的生产成本，延长了生产周期。

塑性变形除了影响金属的机械性能外，还会使金属的物理性能及化学性能发生变化，如使电阻增加，抗蚀性降低等。

三、织构现象的产生

随着变形的发生，各晶粒的晶格位向也会沿着变形的方向同时发生转动，故在变形达到一定的程度(70%以上)时，金属中各晶粒的取向会大致趋于一致，这种由于变形而使晶粒具有择优取向的组织叫织构，也称变形织构，如图3.10所示。

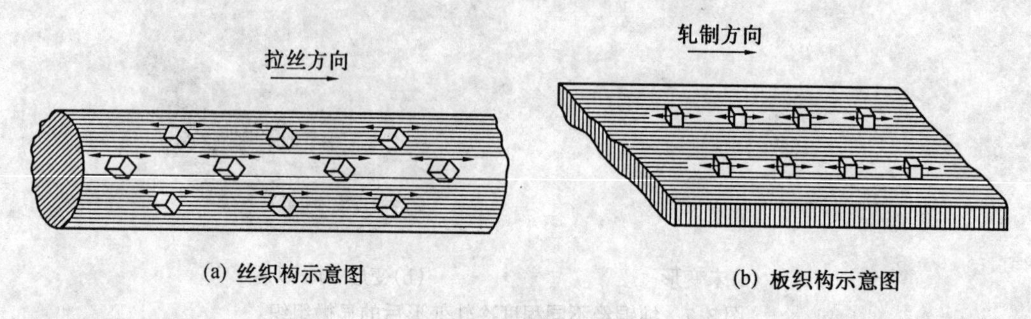

图3.10 织构示意图

织构的形成对金属材料的加工工艺有很大的影响。例如，当用有织构的板材冲压杯状制品时，将会因板材各方向变形能力的不同，而使冲出来的工件边缘不齐，壁厚不均，产生所谓“制耳”现象，如图3.11所示。

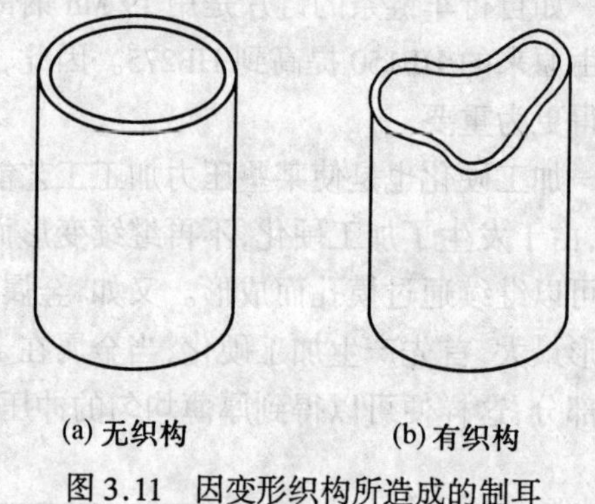

图3.11 因变形织构所造成的制耳

但是，在某些情况下，织构的存在却是有利的。例如，变压器铁芯用的硅钢片，沿[100]方向最易磁化，因此，当采用具有这种织构的硅钢片制作电机和变压器时，可减少铁损，提高设备效率，减轻设备重量，节约钢材。

四、残余内应力

塑性变形后的金属除了有加工硬化、变形织构外，还会在变形材料中产生残留内应力。这种内应力的产生主要是材料在塑性变形时，各部分之间的变形不均匀所引起的。称这种内应力为宏观内应力，或第一类内应力。而由各晶粒或亚晶粒变形不均匀引起的内应力称为第二类内应力。如果这种变形的不均匀是发生在几百个或几千个原子范围内而引起的内应力称为第三类内应力。第二类、第三类内应力也叫微观内应力。

金属塑性变形后内应力的存在会影响工件的变形与开裂。如在圆钢冷拉时，圆钢表面层的变形量较小，而心部的变形量较大，在冷拉之后，圆钢表面层因受到心部的牵制产生拉应力，心部产生压应力，两者相互抵消，使整体应力处于平衡状态。若将这根圆钢表面车去一层，则圆钢中的应力平衡会遭到破坏，从而引起圆钢中宏观内应力的重新分布，使工件产生变形。又如当工件内部存在有微观内应力而又承受外力作用相互叠加时，某些局部部位的应力可能很大，从而使工件在不大的外力作用下产生微裂纹，加速断裂。因而，在一般情况下，不希望工件中存在内应力，必须采取措施加以消除。但有时也利用工件表面产生一定的压应力来抵消外部拉应力的作用，可以延长工件寿命。如对工件表面进行喷丸和滚压处理，就可达到这个目的。

3.3　金属的回复与再结晶

塑性变形后金属会产生加工硬化，限制了金属的继续变形，因此，有时需要消除加工硬化现象，使金属回复到变形前的状态。实现这一过程的实质如下所述。

使金属产生塑性变形要在材料上做功。其中大部分功以热的形式耗散，表现在使工件温度升高。但是，其中也有一小部分功将作为储存能被保留在金属中。这种储存能与金属在变形中产生的大量位错等缺陷有关。因而，变形后的金属是处于一种能量较高状态，是不稳定的，在一定条件下，它将自发回复到变形前的状态。如将变形金属加热到某一温度，就会使金属的组织与性能发生变化，如图 3.12 所示。通常称此处理为再结晶退火。根据退火加热温度的高低，金属显微组织及性能将发生一系列变化，可把这一过程分为不同阶段，即回复、再结晶和晶粒聚集长大。

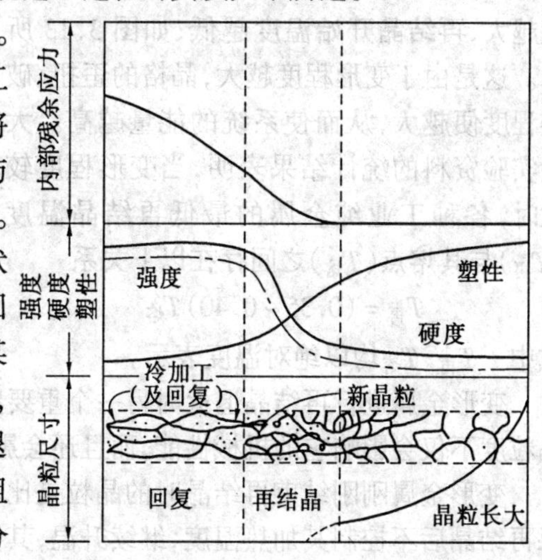

图 3.12　变形金属在加热时组织与性能变化示意图

一、回复

当加热温度较低时，由于原子扩散速度很慢，在这个阶段只能发生空位的运动，而使点缺陷的数量减少，位错密度变化不大，但位错可重新排列成更稳定的状态。因此，变形金属在回复阶段主要特征是点阵畸变消除，内应力显著降低，强度和硬度略有降低，塑性有所回复。不难看出，回复阶段主要是对消除内应力有明显作用，因而，把回复退火称之为去应力退火。主要用于去除冷加工金属件内的残余内应力，以避免变形和开裂。

二、再结晶

当变形金属加热到超过回复的某一温度时，将通过形核及核长大的过程而重新形成内部缺陷较少的等轴小晶粒，这些小晶粒不断向周围的变形金属中扩展长大，直到金属的变形晶粒完全消失为止，这一过程称为金属的再结晶。

再结晶后，金属的强度、硬度显著下降，塑性及韧性显著提高，内应力和加工硬化完全消除，金属又重新复原到变形前的状态。

虽然再结晶过程也是通过形核及核长大的方式完成的，但并未形成新相，新晶粒的晶格类型与变形前是相同的，这点与结晶是有区别的。

要想消除变形后金属的加工硬化，必须进行再结晶退火。而能否正确进行再结晶退火，必须知道金属的再结晶温度是多少。

金属的再结晶过程不是一个恒温过程，而是自某一温度开始，随着温度的升高而进行的过程。所以通常指的再结晶温度是指再结晶开始温度，也就是能够进行再结晶的最低温度。我们将变形量很大(70%以上)的金属,在 1 h 的保温时间内能够完全再结晶的温度确定为再结晶温度。

金属的再结晶温度高低与金属的变形程度、金属的纯度或成分、再结晶保温时间等因素有关,其中变形程度的影响最大。变形程度越大,再结晶开始温度越低,如图 3.13 所示。这是由于变形程度越大,晶格的歪扭、破碎程度便越大,从而使系统的能量越高。大量实验资料的统计结果表明,当变形程度较大时,各种工业纯金属的最低再结晶温度($T_{再}$)与其熔点($T_{熔}$)之间存在以下关系

$$T_{再} = (0.35 \sim 0.40) T_{熔}$$

式中 $T_{再}$、$T_{熔}$均以绝对温度表示。

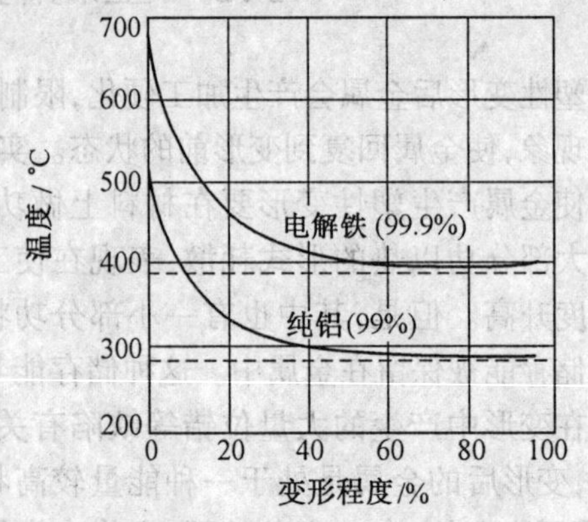

图 3.13 再结晶开始温度与变形程度之间的关系

变形金属进行再结晶退火时另一个重要问题是再结晶后的晶粒度大小,因为金属的晶粒度不仅会影响它的机械性能,而且还会影响其工艺性能(如轧制等)。

变形金属刚刚结束再结晶时的晶粒是比较细小均匀的等轴晶粒,如图 3.14 所示。如果再结晶后不控制其加热温度,继续升温,其晶粒便会长大,称这一阶段为晶粒聚集长大阶段。因此再结晶的晶粒度与退火的加热温度有密切关系,如图 3.15 所示。

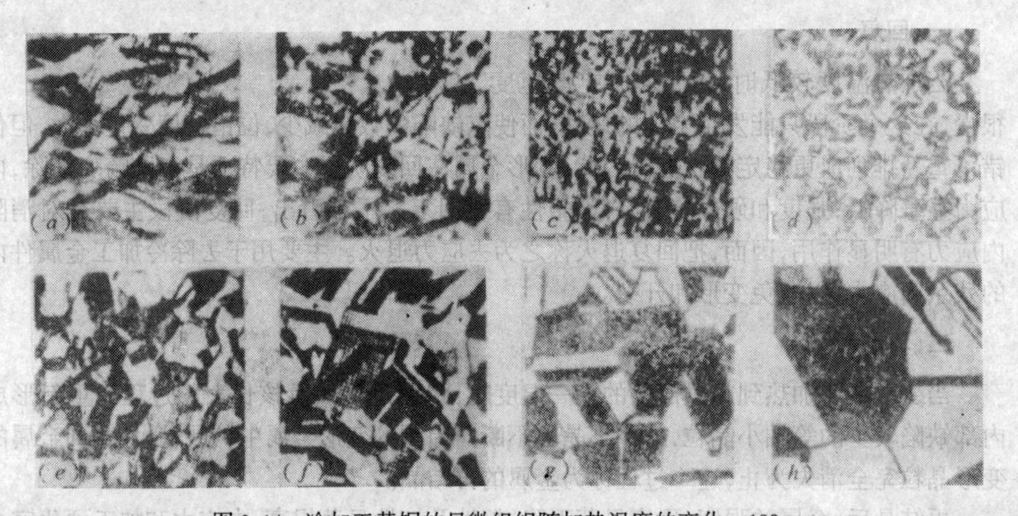

图 3.14 冷加工黄铜的显微组织随加热温度的变化 ×100

除此之外,金属再结晶晶粒度还与变形程度有密切的关系,如图 3.16 所示。不难看出,在某一不大变形程度(2% ~ 10%之间)时,常会得到粗大的再结晶晶粒度。称此变形程度为临界变形度。为了得到细晶粒应在压力加工时避开这样的变形程度。在临界变形度下引起晶粒粗大的原因,是由于变形量小,形成再结晶核心较少,因而造成晶粒异常长大。当变形程度超过临界变形程度后,随着变形程度的增加,再结晶后的晶粒反而变细。当变形程度特别大时,有时晶粒又会特别粗大。

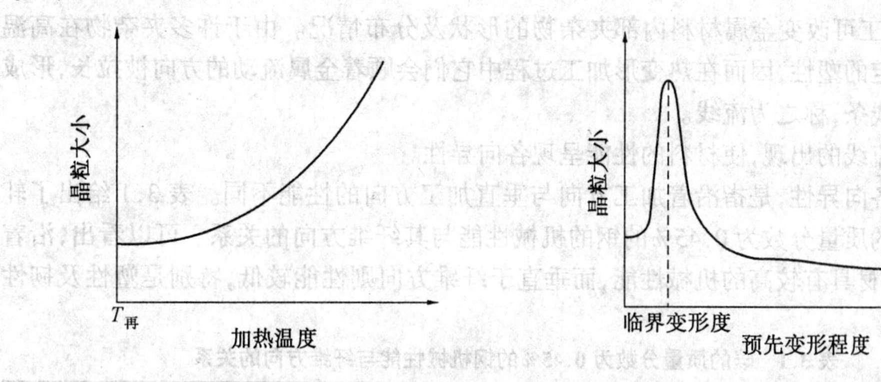

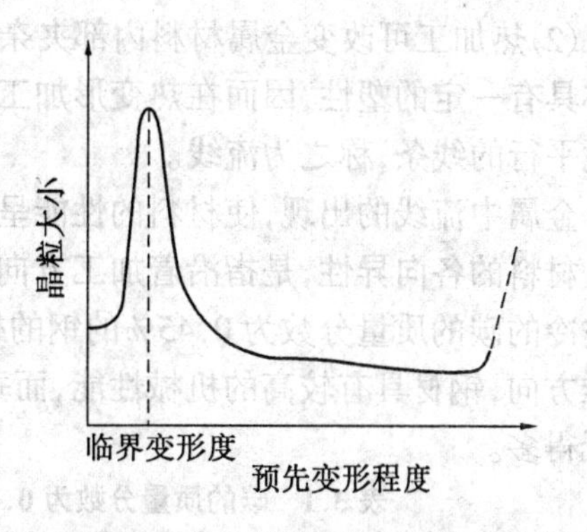

图 3.15　冷加工金属晶粒尺寸与加热温度的关系　图 3.16　变形程度对金属再结晶晶粒大小的影响

为了综合考虑加热温度和冷变形程度对金属晶粒度大小的影响，常将三者的关系绘制在一张立体图上，如图 3.17 所示，称此图为金属的再结晶全图。它可作为制定再结晶退火和热加工工艺的依据。

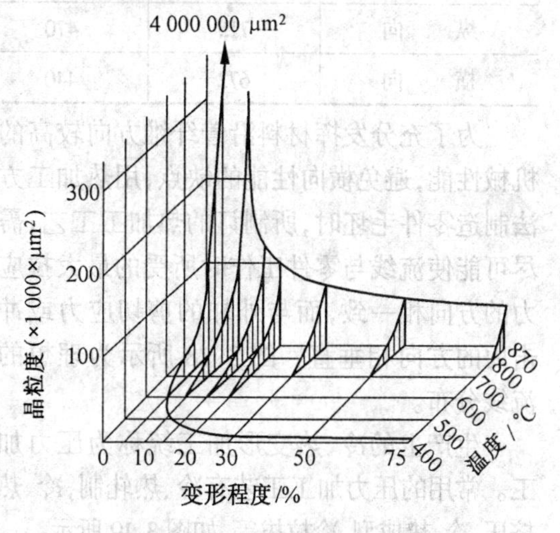

图 3.17　纯铁的再结晶全图

3.4　金属的热加工

金属经冷塑性变形后会产生加工硬化，使金属的变形抗力增大。故使得那些变形量较大，特别是截面尺寸较大的工件，冷加工变形十分困难，对于某些较硬或低塑性的金属(如 W、Mo、Cr、Mg、Zn 等)来说，甚至不可能进行冷加工，而必须进行热加工。因为金属的强度和硬度通常是随着温度的升高而降低，塑性会随温度的升高而升高。所以在高温下对金属进行变形加工比在低温下容易得多。因此生产上便有冷、热变形加工之分。从金属学的观点来说，究竟应该按怎样的原则来区分呢？通常按金属的再结晶温度来区分。即凡在再结晶温度以上进行无强化的变形加工为热加工，反之为冷加工。

尽管超过再结晶温度进行塑性变形也会产生强化，但是这种强化当即被该温度下发生的再结晶过程所抵消。应该指出，再结晶不是在变形的过程中进行的，而是在变形结束之后立刻进行的，而且变形温度越高再结晶越快。当温度很高，并远超过再结晶温度时，再结晶过程在一秒甚至几分之一秒的时间内便可完成。可见，超过再结晶温度进行塑性变形时，金属即使发生强化和加工硬化也将被立刻消除。因此，热加工属于无强化加工。

热加工虽然不致引起加工硬化，但也会使金属的组织和性能发生很大的变化。

(1)通过热加工，可使铸态金属中的气孔、疏松及微裂纹焊合；提高金属的致密度；还可以使铸造的粗大晶粒通过变形和再结晶的作用而变成较细的晶粒；某些合金钢中的莱氏体和大块初次碳化物可被打碎并使其分布均匀等。这些组织上变化的结果会使材料的性能有明显的改善。

(2)热加工可改变金属材料内部夹杂物的形状及分布情况。由于许多夹杂物在高温下亦具有一定的塑性,因而在热变形加工过程中它们会顺着金属流动的方向被拉长,形成彼此平行的线条,称之为流线。

金属中流线的出现,使材料的性能呈现各向异性。

材料的各向异性,是指沿着加工方向与垂直加工方向的性能不同。表 3.1 给出了轧制空冷的碳的质量分数为 0.45%的钢的机械性能与其纤维方向的关系。可以看出,沿着纤维方向,钢材具有较高的机械性能,而垂直于纤维方向则性能较低,特别是塑性及韧性要低得多。

表 3.1　碳的质量分数为 0.45%的钢机械性能与纤维方向的关系

取样的方向	σ_b/MPa	$\sigma_{0.2}$/MPa	$\delta\times100$	$\Psi\times100$	α_k/(J·cm^{-2})
纵　向	715	470	17.5	62.8	62
横　向	672	440	10	31	30

为了充分发挥材料沿着纤维方向较高的机械性能,避免横向性能的缺点,用热加工方法制造零件毛坯时,所制订的热加工工艺,需尽可能使流线与零件工作时所受的最大拉应力的方向相一致,而与外加的剪切应力或冲击力的方向相垂直。图 3.18 所示为理想的流线分布。

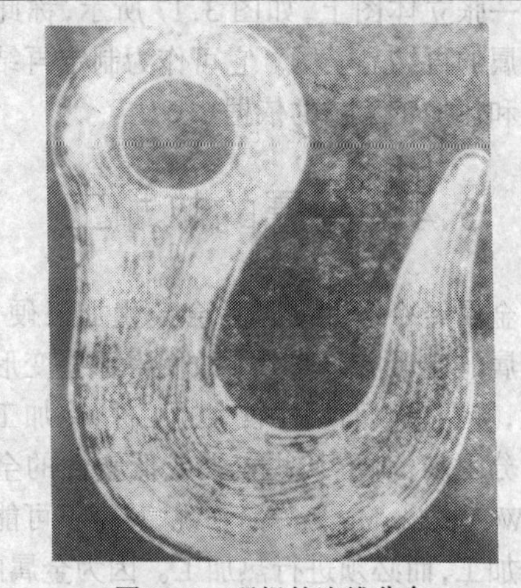
图 3.18　理想的流线分布

生产上的冷、热变形加工统称为压力加工。常用的压力加工工艺有冷、热轧制,冷、热挤压,冷、热成型,冷拉拔等,如图 3.19 所示。

材料的质量好坏不但与压力加工过程有关,而且还取决于具体某种工艺的工艺参数。

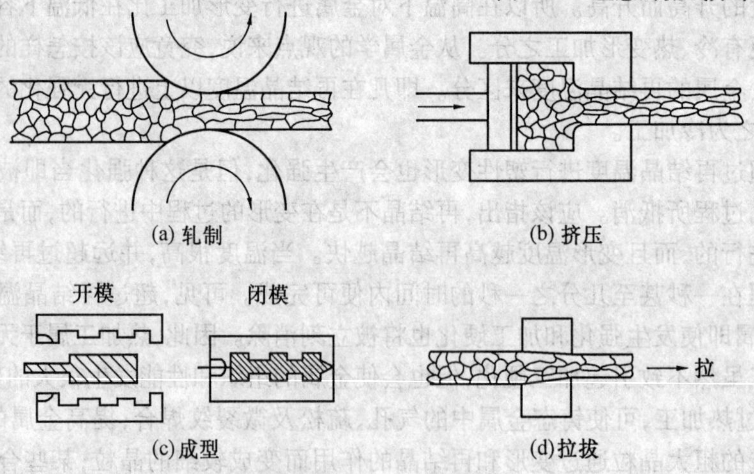

图 3.19　常用压力加工方法

3.5 金属的断裂

金属的断裂是材料在外力作用下,破断成为两部分的现象。机器零件断裂后不仅完全丧失服役能力,而且还可能造成不应有的经济损失及伤亡事故。断裂是机器零件最危险的失效形式。按断裂前是否产生塑性变形和裂纹扩展路径做如下分类。

根据材料断裂前所产生的宏观塑性变形量大小来确定断裂类型,可分为韧性断裂与脆性断裂。

韧性断裂的特征是断裂前发生明显宏观塑性变形,用肉眼或低倍显微镜观察时,断口呈暗灰色纤维状,有大量塑性变形的痕迹,如图 3.20 所示。脆性断裂则相反,断裂前从宏观来看无明显塑性变形积累,断口平齐而光亮,常呈人字纹或放射花样,如图3.21所示。

图 3.20 塑性断裂断口

从工程角度来看,将断裂分成上述两类具有很大的意义。

宏观脆性断裂是一种危险的突然事故。脆性断裂前无宏观塑性变形,又往往没有其他预兆,一旦开裂后,裂纹迅速扩展,造成严重的破坏及人身事故。因而对于使用有可能产生脆断的零件,必须从脆断的角度计算其承载能力,并且应充分估计过载的可能性。

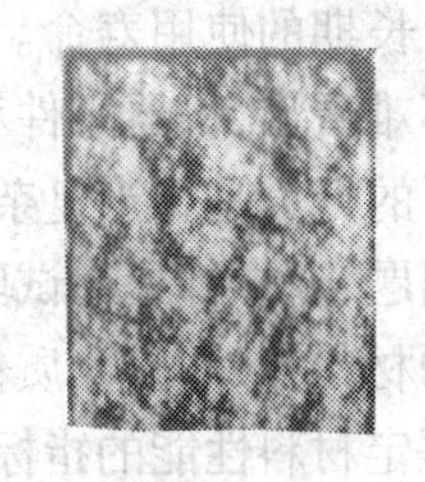

图 3.21 脆性断裂断口

宏观塑性断裂的危险性远较脆断小。由于塑断前产生明显的塑性变形使零件不能正常运行,就会引起人们的注意,及时采取措施,防止断裂的产生。即使由于短时突然过载,一般也只能造成局部开裂,不会整体断裂或飞出碎片造成灾难性事故。对于使用有可能产生塑性断裂的零件,只需按材料的屈服强度计算其承载能力,一般即能保证安全使用。

按裂纹扩展路径分类。当多晶体金属断裂时,根据裂纹扩展所走的路径,又分穿晶断裂和沿晶断裂。穿晶断裂的特点是裂纹穿过晶内,如图 3.22(a)所示。沿晶断裂时裂纹沿晶界扩展,如图 3.22(b)所示。穿晶断裂可能是韧性的,也可能是脆性的,而沿晶断裂多是脆性断裂。

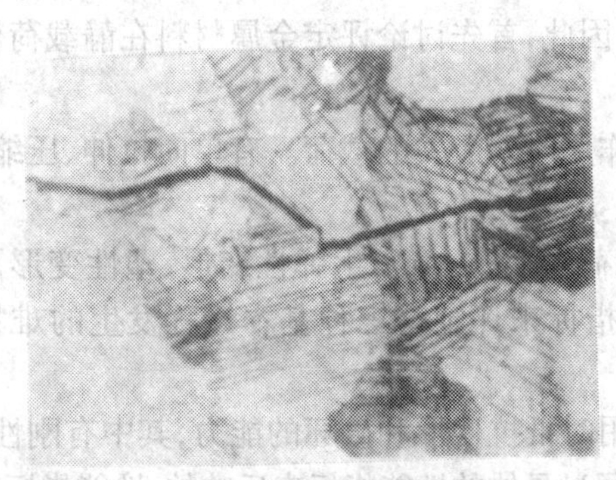

(a)穿晶断裂

(b)沿晶断裂

图 3.22 穿晶断裂与沿晶断裂

第4章　评定金属材料在应力、介质作用下的性能指标

机器零件和制品都在一定的工作条件下服役。工作条件通常是指它们在工作时受到力、介质及温度等因素的作用。对所有的零件及制品来说,总是受到外力(载荷)的作用,根据作用载荷的性质可分为静载荷、动载荷、冲击载荷和摩擦力等。此外,有些零件和制品除受力作用外,还在一定的腐蚀性介质中及温度等特殊环境下工作,如化工机械、水力机械、汽轮机叶片、汽轮机转子和锅炉等。

机器零件及制品在上述条件下工作时最终是要失效的,主要失效形式有过量弹性变形、过量塑性变形(屈服和蠕变)、静载断裂、静载延迟断裂、疲劳断裂及尺寸变化等。导致零件过早失效与否,主要取决于它的结构强度。而零件的结构强度一般是指其短时承载能力及长期的使用寿命。它与零件的结构因素、材料因素、加工工艺因素及使用情况有关。不难看出,机器零件和制品在工作时的失效不是由单一因素引起的,研究零件在工作条件下的行为是相当复杂的,而用结构强度作为设计的选材指标则更为困难。为了解决这一问题,通常都是在试验室内模拟生产条件,确定合适的试验方法,对用于制造零件所选用的材料在外力、介质作用下的行为进行研究,在此基础上确定材料发生某种行为的特征及评定材料性能的指标。尽管由试验室所确定的材料行为和性能指标条件与零件实际工作条件不完全一样,但由试验室所确定的这些性能指标仍然是设计者选材时的主要依据。本章就是要回答评定金属材料在应力、介质作用下有哪些性能指标以及这些性能指标的物理意义等。

4.1　金属材料在静载荷作用下的性能指标

工程上服役在静载荷作用下的机器零件的例子是很多的,如起重机的钢丝绳承受很大的拉力,千斤顶在举起重物时受到压力等。因此,首先讨论评定金属材料在静载荷作用下的性能指标。

静载荷是指作用于材料上的载荷方向与作用时间无关的载荷。有单向拉伸、压缩、弯曲、扭转等。

在材料力学中已经知道,金属材料在静载荷作用下,将发生弹性变形、塑性变形及断裂三个基本过程。常用金属材料的机械性能指标来评定这三种基本过程发生的难易程度。

金属材料的机械性能是指材料在外力作用时抵抗变形和破坏的能力,其中有刚性(刚度)、弹性、强度和塑性等。某项性能好与差,是通过具体的性能指标来反映的,性能指标的数值,通常用拉伸试验来测定。图4.1为典型低碳钢的拉伸曲线,由它可求出各性能的指标。

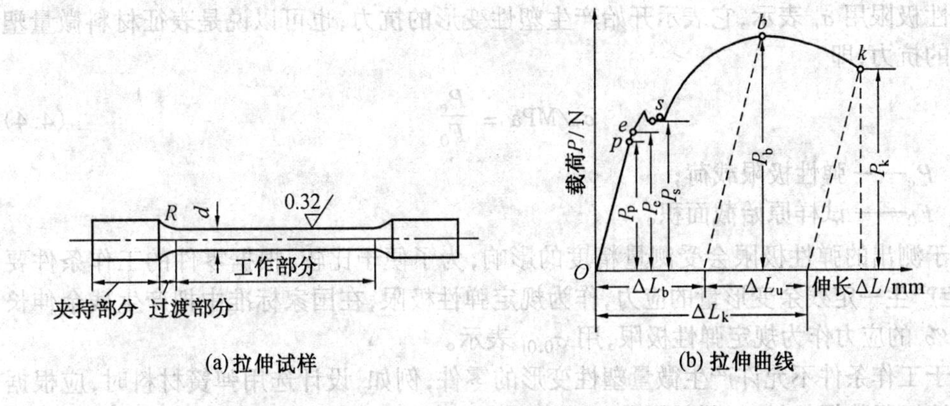

图 4.1 低碳钢的拉伸曲线及拉伸试样

一、刚度

对于一般构件或机件而言,弹性变形量较小,不影响正常使用。但在有些情况下,金属的弹性变形可使受压的杆件失去稳定性,使高速旋转的机件产生偏心,造成较大的离心力而使机器发生振动,使高精度机床降低精度等。在这些情况下,必须考虑弹性变形的作用。

工程上常用刚度的大小来评定金属材料产生弹性变形的难易程度,表示为

$$\text{刚度} = \frac{\text{载荷}}{\text{变形}} \tag{4.1}$$

即刚度是产生单位变形所需要的载荷值。在相同载荷下,刚度越大,产生的弹性变形越小。在单轴拉伸条件下,在弹性变形范围内,金属制件的刚度可表示为

$$Q = \frac{P}{\Delta L} = \frac{\sigma}{\delta} \cdot \frac{F_0}{L_0} = E \cdot \frac{F_0}{L_0} \tag{4.2}$$

式中 Q—— 刚度;

E—— 弹性模量;

F_0—— 试样的原始面积;

L_0—— 试样原始长度。

由此可见,刚度随材料的弹性模量的增大、承力面积的增大及长度的缩短而增大。

二、弹性

材料在载荷作用下产生变形,载荷去除后,变形可消失而恢复原状的性能称为弹性。表示材料最大弹性的指标是比例极限或弹性极限。

比例极限用 σ_p 表示,它表示应力与应变成正比关系的最大应力,即

$$\sigma_p/\text{MPa} = \frac{P_p}{F_0} \tag{4.3}$$

式中 P_p—— 比例极限载荷;

F_0—— 试样原始截面积。

比例极限在实际生产中很难测定,通常是测量材料产生微小塑性变形时的应力,这个应力称为弹性极限。

弹性极限用 σ_e 表示，它表示开始产生塑性变形的抗力，也可以说是表征材料微量塑性变形的抗力，即

$$\sigma_e/\text{MPa} = \frac{P_e}{F_0} \tag{4.4}$$

式中　P_e—— 弹性极限载荷；

F_0—— 试样原始截面积。

由于测出的弹性极限会受测量精度的影响，为了便于比较，根据零件的工作条件要求，规定产生一定残余变形量的应力，作为规定弹性极限，在国家标准中把产生残余伸长为 0.01% 的应力作为规定弹性极限，用 $\sigma_{0.01}$ 表示。

对于工作条件不允许产生微量塑性变形的零件，例如，设计选用弹簧材料时，应根据规定弹性极限数据选材。如果材料的规定弹性极限低，弹簧工作时就可能产生塑性变形，尽管每次变形很小，但时间长了塑性积累，弹簧的尺寸将发生明显变化，导致弹簧失效。

三、强度指标

强度是指材料在载荷作用下抵抗变形和断裂的能力。强度指标有屈服强度和抗拉强度，也称强度指标为塑变抗力指标。

从低碳钢拉伸曲线可以看出，在拉伸过程中，出现载荷不增加或开始下降，而试样还继续伸长的现象称为屈服现象。屈服时所对应的应力为屈服点或屈服强度，又称为屈服极限，用 σ_s 表示，即

$$\sigma_s/\text{MPa} = \frac{P_s}{F_0} \tag{4.5}$$

式中　P_s—— 恒定载荷，即载荷不增加，试样还继续伸长的恒定载荷。

不是所有金属材料在任何状态下均有屈服现象，除退火或热轧的低碳钢和中碳钢等少数合金有屈服现象外，大多数金属及合金都没有屈服点。因此，通常规定产生 0.2% 残余伸长的应力，作为条件屈服强度，用 $\sigma_{0.2}$ 表示。

屈服强度是表征金属发生明显塑性变形的抗力。

零件与构件一般不允许发生塑性变形。但是要求的严格程度是不一样的，要求特别严的零件和构件，应该根据材料的弹性极限和比例极限设计。要求不十分严格的零件与构件，则要以材料的屈服强度作为设计和选材的主要依据。

抗拉强度又称为强度极限。当拉伸试样屈服以后，欲继续变形，必须不断增加载荷，当载荷达到最大值 P_b 后，试样的某一部位截面开始急剧缩小，出现了“缩颈”，致使载荷下降。拉伸曲线图上的最大载荷 P_b 就是抗拉强度的载荷。因此，抗拉强度是试样拉断前最大载荷所决定的条件临界应力，用 σ_b 表示，即

$$\sigma_b/\text{MPa} = \frac{P_b}{F_0} \tag{4.6}$$

式中　P_b—— 拉断前试样所能承受的最大载荷。

抗拉强度的物理意义是表征材料对最大均匀变形的抗力，表征材料在拉伸条件下所能承受的最大载荷的应力值。它也是设计和选材的主要依据之一。

从拉伸曲线中还可看出，试样的断裂载荷并不是 P_b，而是 P_k，称它为断裂载荷。如果用拉断时试样的截面积 F_k 除断裂载荷 P_k，则称此应力为断裂强度，用 S_k 表示，即

$$S_k/\mathrm{MPa} = \frac{P_k}{F_k} \tag{4.7}$$

断裂强度表征材料对断裂的抗力。但是对塑性材料来说，它在工程上意义不大，因为产生缩颈后，试样所负担的外力不但不增加，反而减少。

塑性差的材料（脆性材料）一般不产生缩颈，拉断前的最大载荷就是断裂时的载荷 P_k，并且由于塑性变形小，试样截面积断裂前后变化不大，$F_0 \approx F_k$。因此，抗拉强度 σ_b 就是断裂强度 S_k。在这种情况下，抗拉强度就是断裂抗力。

四、塑性指标

断裂前金属发生塑性变形的能力叫塑性。塑性指标常用金属断裂时的最大相对塑性变形来表示，如拉伸时的伸长率（δ）和断面收缩率（Ψ）。

伸长率（δ）和断面收缩率（Ψ）的数值可由下式求出

$$\delta = \frac{L_1 - L_0}{L_0} \times 100\% \tag{4.8}$$

$$\Psi = \frac{F_0 - F_k}{F_0} \times 100\% \tag{4.9}$$

式中 L_0—— 拉伸试样原始标距长度；

L_1—— 拉伸试样断裂后标距的长度；

F_0—— 拉伸试样原始截面积；

F_k—— 拉伸试样破断处的截面积。

由于对同一材料用不同长度的标准试样所测得的伸长率值是不同的，因此，实用中对试样的尺寸做出规定。通常用 $L_0 = 5d_0$，$L_0 = 10d_0$ 两种试样测定伸长率，进行比较。以 δ_5 或 δ_{10} 表示。按上述两种比例关系制作的拉伸试样为比例试样，否则为非比例试样。

这些机械性能指标除刚度以外，均是组织结构敏感因素，也就是说，当材料的组织结构发生变化时，其 σ_e、σ_s、$\sigma_{0.2}$、σ_b、δ、Ψ 均会发生变化。因此，将这些指标称之为组织敏感性指标。

对机器零件来说，在工作时不总是承受拉伸载荷，有时还会受到压缩、弯曲、扭转等载荷的作用，此时不能用拉伸时的机械性能指标来选择材料。另一方面，对高强度脆性材料，用拉伸试验也很难准确地测定其材料的塑性及强度指标。这主要是在拉伸机上试样若出现很小的偏心或表面粗糙度不高等情况，即使在拉伸力不大的情况下，往往可能引起提前断裂，使试验结果很分散。为此，常用压缩试验、弯曲试验、扭转试验方法来测定脆性材料的强度指标与塑性指标，如表 4.1 所示。

表 4.1 几种其他静载荷试验方法与性能指标

试验方法	强度指标	塑性指标
压缩试验	抗压强度，σ_{bc} 表示	相对压缩率 ε_c，相对断面扩展率 Ψ_c
弯曲试验	抗弯强度，σ_{bb} 表示	挠度，f 表示
扭转试验	扭转比例极限，τ_p 表示 扭转屈服极限，$\tau_{0.3}$ 表示 扭转强度极限，τ_b 表示	切应变，γ_f 表示

五、硬度

用静载荷试验方法测定材料的机械性能时，均会使试样破坏。这种方法对已加工好的零件是不适用的，为此人们用硬度试验方法来检查零件经各种加工后的性能。而且人们在长期实践中还建立了硬度与强度的关系。

材料的硬度是指抵抗外来物体嵌入的能力，实质上硬度同样反映变形抗力。常用的硬度检查方法有布氏硬度、洛氏硬度、维氏硬度等。

布氏硬度法：它是最传统最常用的试验方法，如图 4.2(a) 所示。在力 P 的作用下，把直径为 D 的钢球压入被测物体中，布氏硬度值是载荷 P 除以压痕的球形面积(直径为 d)，用 HB 表示。

洛氏硬度法：如图 4.2(b) 所示。它使用的压头是金刚石圆锥体，或是小钢球。洛氏硬度值是压入深度(h) 的倒数。洛氏硬度常用三个标尺。试验用压头为金刚石圆锥体，载荷 $P = 1\,500$ N 时，测得的硬度用 HRC 表示。用金刚石圆锥体，载荷 $P = 600$ N，测得硬度用 HRA 表示。用钢球做压头，载荷 $P = 1\,000$ N 时，测得的硬度用 HRB 表示。

维氏硬度法：如图 4.2(c) 所示。它的压头是金刚石四棱锥体，测量出压痕的对角线(d) 后，查表或算出方锥压痕表面积除载荷 P 的值即为硬度，用 HV 表示。

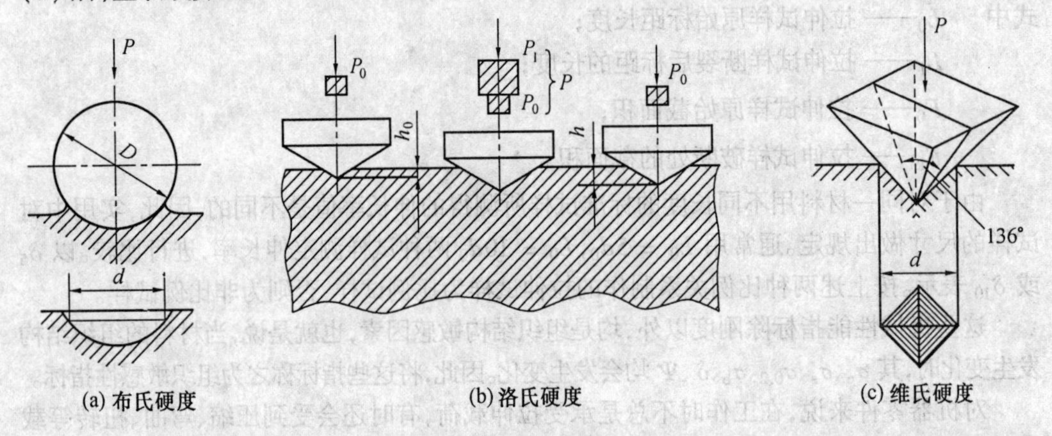

图 4.2　硬度试验示意图

测量结果表明，各种硬度之间存在并不十分精确的相互对应关系，HRC 值近似为 HB 的 1/10。

不但如此，对于碳钢与一般合金钢，布氏硬度与材料抗拉强度之间有如下近似关系：当 HB < 175 时，$\sigma_b \approx 0.36$ HB；当 HB > 175 时，$\sigma_b \approx 0.35$ HB。此换算不甚精确，不过它与实际强度值可能出现的偏差很少超过 10%，该换算法不适用于脆性材料。

4.2　金属材料在其他载荷作用下的性能指标

一、冲击载荷作用下的性能指标

有些机器零件在工作时要承受冲击载荷的作用，如机器启动、急刹车以及速度突然改变等。还有一些机械本身就是在冲击载荷作用下工作的，如锻锤、冲床等。

冲击载荷与静载荷的主要区别在于加速度不同。因此,冲击载荷不仅是力的作用,而且还有作用时的速度问题。所以冲击载荷是一个能量载荷。

在冲击载荷作用下材料的行为仍然是表现为弹性变形、塑性变形和断裂。同静载荷作用相比,它对塑性变形及断裂过程有显著的影响。由于加载速度增加,使金属塑性变形的过程进行得不充分,并增加材料的脆断倾向,尤其是对低塑性材料更为明显。

由于冲击载荷作用于机件上的一刹那的力不易测准,它又是一个能量载荷,在评定冲击载荷作用下材料的性能指标就不能使用静载荷作用下的性能指标。工程上用韧性来评定材料抵抗冲击的能力。

韧性代表材料在破断时单位体积内所能吸收的能量大小。用一次摆锤冲击试验机来测量,如图 4.3 所示。将试样放在试验机的支座上,将具有一定质量的摆锤举至一定的高度,使其获得一定的位能,再将其释放,冲断试样。摆锤冲断试样所失去的能量,即对试样断裂所做的功,称为冲击功,用 A_k 表示,用试样缺口处截面积 F_N 去除 A_k,即得冲击韧性。

$$\alpha_k/(\mathrm{J\cdot cm^{-2}}) = \frac{A_k}{F_N} \tag{4.10}$$

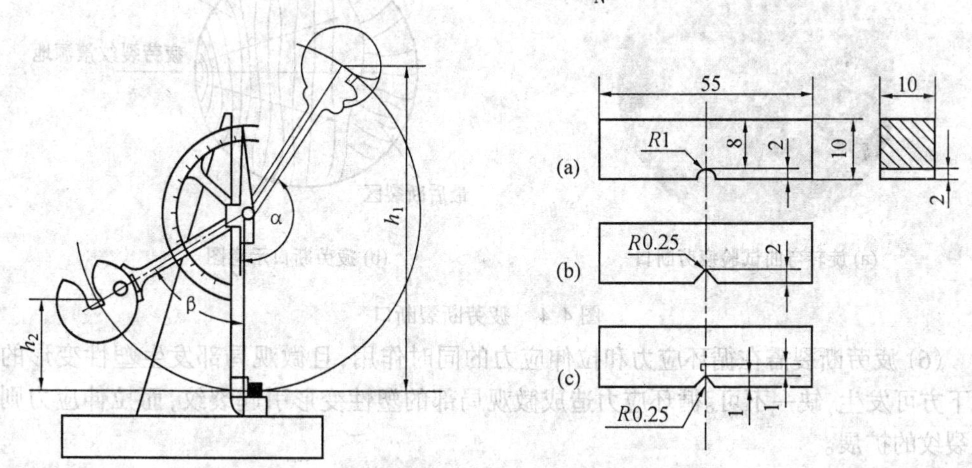

图 4.3　冲击试验示意图

不难看出,这种方法作为衡量金属材料的韧性指标是欠妥的。因为它测量的 α_k 值并不代表材料破断前单位体积内所吸收的能量大小,而是单位面积吸收的能量。另外,这种一次摆锤冲击法也与机器零件在实际工作中所承受的冲击载荷情况往往不相符合。但是,这种方法也有它的突出特点,由于它的冲击速度大,试样又开有缺口,因而能够很灵敏地反映出金属材料在这种试验条件下脆性破断的趋势。α_k 值对组织缺陷非常敏感,它能灵敏地反映出材料的品质、宏观缺陷和显微组织的微小变化。因此,α_k 值可作为评定材料在冲击载荷作用下的断裂抗力指标,用以确定材料可靠性的程度。

二、交变载荷作用下的性能指标

许多机器零件如轴、齿轮、弹簧等,都是在交变载荷作用下工作的,它们工作时所承受的应力一般都低于材料的屈服强度。零件在这种动载荷作用下,经过较长时间的工作而发生断裂的现象称为金属的疲劳。疲劳断裂与静载荷作用下的断裂不同,它是在交变应力作用下而产生的破坏，其特点如下。

(1) 疲劳破坏时，最大应力一般远低于静载荷作用下材料的强度极限，甚至低于屈服极限或弹性极限，即疲劳破坏是低应力的。

(2) 疲劳破坏是在交变应力作用下，经过几百次到几百万次的循环运行而发生的，它与连续加载时，只要应力高于材料的强度极限就立即破坏是不同的。

(3) 疲劳破坏一般为无明显塑性变形的宏观脆性断裂，不使用特殊探伤设备无法观察到损坏现象。因此，疲劳破坏有相当的危险性。

(4) 在疲劳破坏过程中，材料的内部组织发生变化，这种变化只局限于材料的某些局部区域，其余区域的材料则没有变化。并且局部的组织变化是在疲劳过程中不断发生的，并且逐渐积累起来。

(5) 断裂的疲劳断口常分为两部分，一是疲劳裂纹扩展区，外形比较光滑；二是最后突然断裂区(瞬断区)，外形较粗糙，如图 4.4 所示。

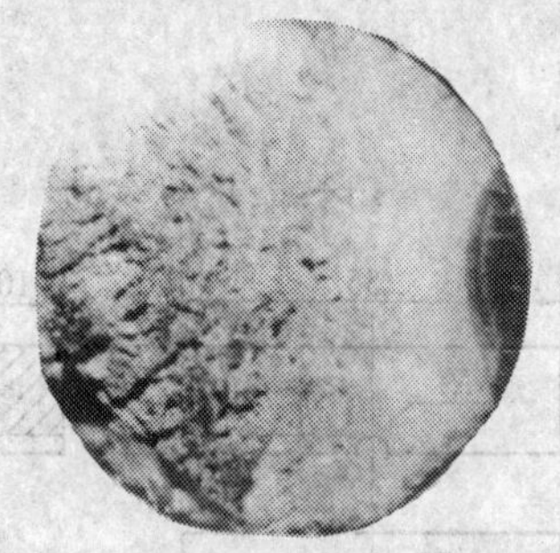

(a) 旋转弯曲试验疲劳断口

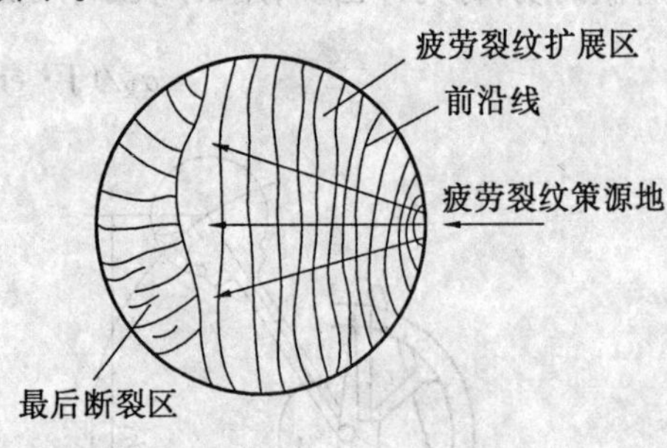

(b) 疲劳断口示意图

图 4.4 疲劳断裂断口

(6) 疲劳断裂需在循环应力和拉伸应力的同时作用，且微观局部发生塑性变形的情况下方可发生，缺一不可。循环应力造成微观局部的塑性变形引起裂纹，而拉伸应力则促进裂纹的扩展。

(7) 疲劳断裂过程一般包括三个阶段：裂纹的形成、裂纹的扩展和最终的失稳扩展。

(8) 在一定的应力对称系数 r 下，机件所承受的交变应力的振幅 σ_a 越大，则断裂前所承受的应力循环次数 N 越少；应力振幅 σ_a 越小，则断裂前所承受的应力循环次数 N 越多；在一定的条件下，当应力最大值低于某一特定值时，材料可经受无限次循环而不断裂。

由于疲劳断裂的特征与静载荷作用下的断裂有明显的差异，因而就不能用静载荷作用下的性能指标来作为在交变应力作用下工作零件的选材依据。人们提出了一个新的性能指标即疲劳极限(疲劳强度)，用 σ_r 表示。如果是对称循环应力，则疲劳强度可用 σ_{-1} 表示。

疲劳强度的大小，通常用试验方法从其疲劳曲线 $\sigma-N$ 中测出。根据在一定交变应力对称系数为 r 时材料所受的应力振幅 σ_a 越大，则其破坏周次 N 便越少这一特点，可加工一定形状的试样，施加不同水平的交变应力，测定其破断前的循环次数，将这些不同水平的应力振幅 σ 和相应的破坏周次 N，画在同一坐标图上，即得 $\sigma-N$ 曲线，如图 4.5 所示。

从疲劳曲线可以看出，当应力低于某一值后，应力交变到无数次也不会发生疲劳断裂，即曲线水平部分所对应的应力，此应力便称为材料的疲劳极限。所以疲劳极限表示材料经受无限多次循环而不断裂的最大应力。它是评定材料疲劳抗力的性能指标之一。

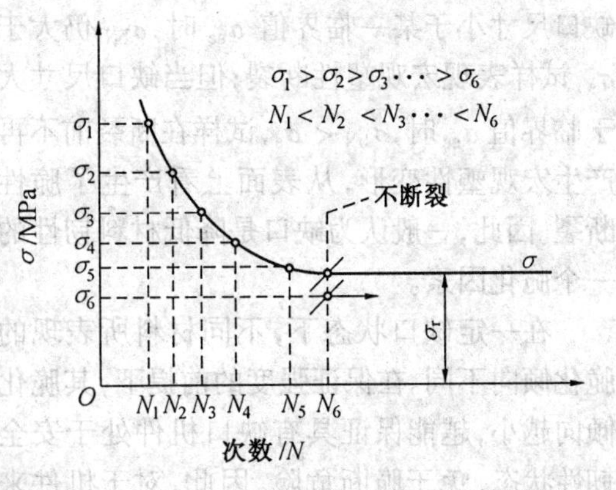

图 4.5　疲劳曲线示意图

在设计时，如果作用于材料上的交变应力低于材料的疲劳极限，则此材料在工作时是安全的。但在实际中，零件常常会在短时间受到高于疲劳极限的应力作用，如汽车超载运行等。机器零件的偶然过载运行对零件的寿命是有影响的，一般用过负荷持久值来衡量偶然超过疲劳极限运行对疲劳寿命的影响，它的大小也可以在疲劳曲线上反映出来。

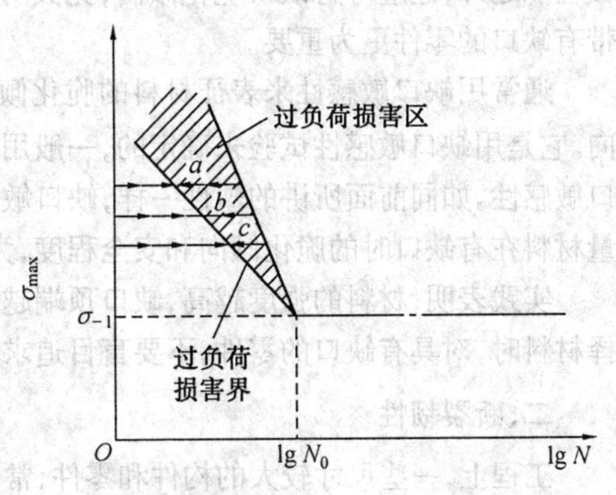

图 4.6　过载荷疲劳损害界的建立

从不同材料的疲劳曲线上还可看到，除可得出疲劳极限用以表示材料的疲劳性能外，曲线倾斜部分的位置也是材料的一种性能指标。它表明当应力超过疲劳极限时，材料对过负荷的抗力，称为过负荷持久值，如图 4.6 所示。过负荷持久值表示在超过疲劳极限的应力下直到断裂所受最大应力循环周次。此斜线越陡直，表示在相同的过载荷下能经受的应力循环周次越多，即过负荷抗力越高。因此，过负荷持久值也作为疲劳抗力指标之一。

疲劳强度是组织敏感的参量，它与材料的化学成分、显微组织、夹杂物、纤维方向等均有密切的关系。

4.3　金属的缺口效应与断裂韧性

一、金属的缺口效应

静载荷作用下的金属机械性能指标是用光滑试样测定的。

但工程上服役的机器零件由于本身结构和加工制造特点，总是存在有截面突变的台阶和缺口，如螺纹、油孔等。有些缺口也可能在加工工艺过程中形成，也可能是在使用过程中产生。由于缺口的存在，会改变零件的受力条件，并在缺口的顶端产生应力集中，促进裂纹的萌生和扩张以及降低材料断裂的承载能力（名义断裂应力）。

图 4.7 为表面裂缝（缺口）深度对高强度钢板试样断裂应力的影响。

该高强度钢板光滑试样拉伸时表现宏观塑性断裂，其 σ_s = 1 500 MPa，σ_b = 1 700 MPa，而伸长率 δ = 8%。当试样表面有缺口时，其断裂应力随缺口尺寸的增大而降低。当缺口尺寸小于某一临界值 a_{sc} 时，σ_{bN} 仍大于 σ_s，试样表现宏观塑性断裂；但当缺口尺寸大于临界值 a_{sc} 时，$\sigma_{bN} < \sigma_s$，试样在断裂前不再产生宏观塑性变形，从表面上看产生了脆性断裂。因此，一般认为缺口是降低材料韧性的一个脆化因素。

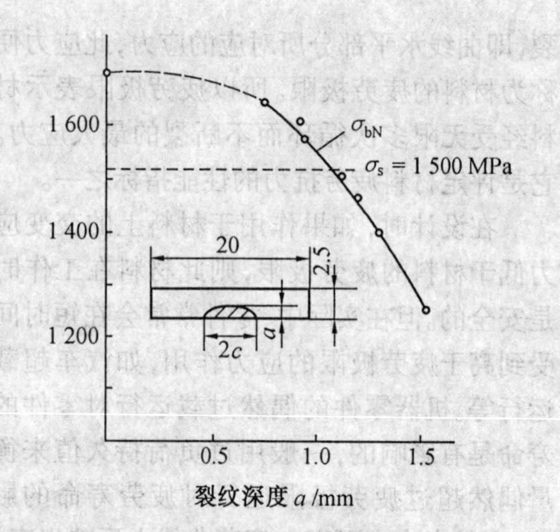

图 4.7　表面裂缝深度对高强度钢板试样断裂应力的影响

在一定缺口状态下，不同材料所表现的脆化倾向不同。在保证强度的前提下，其脆化倾向越小，越能保证具有缺口机件处于安全韧性状态，免于脆断危险。因此，对于机件来说，在选用材料时除考虑一般光滑试样的机械性能之外，还应考虑缺口脆化倾向，尤其对带有缺口的零件更为重要。

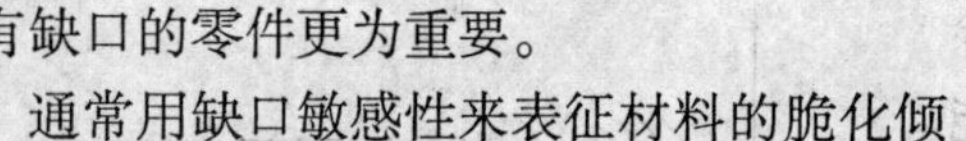

通常用缺口敏感性来表征材料的脆化倾向。它是用缺口敏感性试验来确定的，一般用缺口试样的强度及塑性的变化程度来表示缺口敏感性。如同前面所讲的塑性一样，缺口敏感性也属于安全机械性能指标。用它可以衡量材料在有缺口时的脆化倾向和安全程度，为正确选择材料提供安全可靠的参数依据。

实践表明，材料的强度越高，缺口顶端越尖，越不安全，越易产生脆性断裂。因此，在选择材料时，对具有缺口的零件，不要盲目追求高强度材料，而应注意有足够的塑性相配合。

二、断裂韧性

工程上，一些尺寸较大的构件和零件，常常产生低应力脆断。这种断裂的名义断裂应力低于材料的屈服强度。导致产生低应力脆断的原因是构件和零件内部存在着裂纹及类似裂纹的缺陷。

在前面讨论缺口效应时知道，由于缺口的存在，在缺口根部将产生应力集中，并且会出现三向拉应力，将不利于材料塑性变形，促使材料脆性断裂。那么材料内部存在裂纹时，裂纹前端的应力状态如何？材料的力学性能如何？用什么指标来评定呢？

我们知道，撕布时如果先用剪刀剪一个口子（即产生一个宏观裂纹），这样很容易沿着剪口把整块布撕成两半。这就表明，当构件中有了宏观裂纹后，实际的断裂强度就要降低。另外还可看到，构件的断裂（布被撕开）是由于裂纹的扩展（剪口不断扩大）造成的。因此，实际断裂应力应与原始的裂纹长度有关，并与材料抵抗裂纹迅速扩展的能力有关。

对于一个内部没有宏观裂纹的均匀试样，在拉伸时，应力分布是均匀的，如图 4.8(a) 所示，即试样中每一点的应力都等于外力除以试样截面积。也可以用应力线的概念来描述应力。规定每一点的应力值等于穿过该点单位面积应力线的条数。某一点的应力线密集，则该点的力就大，对于无裂纹试样，由于每一点应力相同，应力线分布是均匀的。

如果试样中有长 $2a$ 的宏观裂纹，受同样的载荷 P 作用，这时试样中各点的应力就不再是均匀的了。这是因为裂纹的内表面是空腔，不受应力作用，没有应力就没有应力线。但应力线的特点是不能中断在试样的内部，故应力线就被迫绕过裂纹尖端，上下相连，如图

4.8(b) 所示。这样，长为 $2a$ 的裂纹上的应力线就全部被排挤在裂纹尖端，则裂纹尖端应力线密度增大，即裂纹尖端的应力比平均应力要大。而远离裂纹尖端，则应力线逐渐趋于均匀，等于平均应力。也就是说，在裂纹尖端附近，其应力远大于无裂纹时的平均应力，即存在应力集中。在外加的应力（断裂应力）甚至低于材料的屈服应力时，含裂纹试样裂纹尖端区的应力集中就可能使尖端附近的应力达到材料的断裂强度，从而使裂纹快速扩展而脆断。一般含裂纹试样的实际断裂应力 σ_c 明显低于无裂纹试样，甚至低于材料的屈服强度。

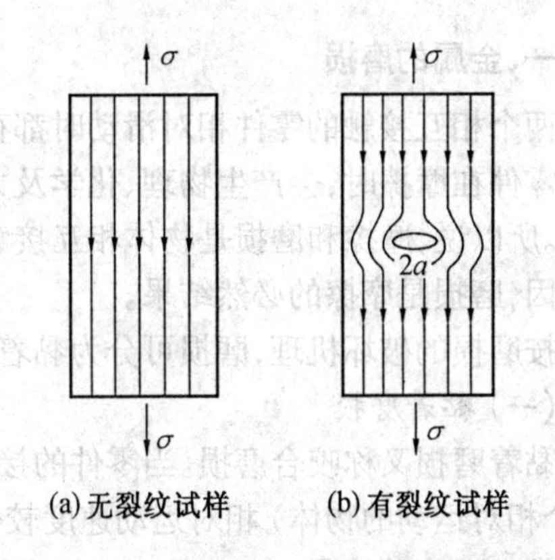

(a) 无裂纹试样　(b) 有裂纹试样

图 4.8　无裂纹和含裂纹试样的应力线

由于整个裂纹长度 $2a$ 上的应力线都被排挤在裂纹尖端，故如果裂纹越长，就有更多的应力线被排挤在裂纹尖端，应力集中就更大，试样就会在更低的外加应力下断裂，即断裂应力 σ_c 更低。对不含裂纹的脆性材料试样，当外加应力 $\geqslant$ 抗拉强度(σ_b) 时，试样就会发生断裂。材料的 σ_b 越高，无裂纹试样就越不容易断裂。对含有宏观裂纹的构件来说，其裂纹越长(a 越大)，则裂纹前端应力集中就越大，裂纹失稳扩展的应力(断裂应力)σ_c 就越小，即 $\sigma_c \propto \frac{1}{\sqrt{a}}$。另外，断裂应力还与裂纹的形状、加载方式有关，$\sigma_c \propto \frac{1}{\sqrt{a} \cdot Y}$，$Y$ 是一个与裂纹形状及加载方式有关的量。但是，对每一种特定工艺状态下的材料，$\sigma_c \cdot \sqrt{a} \cdot Y =$ 常数。这个常数只和材料本身的成分、组织与结构有关，称此常数为断裂韧性，用 K_{IC} 表示

$$K_{IC} = Y\sigma_c\sqrt{a} \tag{4.11}$$

式(4.11) 表明，如选用含裂纹的试样（试样的 a 已知，Y 也已知）做试验，逐步增加应力测出裂纹失稳扩展所对应的应力 σ_c，代入上式就可计算出此材料的 K_{IC} 值。因此，K_{IC} 是材料抵抗裂纹失稳扩展能力的度量，是材料抵抗低应力脆性破坏的韧性参数。如果构件中裂纹的形状和大小一定($\sqrt{a} \cdot Y$ 一定)，且材料的断裂韧性 K_{IC} 值较大，则其裂纹加速扩展的应力 σ_c 便越高，构件便不容易发生低应力脆断。反之，若构件的工作应力等于断裂应力时即发生脆断，则这个构件内的裂纹长度必须大于或等于式(4.11) 所确定的临界值。所以，材料的 K_{IC} 越高，在相同工作应力作用下，导致构件脆断的临界值 a_c 就越大，即可容许构件中存在更长的裂纹。

4.4　金属的磨损与接触疲劳

机器运转时，任何零件在接触状态下的相对运动（滑动、滚动、滑动 + 滚动）都会产生摩擦，导致零件磨损，如轴与轴承、活塞环与气缸套、齿轮与齿轮之间经常因磨损造成尺寸的变化，使机器失效。另外，零件在接触运转中还会产生接触疲劳破坏，磨损和接触疲劳都是机器零件常见的基本失效形式。

一、金属的磨损

两个相互接触的零件相对滑动时都存在有摩擦。

零件在摩擦时,会产生物理、化学及力的作用,从而引起零件形状及尺寸的变化,产生磨损。所以说,摩擦和磨损是物体相互接触并做相对运动时伴生的两种现象。摩擦是磨损的起因,磨损是摩擦的必然结果。

按磨损的破坏机理,磨损可分为黏着磨损、磨粒磨损、腐蚀磨损。

(一) 黏着磨损

黏着磨损又称咬合磨损。当零件的接触应力很大,又无润滑或润滑条件很差,摩擦副(两个相对运动的物体)相对运动速度较低时会出现这种类型的磨损,如蜗轮与蜗杆啮合时常常出现这种情况。

黏着磨损的实质是相对运动的两个零件的表面总是凸凹不平的,在接触压力作用下,由于凸出部分首先接触,有效接触面很小。因而,当压力较大时,凸起部分便会发生严重的塑性变形,零件表面上原有的氧化膜也会受到破坏,出现新鲜表面,使表面上处于活性状态的金属原子直接发生相互作用,造成黏着点,当零件继续运动时,便使黏着点材料从某一表面处迁移到另一表面处。黏着点的形成和破坏就造成了黏着磨损,使零件表面损伤,图 4.9 为黏着磨损示意图。

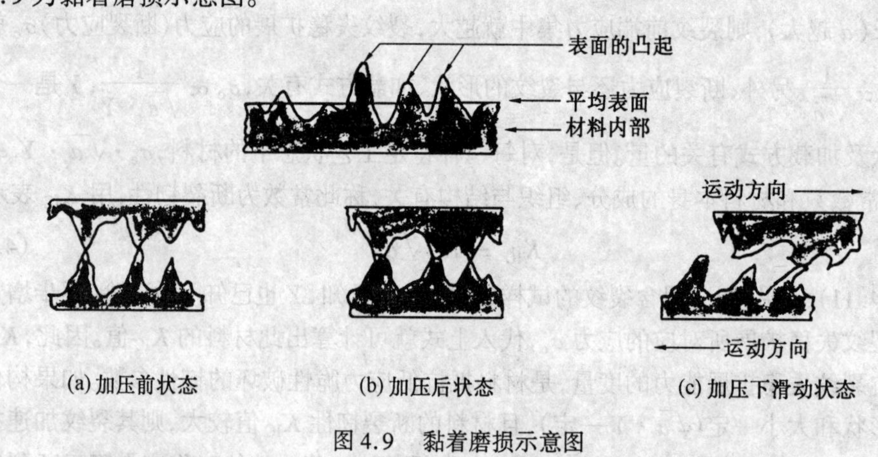

图 4.9　黏着磨损示意图

(二) 磨粒磨损

磨粒磨损也称磨料磨损。它是当摩擦副一方的硬度比另一方的硬度大得多时,或者在接触面之间存在着硬质粒子时所产生的一种磨损,其特征是接触面上有明显的切削痕迹。它的产生过程如图 4.10 所示。

(三) 腐蚀磨损

当一对摩擦副在一定的腐蚀环境中发生摩擦时,在摩擦面上便会发生与环境介质的反应,形成反应产物,影响滑动和滚动过程中表面的摩擦特性。由于腐蚀介质与摩擦面反应产生的腐蚀产物与表面结合较弱,进一步摩擦后,这些腐蚀产物就会被磨去。因此整个腐蚀磨损的机制可以认为是由两个固体摩擦表面和环境的交互作用而引起,这种交互作用是循环的和逐步进行的。在第一阶段是两个摩擦的表面和环境发生反应,反应结果是在两个摩擦表面上形成反应产物。在第二阶段是两个摩擦表面相互接触,由于反应产物被摩

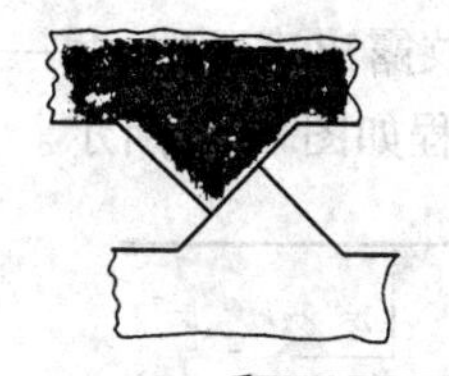

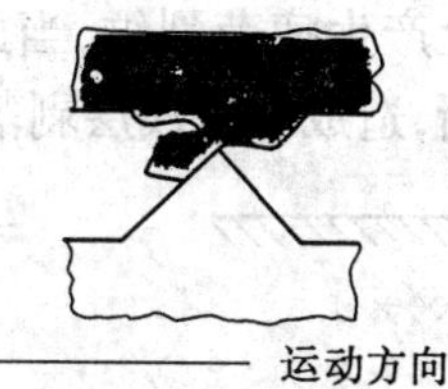

(a) 硬软两种突起的冲拉　(b) 发生在软质金属内的剪断　(c) 软质金属磨损部分被硬质突起部分熔融而去掉

图 4.10　磨粒磨损示意图(上面是软质金属,下面是硬质金属)

擦和形成裂纹,使反应产物被磨去。一旦反应产物被磨去,就暴露出来反应表面,那么又重复了腐蚀磨损的第一阶段。

氧化磨损是机器零件中普遍存在的一种腐蚀磨损。

工程上常用金属材料的耐磨性来衡量材料磨损性能的好坏。因此,它是材料抵抗磨损的一个基本性能指标,通常用磨损量来表示。显然,磨损量越小,耐磨性越高,反之亦然。磨损量可用试样表面的磨损厚度表示,也可以用试样的体积或质量的减少来表示。

材料的耐磨性能与许多因素有关,如零件表面的应力状态、表面粗糙度、硬度、组织以及冶金缺陷等。

二、接触疲劳

滚动轴承、齿轮等一类机器零件相互接触时,在表面上会产生局部的压应力,叫做接触应力。机器零件在接触压应力长期的反复作用后,在光滑的接触表面上便会产生针状或豆状的凹坑,或较大面积的表面层压碎,称此为接触疲劳。这些表面剥落现象就使机器工作的噪声增加,振动增大,磨损加剧,致使机器不能正常工作。

常见的接触疲劳失效形式有麻点剥落、浅层剥落和硬化层剥落。

麻点剥落:它的形成过程可用图 4.11 示意说明。

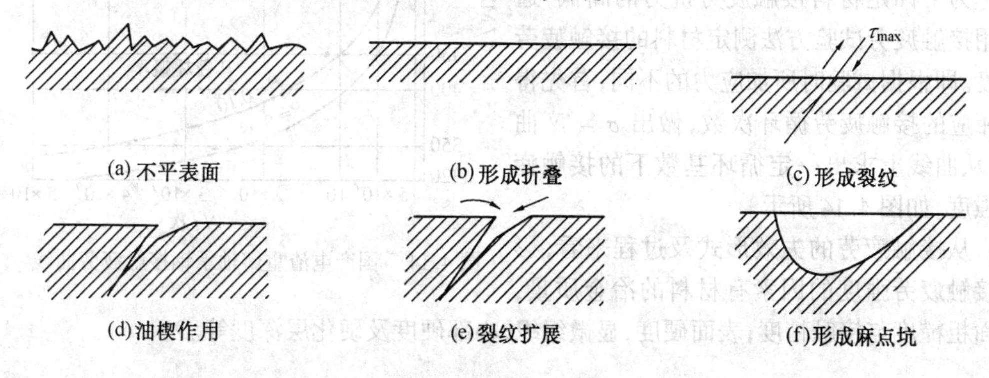

(a) 不平表面　(b) 形成折叠　(c) 形成裂纹

(d) 油楔作用　(e) 裂纹扩展　(f) 形成麻点坑

图 4.11　麻点剥落过程示意图

零件表面因凸凹不平,在接触挤压时,将部分地被压平,形成小的表面折叠,其尖端处像裂纹一样会产生应力集中。在较大的切应力反复作用下,将产生局部塑性变形,直至产生裂纹。在有润滑油存在的情况下,由于毛细管的作用使油进入裂缝,当零件相对运动时,高压油挤入裂缝,并可形成油楔。在油楔反复交变冲击下,裂纹将进一步向前扩展,同时在裂缝顶端又形成垂直弯曲应力,犹如悬臂梁一样,最后将此处弯断,形成麻点而剥落。

浅层剥落:它是在距零件表面一定距离上产生疲劳裂纹,当此裂纹露出表面时,另一端则形成悬臂梁,因反复弯曲作用而发生弯断,造成一块浅层剥落,过程如图 4.12 所示。

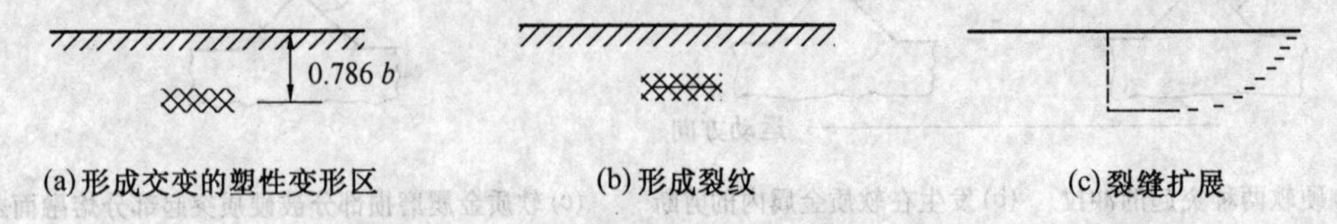

图 4.12　浅层剥落过程示意图

硬化层剥落:又称深层剥落,此种接触疲劳的特点是形成深度较大的大块剥落,剥块的厚度大致等于硬化层的深度,底部平行于表面,侧面垂直于表面。它首先是在较深处形成塑性变形区,然后多次反复塑性变形后在此区形成裂纹,最后造成大块剥落,如图4.13 所示。

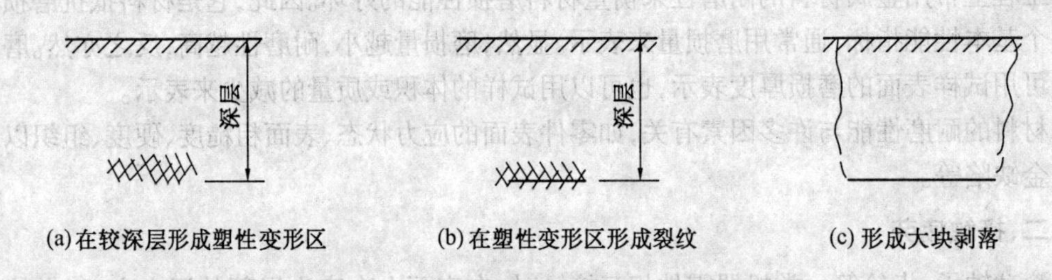

图 4.13　硬化层剥落形成过程示意图

不难看出,因塑性变形是产生接触疲劳的前提条件,因此,切应力的大小与分布,特别是最大切应力出现的位置、大小以及与材料性质的关系,对产生何种类型的接触疲劳具有决定性的意义。

为了评定材料接触疲劳抗力的高低,通常用接触疲劳试验方法测定材料的接触疲劳强度。即根据试验时所加应力的不同,首先得出相应的接触疲劳循环次数,做出 $\sigma-N$ 曲线,从曲线上求出一定循环基数下的接触疲劳强度,如图 4.14 所示。

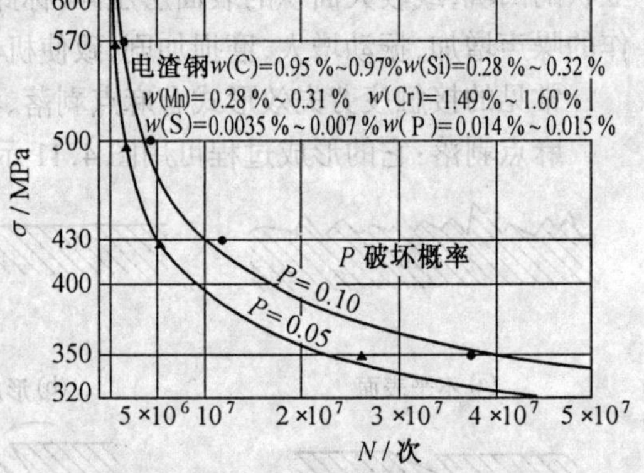

图 4.14　国产电渣重熔轴承钢接触疲劳曲线

从接触疲劳的失效形式及过程来看,影响接触疲劳强度的因素有材料的冶金质量,表面粗糙度与接触精度,表面硬度,显微组织,心部硬度及硬化层深度等。

4.5　应力腐蚀与氢脆

工程上的构件和机器零件工作时除了受力的作用以外,有的还会受到介质的联合作用。工作在腐蚀介质条件下的构件及机器零件,虽然所受的力低于材料的屈服强度,但它工作一段时间后,会产生断裂,称为延迟断裂。

延迟断裂包括应力腐蚀、氢脆和高温蠕变。本节只讨论前两类断裂。

一、应力腐蚀断裂

由拉伸应力和腐蚀介质联合作用而引起的低应力脆性断裂,称为应力腐蚀断裂。不论是韧性材料还是脆性材料都可能产生这种断裂。这种低应力断裂是相当危险的,因此,应引起人们的普遍注意。

应力腐蚀断裂一般都是在特定的条件下产生的,主要特点如下。

(1) 只有拉伸应力的作用才能引起应力腐蚀开裂,这种应力可以是外加载荷造成的,也可能是各种残余应力,如加工残余应力(冷加工、热加工、热处理、铸造、焊接残余应力等),装配残余应力,服役时的热应力等。一般情况下,产生应力腐蚀的拉应力都很低,如果无腐蚀介质的联合作用,零件可在该应力下长期工作而不产生断裂。

(2) 产生应力腐蚀的环境应该是有腐蚀介质存在,这种介质作用一般都很弱。如果没有拉应力,材料在这种介质中腐蚀的速度很慢,而且不同材料只对某些介质敏感。使工业材料容易产生应力腐蚀的介质如表 4.2 所示。

表 4.2　合金产生应力腐蚀的特定腐蚀介质

合金	腐蚀介质
碳钢	苛性钠溶液、氯溶液、硝酸盐水溶液、H_2S 水溶液、海水、海洋大气与工业大气
奥氏体不锈钢	氯化物水溶液、海水、海洋大气、高温水、热 NaCl、H_2S 水溶液、严重污染的工业大气
马氏体不锈钢	氯化物、海水、工业大气、酸性硫化物
航空用高强钢	海洋大气、氯化物、硫酸、硝酸、磷酸
铜合金	水蒸气、湿 H_2S、氨溶液
铝合金	湿空气、NaCl 水溶液、海水、工业大气、海洋大气

(3) 一般只有合金才产生应力腐蚀,特别是高强钢、铝合金、镁合金等应力腐蚀更为突出,纯金属不产生这种现象。

金属应力腐蚀断口可以是沿晶断裂,也可以是穿晶断裂,它与材料的种类及工作环境有关。但典型的应力腐蚀断口是沿晶断裂。

评定材料能否产生应力腐蚀开裂的性能指标通常是用应力腐蚀的临界应力,即临界应力强度因子 K_{ISCC} 及应力腐蚀裂纹扩展速率来表征。

传统的试验方法是在光滑试样上测定金属在腐蚀介质中不同应力下的致断时间。致断时间应包括裂缝的产生和扩展两阶段所需要的时间。但实际的金属零件一般均有微裂纹存在,这时应力腐蚀开裂倾向性不能沿用传统的方法评定,为了正确评定应力腐蚀开裂敏感性,应采用带有预制裂纹试样进行应力腐蚀试验。常用的应力腐蚀开裂试验方法是测定带裂纹试样在不同载荷下的延迟断裂时间,载荷应力强度因子 K_I 和断裂时间的关系,如图 4.15 所示。

不难看出,载荷很高时,裂纹尖端的应力强度因子 K_I①也很高,延迟断裂时间较短。通过逐步降低载荷,延迟断裂时间增长。当 K_I 降到某一数值时,则不发生应力腐蚀开裂,

① K_I:它是决定裂纹尖端附近应力场的主要因素,故称应力场强度因子。

这个数值叫应力腐蚀开裂临界应力强度，用 K_{ISCC} 表示。图中曲线趋于水平渐近线时，则水平的 K_I 即为 K_{ISCC}。

当 $K_I < K_{ISCC}$ 时，裂纹不发生应力腐蚀的扩展，构件在这种介质下长期工作也不易发生应力腐蚀开裂。

K_{ISCC} 可作为力学性能指标可直接为在应力腐蚀条件下工作的零件选材和设计的依据。

除 K_{ISCC} 外，应力腐蚀裂纹扩展速率及致断时间也可以作为评定材料应力腐蚀倾向性的参量。

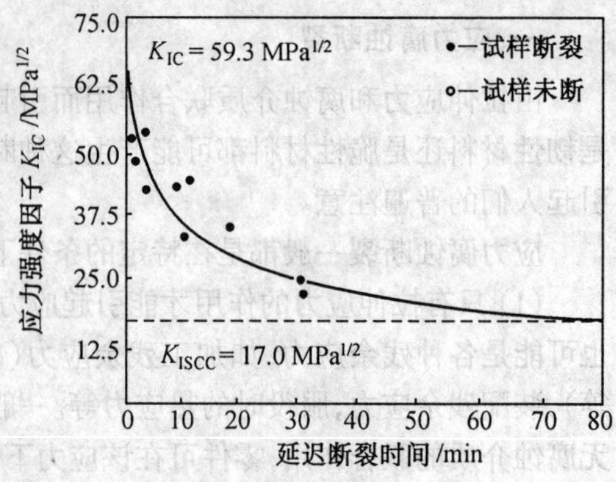

图 4.15 应力强度因子与延迟断裂时间的关系

二、氢脆

将由于氢的作用所引起的低应力脆断或开裂的现象称为氢脆。

按引起氢脆的氢之来源不同，氢脆可分成两大类：第一类为内部氢脆，它是由于金属材料在冶炼、锻造、焊接或电镀、酸洗过程中吸收过量的氢气而造成的；第二类氢脆是在应力和氢气氛或其他含氢介质的联合作用下引起的一种脆性断裂。

内部氢脆的断口往往呈现白色，称为白点。白点有两种类型：一种是在钢铁中观察到的纵向发裂，此时断口呈现白点。这类白点多呈圆形或椭圆形，而且轮廓分明，表面光亮呈银白色。这种白点实际上就是一种内部微细裂纹，它是由于材料中含有过量的氢，因氢的溶解度变化（通常是随温度降低，氢的溶解度下降），过饱和氢未能扩散外逸，而在某些缺陷处聚集成分子所造成的。一旦发现发裂，材料便无法挽救。但在形成发裂前进行长时间保温，则可消除这类白点。另一种白点呈鱼眼形，它往往是某些以材料内部的宏观缺陷如气孔、夹杂等为核心的银白色斑点，形状多数为圆形或椭圆形。

应力腐蚀和氢脆的关系十分密切，除内部氢脆外，应力腐蚀总是伴有氢脆。它们总是共同存在的。一般很难严格地区分到底是应力腐蚀，还是氢脆造成的断裂。

上面阐述了单一因素对材料所造成的损害形式，并对某一损害建立了相应的抗力指标。尽管实际机器零件失效的原因是多方面的，但实际机器零件失效类型总是以某一种形式为主，并且零件所受的损害是通过材料所受的损害来体现的，因此把机器零件的失效类型概括为材料的损害类型，并提出相应的抗力指标作为选择材料的依据，如表 4.3 所示。

表 4.3 零件的失效类型和相应的抗力指标

失效类型	相应的抗力指标
过量变形	E、σ_p、$\sigma_{0.2}$、σ_s、σ_b（塑性材料）
一次断裂	$\sigma_b(\sigma_{bb})$、α_k、T_k、K_{IC}、δ、Ψ
疲劳断裂	σ_r 或 σ_{-1}
应力腐蚀	K_{ISCC} 等
磨损及接触疲劳	耐磨性、接触疲劳抗力

第二篇 工业用钢

金属材料尤其是钢铁材料是目前机械制造工业中应用最多、最基本的材料。作为机械设计和制造工作者必须了解钢铁材料的使用性能及工艺性能，才能达到合理选用的目的。

工业用钢是指制造各种构件、机器零件、工业模具等所使用的钢材。工业用钢按用途可分为结构钢（构件及机器零件用钢）、工具钢和特殊性能钢三大类。按化学成分又可分为碳钢及合金钢。

为了掌握各类钢的性能特点，首先讨论有关改善钢的组织与性能的基本途径及其组织变化规律，然后探讨不同钢种在工程上的合理选择和正确应用。

第 5 章　改善钢的组织与性能的基本途径

由第一篇可知,强化金属材料的理论有形变强化、晶界强化、固溶强化和第二相质点的弥散强化,这些理论对所有合金都有普遍的指导意义。但是,由于钢的成分与结构特点,又决定了除上述这些强化理论外,还有相变强化。它是钢的最基本强化理论。

在上述理论指导下,工程上用来改善金属组织与性能的途径有金属的冷、热形变,合金化及热处理等。其中钢的热处理和合金化是改善钢的组织与性能应用得最多、最普遍的途径。二者之间有着极为密切、相辅相成的关系。

生产实践还表明,材料的组织和性能还与它的冶金质量有密切关系。如果材料的冶金质量低劣,尽管采用上述的方法能够对材料的组织性能有所改善,但用这样的材料设计机械零件时,也很难保证它的寿命与安全。因此,了解材料的冶金质量对它的组织性能的影响是了解材料质量的前提。

碳钢与合金钢相比,价格低廉,对使用性能要求不高的机件是能够满足要求的。尤其在建筑、运输及机床制造业中,有许多零件都是用碳钢制造的。另外,碳钢的化学成分较合金钢简单。因此,首先讨论经过上述途径处理后碳钢的组织与性能的变化规律,为进一步掌握合金钢打下基础。

5.1　冶金质量对钢性能的影响

工业用钢,绝大多数是由冶金厂生产的板材、棒材、型材、管材及线材等。

钢材生产的主要流程是:炼铁→炼钢→铸锭→压力加工成各种规格的钢材,如图 5.1 所示。

钢的冶金质量是指钢在冶炼、浇注及压力加工后的质量,主要包括钢中所含的杂质元素及非金属夹杂物、钢锭的宏观组织及压力加工后的组织与缺陷,它们均是衡量钢材冶金质量的重要标志。

一、杂质对钢材性能的影响

碳钢中除铁和碳两个基本组元之外,还含有少量的 Mn、Si、S、P、O_2、H_2、N 等元素。它们是从矿石和在冶炼过程中进入钢中的,这些元素称为常存杂质。

常存杂质的含量一般控制在 $w(\mathrm{Mn})\leqslant 0.8\%$,$w(\mathrm{Si})\leqslant 0.5\%$,$w(\mathrm{S})\leqslant 0.05\%$,$w(\mathrm{P})\leqslant 0.05\%$。下面分别介绍这些杂质对钢材性能的影响。

锰和硅的影响:Mn 和 Si 是在炼钢时作为脱氧剂加入钢中的。Mn 和 Si 都能固溶于铁中,有固溶强化作用,可提高热轧钢材的强度。因此,Mn 和 Si 是有益的杂质。

硫的影响:如图 5.2 Fe－S 相图可知,S 几乎不溶于 Fe,而是形成化合物 FeS。FeS 与 Fe 又能形成低熔点共晶体(熔点为 988℃),分布在晶界上。由于共晶体的熔点低于钢材热加工的开始温度(1 150～1 200℃),在压力加工时,钢中的共晶体已经熔化,会使钢材开

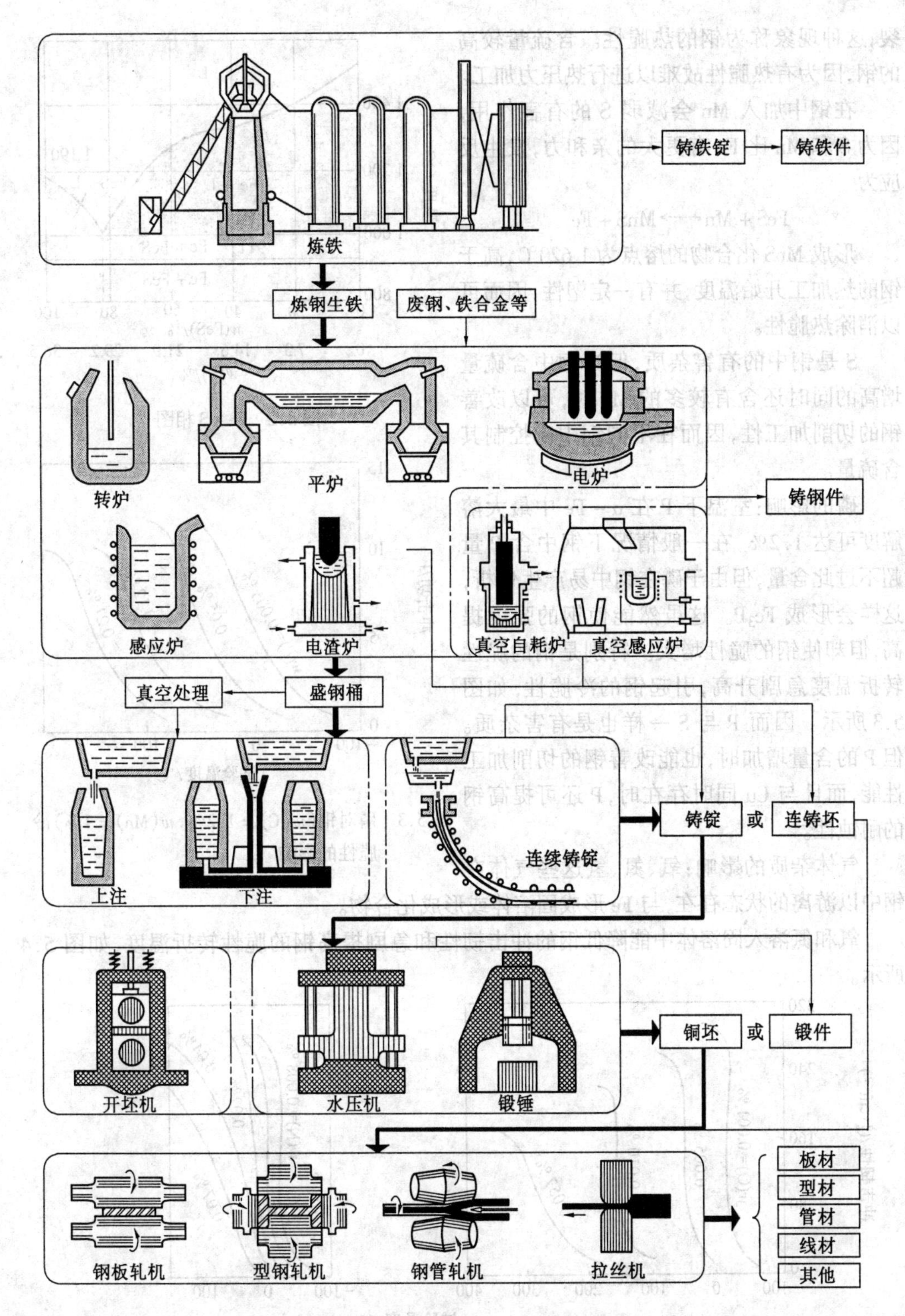

图 5.1　钢材生产流程示意图

裂，这种现象称为钢的热脆性。含硫量较高的钢，因为有热脆性故难以进行热压力加工。

在钢中加入 Mn 会减弱 S 的有害作用，因为 S 和 Mn 比 Fe 有更大的亲和力，发生反应为

$$FeS + Mn \longrightarrow MnS + Fe$$

形成 MnS 化合物的熔点为 1 620℃，高于钢的热加工开始温度，并有一定塑性，因而可以消除热脆性。

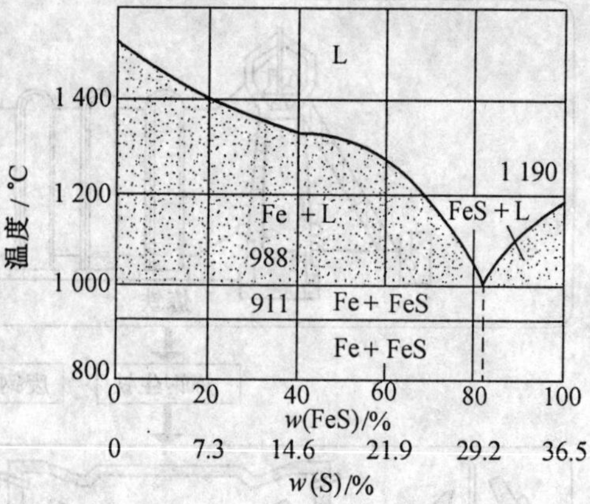

图 5.2　Fe－S 相图

S 是钢中的有害杂质，但当钢中含硫量增高的同时还含有较多的 Mn 时，可以改善钢的切削加工性，因而在不同钢中应控制其含硫量。

磷的影响：室温下 P 在 α－Fe 中最大溶解度可达 1.2%，在一般情况下钢中含 P 量超不过此含量，但由于磷在钢中易产生偏析，这样会形成 Fe_3P。这虽然能使钢的强度提高，但却使钢的脆性增大。特别是钢的脆性转折温度急剧升高，引起钢的冷脆性，如图 5.3 所示。因而 P 与 S 一样也是有害杂质。但 P 的含量增加时，也能改善钢的切削加工性能，而且与 Cu 同时存在时，P 还可提高钢的耐蚀性。

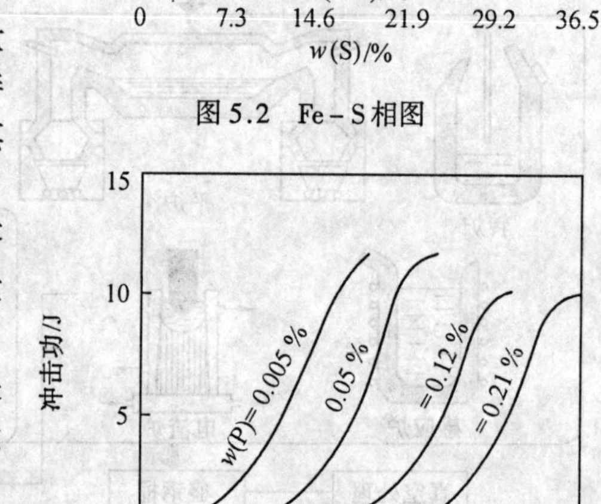

图 5.3　磷对钢（$w(C)=1.2\%$，$w(Mn)=1\%$）冷脆性的影响

气体杂质的影响：氧、氮、氢这些气体在钢中以游离的状态存在，与 Fe 形成固溶体或形成化合物。

氧和氮溶入固溶体中能降低钢的冲击韧性和急剧提高钢的脆性转折温度，如图 5.4 所示。

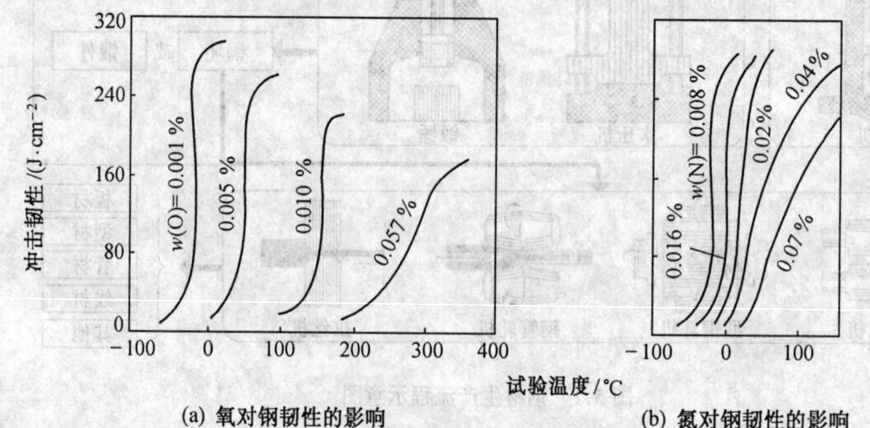

(a) 氧对钢韧性的影响　　(b) 氮对钢韧性的影响

图 5.4　氧和氮对钢韧性的影响

微量的氢会导致钢产生“氢脆”,使钢的塑性降低,这种现象在合金钢中尤为严重。这是由于氢的含量较多时,可导致钢中出现非常危险的内部裂纹,这种裂纹使断口呈白色斑点状,称之为白点,它会引起钢的机械性能降低,特别是使钢的塑性显著降低。

一般认为钢中含氢是产生白点的主要原因,氢在冶炼时以原子状态进入钢液,而氢在钢中的溶解度随温度降低而减小,因此,当钢由高温冷却时将有氢析出。如果在锻后或轧后缓慢冷却,析出的氢原子可向表面扩散而逸出,如冷却较快,析出的氢原子来不及向钢表面扩散逸出,则将聚集在钢中的缺陷处,如晶界、亚晶界、显微气孔等处,并结合成氢分子,产生巨大的压力。当氢分子产生的压力超过钢的强度时,钢材内部则产生细微裂纹,即形成白点。

防止白点的最根本的方法应从冶炼时着手,即在炼钢时将钢中的氢含量减少到最低程度。对于对白点敏感的钢材,可采用锻后缓冷,从而使氢气逸出。对于尺寸较大的锻件则需要采用热处理方法将氢除去。

二、非金属夹杂物对钢材性能的影响

钢中除了有上述常存杂质外,还有少量的非金属夹杂物。

钢中的非金属夹杂物,主要是冶炼、浇注过程中物理化学反应的生成物以及在冶炼、浇注过程中因浸蚀剥落而进入钢中的炉渣及耐火材料。

钢中非金属夹杂物的主要类型有氧化物和硫化物。氧化物夹杂如 Al_2O_3 等是脆性杂质,在热变形时,这类夹杂物将沿着钢材延伸方向排列成串,呈点链状。

硫化物如 FeS、MnS 等,具有一定的热塑性,经热加工变形后沿着钢的流变方向延伸成条状。

非金属夹杂物之所以降低钢的机械性能与工艺性能,主要是由于非金属夹杂物与基体交界处的强塑性变形不协调,易引起应力集中,在脆性夹杂物的边缘出现疲劳裂纹,而降低钢的疲劳强度。脆性夹杂物的尺寸越大、颗粒越多,危害也越大。因此,对承受交变载荷的零件用钢,要严格控制其非金属夹杂物的数量。

综上所述,钢中常存杂质和非金属夹杂物均会降低钢的使用性能和工艺性能。为此,人们常常为提高钢的纯度而努力。

钢的纯度高低与炼钢方法有密切关系。目前工业生产中的炼钢方法有平炉炼钢(酸、碱性)、转炉炼钢(酸、碱性)、电炉炼钢等。由于炼钢的方法不同,去除 S、P 杂质的量也不同。

电炉炼钢可以最大限度地去除 S、P,同转炉和平炉相比,它的质量最高,但成本较高,电炉冶炼主要用于生产合金钢、高合金钢、耐热钢和工具钢等优质钢材。

酸性平炉钢的质量仅次于电炉,成本也较高。因为酸性平炉炼钢的原料要求 S、P 含量少。

碱性平炉和碱性转炉炼钢质量相近。它们炼钢的质量要低于酸性平炉,主要用于生产普通质量的钢。

为了不断提高机器零件的质量,又相继出现真空感应电炉熔炼、电渣重熔等新的炼钢方法,通常称这些炼钢方法为精炼,它可以进一步提高钢的质量。

三、钢锭的宏观组织

钢在冶炼后,除少数直接铸成铸件外,绝大多数都要先铸成钢锭,然后再轧制成各种钢材。

铸锭的浇注和凝固过程不仅会直接影响钢中气体杂质含量和非金属夹杂物的多少,而且还会影响钢锭的宏观组织和各种缺陷的形成。为了保证钢材的冶金质量,除了尽可能地去除钢中的杂质和非金属夹杂外,还要控制铸锭的宏观组织和缺陷。因为铸锭的宏观组织与缺陷对钢锭的加工性能,以及对热变形后钢的性能有显著的影响。

按钢液的最终脱氧程度可将钢分为三类:镇静钢、半镇静钢和沸腾钢。下面分别叙述这三类钢锭的宏观组织与缺陷。

(一)镇静钢的宏观组织与缺陷

镇静钢是指炼钢时用 Mn、Al、Si 脱氧的钢。因为脱氧较充分,钢液中的含氧量低,在凝固时无一氧化碳气体逸出,因而没有沸腾现象而得名。

镇静钢锭的宏观组织如图 5.5 所示。

不难看出,镇静钢锭的宏观组织是由表面细晶粒区、柱状晶区、中心等轴细晶粒区及致密的沉积锥体所组成的。其中致密的沉积锥体是在结晶时中心等轴晶粒区形成过程中,先结晶出的晶体,由于密度比钢液大,下沉到底部而形成的。

镇静钢锭除了具有上述宏观组织特点外,还有缩孔、疏松、气泡及化学成分偏析等缺陷。

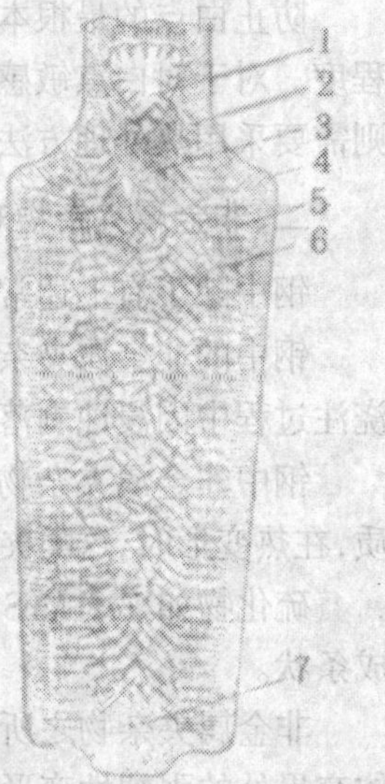

图 5.5　镇静钢锭的宏观组织示意图
1—缩孔;2—气泡;3—疏松;4—表面细晶粒区;5—柱状晶区;6—中心等轴晶区;7—下部锥体

缩孔:钢液在钢锭模中结晶时,先凝固部分的体积收缩能得到钢液的补充,后结晶的部分得不到补充。因此,整个铸件凝固时的体积收缩都集中在最后的凝固部位,形成缩孔,如图 5.6 所示。由于这类缩孔集中在钢锭上部,故称之为集中缩孔。它在轧制前要完全切除,如未完全切除,则在钢锭中留存残余缩孔。在热加工时,残余缩孔将沿着变形方向伸长,破坏钢的连续性,影响钢材的质量。

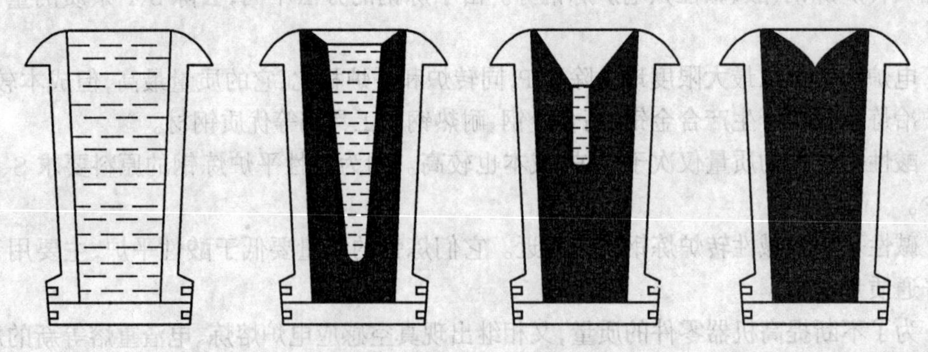

图 5.6　钢锭形成缩孔示意图

所以,残余缩孔是钢材中不允许存在的缺陷。

疏松:钢液在结晶过程中,有固、液两相共存阶段,若早期结晶的晶粒内部或晶粒之间有液体,这些液体有可能被固相所包围,而与母液隔离。当被包围的液体凝固收缩时,得不到母液的补充,便会在这些地方形成微小而分散的缩孔,这种缩孔叫疏松,或称为分散缩孔,它会降低钢的致密度。随着疏松程度的增加,铸钢的塑性显著降低,抗拉强度也有所下降。通过锻轧,钢中疏松能得到改善,但也不能将疏松完全消除。与残余缩孔不同,疏松在钢中是允许存在的缺陷,但必须把它控制在一定的限度以内。

气泡:在正常操作条件下,镇静钢中不应有气泡存在。但由于外界气体的潜入,或钢内气体的逸出等原因,在镇静钢中也有气泡产生。镇静钢中气泡分皮下气泡和内部气泡。皮下气泡多产生于钢锭的尾部。当加热时,气泡内壁被氧化,因而无法通过压力加工将气泡焊合。结果,在钢材表面上就出现沿轧制方向延伸的小裂纹,内部气泡在压力加工时能焊合。

偏析:在钢锭中,各部分化学成分不均匀的现象称为偏析。因为它是发生在钢锭的某些区域范围内,故称为区域偏析。

区域偏析是由于钢液在结晶时,杂质元素保留在枝晶附近的液体中,在凝固速度不高时,这些杂质(S、P)通过扩散和液体流动,转移到离固相较远的液体中,使该处的杂质元素不断富集。

偏析会使钢材的机械性能不均匀。在碳及杂质较多的区域,钢材的塑性及韧性明显下降。碳和合金元素的偏析,还会影响钢在热处理后的机械性能。

(二)沸腾钢的宏观组织和缺陷

沸腾钢是指炼钢时仅用 Mn 脱氧,脱氧不充分,钢液中含氧量较高。钢液在凝固过程中碳和氧发生反应而产生大量的一氧化碳气体,使钢液沸腾,故而得名。

沸腾钢锭的宏观组织如图 5.7 所示。从纵断面来看,大致可分为坚壳带(外壳致密带)、蜂窝气泡带、中心坚固带(中间致密带)、二次气泡带和锭心带五个区。

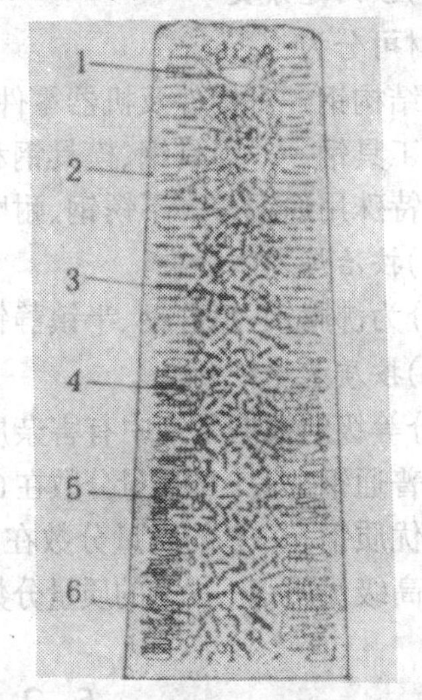

图 5.7　沸腾钢锭宏观组织示意图

1—头部大气泡;2—坚壳带;3—锭心带;4—中心坚固带;5—蜂窝气泡带;6—二次气泡带

沸腾钢锭的宏观组织主要特点是钢锭内有大量的气泡。偏析比镇静钢严重得多,因而与镇静钢性能不同。

镇静钢由于脱氧充分,钢中含氧量比沸腾钢少,成分比较均匀,组织致密,因而镇静钢的性能(尤其是冲击韧性)优于沸腾钢。

沸腾钢由于体积收缩小,钢锭集中缩孔少,因而成材率高。

沸腾钢偏析严重,在加热时晶粒容易长大,热轧后有较高的脆断倾向,这与粗大的晶粒有关。沸腾钢组织不致密,机械性能不均匀,冲击韧性低。

因此,对机械性能要求较高的零件,需采用镇静钢。沸腾钢多是含碳量较低的钢,由于它的塑性好,多用于制造冷冲压件(如油箱、汽车壳体等)。

半镇静钢在炼钢时用 Mn 和 Al 脱氧。它的质量介于镇静钢与沸腾钢之间。

综上所述,钢锭本身存在着各种缺陷。为了消除或减少这些缺陷,除严格控制铸造工艺外,还可通过热加工来改变钢的质量。

钢的热加工通常在奥氏体状态下进行,因为奥氏体有较低的塑变抗力。

钢经热加工后,不但能改善钢材的宏观组织,而且显微组织也发生变化。这种变化不仅是由于形变和再结晶过程,而且在更大的程度上取决于变形后的冷却速度。因此,钢材的组织是加热、变形、再结晶和相变等一系列因素综合作用的结果。

四、钢的分类

钢材的分类方法很多,可按钢的化学成分、用途、冶炼方法、质量等级等来分类。

(一)按化学成分分类

钢材可分为碳钢与合金钢。

碳钢按含碳量不同又可分为:

(1)低碳量——碳的质量分数低于 0.25%;

(2)中碳量——碳的质量分数在 0.30% ~ 0.55%之间;

(3)高碳量——碳的质量分数高于 0.60%。

合金钢按合金元素多少可分为:

(1)低合金钢——合金元素总质量分数小于 5%;

(2)中合金钢——合金元素的质量分数在 5% ~ 10%之间;

(3)高合金钢——合金元素总质量分数大于 10%。

(二)按用途分类

钢材可分为:

(1)结构钢——构件及机器零件用钢;

(2)工具钢——刃具钢、模具钢和量具钢;

(3)特殊用途钢——不锈钢、耐磨钢、耐热钢等。

(三)按冶炼方法分类

可分为沸腾钢、镇静钢、半镇静钢。

(四)按质量等级分类

划分等级的根据是钢中有害杂质硫和磷的含量。

(1)普通钢——P 的质量分数在 0.045% ~ 0.085%,S 的质量分数在 0.055% ~ 0.065%;

(2)优质钢——P 的质量分数在 0.035% ~ 0.04%,S 的质量分数在 0.03% ~ 0.04%;

(3)高级优质钢——P 的质量分数在 0.03% ~ 0.035%,S 的质量分数在 0.02% ~ 0.03%。

5.2 碳钢的热处理

热处理是改善钢的组织与性能的基本途径之一。它是机械零件加工制造过程中的一个重要工序。

热处理是把钢件加热到预定的温度并保持一定时间，然后以一定冷却方式的一种操作工艺，其目的在于改变钢的组织结构，从而改变其性能，使零件获得所需要的使用性能与工艺性能。

热处理一般是由加热、保温和冷却三个阶段组成。通常用 t(温度) - τ(时间) 坐标中的曲线来表达任意热处理工艺过程，如图 5.8 所示。

铁碳平衡相图中的相变点，即临界点是在平衡条件下测定的。在实际热处理条件下，其加热和冷却速度均大于建立铁 - 碳相图时加热和冷却速度，这样就使钢在热处理时的临界点偏离了铁 - 碳相图中的临界点。如珠光体向奥氏体转变必须高于 A_1 温度才能实现，即有一定的过热度。反之，在冷却时要有一定过冷度。

为了区别热处理时加热和冷却的临界点，在字母 A 旁分别加注字母 c 和 r。于是，工程上应用的加热时临界点为 A_{c1}、A_{c3}、A_{ccm}。冷却时的临界点为 A_{r1}、A_{r3}、A_{rcm}。图 5.9 是加热速度和冷却速度为 0.125℃/s 时铁 - 碳相图中临界点的移动情况。

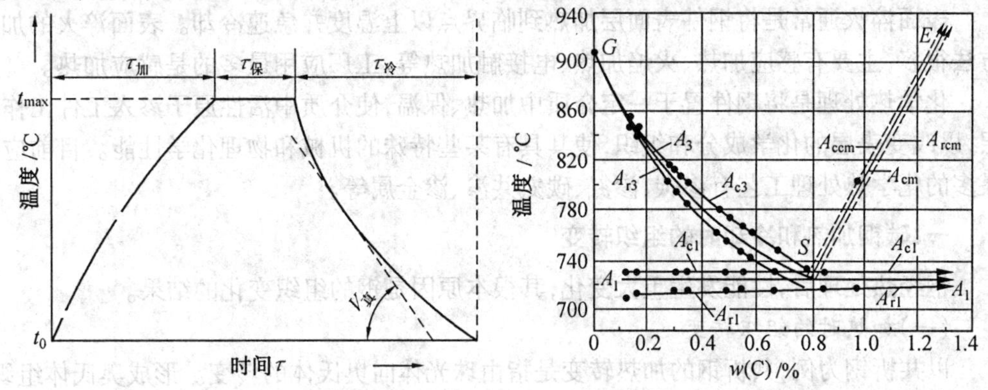

图 5.8　热处理工艺曲线

图 5.9　加热速度和冷却速度为 0.125℃/s 时临界点移动情况

热处理工艺在生产上应用的种类很多，按其加热和冷却方式不同，大致可分为如下几类。

- 热处理
  - 普通热处理
    - 退火
    - 正火
    - 淬火
    - 回火
  - 表面热处理
    - 表面淬火
    - 化学热处理

根据热处理时加热温度、冷却方式及所得到的组织来描述上述的热处理工艺。

退火工艺是将工件加热到高于 A_{c3}(或 A_{c1} 温度)，保温一定时间，随后以足够缓慢的速度冷却，使钢得到接近平衡组织的热处理工艺。根据工件退火加热温度不同，退火又分为完全退火和不完全退火；加热到 A_{c3} 以上得到均一奥氏体组织后，再缓冷转变为珠光体组织的退火为完全退火。加热到 A_{c1} 以上得到奥氏体和未溶碳化物或铁素体组织，再缓冷进行组织转变的退火为不完全退火。各种钢件在生产中所采用的工艺是根据具体要求而制定的。

正火是将钢件加热到 A_{c3}(或 A_{ccm})以上,保温一定时间后,在静止空气中冷却,得到细珠光体类型组织的热处理工艺。

淬火是把钢件加热到 A_{c3} 或 A_{c1} 以上保温一定时间,并以一定的冷却速度冷却,以得到马氏体或下贝氏体组织的热处理工艺。根据淬火加热温度不同,淬火又分为完全淬火和不完全淬火。加热到 A_{c3} 以上进行的淬火为完全淬火;加热到 A_{c1} 以上得到奥氏体加未溶碳化物或铁素体后进行的淬火为不完全淬火。

回火是将淬火钢重新加热到低于相变点的某一温度,以改善钢的组织和性能为目的的热处理工艺。

上述这些工艺,主要用于零件的整体热处理。但有些机器零件如齿轮、轴等,它们在交变应力的作用下工作时,还存在着表面摩擦和磨损。因此,要求工作表面要有高的硬度和高的耐磨性,而心部有足够的强度及韧性,以承受一定的冲击载荷作用。故经整体淬火后,还要进行表面热处理工艺。它包括表面淬火或化学热处理。

表面淬火通常是将钢件表面层加热到临界点以上温度并急速冷却。表面淬火的加热方法很多,主要有感应加热、火焰加热、电接触加热等,工厂应用最多的是感应加热。

化学热处理是将钢件置于一定介质中加热、保温,使介质中活性原子渗入工件工作表层,以改变表层的化学成分和组织,使其具有某些特殊的机械和物理化学性能。目前应用最多的化学热处理工艺有渗碳、渗氮、碳氮共渗、渗金属等。

一、碳钢加热和冷却时的组织转变

钢经热处理后,性能发生重大变化,其根本原因是钢的组织变化的结果。

(一)加热时的组织转变

以共析钢为例,共析钢的加热转变是指由珠光体向奥氏体的转变。形成奥氏体组织,称之为奥氏体化。

根据 $Fe-Fe_3C$ 相图,珠光体是由铁素体和渗碳体两相组成。在加热温度高于 A_{c1}时,转变为单相的奥氏体。即

$$\underset{\substack{w(C)=0.0218\% \\ \text{体心立方}}}{\alpha} + \underset{\substack{w(C)=6.69\% \\ \text{复杂斜方}}}{FeC} \xrightarrow{>A_{c1}} \underset{\substack{w(C)=0.8\% \\ \text{面心立方}}}{A}$$

新形成的奥氏体与原来的铁素体和渗碳体的含碳量及晶格差别很大,因而奥氏体的形成包括渗碳体的溶解、铁素体点阵的重构以及碳在奥氏体中的扩散等过程。珠光体向奥氏体转变是属于扩散型转变,所以需要一定的时间。

珠光体向奥氏体的固态转变也遵循一般的结晶规律,是通过形核和长大来完成的。

奥氏体晶核优先在铁素体和渗碳体交界面处形成。然后再逐渐向两边(铁素体和渗碳体)扩展而长大,随着保温时间的延长,不断形成新的奥氏体晶核,并逐渐生长一直到所有奥氏体晶粒相互接触为止。当铁素体消失后,还有部分渗碳体未溶解,在继续保温过程中,不断地向奥氏体中溶解直至消失。又由于渗碳体含碳量很高,因而当渗碳体刚刚完全溶解时,奥氏体的成分很不均匀,在原来渗碳体处含碳量较高,再进一步延长保温时间,才能使奥氏体的成分均匀化。

奥氏体形成速度与加热温度、加热速度、钢的成分及原始组织有关。

加热温度升高,碳原子的扩散速度增大,奥氏体形成速度加快。

加热速度增加,转变开始温度越高,转变速度也越快。

亚共析钢和过共析钢,奥氏体的形成过程基本上与共析钢相同,只是在珠光体→奥氏体转变完成后,还有先共析铁素体向奥氏体转变和先共析渗碳体向奥氏体中溶解的过程。

奥氏体组织通常是由等轴状多边形晶粒组成,晶粒内部往往有孪晶存在。如图 5.10 所示。

图 5.10 钢中奥氏体组织

在钢的各种组织中,奥氏体的比容较小,线膨胀系数较大,导热性差,塑性高而屈服强度低,易于变形加工成型。因而机器零件毛坯的压力加工成型,一般均加热到奥氏体区域进行。

奥氏体形成后,如继续加热或保温,已形成的奥氏体晶粒将继续长大。而奥氏体晶粒的大小对钢的热处理后的组织及机械性能有很大影响,其中以冲击韧性最为明显。一般在加热时希望得到细小的奥氏体晶粒,以获得良好的综合性能。为此,在生产中对热处理后的机械零件规定了奥氏体晶粒度。

奥氏体晶粒度是表示晶粒大小的一种指标。奥氏体晶粒度有三种不同的概念。

(1)起始晶粒度:指在奥氏体形成刚结束,其晶粒边界刚刚相互接触时的晶粒大小。

(2)实际晶粒度:指钢在加热时所获得的实际奥氏体晶粒大小。

(3)本质晶粒度:指钢在一定条件下奥氏体晶粒的长大倾向性。

由于奥氏体晶粒在加热时长大的倾向性不同,在机械制造中使用的钢有两种。一种是晶粒长大倾向小的,称为本质细晶粒钢;另一种是晶粒长大倾向大的,称为本质粗晶粒钢。本质晶粒度是在 930 ± 10℃,保温 3 ~ 8 h 后测定的奥氏体晶粒大小。

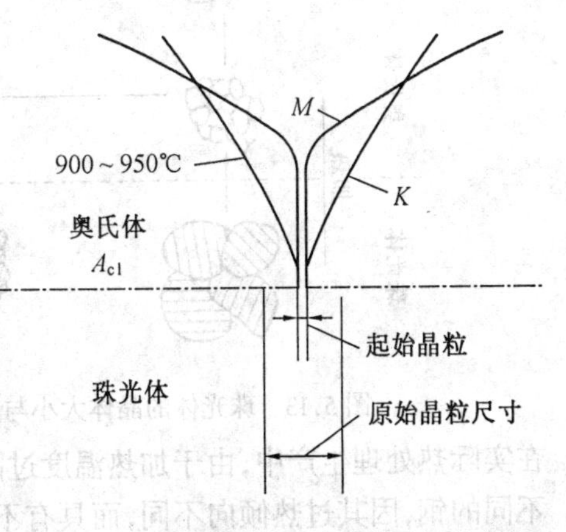

图 5.11 本质细晶粒钢 M 和本质粗晶粒钢 K 晶粒长大示意图

图 5.11 示出了在加热时两种类型钢晶粒长大倾向的差别。

本质细晶粒钢在加热到临界点 A_{c1} 以上直到 930℃时,晶粒并未显著长大。超过此温度后,由于阻止晶粒长大的氧化铝等不溶质点消失,晶粒随即迅速长大。

本质粗晶粒钢,由于没有氧化物阻止晶粒长大的因素,加热到临界点 A_{c1} 以上,晶粒即开始不断长大。

为了评定奥氏体晶粒大小,制定了奥氏体晶粒评级标准,如图 5.12 所示。一般结构钢的奥氏体晶粒度分为8级，1级最粗，8级最细。一般认为1～4级为粗晶粒，5～8级为细晶粒。

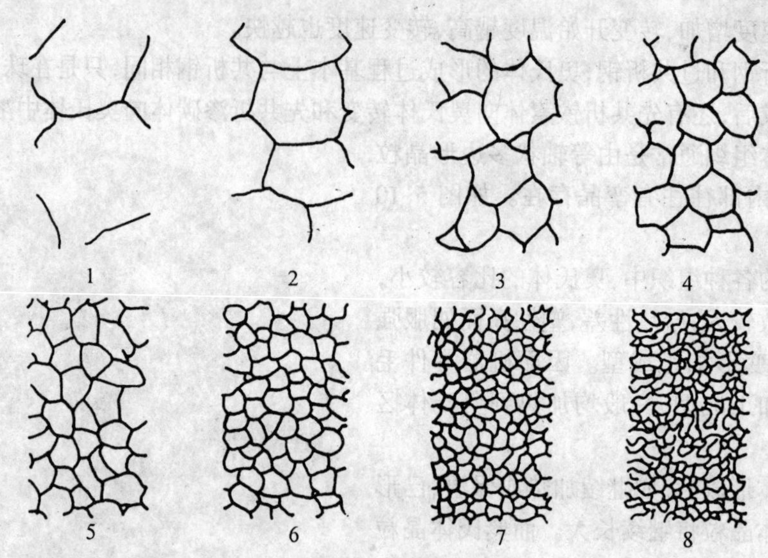

图5.12　奥氏体晶粒评定标准×100

钢的本质晶粒度主要决定于炼钢时的脱氧制度。用铝脱氧的钢，晶粒长大的倾向性小，属于本质细晶粒钢。用硅、锰脱氧的钢，晶粒长大倾向性大，属于本质粗晶粒钢。

奥氏体晶粒长大是晶界移动(迁移)、晶粒合并的结果。奥氏体化温度越高，保温时间越长，奥氏体晶粒也越大。钢中含有难熔的氧化物时，也能阻碍奥氏体晶界的移动，从而阻碍晶粒的长大。

冷却后转变产物的粗细与奥氏体晶粒大小有关，如奥氏体晶粒越粗大，则由其转变成的珠光体晶粒也粗大，如图5.13所示，这时会降低钢的性能。

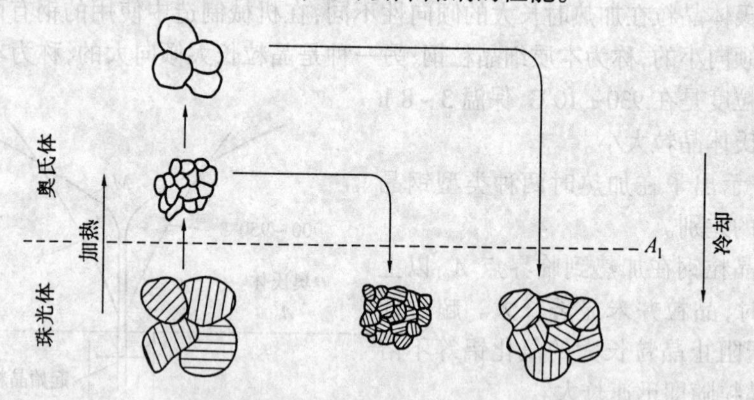

图5.13　珠光体的晶体大小与奥氏体区加热温度的关系示意图

在实际热处理生产中，由于加热温度过高而使奥氏体晶粒显著长大的现象，称之为过热。不同的钢，因其过热倾向不同，而具有不同的过热敏感性。

因此，热处理加热温度和保温时间的确定，既要考虑到奥氏体的形成速度，又要考虑到晶粒长大的倾向。

(二)冷却时的组织转变

热处理冷却时的组织转变,是指过冷奥氏体的转变。当冷却速度不同时,奥氏体可过冷到 A_1 以下,并在不同的过冷度下转变为不同形态的组织。

过冷奥氏体是在高温时所形成的奥氏体冷却到 A_1 点以下尚未发生转变的奥氏体。

过冷奥氏体在低于 A_1 的不同温度等温,按其转变温度的高低,会得到珠光体、索氏体、屈氏体、上贝氏体、下贝氏体和马氏体组织等。图 5.14 为共析钢的过冷奥氏体在不同温度下等温转变时获得上述组织的温度范围。

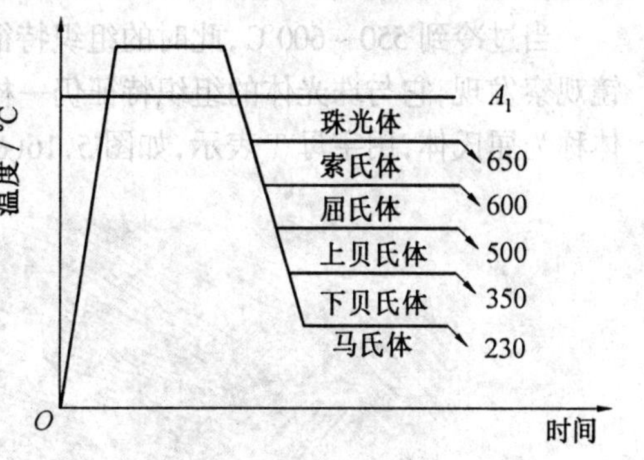

图 5.14 共析钢的过冷奥氏体在不同过冷度下等温转变后的组织

因此,钢在热处理时的冷却转变包括奥氏体向珠光体、贝氏体、马氏体组织的转变。

1.珠光体类转变产物及其性能

(1)珠光体类组织特征

奥氏体向珠光体转变,也是通过形核和晶核长大的过程来完成的。由于转变温度高,珠光体转变是一个扩散型转变,也称为高温转变。其转变的产物有珠光体、索氏体、屈氏体组织,统称为珠光体类组织。它们都是由铁素体和渗碳体呈片层状交替排列的组织。只是由于转变温度不同,粗细不同而已。

珠光体是过冷到 A_1 ~ 650℃时的转变产物,在光学显微镜下能清晰地看出铁素体和渗碳体呈片层状组织,用字母 P 表示,如图 5.15(a)和图 5.16(a)所示。

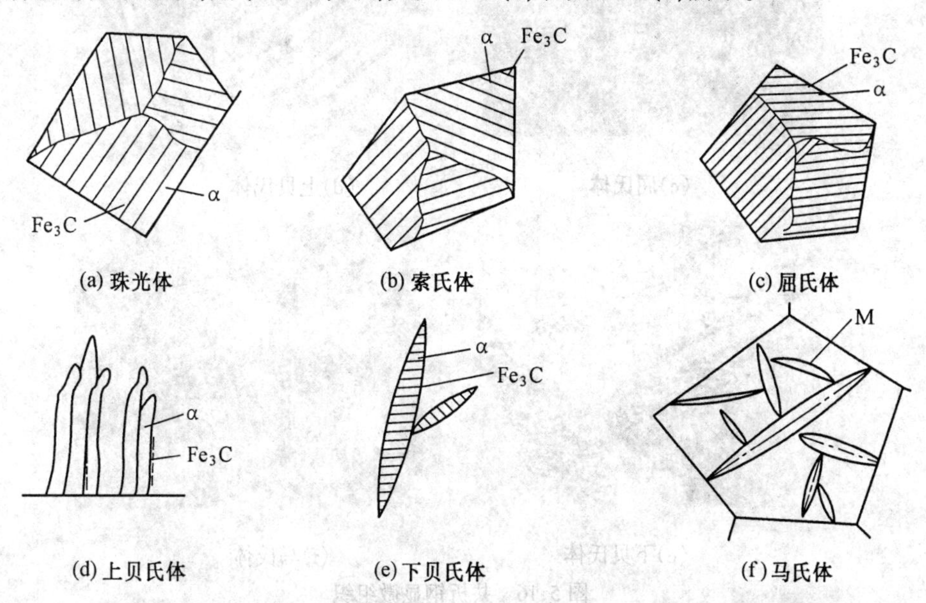

(a) 珠光体　(b) 索氏体　(c) 屈氏体

(d) 上贝氏体　(e) 下贝氏体　(f) 马氏体

图 5.15 共析钢过冷奥氏体在各种过冷度下等温转变后的组织示意图

一对铁素体和渗碳体片的总厚度,称为珠光体层间距离,如图 5.17(a)所示。片层方向大致相同的区域,称为珠光体团,或称珠光体晶粒,如图 5.17(b)所示。

当过冷到较低温度(600～650℃),此时的转变产物在一般光学显微镜下很难清楚地分辨出层片状结构。只有使用电子显微镜观察后,才能看清其组织特征与在较高温度时转变成的珠光体一样,只是层间距离减小。这种较细结构的珠光体称为索氏体,用字母 S 表示,如图 5.16(b)所示。

当过冷到 550～600℃,此时的组织特征在光学显微镜下不易分辨出来。由电子显微镜观察发现,它与珠光体的组织特征仍一样,只是层间距离比索氏体更小,这种极细珠光体称为屈氏体,用字母 T 表示,如图 5.16(c)所示。

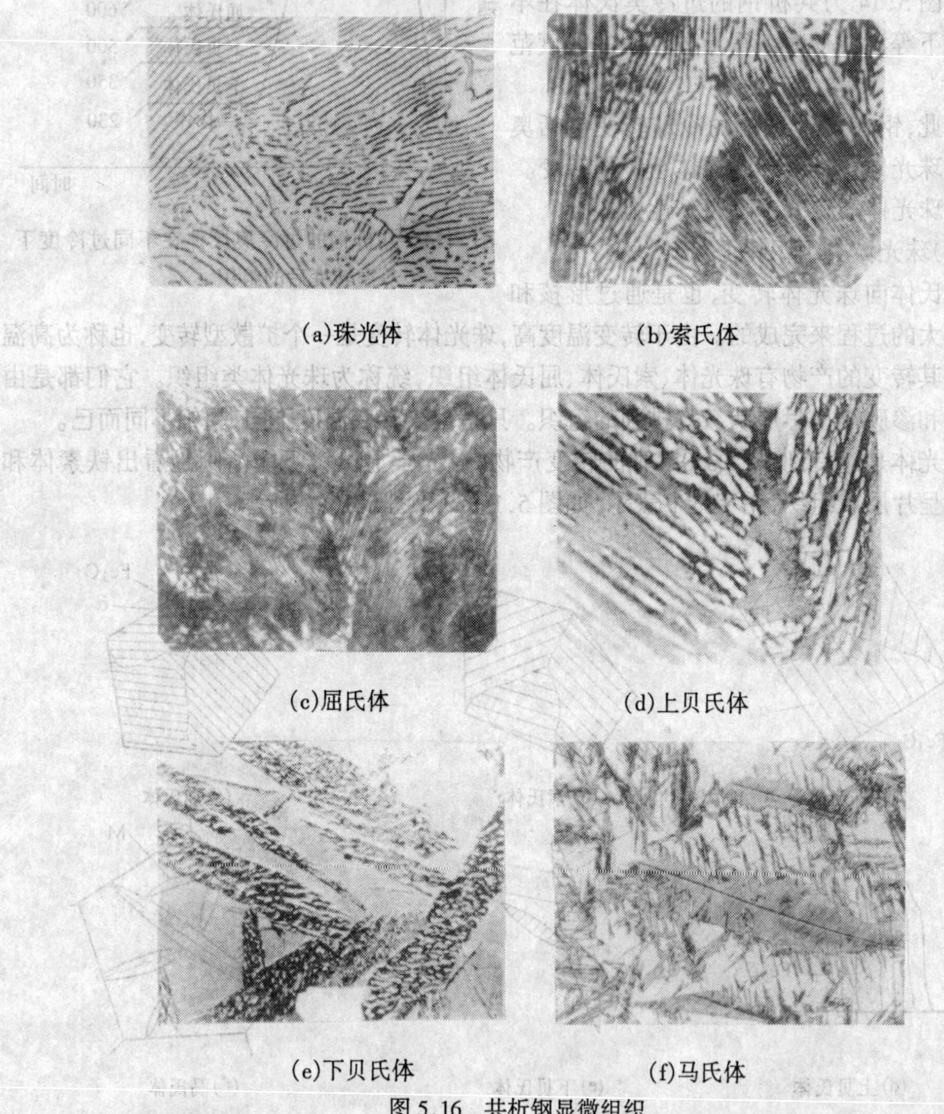

(a)珠光体　(b)索氏体　(c)屈氏体　(d)上贝氏体　(e)下贝氏体　(f)马氏体

图 5.16　共析钢显微组织

但是,必须指出,珠光体类组织不是在任何条件下均是层片状的。如共析钢和过共析钢可通过特殊的热处理工艺,使奥氏体转变的珠光体不是层片状,而是渗碳体呈细小的球状分布在铁素体基体中,称为珠状珠光体或粒状珠光体,如图 5.18 所示。

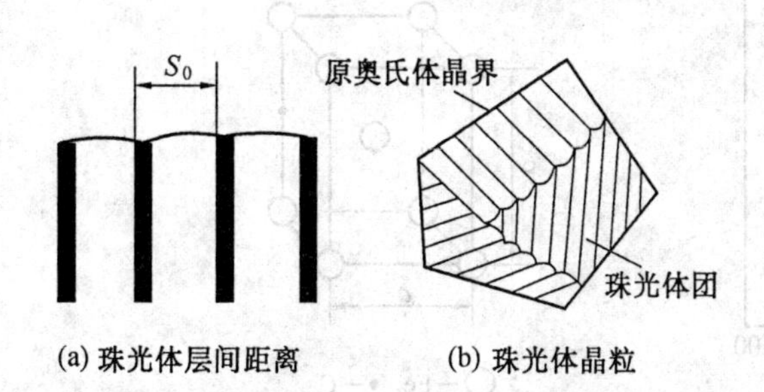

图 5.17　片状珠光体的层间距离和珠光体团示意图

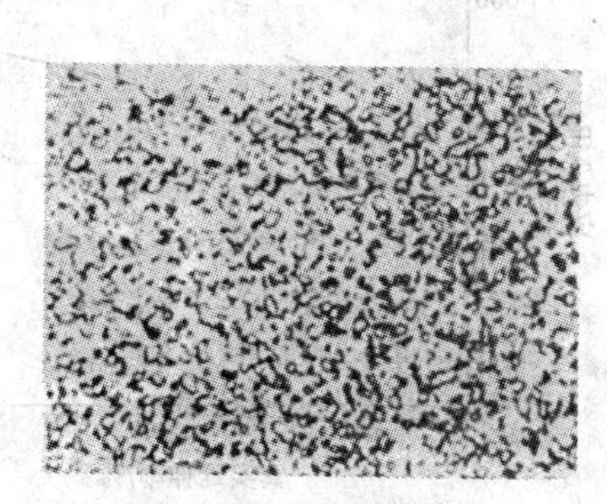
图 5.18　球状珠光体组织

(2)珠光体类组织的性能

珠光体类组织的机械性能与珠光体的层间距离、珠光体团的尺寸及珠光体的形态有关。

通常,珠光体层间距离和珠光体团的尺寸越小,则珠光体的硬度和强度越高,塑性也较好,如表 5.1 所示。

表 5.1　奥氏体分解温度与转变产物的硬度关系

奥氏体分解温度/℃	组　织　名　称	分解产物硬度(HRC)
717	粗片状珠光体	7
648	索氏体	28
538	屈氏体	36

粒状珠光体的硬度及强度比片状珠光体略低,而塑性和韧性较高,如图 5.19 所示。

2.马氏体转变产物及性能

(1)马氏体转变的基本概念

马氏体转变是指钢从奥氏体状态快速冷却,来不及发生扩散分解而发生无扩散型的相变,转变产物称为马氏体。

马氏体是碳在 α - Fe 中的过饱和间隙固溶体。由于马氏体转变是无扩散的,因而马氏体中的碳浓度与奥氏体中的碳浓度完全相同。如共析钢的奥氏体碳的质量分数为 0.8%,当转变成马氏体后,马氏体的碳的质量分数为 0.8%。在平衡状态下,碳在 α - Fe 中的固溶度为 0.02%,显然,马氏体是含碳量处于过饱和状态的 α - Fe,因此,称为过饱和固溶体。马氏体单相的组织,用字母 M 表示。

马氏体的晶体结构:由于马氏体转变是无扩散型转变,所以在奥氏体向马氏体转变过程中,没有化学成分的变化,只发生点阵的重构。图 5.20 为马氏体晶体结构示意图。它为体心正方晶格,即为 $a = b \neq c, \alpha = \beta = \gamma = 90°$。

马氏体晶胞中 c/a 之比称为正方度,正方度的大小,取决于马氏体中的含碳量,含碳量越高,正方度越大,如图 5.21 所示。

钢中碳的质量分数小于 0.2%时,马氏体的正方度几乎等于 1,这时马氏体的晶体结构是体心立方。当钢中含碳量增加时,正方度大于 1,这时是体心正方的。

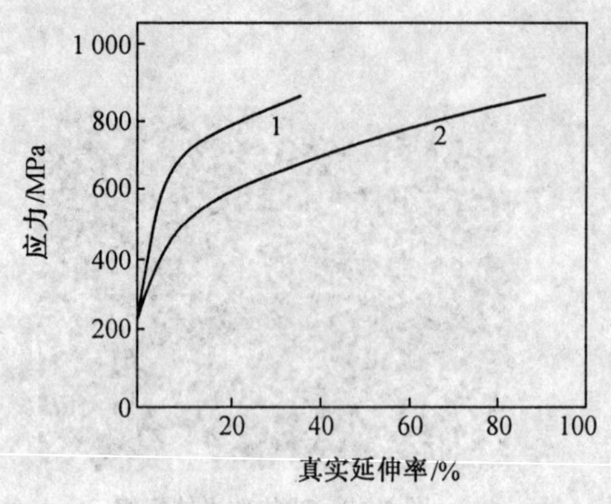

图 5.19　共析碳钢不同组织的应力－应变图

1—片状珠光体；2—粒状珠光体

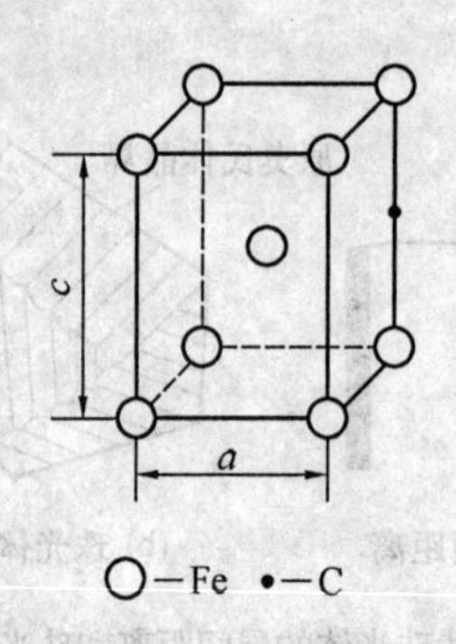

图 5.20　马氏体晶体结构示意图

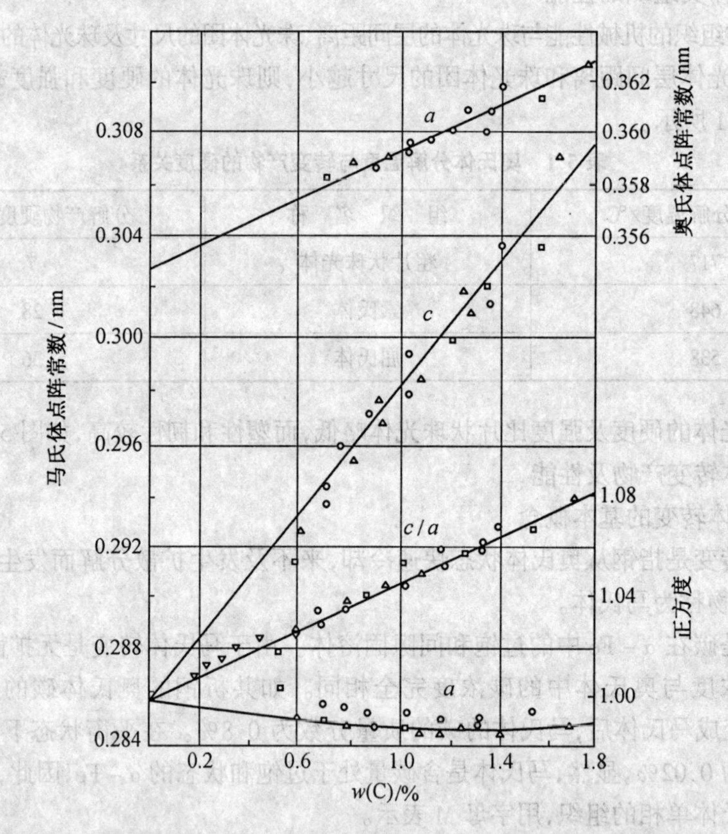

图 5.21　马氏体和奥氏体的晶格常数及马氏体晶格正方度与含碳量的关系

(2)马氏体转变的特点

①无扩散型。钢在马氏体转变前后，组织中固溶的碳浓度没有变化，马氏体和奥氏体中固溶的碳量一致，仅发生晶格改变，因而马氏体的转变速度极快。

②有共格位向关系。马氏体形成时，马氏体和奥氏体相界面上的原子是共有的，既属于马氏体，又属于奥氏体，称这种关系为共格关系。

③在通常情况下，过冷奥氏体向马氏体转变开始后，必须在不断降温条件下转变才能

继续进行,冷却过程中断,转变立即停止。

如果将此情况用图表示,那么就得到转变温度与马氏体转变量之间的关系曲线,如图 5.22 所示。

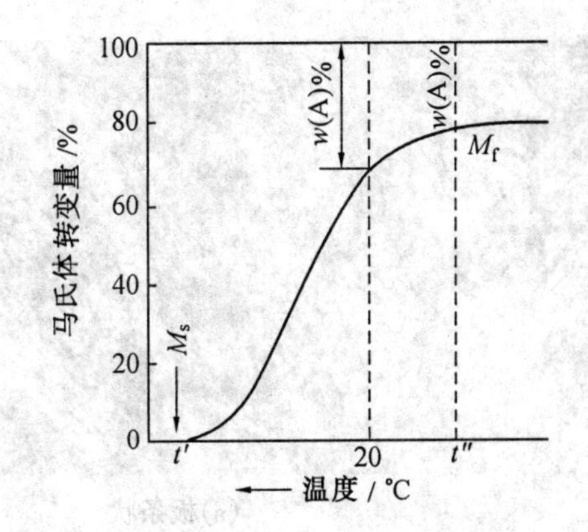

图 5.22 马氏体转变量与转变温度的关系

过冷奥氏体向马氏体转变的开始温度,用 M_s 表示,而马氏体转变的终了温度用 M_f 表示。

当温度降低到 M_f 以下时,过冷奥氏体向马氏体转变接近全部完成,但经常保留极少量奥氏体,称为残余奥氏体。在 M_f 点低于室温的情况下,则 M_s、M_f 点越低,冷却到室温时,钢中的残余奥氏体量也越多。因此,淬火钢中马氏体和残余奥氏体的数量与马氏体转变开始温度 M_s 及 M_f 的高低有关。

钢的化学成分对马氏体转变温度(M_s、M_f)有影响,其中碳可急剧降低,马氏体转变开始温度和转变终了温度,如图 5.23 和 5.24 所示。

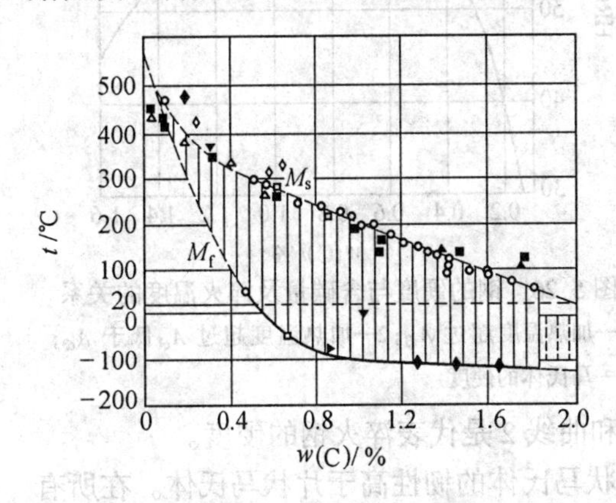

图 5.23 含碳量对 M_s、M_f 的影响

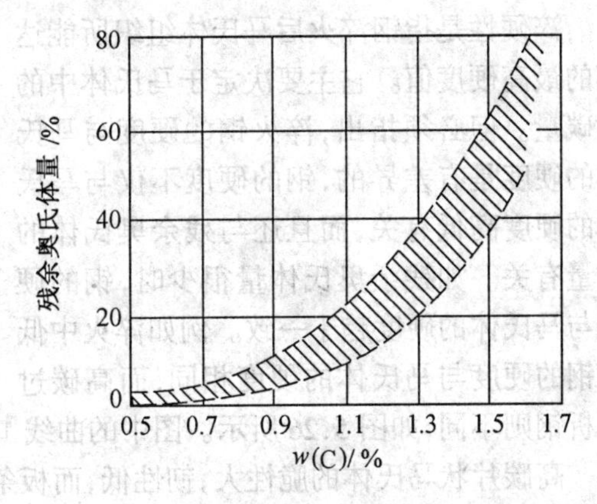

图 5.24 含碳量对淬火钢残余奥氏体量的影响

(3)马氏体的组织形态

钢中有两种类型的马氏体形态,即板条马氏体和片状马氏体。试验证明,奥氏体的碳的质量分数低于 0.3%时,形成的完全是板条马氏体组织,如图 5.25(a)所示。它的特征是由成群的板条组成。用电子显微镜观察结果表明,板条状马氏体中有大量的位错。称板条马氏体为低碳马氏体或位错马氏体。奥氏体的碳的质量分数高于 1.0%时,形成的完全是片状马氏体如图 5.25(b)所示。片状马氏体在显微镜下观察时,呈片状或针状,片状马氏体内有大量的孪晶存在。

奥氏体的碳的质量分数在 0.3%～1.0%之间时,可同时存在两种形态的马氏体,随着钢中奥氏体含碳量的增加,板条状马氏体数量不断减少,而片状马氏体逐渐增多。

(4)马氏体的性能

马氏体的性能特点是高硬度、高强度和高脆性。马氏体的硬度高低与含碳量有密切关系。

(a)板条状

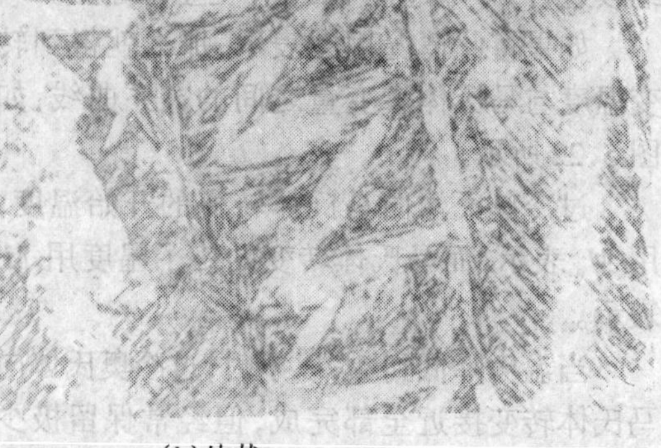

(b)片状

图 5.25　马氏体形态

马氏体的硬度随含碳量的增加而升高，如图 5.26 所示。当碳的质量分数超过 0.6%以后，马氏体的硬度增加趋于平缓。为了比较钢淬火后的硬化能力，提出了淬硬性的概念。

淬硬性是指钢淬火后马氏体组织所能达到的最高硬度值。它主要决定于马氏体中的含碳量。但必须指出，淬火钢的硬度与马氏体的硬度是有差异的，钢的硬度不仅与马氏体的硬度高低有关，而且还与残余奥氏体的数量有关。如残余奥氏体量很少时，钢的硬度与马氏体的硬度趋于一致。例如淬火中低碳钢的硬度与马氏体的硬度相同，而高碳过共析钢则不同，如图 5.26 所示。图中的曲线 1 和曲线 2 是代表淬火钢的硬度。

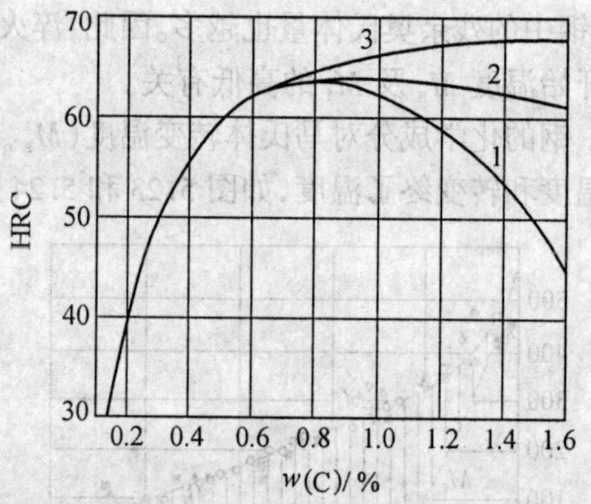

图 5.26　钢的硬度与含碳量及淬火温度的关系
1—加热温度超过 A_{c3}；2—加热温度超过 A_{c1} 低于 A_{c3}；3—马氏体的硬度

高碳片状马氏体的脆性大，韧性低，而板条状马氏体的韧性高于片状马氏体。在所有的组织类型中，马氏体的比容量大。

3.贝氏体转变产物及性能

过冷奥氏体到珠光体转变和马氏体转变之间的中温转变，称为贝氏体转变，亦称中温转变，转变产物为贝氏体。

贝氏体是铁素体和渗碳体的非层状混合物，用字母 B 表示。

贝氏体转变的特点是兼有珠光体转变和马氏体转变的特征。即贝氏体中的 α 相形成是无扩散的，而碳化物的析出则是通过扩散进行的。

(1)贝氏体的组织形态

由于转变温度的不同，贝氏体有两种基本形态，即上贝氏体和下贝氏体。

共析钢在 350 ~ 550℃温度区间，过冷奥氏体转变为上贝氏体。

上贝氏体的特点是铁素体成束，并大致呈平行的条状，自奥氏体晶界的一侧或两侧向奥氏体晶内伸展。渗碳体分布于铁素体条之间。从整体上看，在光学显微镜下呈羽毛状。因此，上贝氏体又称羽毛状贝氏体。如图 5.16(d)所示。

下贝氏体中铁素体呈竹叶状,互相之间有一定的角度。渗碳体是在铁素体内部析出,是以细片状或颗粒状排列成行,并与铁素体叶片的长轴成55°~60°,如图5.16(e)所示。

(2)贝氏体组织的性能

对同一种钢而言,贝氏体的硬度高于珠光体,低于马氏体。上贝氏体的硬度又低于下贝氏体。

综上所述,碳钢奥氏体化后,在冷却时,随着过冷度的增加,过冷奥氏体转变的组织顺序是:珠光体、索氏体、屈氏体、上贝氏体、下贝氏体、马氏体。这些组织的硬度依次序由低到高。珠光体的硬度最低,马氏体的硬度最高。如果要想提高机器零件的强度和硬度,通常要获得马氏体。中温转变组织的硬度介于二者之间。

二、碳钢过冷奥氏体转变图

以上讨论了过冷奥氏体在不同过冷度下发生的转变、转变产物及性能,也就是这些转变与转变温度的关系。此外,还必须了解在某一过冷温度下,何时开始转变,转变何时终了,这个问题对热处理的冷却工艺参数的制定具有重要意义。

可用图解方法将过冷奥氏体在不同过冷度下进行等温转变开始时间、转变的终了时间,转变产物综合反映出来,称之为过冷奥氏体等温转变图。

在实际生产中,钢件在冷却转变时有两种方式:一种是等温转变,一种是连续冷却转变。图5.27为两种冷却方式的冷却速度曲线。

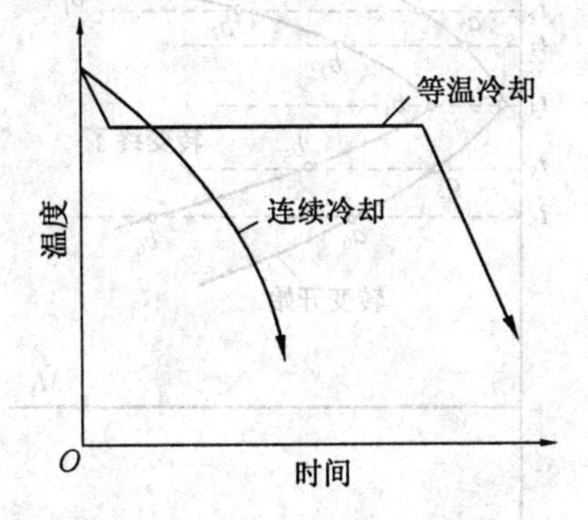

图5.27 等温冷却和连续冷却速度曲线

(一)过冷奥氏体等温转变图——C曲线

过冷奥氏体等温转变就是指过冷奥氏体的分解是在恒温下进行的。

1.曲线的建立

通常用金相和测量硬度的方法建立过冷奥氏体等温转变图,以共析钢为例。

用共析钢加工成若干块小试样,放在炉中加热到 A_{c1} 以上,使其完全奥氏体化。然后将试样迅速投入到保持在不同温度的盐浴(或金属浴)中,进行等温转变,而后每隔一定时间取出一块,立即在水中淬火,使未转变的奥氏体转变成马氏体(如图5.28所示),对各种试样做金相观察和硬度测量就可得出不同温度在不同时间内奥氏体的转变量,找出过冷奥氏体转变的开始时间和终了时间,分别联结各开始点和终了点即得到如图5.29所示共析钢过冷奥氏体的等温转变曲线。该图形状如字母"C",故而得名C曲线。

图5.30中指出了C曲线中点、线、区的金属学意义。

亚共析和过共析钢的等温转变C曲线,如图5.31所示。它们与共析钢的不同是,亚共析钢的C曲线上多一条代表析出铁素体的线。过共析钢的C曲线上多一条代表二次渗碳体的析出线。

2.过冷奥氏体等温转变图的意义

C曲线全面地反映了钢中过冷奥氏体在等温转变时的规律。

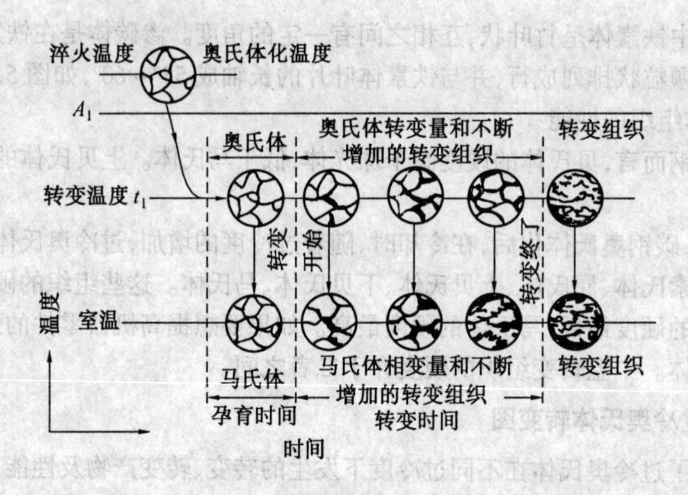

图 5.28　共析钢在温度 t_1 的转变过程试验简图

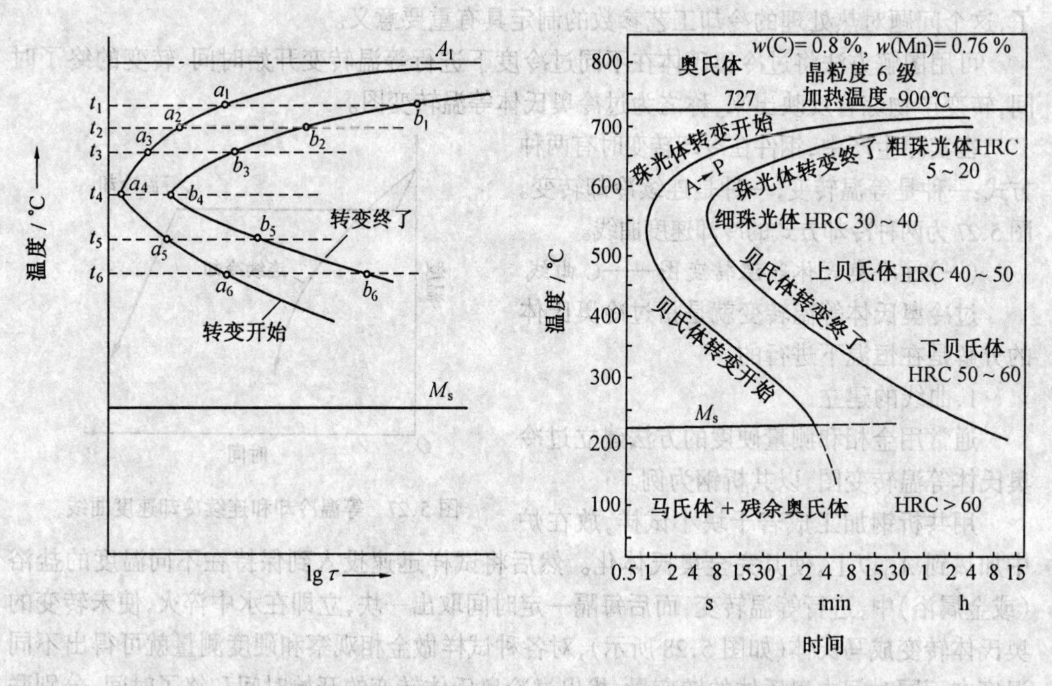

图 5.29　共析钢过冷奥氏体等温转变 C 曲线示意图

图 5.30　共析钢过冷奥氏体转变图中的点、线、区的意义

(1)过冷奥氏体在不同温度下等温转变时,转变不是立刻进行的,在转变之前有一段时间,称为过冷奥氏体等温转变的孕育期。孕育期的长短可作为过冷奥氏体稳定性的度量,孕育期越长,表明过冷奥氏体越稳定。

(2)过冷度对奥氏体转变的影响。从 C 曲线可以看出,共析钢在 550℃时有最短的孕育期,常叫 C 曲线的“鼻尖”。在 C 曲线鼻尖以上,随着过冷度的增加,过冷奥氏体转变的孕育期越短。而在鼻尖以下,则随过冷度的增加,过冷奥氏体转变的孕育期越长,在鼻尖处转变速度最快。

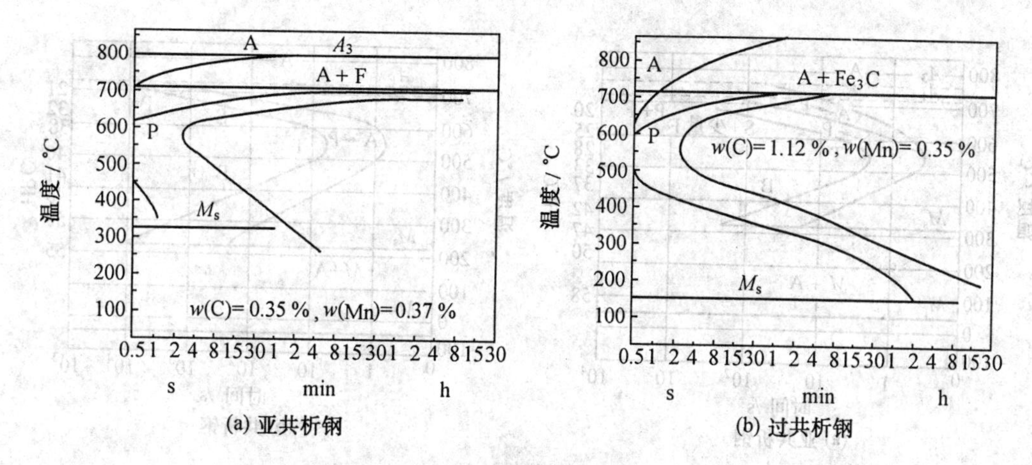

图 5.31　亚共析钢和过共析钢的 C 曲线

(3)过冷奥氏体在不同温度区域转变的产物是不同的。在 C 曲线鼻尖及其以上温度得到是不同粗细的珠光体类组织(即珠光体、索氏体、屈氏体),鼻尖以下是贝氏体类组织(上贝氏体和下贝氏体),在 M_s 点以下则形成马氏体组织。

过冷奥氏体等温转变的快慢可由 C 曲线上看出。因此,各种因素对于过冷奥氏体等温转变的影响,都可以在 C 曲线上反映出来。凡是提高奥氏体稳定性的因素,都使孕育期延长,等温转变减慢,因而使 C 曲线右移。反之,使 C 曲线左移。碳钢 C 曲线的位置与钢的含碳量有关,在亚共析钢中,随着含碳量的增加,钢的 C 曲线位置右移。在过共析钢中,随着含碳量的增加,C 曲线又向左移,如图 5.32 所示。除此之外,钢的奥氏体化温度越高,保温时间越长,奥氏体晶粒越粗大,则 C 曲线的位置越右移。

(二)过冷奥氏体连续冷却转变曲线

在实际生产中,许多热处理工艺是在连续冷却过程中完成的,如炉冷退火、空冷正火、水冷淬火等。钢在铸造、锻轧、焊接后,也大多采用空冷、坑冷等连续冷却方式。尽管等温转变曲线能近似地推测出连续条件下过冷奥氏体转变产物及过程,但不够准确,还必须建立连续冷却转变曲线。

图 5.33 为共析钢过冷奥氏体连续冷却转变曲线和等温转变曲线的对比。由图可以看出,连续冷却转变曲线比等温转变曲线向右下方做了一定的移动。这两种转变的区别如下。

(1)过冷奥氏体在连续冷却时的转变是在一个温度范围内进行的,因此,得到的组织产物不可能是单一的均匀组织。

(2)在连续冷却转变曲线中,转变为珠光体所需的孕育期,要比相应的过冷度下的等温转变略长,而且是在一温度范围内发生的。

(3)共析钢连续冷却时,一般不会得到贝氏体。

尽管连续冷却转变曲线与等温转变曲线之间有些不同。但它们之间也存在着内在的联系,特别是珠光体转变。它们的转变产物基本上一致,不过只是转变时间、温度范围有一定的差异。因此,由于建立连续冷却转变曲线比较复杂,可以通过等温转变曲线去近似地分析连续冷却转变的过程及产物。

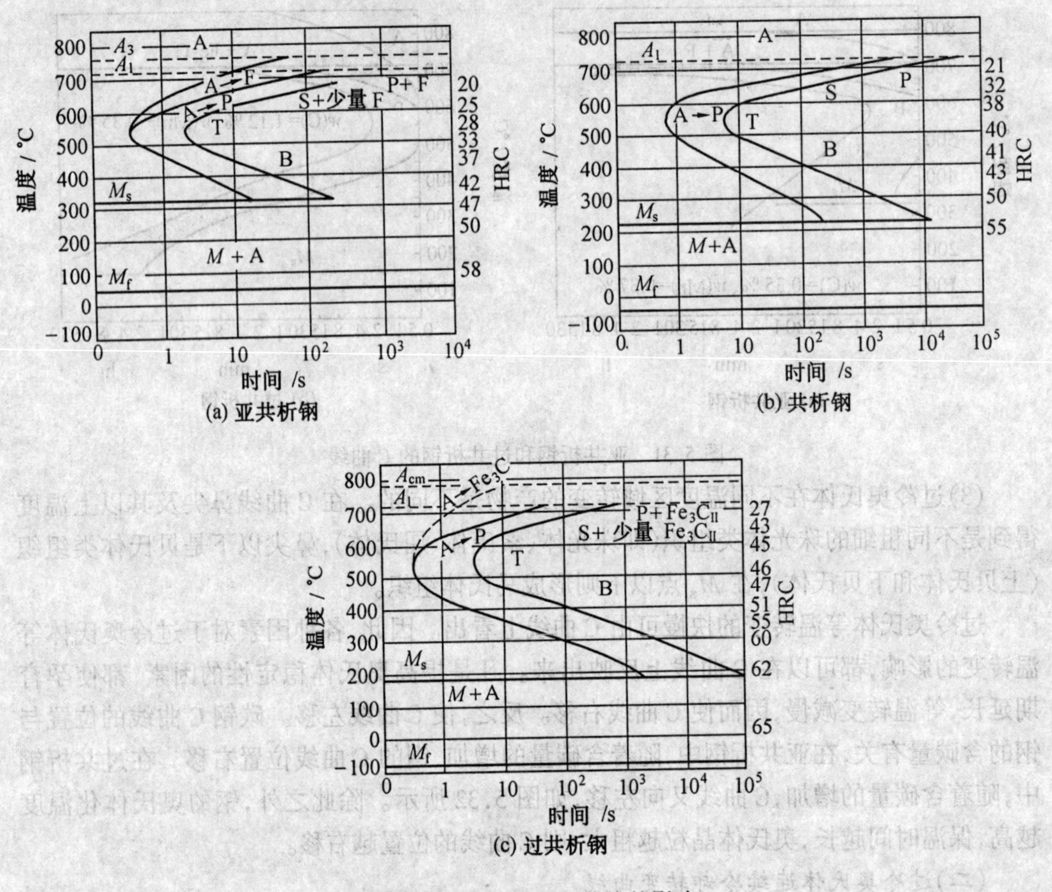

(a) 亚共析钢

(b) 共析钢

(c) 过共析钢

图 5.32 含碳量对 C 曲线的影响

(三)过冷奥氏体等温转变曲线的应用

过冷奥氏体等温转变曲线是制定热处理冷却工艺规范的重要依据之一。

如果使钢件在冷却过程中不发生珠光体或贝氏体转变,仅发生马氏体转变,必须把加热到奥氏体状态的钢,以等于或超过 V_c'的冷却速度进行冷却,一直冷却到 M_s 点以下。不难看出,V_c'是只发生马氏体转变的最小冷却速度称为临界冷却速度,也称为淬火临界冷却速度,它是钢淬火选择冷却介质的依据,V_c'的大小与 C 曲线的位置有关。如果 C 曲线越往右移,则 V_c'就越小,越易在较低冷却速度下获得马氏体组织。

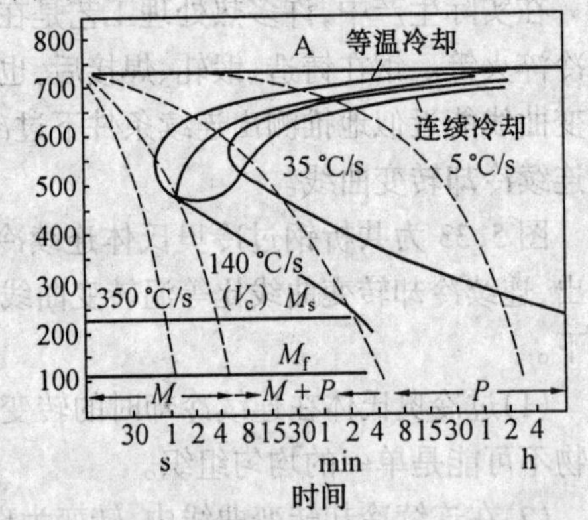

图 5.33 共析钢连续冷却转变图与等温转变图比较

如果把连续冷却时的临界冷却速度叠绘在等温转变 C 曲线上,发现从等温转变 C 曲线上确定的 V_c'是近似的。因为等温转变 C 曲线与连续冷却时过冷奥氏体的转变是有区别的(连续冷却时 C 曲线向右下方移动),因而通过等温冷却 C 曲线计算出来的比实际测

定的连续冷却 V_c'约大 1.5 倍，如图 5.34 所示。

此外，还可以通过 C 曲线来确定退火、正火及其他热处理工艺的冷却速度，如图 5.35 所示。

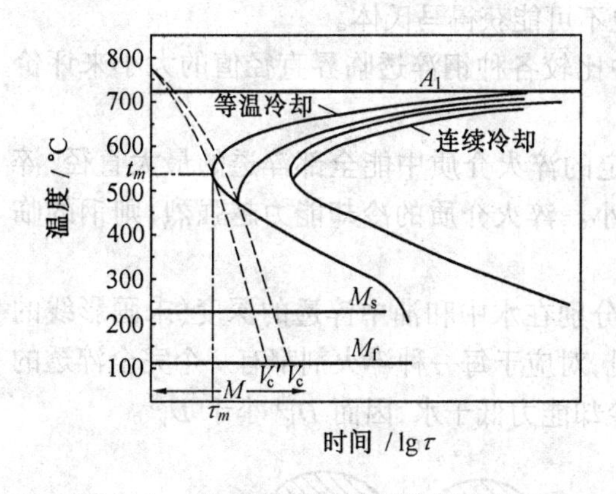

图 5.34　用图解法确定临界冷却速度 V_c

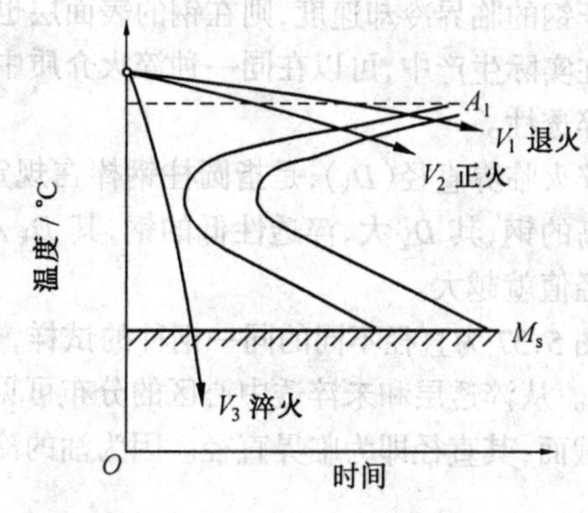

图 5.35　钢淬火、退火、正火的冷却速度曲线与 C 曲线的关系

图中的冷却速度 V_1、V_2、V_3 分别相应于退火、正火、淬火的冷却速度。钢以 V_1 速度冷却到室温的组织为珠光体，以 V_2 速度冷却下来的组织是索氏体或屈氏体，以 V_3 速度冷却获得马氏体。

三、钢的淬透性

为了提高钢的强度和硬度，必须进行淬火，获得马氏体组织。实践表明，截面尺寸较大的钢件，淬火后沿着试样整个截面上的组织不全是马氏体。这主要是由于淬火时沿试样截面上各部位的冷却速度不同，如图 5.36 中虚线所示，试样表面冷却速度大，心部冷却速度小。图中水平虚线表示临界冷却速度的数值，试样表层冷却速度大于临界冷却速度，得到马氏体，为淬透层，如图中阴影线部分所示；心部的冷却速度小于临界冷却速度，不能得到马氏体，而是屈氏体或索氏体。

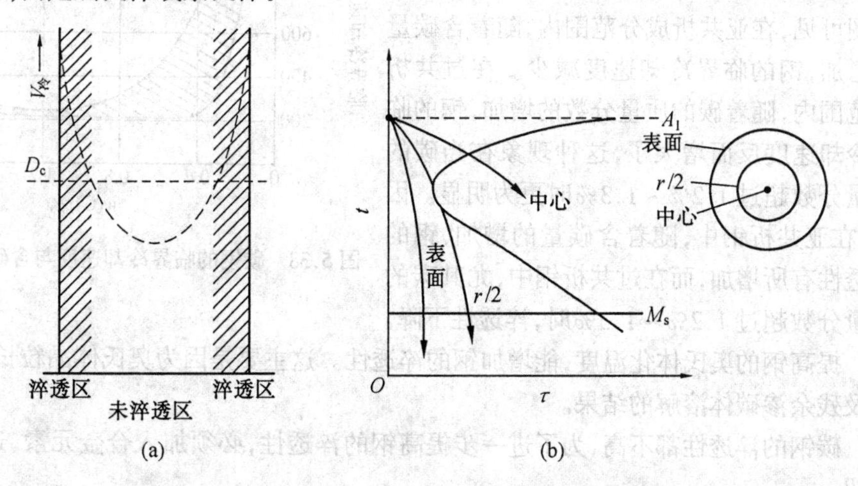

图 5.36　沿截面的不同冷却速度对未淬透区影响示意图

淬透性就是指钢在淬火后获得淬硬层深度大小的能力。

随着钢的临界冷却速度的降低,试样淬透层深度加大,当试样心部的冷却速度大于临界冷却速度时,试样整个截面将完全淬透。如果钢件截面很大,甚至钢表面处的冷却速度也小于钢的临界冷却速度,则在钢的表面层也不可能获得马氏体。

在实际生产中,可以在同一种淬火介质中比较各种钢淬透临界直径值的大小来评价钢的淬透性。

淬火临界直径(D_k),是指圆柱钢棒在规定的淬火介质中能全部淬透的最大直径,淬透性高的钢,其 D_k 大,淬透性低的钢,其 D_k 小。淬火介质的冷却能力越强烈,则钢的临界直径值就越大。

图 5.37 为直径不同的同一钢种的试样,分别在水中和油中淬透的深度(未画影线的截面)。从淬透层和未淬透中心区的分布可见,对应于每一种淬火剂都有一个完全淬透的最大截面,其直径即为临界直径。因为油的冷却能力低于水,因而 $D_k^{油}$ 小于 $D_k^{水}$。

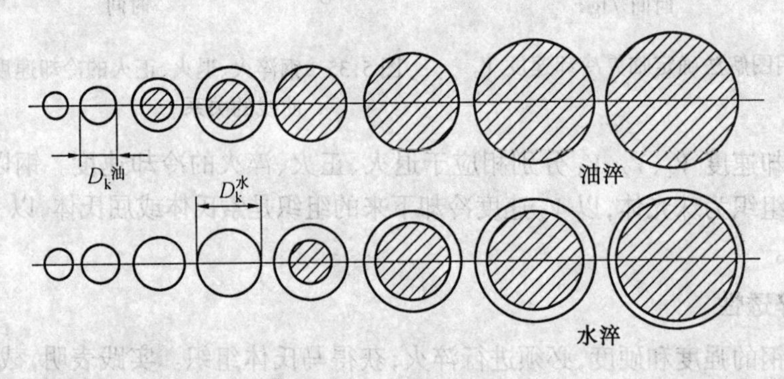

图 5.37　各种尺寸的圆棒在水中和油中淬火时的淬透性(影线部分表示没有淬透)

影响钢淬透性的决定因素是钢的临界冷却速度(V_c')。钢的临界冷却速度与化学成分和奥氏体化温度之间有着密切的关系。图 5.38 表示碳钢的临界速度与碳含量的关系。由图可见,在亚共析成分范围内,随着含碳量的增加,钢的临界冷却速度减少。在过共析钢范围内,随着碳的质量分数的增加,钢的临界冷却速度反而增大了,这种现象在当碳的质量分数超过 1.2%～1.3%时更为明显。因此,在亚共析钢中,随着含碳量的增加,钢的淬透性有所增加,而在过共析钢中,尤其碳的质量分数超过 1.2%～1.3%时,淬透性下降。

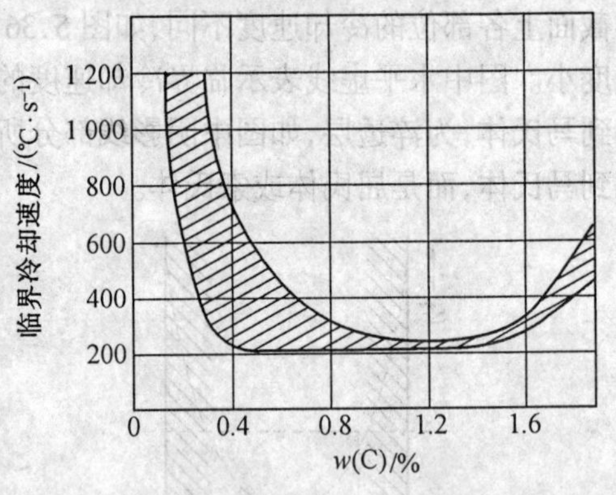

图 5.38　碳钢的临界冷却速度与含碳量的关系

提高钢的奥氏体化温度,能增加钢的淬透性。这主要是因为奥氏体晶粒长大,成分均匀及残余渗碳体溶解的结果。

碳钢的淬透性都不高,为了进一步提高钢的淬透性,必须加入合金元素,这将在以后介绍。

四、碳钢在回火时的组织转变

淬火钢的组织主要为马氏体,还有少量残余奥氏体,这两种组织在室温下都是处于亚稳定状态,力图分解为铁素体及碳化物的稳定状态。如果这种变化发生在零件的使用过程中,则必导致零件的性能及尺寸的变化。此外,淬火时由于零件各部分的冷却不均匀,引起收缩程度不同而产生热应力,又由于奥氏体与其转变产物的比容不同,零件的表面和心部或零件各部分之间的组织转变时间不同,还产生组织应力。这些内应力不但会影响零件热处理后的变形与开裂,还对零件的使用寿命有重要影响。因此,机器零件淬火后不能直接使用,必须进行回火处理,以稳定组织、消除内应力以及获得所需要的性能。下面将讨论淬火碳钢回火时发生的组织转变。

(一)回火时的组织转变

淬火钢在回火时的组织转变包括:马氏体的分解,残余奥氏体的转变,碳化物的析出,铁素体的回复与再结晶,碳化物的聚集和长大。这些转变大体上可分为四个阶段,但它们不是截然分开的。

第一阶段(80~200℃)是马氏体的分解阶段。

由于加热温度的升高,马氏体将析出部分过饱和的碳。此时,碳以碳化物的形式析出,析出的碳化物是极薄的片状碳化物,它与渗碳体不同,具有六方点阵,化学成分接近于Fe_2C,它与母相有一定的共格联系,并用 ε 表示。

回火温度越高,马氏体分解得越快,析出的碳化物越多,马氏体的碳浓度也降低得越多,如图 5.39 所示。随着碳浓度的降低,马氏体的正方度越来越小,逐渐趋近于 1。碳钢马氏体的分解一直延续到 350℃以上。

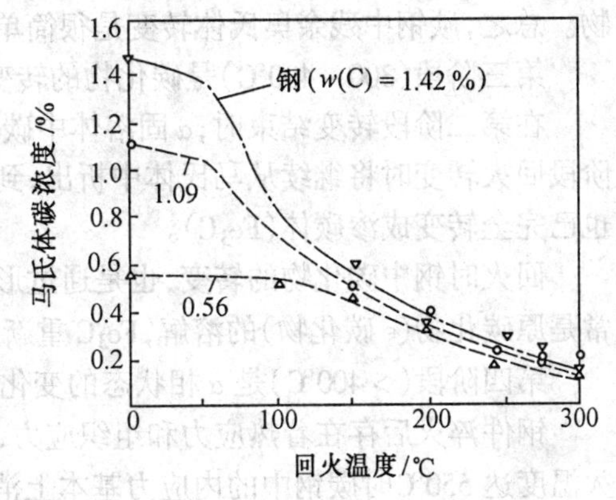

图 5.39 马氏体的碳浓度随回火温度的变化

回火时间对于马氏体分解的影响如图 5.40 所示。由图可见,在回火初期,马氏体碳浓度降低得最快,回火 30 min 以后,分解速度大大减慢,回火超过 2 h 以后,则变化就很小了。由图 5.40(a)可看出,淬火马氏体的碳浓度越高,则回火时分解得越快。但是,同样回火后,原始碳浓度高的,回火马氏体的碳浓度仍较高。由图 5.40(b)还可看出,回火温度越高,则回火初期的碳浓度降低越快,同样时间回火后,最终碳浓度也越低。

高碳马氏体分解时析出 ε 碳化物。低碳(w(C) < 0.2%)板条状马氏体。在 100~200℃之间回火时,一般不析出 ε 碳化物,只发生碳原子在位错线附近偏聚。在普通淬火的条件下,中碳钢得到的是混合马氏体组织形态,回火时马氏体分解兼有高碳马氏体和低碳马氏体转变的特征,既有 ε 碳化物的析出,又有碳原子在位错线附近的偏聚。

回火第一阶段转变结束时,钢的组织是过饱和的 α 固溶体和 ε 碳化物的混合物,称为回火马氏体。

第二阶段(200~300℃)是残余奥氏体的转变阶段。

碳的质量分数大于 0.4% 的碳钢淬火后,组织中总含有少量残余奥氏体。在 200~

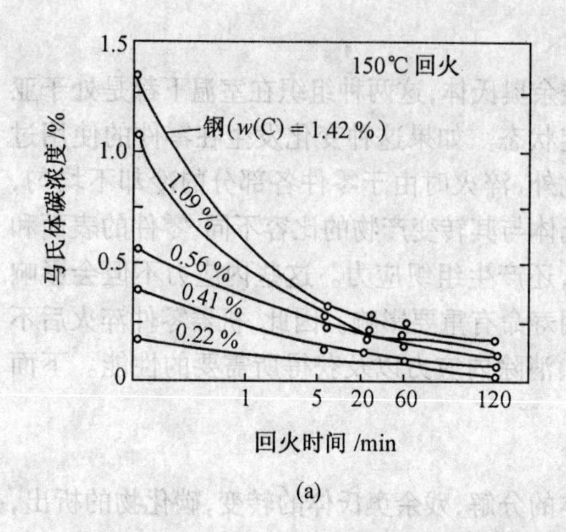

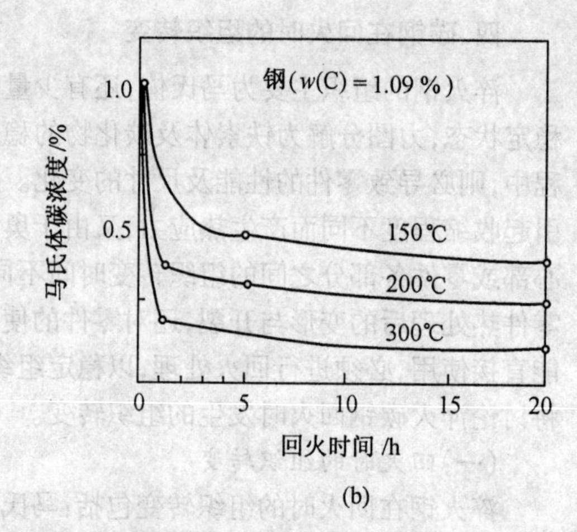

图 5.40　回火时间对于马氏体碳浓度的影响

300℃之间回火时，这些残余奥氏体便发生分解，转变为下贝氏体。此后，随着回火温度的升高，α 相的浓度逐渐降低，ε 碳化物将转变为 Fe_3C。最后形成 Fe_3C 和铁素体的二相混合物。总之，碳钢中残余奥氏体转变是很简单的，在回火升温过程中就已转变完了。

第三阶段(300～400℃)是碳化物的转变阶段。

在第二阶段转变结束时，α 固溶体中碳的质量分数仍大约有 0.15%～0.20%，在第三阶段回火转变时将继续从马氏体中析出，到 400℃左右碳的析出就结束了。这时 ε 碳化物也已完全转变成渗碳体(Fe_3C)。

回火时钢中碳化物的转变，也是通过形核和长大过程进行的。形核和长大的方式，通常是原碳化物(ε 碳化物)的溶解，Fe_3C 重新形核长大。

第四阶段(＞400℃)是 α 相状态的变化和碳化物的聚集长大阶段。

钢件淬火后存在着热应力和组织应力，这些内应力随回火温度的提高不断下降，当回火温度达 550℃时碳钢中的内应力基本上消除。

此外，在马氏体分解时，由马氏体析出 ε 碳化物与母相保持着共格联系，当 ε 碳化物长大时，也有增加晶格畸变和引起显微内应力的作用，当 ε 碳化物转变成渗碳体与 α 相的共格关系破坏时，这种内应力才能基本消除。因此，回火是消除内应力的主要方法之一。

钢在回火时，不仅消除了内应力，还会发生 α 相的回复和再结晶。当回火温度高于 400℃时，对内的回复已明显地表现出来。当回火温度高于 600℃时，α 相开始再结晶。

当回火温度高于 400℃时，碳化物的形态同时也在发生变化，由片状向粒状转变，也就是碳化物聚集的过程。温度越高，球状碳化物的尺寸越大。

综上所述，图 5.41 上的曲线总结了碳钢在回火时所发生的四个转变：Ⅰ—碳从过饱和 α 固溶体中析出，主要在低温下进行(在高

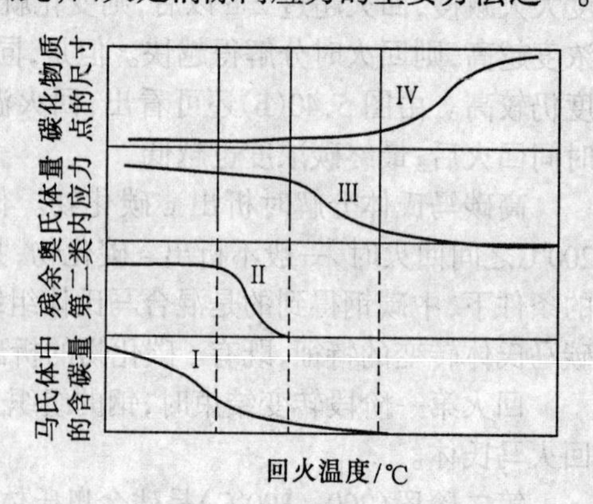

图 5.41　回火转变完成过程示意图

碳钢中),这个温度范围很宽;Ⅱ—残余奥氏体的分解,分解的程度与钢的成分有关;Ⅲ—内应力的消除,该过程在300~400℃的范围内进行得强烈;Ⅳ—碳化物颗粒聚集长大。

(二)回火后的组织

根据在不同回火温度下发生的组织转变,可将回火得到的组织区分为三种类型:

(1)100~300℃为回火马氏体($M_{回}$)。它是具有一定过饱和度的α相及与其有共格关系的片状ε碳化物组成的混合物,如图5.42(a)所示。

(2)300~500℃为回火屈氏体($T_{回}$)。它是α相与渗碳体(Fe_3C)组成的混合物,如图5.42(b)所示。

(3)500~650℃为回火索氏体。它是经过回复或再结晶的α相和颗粒状渗碳体的混合物组织,如图5.42(c)所示。

(a) 回火马氏体

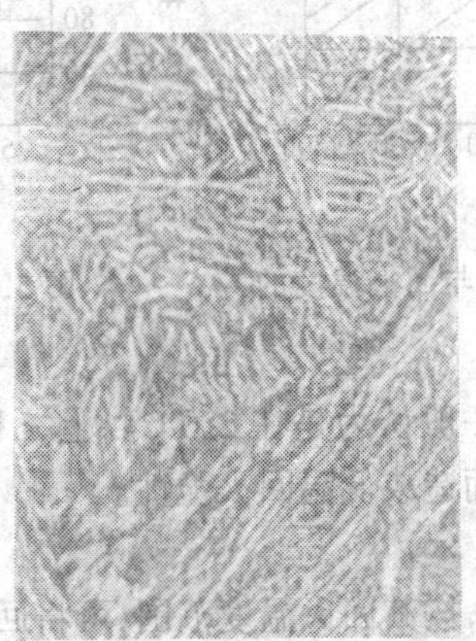
(b) 回火屈氏体

(c) 回火索氏体

图5.42 钢回火后的组织

应当指出,由奥氏体冷却转变而成的淬火屈氏体和淬火索氏体组织,与由马氏体分解所得到的回火屈氏体和回火索氏体组织有很大的区别,主要是碳化物的形态不同。由奥氏体直接分解的屈氏体及索氏体中的碳化物是片状的,而由马氏体分解的回火屈氏体与回火索氏体中碳化物是颗粒状的。由于碳化物的形态不同,即使是同一种含碳量的钢,其性能也有很大的差异。

(三)回火后钢的性能

淬火钢经回火后,由于组织的变化,其力学性能、物理性能等均发生变化。这里主要介绍回火对钢硬度的影响,有关其他性能将结合具体零件用钢进行讨论。

图5.43为碳钢回火后的硬度与回火温度的关系。从图可以看出,低碳钢淬火后的硬度正常值为HRC40左右,中碳钢为HRC50~55,高碳钢大于HRC60。当回火温度升高时,钢的淬火硬度都不断降低。只有共析钢和过共析钢当加热到100℃左右时,硬度值略有增高(增值HRC1~2)。在200~300℃的范围内,由于残余奥氏体转变,使这个温度区间的硬度也略有升高。不过总的趋势是所有的淬火钢的硬度均随回火温度的升高而降低。

(四)回火脆性

随着回火温度的升高,如图5.44所示,钢的冲击韧性不是随回火温度升高而单调地增大。在 250～400℃区域之间存在冲击值降低的现象。这种脆化现象称为回火脆。在此温度范围内回火时出现的脆性，称为低温回火脆。几乎所有淬成马氏体的钢在 300℃左右回火都存在这类回火脆性，回火后的冷却速度对这种脆性没有影响。由于这类脆性产生后不能消除，又称为不可逆回火脆，也叫第一类回火脆。

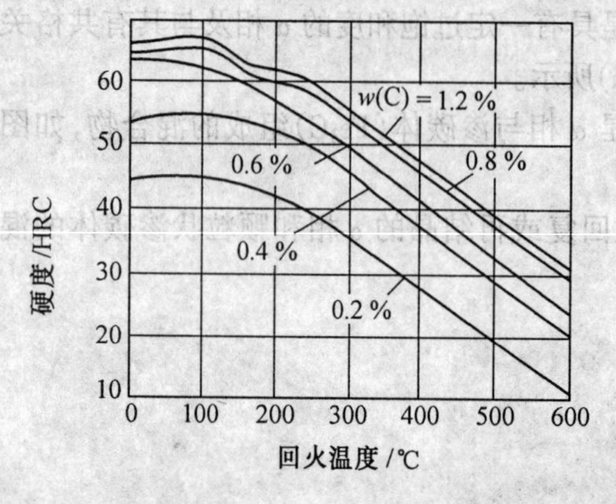

图 5.43　含碳量不同的钢的硬度与回火温度的关系

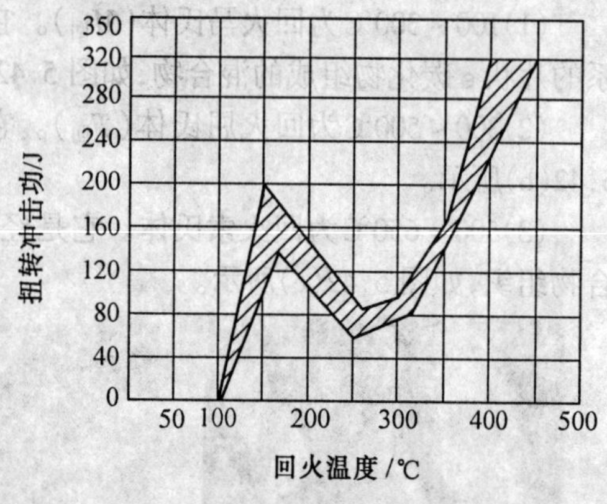

图 5.44　碳钢的第一类回火脆

产生低温回火脆的原因，一般认为是在 250℃以上，ε 碳化物转变成为极细的沿马氏体晶界析出的薄片渗碳体，从而造成低温回火脆性。

(五)回火的种类

根据钢件性能要求的不同，按其回火温度范围，可将回火分为以下几种。

1. 低温回火(150～250℃)

这种回火主要为了部分降低钢中残余应力和脆性，而保持钢在淬火后所得到的高硬度和耐磨性。回火后的组织为回火马氏体，主要用于高碳钢制作的工模具，铬轴承钢制作的滚动轴承，渗碳齿轮等。

2. 中温回火(350～550℃)

在此温度范围内回火，可得到回火屈氏体组织。钢的性能特点是在照顾到有一定韧性的条件下具有高的弹性和屈服极限，主要用于弹簧的处理。

3. 高温回火(550～650℃)

高温回火后可得到回火索氏体组织，主要是为了得到强度、塑性、韧性的良好配合，使其具有良好的综合机械性能。一般习惯将淬火加高温回火相结合的热处理称为调质处理。这种工艺广泛用于在冲击负荷作用下工作的零件，如轴类、连杆、螺栓等。

应该注意到的是，从以上回火温度范围可看出，在一般情况下均不在 250～350℃进行回火，因为这是钢容易发生回火脆性的温度范围，应避让。

5.3　钢的合金化

热处理可以改变碳钢的组织与性能，以满足机器零件使用性能的需要。但由于碳钢的热处理工艺性能较差(如淬透性低，回火稳定性差)，以及随着工业的发展，机器零件的工作负荷不断增加，工作环境更加苛刻，在这种情况下，碳钢就满足不了要求，迫使人们还要进一步改善钢材的组织与性能，以适应工业发展的需要。

实践表明，在碳钢中加入一定数量的合金元素进行合金化，可以进一步改善钢的组织和性能。由此，发展出一系列的合金钢，即为获得所需要的性能而加入特定的合金元素的钢。

合金元素在钢中的作用是极其复杂的。每一种合金元素在不同种类的合金钢中均有其特定的作用，但它们也有共同之处。为了掌握合金元素在钢中的作用，首先要了解合金元素对钢的组织和性能影响的普遍规律，进而分析它们在各类钢中的特殊规律。

一、钢中的合金元素

合金元素是指为了改变钢的组织和性能而加入的元素。

在钢中经常加入的合金元素有 Si、Mn、Cr、Ni、Mo、W、V、Ti、Nb、Zr、Co、Al、Cu、B 和稀土元素等。磷、硫等在个别情况下也可作为合金元素而保留在钢中。

二、合金元素在钢中存在的形式

根据合金元素在钢中与 Fe 和 C 的作用可分为两类。

第一类是非碳化物形成元素，如 Si、Ni、Cu、Al、Co 等。这些元素在钢中主要固溶于铁素体中。

第二类是碳化物形成元素，如 Ti、Nb、Zr、V、W、Cr、Mn 等。这些元素部分地固溶于铁素体中，部分地与碳化合成碳化物。

(一)铁与合金元素的作用

根据合金元素对铁的作用，可将合金元素分为两大类。

第一类是扩大 γ 相区的元素，其特点是使 A_4 点升高，使 A_3 点下降，扩大了奥氏体存在的温度范围。属于此类的合金元素有 Mn、Ni、Co、C、N、Cu 等，其示意图如图 5.45 所示。

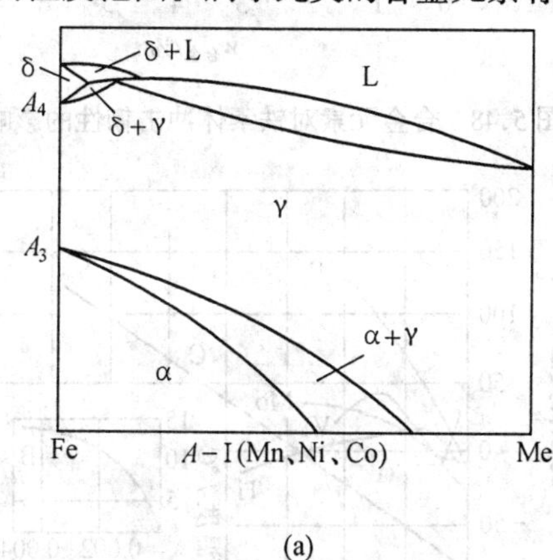

(a)

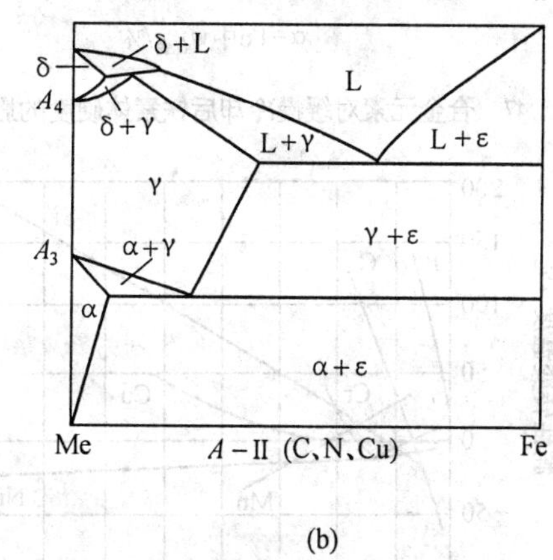

(b)

图 5.45　扩大 γ 相区的合金元素－Fe 示意相图

第二类是缩小 γ 相区的元素，其特点是 A_4 点降低，使 A_3 点升高，缩小了奥氏体存在的温度范围。属于这类的元素有 Si、Cr、Mo、W、V、Ti、Nb、Zr、P、B 等，其示意相图如 5.46 所示。

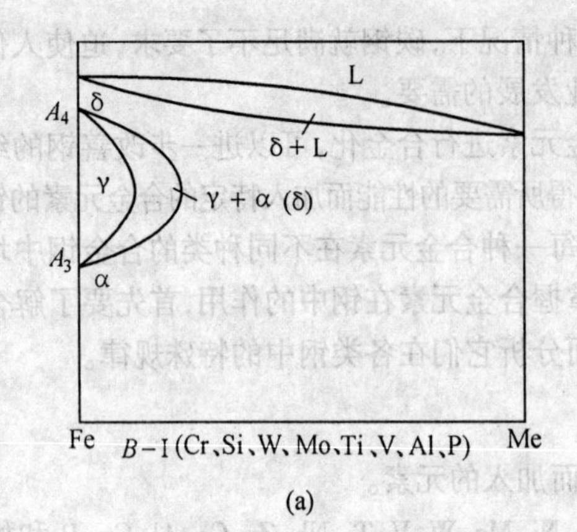

(a)

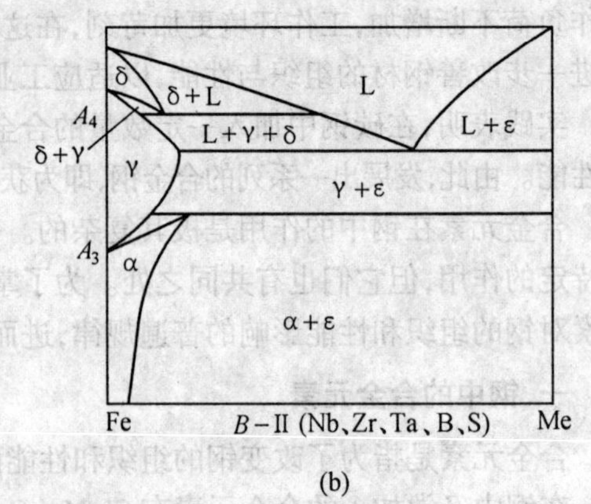

(b)

图 5.46　缩小 γ 相区的合金元素 − Fe 示意相图

(二)合金元素对铁素体性能的影响

合金元素对铁素体性能的影响如图 5.47、图 5.48、图 5.49 所示。

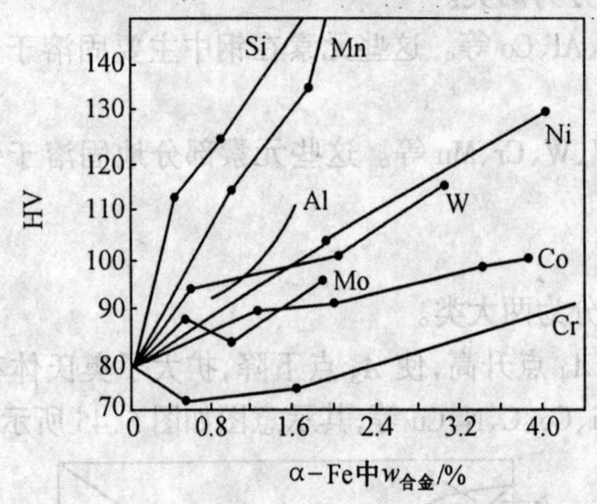

图 5.47　合金元素对缓慢冷却后铁素体硬度的影响

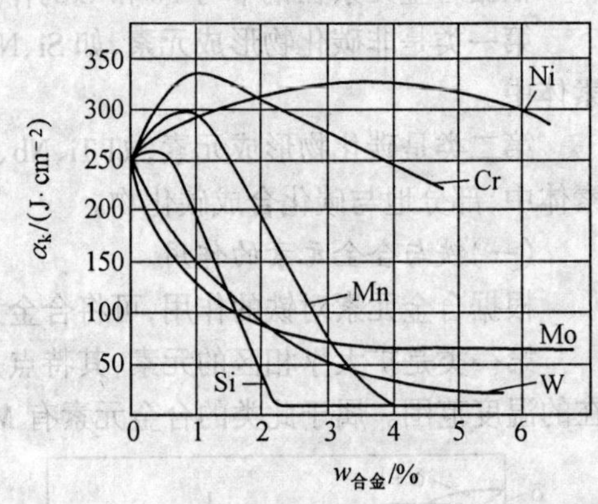

图 5.48　合金元素对铁素体冲击韧性的影响

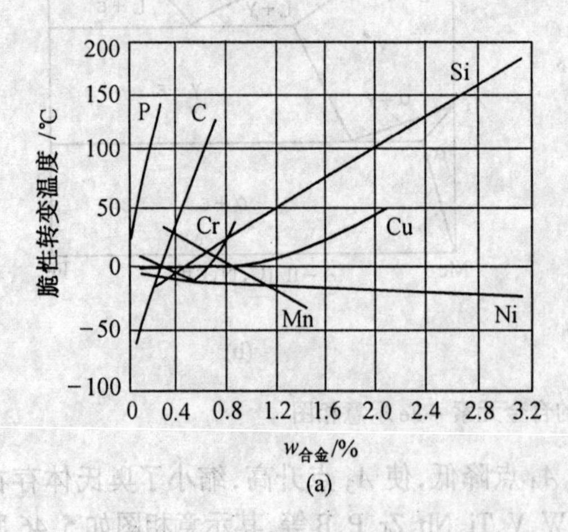

(a)

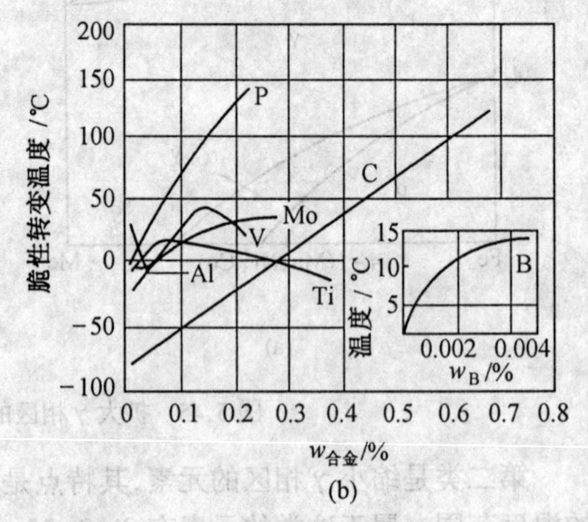

(b)

图 5.49　合金元素对钢的脆性转折温度的影响

(试验用钢成分：$w(C) = 0.3\%$，$w(Mn) = 1.0\%$，$w(Si) = 0.3\%$)

不难看出，Si、Mn对铁素体产生显著的固溶强化效果，其他元素较弱，但都不同程度地提高固溶体的强度与硬度，降低冲击韧性。Ni虽然固溶强化效果不如Si、Sn，但可减少钢的冷脆倾向并增加钢的塑性与韧性。

(三)合金元素与碳的作用

碳化物形成元素都具有一个未填满的d电子层，d层电子越是不满，形成碳化物的能力就越强，即和碳的亲和力越大，从而形成碳化物也就越稳定。据此，可将合金元素形成碳化物的能力由强至弱排列如下：Ti、Zr、V、Nb、W、Mo、Cr、Mn、Fe。Ti、Zr、V称为强碳化物形成元素，W、Mo、Cr、Mn、Fe称为弱碳化物形成元素。有时W、Mo也称为中等碳化物形成元素。

强碳化物形成元素与碳有很强的亲和力，易于形成不同类型的碳化物。由于这些碳化物的结构不同于渗碳体，称它们为特殊碳化物。

弱碳化物形成元素，多固溶于渗碳体中，取代其中部分铁原子，形成合金渗碳体，如$(Fe、Mn)_3C$，$(Fe、Cr)_3C$等。除Mn外，当元素含量超过一定限度时，亦可形成特殊碳化物，如$(Fe、Cr)_7C_3$，$(Fe、W)_6C$，$(Fe、Mo)_6C$等。总的来看，弱碳化物形成元素在碳化物中的浓度一般高于在铁素体中的浓度。

按碳化物的晶体结构的特点，又可分为两大类。一类是晶体结构比较简单的，当碳原子和过渡族元素原子半径之比γ_C/γ_M小于0.59时形成的碳化物，如TiC、ZrC、VC、NbC、WC等属于这一类。这类碳化物的最大特点是高熔点、高硬度，它们是合金钢的重要强化相。

当γ_C/γ_M比值大于0.59时，形成复杂结构的碳化物，这类碳化物包括Fe_3C、Fe_2C、Cr_7C_3、$Cr_{23}C_6$、Fe_4W_2C等。这类碳化物也都具有相当高的硬度，也是合金钢中重要的强化相，但其熔点及硬度较前一类低。

三、合金元素对铁碳相图的影响

合金钢的组织变化规律也必须通过相图来研究。在钢中添加合金元素后，其相图是很复杂的。为简化这一问题，通常研究合金元素对铁碳相图的影响，其中主要研究合金元素对相图中的临界点的影响，因为钢的临界点位置可显示钢的组织变化的温度，它们是制定热处理工艺及其他热加工工艺的重要依据。

(一)对点S、E的影响

在钢中加入扩大γ区的Mn、Ni、Cu、N等元素，使相图的点S、E向相图的左下方移动。图5.50是Mn的影响规律。

在钢中加入缩小γ区的元素Cr、Mo、W、V、Ti、Zr、Al、Si、P、B、Nb等元素，点S、E向相图的左上方移动。图5.51是Cr的影响规律。

由于合金元素的加入，会改变共析钢的含碳量(点S)和奥氏体的最大含碳量(点E)。有些合金钢仅从含碳量上看，如3Cr2W8V钢，碳的质量分数为0.3%，应是亚共析钢，但实际上它的组织属于过共析钢。这是由于合金元素加入后显著改变了点S的位置，使它向碳含量减少的方向移动。

因此，对于合金钢来说，不能单从钢中的含碳量来判断组织，而要对具体钢种做具体分析。

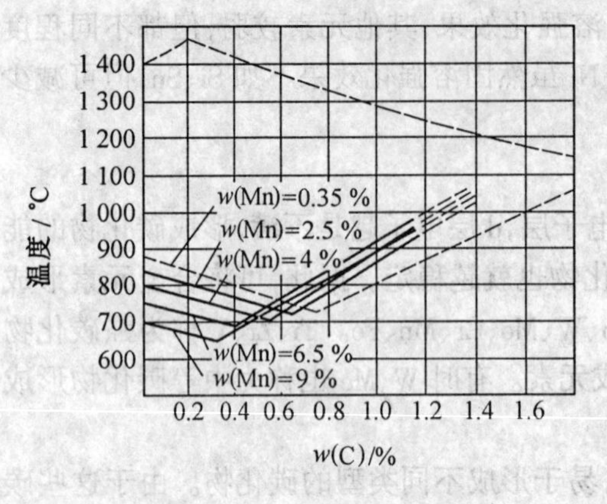

图 5.50　Mn 对点 E、S 的影响

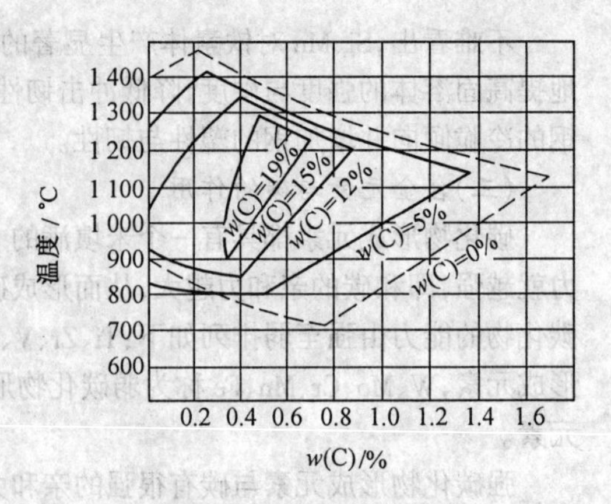

图 5.51　Cr 对点 E、S 的影响

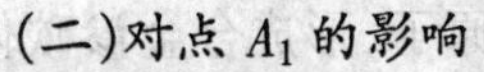

(二)对点 A_1 的影响

扩大 γ 区的元素 Mn、Ni、Cu、N 等使 A_1 温度下降。缩小 γ 相的元素使 A_1 温度上升，如图 5.52 所示。

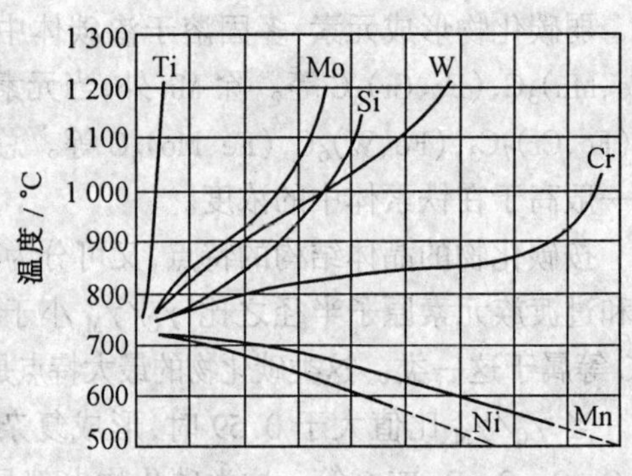

图 5.52　合金元素对 A_1 点的影响

临界温度的位置是制定热处理工艺和其他热加工工艺的重要依据。由于合金元素的加入,改变了临界温度的位置,因而合金钢的热处理及其他热加工工艺参数都与碳钢明显不同。

四、合金元素对热处理的影响

合金元素对热处理的影响,主要是指对热处理过程中的组织转变、C 曲线、淬透性的影响。

(一)对加热转变的影响

合金元素可影响奥氏体的转变和奥氏体晶粒长大的倾向。

1.对奥氏体转变的影响

奥氏体的形成过程主要包括奥氏体晶核的形成与长大,剩余碳化物的溶解,以及奥氏体均匀化等几个交错进行的阶段。整个奥氏体化过程都和碳的扩散有关。加入合金元素后,会影响碳的扩散。非碳化物形成元素如 Ni、Co 等,可降低碳在奥氏体中的扩散激活能,增加奥氏体形成速度。相反,强碳化物形成元素如 V、Ti、W、Mo 等,与碳有较大的亲和力,增加碳在奥氏体中的扩散激活能,强烈地减缓碳在钢中的扩散,大大减慢了奥氏体化过程。

在合金钢中,奥氏体形成后,尚未固溶的各种类型的碳化物,其稳定性各不相同。稳定性高的碳化物,要使之完全分解和固溶于奥氏体中,需要进一步提高加热温度,这类合金元素将使奥氏体化的时间增长。

合金钢中奥氏体化过程还包括均匀化的过程。它不但需要碳的扩散,而且合金元素也必须要扩散。但合金元素的扩散速度很慢,即使在 1 000℃的高温下,也仅是碳扩散速度的万分之几或千分之几。因此,合金钢的奥氏体成分均匀化比碳钢更缓慢。

2.对奥氏体晶粒度的影响

钢加热到 A_{c1}以上时，凡未溶碳化物等第二相质点均阻碍奥氏体晶粒长大。第二相越稳定，数量越多越弥散，奥氏体晶粒越不易长大。

强碳化物形成元素如 Ti、V、Nb 等，由于能形成高熔点高稳定性的碳化物，因而这些元素有强烈阻碍奥氏体晶粒长大的作用，在合金钢中起细化晶粒的作用。而 W、Mo、Cr 阻碍奥氏体晶粒长大的作用仅次于强碳化物形成元素。非碳化物形成元素如 Ni、Si、Cu、Co 等阻碍奥氏体晶粒长大的作用较弱。

Mn 和 P 溶入奥氏体以后，有促进奥氏体晶粒长大的作用。

(二)对冷却转变的影响

合金元素对冷却转变的影响主要是指对珠光体、贝氏体转变速度的影响，以及对马氏体转变温度的影响。

珠光体和贝氏体转变的快慢，主要受碳扩散速度所控制。加之合金元素本身也扩散慢，故合金元素加入后，除 Co 元素外，大多合金元素总是不同程度地延缓珠光体和贝氏体转变。

除 Co 和 Al 外，大多数合金元素总是不同程度的降低马氏体转变温度，增加钢中残余奥氏体量，如图 5.53、图 5.54 所示。

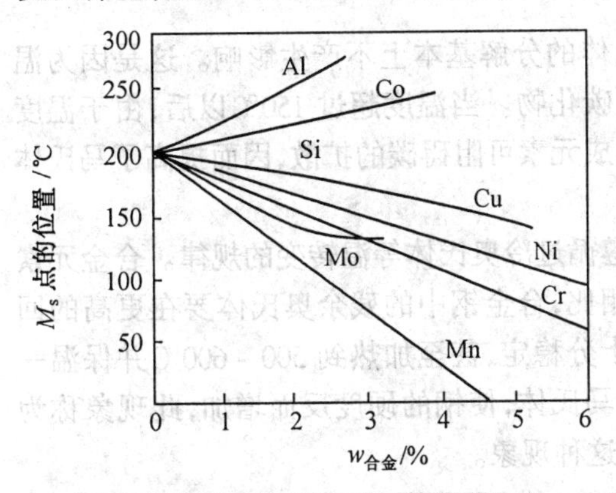

图 5.53 合金元素对马氏体开始转变温度 M_s 点的影响

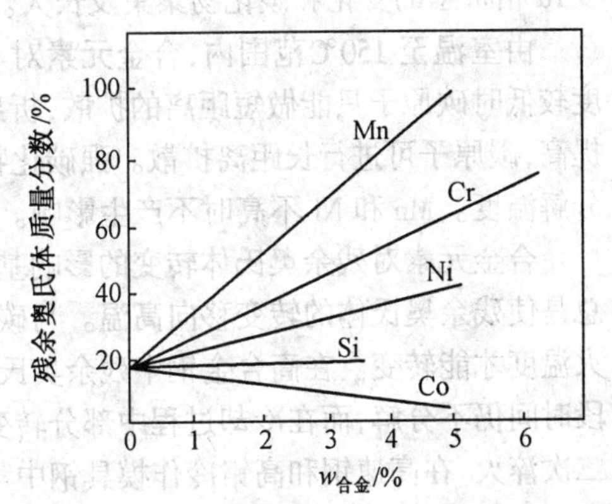

图 5.54 合金元素对残余奥氏体量的影响

(三)对过冷奥氏体等温转变 C 曲线及淬透性的影响

除 Co 和 Al 外，绝大多数合金元素固溶于奥氏体中后，都能增加过冷奥氏体的稳定性，使 C 曲线向右移，如图 5.55 所示。

碳化物形成元素 Cr、Mo、V 等不仅使 C 曲线右移，而且使其形状分为具有上、下两个“C”形曲线。上部的 C 曲线反映了奥氏体向珠光体转变，而下部的 C 曲线反映了奥氏体向贝氏体转变。

由于合金元素对 C 曲线位置的影响，也影响临界冷却速度 V_c'的大小。临界冷却速度不同，钢的淬火透性便不同，所以合金元素也会影响钢的淬透性。

由于除 Co、Al 外，合金元素均使 C 曲线右移，都不同程度地降低临界冷却速度，都能提高钢的淬透性。但一些强碳化物形成元素如 Ti、Zr、V 等，超过一定含量时，也将增加钢

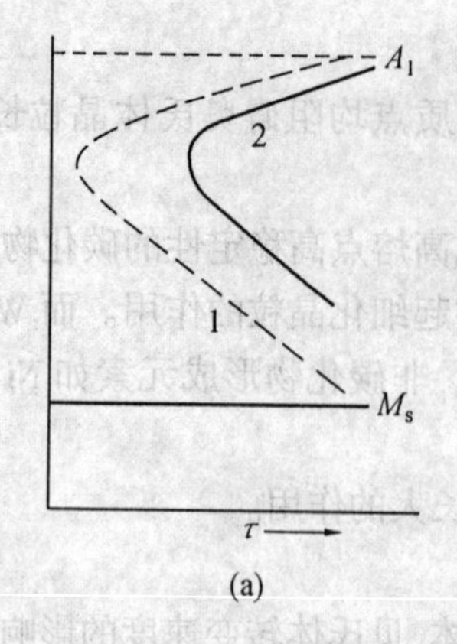

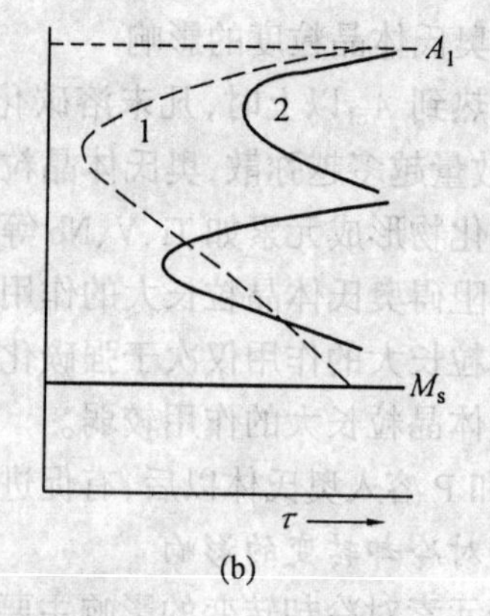

图 5.55 合金元素对 C 曲线的影响

的临界冷却速度，从而降低其淬透性。这是由于这些元素的特殊碳化物难以溶解，在正常奥氏体化温度下，总有较多的微小碳化物的颗粒保留下来，成为相变的核心，从而加速奥氏体的分解过程。

（四）对回火转变及性能的影响

淬火钢在回火时的组织转变，主要是指马氏体分解，残余奥氏体的转变，碳化物的转变，α 相状态的变化和碳化物聚集及长大。

由室温至 150℃范围内，合金元素对马氏体的分解基本上不产生影响。这是因为温度较低时碳原子只能做短距离的扩散，析出 ε 碳化物。当温度超过 150℃以后，由于温度提高，碳原子可进行长距离扩散。强碳化物形成元素可阻碍碳的扩散，因而提高了马氏体分解温度。Mn 和 Ni 不高时不产生影响。

合金元素对残余奥氏体转变的影响基本遵循过冷奥氏体等温转变的规律。合金元素总是使残余奥氏体的转变移向高温。与碳钢相比，合金钢中的残余奥氏体要在更高的回火温度才能转变。在高合金钢中残余奥氏体十分稳定，甚至加热到 500～600℃并保温一段时间仍不分解，而在冷却过程中部分转变为马氏体，使钢的硬度反而增加，此现象称为二次淬火，在高速钢和高铬冷作模具钢中都有这种现象。

由于合金元素的扩散慢并阻碍碳的扩散，还阻碍碳化物的聚集和长大，因而合金钢中的碳化物在较高的回火温度时，仍能保持均匀弥散分布的细小碳化物的颗粒。强碳化物形成元素如 Cr、W、Mo、V 等，在含量较高及在一定回火温度下，还将沉淀析出各自的特殊碳化物。这种特殊碳化物颗粒细小，分布弥散，使钢的硬度不仅不降低，反而再次提高，这种现象称二次硬化。图 5.56 为 Mo 的二次硬化效果。在高速钢等钢种中也有这种形式的二次硬化现象。

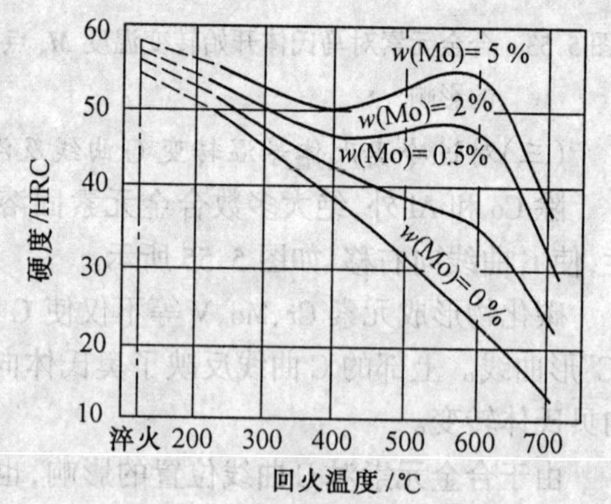

图 5.56 Mo 对碳的质量分数为 0.35% 钢淬火回火后硬度的影响

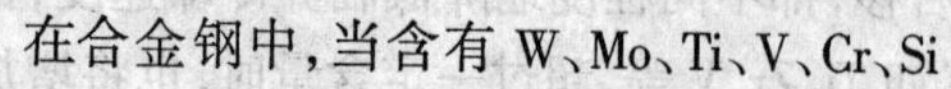

在合金钢中，当含有 W、Mo、Ti、V、Cr、Si

等元素时，它们一般都推迟 α 相的回复与再结晶和碳化物的聚集，从而可抑制钢的硬度、强度的降低。

综上所述，合金元素能够抑制马氏体分解，阻碍碳化物的聚集和长大，使钢在很高的回火温度下仍保持高硬度和高强度的性质，称为抗回火性，或称回火稳定性。

在合金钢中，除了有低温回火脆性外，在含有 Cr、Ni、Mn 等元素的钢中，在 550～650℃ 回火后，又出现了冲击值的降低(如图5.57所示)，称为高温回火脆性或第二类回火脆性。这种脆性与加热和冷却条件有关，如加热至高温(600℃)，冷却时缓慢通过 450～550℃ 即会出现脆性；回火后若快速冷却，将抑制脆性出现。如在 450～550℃ 脆化温度区长时间停留后，即使快冷也将出现回火脆性。将已产生脆性的钢件重新加热到 600℃ 以上，然后快冷，则又可消除此类回火脆性。如再一次在 600℃ 以上回火，而后缓冷，脆性又将出现，故称此高温回火脆性为可逆回火脆性。低温回火脆性为第一类回火脆性。产生高温回火脆性的原因，一般认为与磷等元素在奥氏体晶界上的偏聚有关。

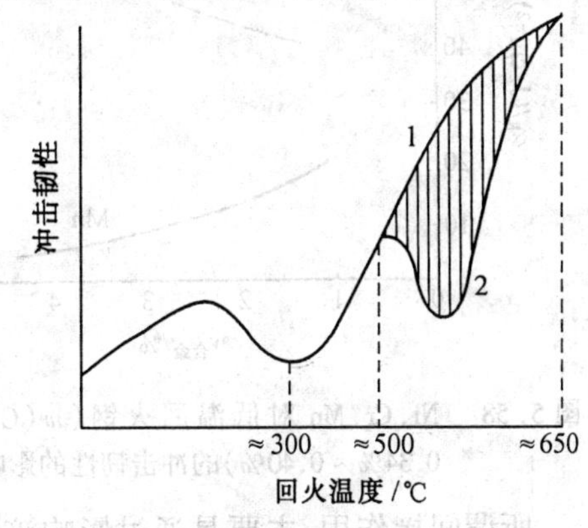

图 5.57　回火温度对合金钢冲击韧性的影响(示意图)
1—快冷；2—慢冷

五、合金元素对钢机械性能的影响

在讨论合金元素对钢的机械性能的影响时，不能离开各种钢的组织状态。在不同的组织状态下，合金元素通过不同的途径影响钢的机械性能。

钢在正火或退火状态下，其组织是由铁素体 + 珠光体组成的。因而合金元素对正火状态下钢的机械性能的影响，主要体现在对铁素体的固溶强化的效果和珠光体的粗细与数量多少上。

钢在淬火和回火状态下，其组织状态与回火温度有关系，在低温回火时，其组织是回火马氏体；中温回火是回火屈氏体；高温回火是回火索氏体。合金元素对淬火、回火状态的钢的机械性能有直接或间接的影响。

直接的影响是指合金元素加入后可以直接赋予钢以一定的性能。如钢中加入 Ni 能显著改善淬火 + 低温回火钢的韧性，随含 Ni 量增加，使 α_k 值升高，如图 5.58 所示。

合金元素对淬火低温回火钢的强度和塑性的影响示于图 5.59 中。可见淬火低温回火状态下，合金元素对钢的强度及塑性的直接作用不大。这主要是低温回火后钢的组织是回火马氏体，其性能主要取决于碳在马氏体中的过饱和度所造成的强烈的固溶强化作用，以及在低温回火时析出的细小碳化物的弥散强化作用。

合金元素对淬火 + 高温回火钢强度和塑性的影响，如图 5.60 所示。可见，碳化物形成元素(V、Mo)能有效地直接强化淬火高温回火钢，而弱碳化物形成元素(Mn)和非碳化物形成元素(Si)的直接强化效果小。

合金元素对淬火 + 回火钢机械性能的影响除了直接的作用外，在一般条件下，合金元素对淬火回火钢机械性能的影响更重要的是表现为一种间接作用。

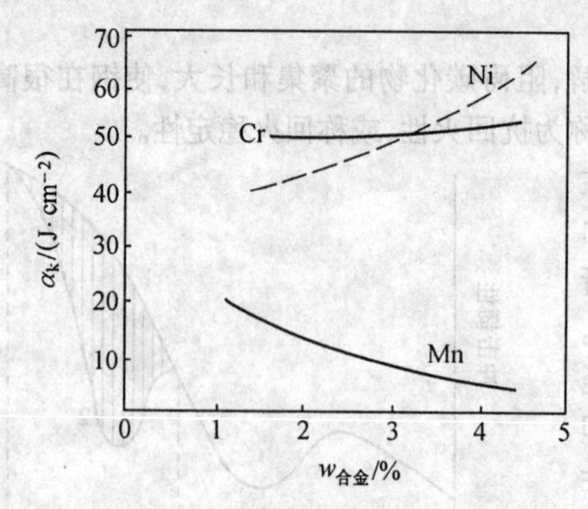

图 5.58　Ni、Cr、Mn 对低温回火钢($w(C)=0.34\%\sim0.40\%$)的冲击韧性的影响

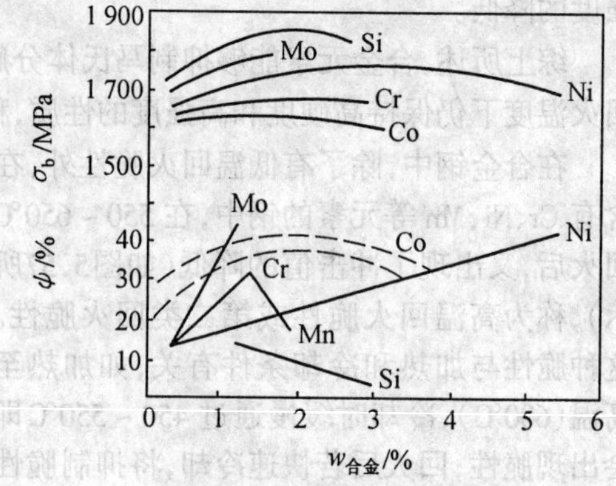

图 5.59　合金元素对淬火和 200℃回火钢($w(C)=0.35\%$)的强度和塑性的影响

所谓间接作用,主要是通过影响淬火及回火过程起的作用,即合金元素的间接作用在于赋予钢以一定的热处理工艺性能,又通过此性能的作用而影响钢的机械性能。

所谓热处理工艺性能主要是指钢的淬透性、回火抗力、过热敏感性等。

淬透性是一种重要的热处理工艺性能,并非机械性能,而且是零件整个截面上能否保证获得均匀的组织和性能的前提。通常在机器零件用钢中,合金元素首先是通过提高淬透性来影响钢的机械性能。这虽然是一种间接作用,却十分重要。其主要作用在于防止淬火时有非马氏体组织出现而降低钢的性能。所以,淬透性是对机器零件用钢的最基本要求,并且常常是其合金化的主要着眼点。有人甚至明确提出按着淬透性的大小作为选择机器零件用钢的基本原则,即认为对一般常用的机器零件用钢而言,只要满足了淬透性要求就可以选用或互相代用。

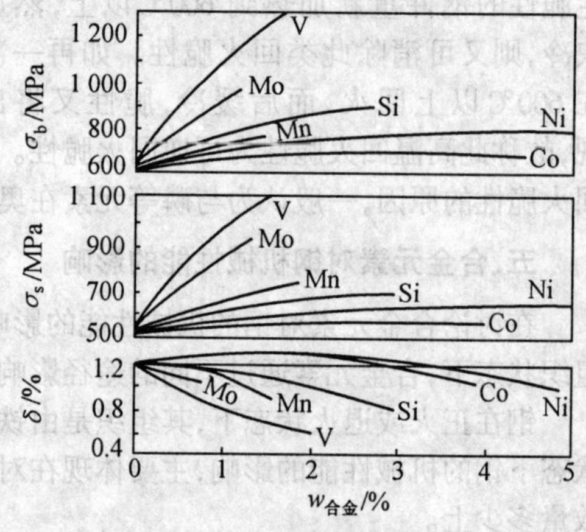

图 5.60　合金元素对淬火高温回火钢($w(C)=0.35\%$)的强度和塑性的影响

合金元素通过对回火过程的间接影响是推迟或延缓钢的回火过程,提高钢的回火稳定性。提高钢的回火稳定性常常也是一种工艺上的需要,可以保证钢有较宽的回火温度。随着回火稳定性的提高,一方面可使钢在相同的回火温度下,获得较高的强度水平;另一方面也可使钢回火到相同 σ_b 的条件下,选取较高的回火温度,从而有利于消除残余内应力和提高塑性,使钢表现出良好的综合机械性能。所以,提高钢的回火稳定性常常是合金化的重要目的。

合金元素对过热敏感性的影响直接地表现在对钢奥氏体晶粒大小的影响,间接地表现在对钢的机械性能的影响。通常奥氏体晶粒的粗大会增加钢的脆性,同时,提高钢的冷脆转折温度。因此,加入合金元素细化晶粒、防止过热也常常是机械零件用钢合金化的目的之一,但这也毕竟是间接的作用。

第6章 构件用钢

6.1 构件工作条件及性能要求

构件用钢是指用于制作各种大型金属结构，如桥梁、煤气和石油管道、桁架、压力容器等所用的钢，又常称为工程用钢。

一般说来，构件的工作条件特点是不做相对运动，长期承受静载荷作用，在一定温度、介质中工作。如锅炉构件的使用温度可到250℃以上，而有的构件如寒冷地区的桥梁在低温下工作，又如船舶长期与大气或海水接触等。

根据构件的工作条件，对构件用钢提出以下性能要求。

1.使用性能

为了使构件长期在静载荷作用下结构稳定，不产生弹性变形，更不允许产生塑性变形与破断。为此构件用钢应有足够大的弹性模量，以保证构件有良好的刚度，有足够的抗塑性变形及抗破断的能力（即 σ_s 较高，δ_k、φ_k 较大），缺口敏感性及冷脆倾向性较小等。

为使构件在大气或海水中能长期稳定地工作，要求构件用钢具有一定的耐大气及海水腐蚀性。

2.工艺性能

构件的生产工艺主要是焊接及冷变形如冷弯等。而且应用焊接的构件比冷变形更多。可以说，工程构件几乎都必须经过焊接而成。因而，可焊性是工程构件用钢的主要性能之一。因为构件焊缝质量不好便成为薄弱环节，未焊部分的使用性能再好也无用。因此，在选择构件用钢时，首先要考虑工艺性，这一点与其他钢种有所不同。

根据构件用钢工艺性能要求，构件用钢的碳的质量分数应限制在0.20%～0.25%范围内，所以构件用钢主要是低碳钢及低碳合金钢。

构件用钢通常是在热轧或正火状态下使用，有时也在调质状态下使用。如特别重要的在低温下工作的构件，用调质状态的钢可显著改善其性能，同时可降低钢的脆性转折温度。构件用钢在使用状态下的组织几乎都是铁素体+珠光体。

6.2 低碳构件用钢的性能特点

一、低碳构件用钢的屈服现象

屈服现象是低碳钢所具有的力学行为特点之一，其表现主要有以下两个方面。

(1)在拉伸曲线上出现平台；

(2)在屈服过程中，试样的塑性变形分布是宏观不均匀的。

屈服常在试样两端肩部向工作部分过渡的地方开始，当屈服过程结束后，试样进入正常的加工硬化状态，由于加工硬化作用使塑性变形表现出宏观的均匀性。

屈服现象有时会影响构件(如汽车蒙皮等)的表面质量。生产实践表明，有一些冷轧钢板在冲压前表面质量很好，但冲压后却在某些部位形成皱褶，如水波纹状。这就破坏了构件的外观，严重时喷漆之后仍可看到，故必须设法消除。消除措施是对一些冲压用的钢板在退火后再进行小变形量(变形量0.8%～1.5%)的冷轧，进行平整加工。其目的是使钢板的屈服在冷轧过程中完成。这时钢板处于加工硬化状态，从而在以后的冲压过程中便可变形均匀，避免出现皱褶。

二、低碳构件用钢的冷脆现象

构件用钢均随试验温度的不断降低，其屈服点能显著升高，并导致断裂性质变化。即由宏观塑性破断过渡到宏观脆性断裂。这种现象称为“冷脆”。对光滑无缺口试样而言，产生冷脆的原因是材料的屈服强度随温度降低而明显增高的结果。因为任何一种金属都具有两个强度指标，即屈服强度与断裂强度，两者皆随温度上升而下降，如图6.1所示。屈服强度随温度下降的速度比断裂强度下降速率大，因而两者的$\sigma-T$的关系曲线交于某一温度T_k。当$T>T_k$时，$\sigma_f>\sigma_s$，即材料先发生屈服，后发生断裂，这是韧性断裂。当$T<T_k$时，$\sigma_f<\sigma_s$，即材料尚未屈服就已经达到了它的断裂强度，也就是尚未发生明显塑性变形就已经断裂，这是脆性断裂。由此可见，凡提高屈服强度的因素，均使T_k升高，促进材料脆性断裂。因此，材料的σ_s/σ_b比提高，脆断倾向也会增加。σ_s/σ_b之比称屈强比。T_k为材料冷脆转变温度。

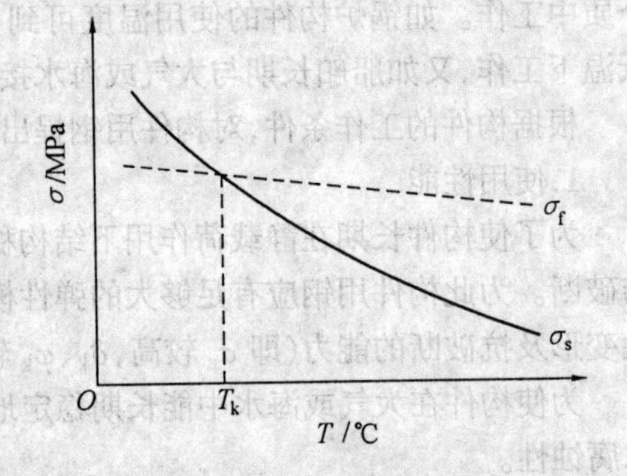

图6.1 屈服强度σ_s和断裂强度σ_f随温度变化示意图

评定材料冷脆倾向大小的指标是冷脆转变温度。它是组织敏感的参数。材料本身的组织结构(金属的晶体结构、强度等级、合金元素、杂质、晶粒大小等)均对冷脆转变温度有影响。除此以外，变形速度、试样尺寸、取样部位、应力状态及缺口形式也有影响。对光滑无缺口试样而言，这种过渡一般在很低的温度下才会发生。因此，没有实际的危险性，但在构件的生产和使用过程中往往会造成尖端的缺口甚至裂缝，而带有尖端缺口和裂缝的构件，有很大的危险性。

构件用钢的冷脆现象在生产上有很大的实际意义。构件用钢在常温拉伸时，能表现出很好的塑性。因此，按着钢材的屈服强度来设计的各种构件应是安全的。即使在受到超载作用时，也只能产生过量的塑性变形而失效，而不会因构件断裂造成严重后果。但在实际工作中，在较低温度下常发生冷脆，这就使人们认识到只根据常规拉伸性能数据还不能全面评价构件用钢，还必须要求有低的脆性转折温度(T_k)，并且保证使构件的工作温度高于T_k，这样才能使构件工作安全。

三、低碳构件用钢的应变时效、淬火时效及蓝脆

低碳构件用钢加热到 A_{c1} 以下进行快冷（也称淬火）或经塑性变形后，在放置过程中通常使强度和硬度增高，而塑性及韧性降低，这种现象称为时效。塑性变形后的时效称为应变时效；淬火后的时效称为淬火时效；在自然条件下的时效称自然时效；在一定温度下进行的时效称人工时效。

严格来说，不仅低碳钢，各种钢材都有时效现象，但钢的含碳量较高时时效的影响相对较小，工业上通常不予注意。而低碳构件用钢时效的影响较显著，在工艺上又经常采用冷变形操作，因此必须注意。

1. 应变时效

应变时效钢材如产生的塑性变形量超过了屈服应变，则去载后立即加载时，其弹性极限会因加工硬化而提高，屈服平台不再出现。但将其放置一段时间后，再重新拉伸，屈服现象又会重新出现，而且 σ_s、σ_b、HB 等逐渐增高，而 δ、φ、α_k 等逐渐降低，如图 6.2、图 6.3 所示。

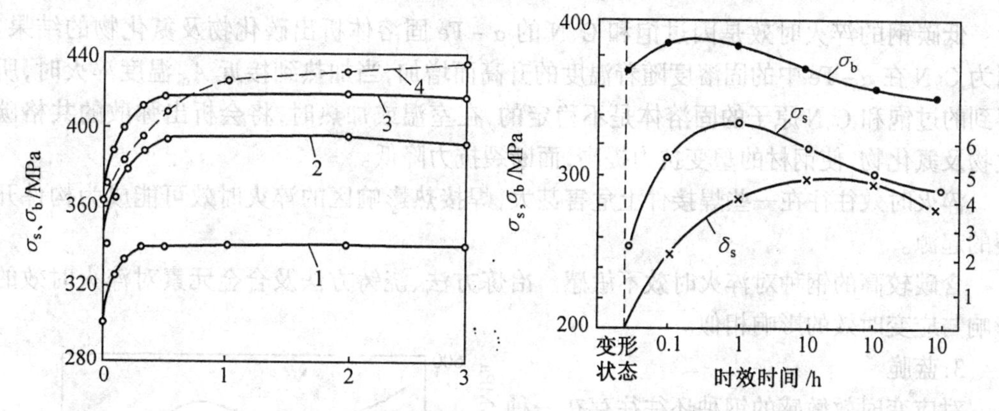

6.2 钢(w(C) = 0.1%)应变时效时 σ_s 及 σ_b 的变化

1— 预变形量 5%；2— 预变形量 10%；3— 预变形量 18% 的 σ_s 值；4— 不同预变形量的 σ_b 值

图 6.3 经 1.2% 轧制变形的工业纯铁在 250℃ 时效时，σ_s、σ_b、δ_s 值的变化

对构件用钢而言，应变时效一般认为是一种不利的现象。应变时效时强度的提高是以预先冷形变为前提的，而要使钢材产生均匀的冷形变在工艺上往往有一定的困难，难以利用。而弯角、卷边、冲孔、剪裁等产生局部塑性变形的工艺操作经常采用，应变时效会使这些局部地区的断裂抗力降低，成为断裂的起源。即使工艺过程中没有产生塑性变形，但当构件受载时，其上存在的裂缝尖端附近也必然要产生一定量的塑性变形，应变时效使这一局部地区的 σ_s 增加而塑性降低，这样就增加了构件脆断的危险性。

钢材应变时效的敏感性主要与固溶于 α - Fe 中的少量 C、N 原子有关。特别是 N 的影响较大。因而从冶炼和浇注方法上控制钢中的氮含量，就会减轻钢的时效敏感性。如在钢中加入少量强烈的氮化物形成元素（如 Al）可以抑制甚至完全消除应变时效现象。

2. 淬火时效

将低碳钢加热到 A_{c1} 以下的温度然后进行快冷，此时钢的显微组织并没有明显的变化，但在时效时其力学性能也发生类似于应变时效的变化，如图 6.4、图 6.5 所示。

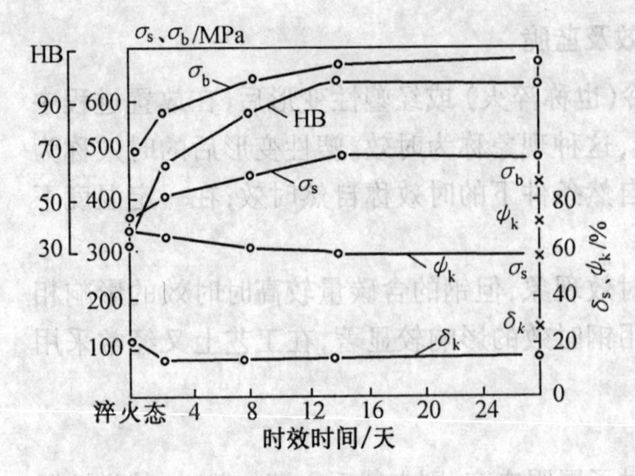

图 6.4　低碳钢经 680℃淬火后自然时效时力学性能的变化

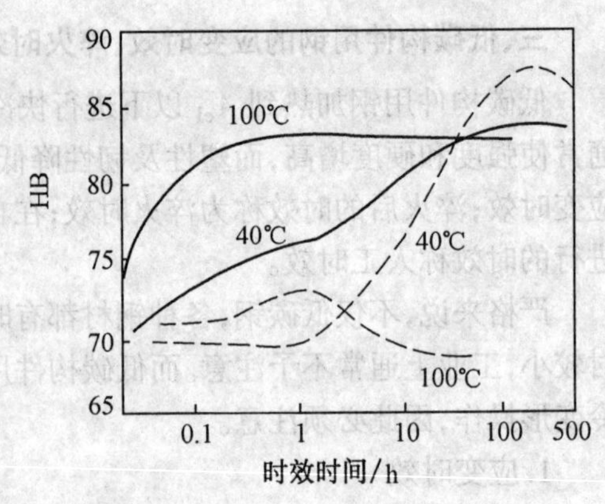

图 6.5　低碳钢(w(C) = 0.006%, w(Mn) = 0.4%, w(N) = 0.004%)应变时效(实线)及淬火时效(虚线,720℃淬火)时硬度的变化

低碳钢的淬火时效是因过饱和 C、N 的 α - Fe 固溶体析出碳化物及氮化物的结果。因为 C、N 在 α - Fe 中的固溶度随着温度的升高而增加,当加热到接近 A_{c1} 温度淬火时,所得到的过饱和 C、N 原子的固溶体是不稳定的,在室温或加热时,将会析出弥散的共格碳化物及氮化物,使钢材的塑变抗力提高,而断裂抗力降低。

淬火时效往往在一些焊接件上危害甚大,焊接热影响区的淬火时效可能成为构件开裂的起源。

含碳较高的钢种对淬火时效不敏感。冶炼方法、浇铸方法及合金元素对淬火时效的影响与应变时效的影响相似。

3. 蓝脆

对应变时效敏感的钢种还往往存在一种蓝脆现象。我们知道,金属材料的塑变抗力一般都随温度的升高而减少。但低碳钢在 300 ~ 400℃的温度范围内则会反常地出现 σ_b 增高,而 δ、ψ 降低的现象。如图 6.6 所示,称此为蓝脆。

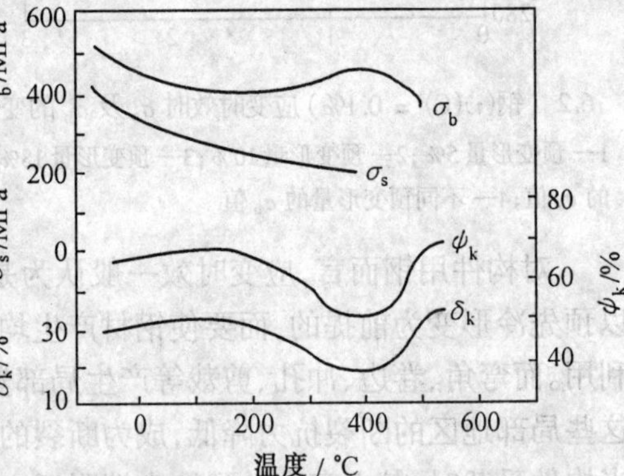

图 6.6　低碳钢(w(C) = 0.14%, w(Si) = 0.20%, w(Mn) = 0.49%)的力学性能与试验温度的关系

一般说来,蓝脆也是一种不利现象,但在截断钢材时可加以利用。

四、低碳构件用钢的冷变形性和可焊性

构件用钢必须具备良好的工艺性能,其中主要的是冷变形性能和焊接性能。

(一)冷变形性能

钢材的冷变形性能主要有三个方面的内容。

(1)钢材的变形抗力决定了钢材在制备成必要形状的部件时的难易程度;

(2)钢材在承受一定量的塑变量时有产生开裂或其他缺陷的可能性;

(3)钢材在冷变形后的性能变化。

钢材的含碳量对其冷变形性能起着重要的影响。含碳量增高,钢中的珠光体量增多,塑变抗力增高,而塑性降低,增加了变形开裂的倾向性。钢中含硫量增高,钢中硫化锰夹杂物增多,也使钢材变形开裂的倾向性增大,并使轧制钢板纵向及横向的塑性不同,钢材易于沿着条状分布的硫化物夹杂发生开裂或分层。磷有强烈的偏析倾向,含磷量较高的钢板,带状组织比较严重,其性能也有明显的方向性。

低碳构件用钢的含碳量低,因而塑变抗力低,易进行冷变形。尽管构件用钢含硫、磷量较其他钢种高一些,但也能满足构件用钢冷变形的要求。

除此之外,钢材表面质量也影响其冷变形性能,表面上的裂缝、结疤、折叠、划痕等缺陷,往往成为冷变形开裂的起源。

(二)焊接性能

构件用钢的可焊性是非常重要的基本性能之一,因为几乎所有构件均需焊接。一般说来,焊接构件总是不均质的,其焊缝有三个区域,如图6.7所示。图中Ⅰ为焊缝(铸造组织);Ⅱ为焊接过程中受热温度高于临界点的热影响区;Ⅲ为焊接过程中受热温度低于临界点的热影响区。

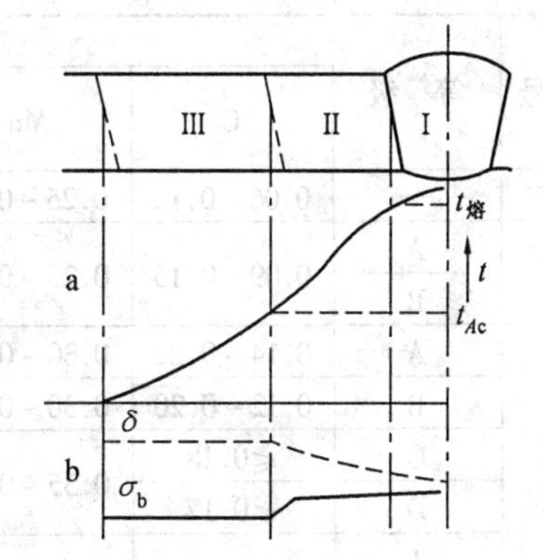

图6.7 焊缝区的温度分布与机械性能

a—温度分布 b—机械性能

金属在焊接过程中,其焊接区域及热影响区域是小范围的,然而确是一种复杂的冶金及热处理过程,各处得到的组织是复杂的,又由于热循环及组织变化,产生一定的焊接残余应力,并且还能造成未焊透、气泡、夹杂、裂缝等缺陷。这些变化都必然会影响整个构件的承载能力及使用寿命。焊接构件的质量除与构件结构及焊接工艺有关外,材料的焊接性能也有重要影响。

构件用钢的焊接性能主要指焊接接头性能及焊接时形成裂缝的倾向。生产实践表明,焊接裂纹分为两类,即热裂纹及冷裂纹。热裂纹主要发生于焊缝本身进行结晶时刻,此时焊缝处在半固态(固体+液体),具有较低的强度。金属处于这种状态的时间越长,在其他条件相同时,产生热裂纹的危险性越大,凡是扩大液相线与固相线间隔的元素均增加热裂敏感性。碳能扩大钢的结晶区间,因而促进热裂纹的形成。

焊接冷裂纹主要是与马氏体转变有密切关系。因此凡是能提高淬透性的合金元素均促进冷裂纹形成,而碳能增加马氏体转变的体积效应,因而,使钢形成冷裂纹倾向加剧。

由此看出,构件用钢的碳的质量分数应限制在一定的范围内,通常在0.2%~0.25%以内。

综上所述,焊接性能是构件用钢的重要工艺性能,焊接会带来很多缺陷而使构件的承载能力降低。因此,为了充分发挥构件用钢的性能潜力,必须尽力改善其焊接性能。钢的焊接性能好与差成为设计和选择构件用钢的主要依据。

6.3 构件用钢

一、碳素构件用钢

由于碳素钢易于冶炼、价格低廉、性能也能满足一般工程构件的要求，所以在工程上用量是很大的。用于制造工程构件的碳素钢主要是低碳钢，其中包括普通碳素钢和优质碳素钢。普通碳素钢牌号的表示方法由代表屈服点的字母 Q、屈服点数值、质量等级符号、脱氧方法符号四个部分按顺序组成。常用的普通碳素钢有：Q195、Q215、Q235、Q255、Q275 等。其化学成分、力学性能如表 6.1、6.2 所示。

表 6.1 碳素结构钢的牌号和化学成分

牌号	等级	化学成分 w_B/%					脱氧方法
		C	Mn	Si	S	P	
				不大于			
Q195	—	0.06~0.12	0.25~0.50	0.30	0.050	0.045	F、b、Z
Q215	A	0.09~0.15	0.25~0.55	0.30	0.050	0.045	F、b、Z
	B				0.045		
Q235	A	0.14~0.22	0.30~0.65	0.30	0.050	0.045	F、b、Z
	B	0.12~0.20	0.30~0.70		0.045		
	C	≤0.18	0.35~0.80		0.040	0.040	Z
	D	≤0.17			0.035	0.035	TZ
Q255	A	0.18~0.28	0.40~0.70	0.30	0.050	0.045	F、b、Z
	B				0.045		
Q275	—	0.28~0.38	0.50~0.80	0.35	0.050	0.045	b、Z

表 6.2 碳素结构钢的力学性能

牌号	等级	拉伸试验													
		屈服点 σ_s/MPa						抗拉强度 σ_b/MPa	伸长率 δ_5/%						
		钢板厚度(直径)/mm							钢板厚度(直径)/mm						
		≤16	16~40	40~60	60~100	100~150	>150		≤16	16~40	40~60	60~100	100~150	>150
		不小于							不小于						
Q195	—	(195)	(185)	—	—	—	—	315~430	33	32	—	—	—	—
Q215	A B	215	205	195	185	175	165	335~450	31	30	29	28	27	26
Q235	A B C D	235	225	215	205	195	185	375~500	26	25	24	23	22	21
Q255	A B	255	245	235	225	215	205	410~550	24	23	22	21	20	19
Q275	—	275	265	255	245	235	225	490~630	20	19	18	17	16	15

注：1.括号内数值仅供参考，不作为交货条件；2.用沸腾钢轧制各牌号的 B 级钢材，其厚度(直径)一般不大于 25 mm。

Q195、Q215 具有较高的塑性和韧性，易于冷加工，常用于制造载荷较小的零件。如地角螺栓、拉杆、冲压零件及焊接件等，供货品种有盘条、圆钢、角钢、螺纹钢筋、冷弯型钢等。Q215 常用来制造薄板、光面和镀锌钢丝、屋面板、焊接钢管等，碳素结构钢的冷弯试验指标如表 6.3 所示。

表 6.3　碳素结构钢的冷弯试验指标

牌号	试样方向	冷弯试验 $B=2a$，180°			牌号	试样方向	冷弯试验 $B=2a$，180°		
		钢材厚度(直径)/mm					钢材厚度(直径)/mm		
		60	60～100	100～200			60	60～100	100～200
		弯心直径 d					弯心直径 d		
Q195	纵	0	—	—	Q235	纵	a	$2a$	$2.5a$
	横	$0.5a$				横	$1.5a$	$2.5a$	$3a$
Q215	纵	$0.5a$	$1.5a$	$2a$	Q235		$2a$	$3a$	$3.5a$
	横	a	$2a$	$2.5a$	Q275		$3a$	$4a$	$4.5a$

Q235 钢 A 级和 B 级在强度、塑性、韧性和可焊性等各方面都能较好地满足钢结构和钢筋混凝土结构用钢的要求，因而成为应用最广泛的一种普通碳素钢，可用来制造薄板、钢筋、钢结构用各种型条钢、中厚板、车辆和桥梁等各种型材。Q275 可用于钢筋混凝土结构配筋、在钢结构中作构件及螺栓等，焊接性能尚可。

三种不同脱氧方法熔炼的镇静钢、半镇静钢和沸腾钢热轧状态的脆性转折温度，如表 6.4 所示。

表 6.4　三种不同方法熔炼三种钢的脆性转折温度

钢　种	脆性转折温度/℃
镇静钢	0
半镇静钢	10
沸腾钢	20

由 Q235 钢经正火及调质处理后的脆性转折温度发现，调质处理后（淬火 + 600～650℃回火）有最低的脆性转折温度，如表 6.5 所示。

表 6.5　Q235 钢经不同处理状态的脆性转折温度

Q235 钢的状态	脆性转折温度/℃
热　轧	0
正　火	−20
调　质	−40

对不太重要的焊接构件（或非焊接构件）应采用沸腾钢，重要的焊接构件应采用半镇静或镇静钢制作。最重要的结构件以及在低温（−40～−60℃）条件下工作的工程构件，应采用正火或调质处理钢制造。

生产上为了适应特定用途的需要，常在普通碳素钢的基础上进一步提出某些特殊的要求，从而形成一些专门的构件用钢。如冷冲压用钢板、桥梁用钢及船舶用钢等。下面着重介绍冷压冲薄板钢的一些特点。

冷冲压薄板钢主要用于制造厚度在 4 mm 以下的各种冷冲压件，如汽车车身、驾驶室等。这些构件一般对强度要求不高，但对钢板要求有良好的冷冲压性能。因而要求钢板有较小的应变时效敏感性，防止表面出现皱褶，因此对冷冲压薄板钢的冶炼、成分等提出了相应的要求。

冷冲压薄板钢宜采用优质低碳钢，如表 6.6 所示。

表 6.6　冲压薄钢板的化学成分

牌号	化学成分 w_B/%							
	C	Mn	Si	S	P	Cr	Ni	Cu
08Al	≤0.08	0.25~0.45	≤0.03	≤0.030	≤0.002	≤0.10	≤0.10	≤0.25
08	0.05~0.11	0.25~0.50	≤0.03	≤0.035	≤0.035	≤0.10	≤0.10	≤0.25
08F	0.05~0.11	0.25~0.50	≤0.03	≤0.035	≤0.035	≤0.10	≤0.10	≤0.25
10	0.07~0.15	0.35~0.65	0.17~0.37	≤0.030	≤0.030	≤0.15	≤0.30	≤0.25
10F	0.07~0.15	0.35~0.65	0.17~0.37	≤0.030	≤0.030	≤0.15	≤0.30	—
15	0.12~0.19	0.35~0.65	0.17~0.37	≤0.030	≤0.030	≤0.30	≤0.30	—
15F	0.12~0.19	0.35~0.65	0.17~0.37	≤0.030	≤0.030	≤0.30	≤0.30	—
20	0.17~0.24	0.35~0.65	0.17~0.37	≤0.030	≤0.030	≤0.30	≤0.30	—
20F	0.17~0.24	0.35~0.65	0.17~0.37	≤0.030	≤0.030	≤0.30	≤0.30	—

注：08Al 为用 Al 脱氧冶炼的镇静钢，Al 的质量分数为 0.02%~0.07%。

其中 08 钢用量最大。采用较低的含碳量，主要是为了提高塑性，以保证钢的冲压性能。钢的显微组织应为细而均匀的铁素体，如果晶粒过粗，在冲压过程中易在变形量较大的部位发生开裂，而且冲压表面变得粗糙。但晶粒过细又使钢的塑变抗力增高，使冲压性能变坏。因而晶粒均匀且适度是十分重要的。

除铁素体有影响外，渗碳体的形态对冲压性能也有影响，渗碳体硬度高冲压时几乎不产生变形的特点，成为钢板变形的一种障碍。特别是渗碳体在晶界上析出或在晶界呈链状分布时，将破坏基体金属的连续性，也使钢板冲压性能变坏。

冲压薄钢板也有沸腾钢及镇静钢之分。沸腾钢成材率高，钢板表面质量好。但因沸腾钢偏析严重，由钢锭不同部位轧成钢板性能不一致，而且有应变时效倾向，钢板存放一定时期后，使强度升高，冲压性能恶化，这时冲压表面质量不好。因而外观要求较严的构件不宜选用沸腾钢板，而用镇静钢板制造。

生产实践表明，尽管碳素构件用钢有许多优点，但由于它的强度不高，时效倾向性大，耐腐蚀性能差，往往还满足不了工程上的要求。为了提高构件用钢的强度，以减轻构件用钢的质量，减少时效倾向性，提高构件用钢的耐蚀性，常采用合金化的途径来实现。

二、普通低合金构件用钢

在普通低合金构件用钢中常加入 Mn、Si、Cr、Mo、V、Cu、P 等合金元素。其中 Mn、Si、

Cr、V、Nb是提高钢的强度而加入的;加入Cu和P是为了提高钢的耐蚀性能。

普通低合金钢无论是热轧或正火状态其组织特点是由大量铁素体和少量珠光体组成。故合金元素对普通低合金钢强度的影响可以通过以下四个方面表现出来。

(1)固溶强化。合金元素固溶于铁素体中起固溶强化作用,如图6.8和图6.9所示。

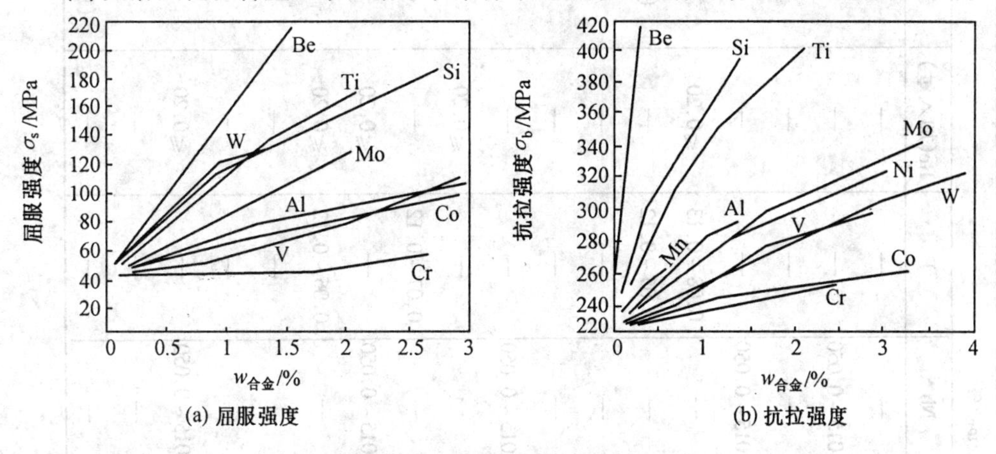

图6.8　合金元素对铁素体屈服强度及抗拉强度的影响

可以看出,Mn和Si对钢的强化效果较大,而W、Mo、V、Cr效果较小。

合金元素均不同程度地降低铁素体的冲击韧性。但Ni、Cr、Mn、Si在一定含量范围内能表现出一定的有利影响。

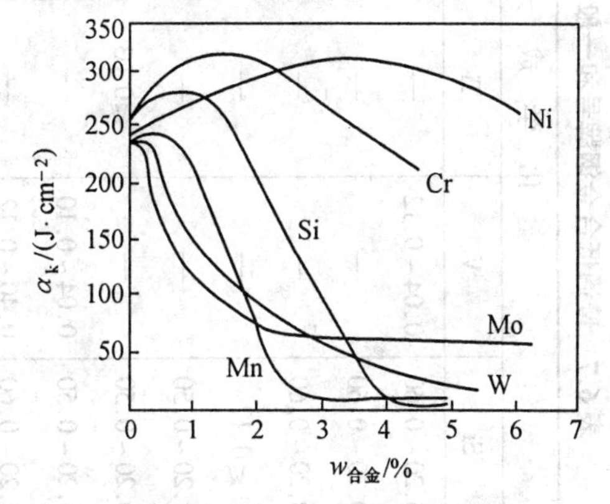

图6.9　合金元素对铁素体冲击韧性的影响

(2)细化铁素体晶粒。铁素体晶粒大小与奥氏体晶粒大小有密切关系,因此,合金元素细化奥氏体晶粒,当然也会细化铁素体晶粒,如Cr、Al、V、Ti、Nb等。

其次,Mn和Ni能降低钢的A_{r1}点,使铁素体在更低的温度下形核,由于过冷度的增加,也能细化铁素体晶粒。

(3)增加珠光体的数量。已经知道,几乎所有的合金元素都使共析钢含碳量减少,结果使钢中的铁素体量减少,珠光体量增加,因而提高钢的强度。

(4)微量的Nb、V等元素有沉淀强化作用。当钢中加入微量的Nb、V等元素时,在热轧冷却过程中含有Nb(C、N)、V_4C_3等化合物析出,而使强度增高。

因此,Mn、Si、Cr、V、Nb等元素主要是为了提高钢的强度而加入的。

Cu、P元素能提高钢的抗蚀性能。因为Cu溶入α-Fe中可提高其电极电位。P也有类似的影响,尤其是Cu和P同时存在时效果更好。Cu的质量分数应控制在0.2%~0.5%左右,P的质量分数应控制在0.06%~0.15%左右,有人认为质量分数为0.1%的P+质量分数为0.3%的Cu效果更佳。

常用的普通低合金钢的牌号、性能与用途分别列于表6.7和表6.8中。

表 6.7　普通低合金钢牌号和一般技术条件

牌　号	化　学　成　分　$w_B/\%$								
	C	Mn	Si	V	Ti	Nb	P	Re(加入量)	其　他
09MnV	≤0.12	0.80~1.20	0.20~0.60	0.04~0.12	—	—	—	—	—
09MnNb	≤0.12	0.80~1.20	0.20~0.60	—	—	0.015~0.050	—	—	—
12Mn	≤0.16	1.10~1.50	0.20~0.60	—	—	—	—	—	—
18Nbb	0.14~0.22	0.40~0.65	≤0.17	—	—	0.015~0.050	—	—	—
08MnPRe	≤0.12	0.90~1.30	0.20~0.50	—	—	—	0.08~0.13	≤0.20	—
09MnCuPTi	≤0.12	1.00~1.50	0.20~0.50	—	≤0.03	—	0.05~0.12	—	(Cu)0.20~0.40
09Mn2V	≤0.12	1.40~1.80	0.20~0.50	0.04~0.10	—	—	—	—	—
12MnV	≤0.15	1.00~1.40	0.20~0.60	0.40~0.12	—	—	—	—	—
12MnPRe	≤0.16	0.60~1.00	0.20~0.50	—	—	0.015~0.050	—	—	—
14MnNb	0.12~0.18	0.80~1.20	0.20~0.60	—	—	—	—	≤0.20	—
16Mn	0.12~0.20	1.20~1.60	0.20~0.60	—	—	—	0.07~0.12	—	—
16MnRe	0.12~0.20	1.20~1.60	0.20~0.60	—	—	0.015~0.050	—	≤0.20	—
10MnPNbRe	≤0.14	0.80~1.20	0.20~0.50	—	—	—	0.06~0.12	≤0.20	—
15MnV	0.12~0.18	1.20~1.60	0.20~0.60	0.04~0.12	—	—	—	—	—
15MnTi	0.12~0.18	1.20~1.60	0.20~0.60	—	0.12~0.20	—	—	—	—
16MnNb	0.12~0.20	1.00~1.40	0.20~0.60	—	—	0.015~0.050	—	≤0.20	—
14MnVTiRe	≤0.18	1.30~1.60	0.20~0.60	0.04~0.10	0.09~0.16	—	—	—	—
15MnVN	0.12~0.20	1.20~1.60	0.20~0.50	0.05~0.12	—	—	—	—	(N)0.012~0.020

表 6.8 普通低合金钢的性能与用途

牌　号	钢材厚度或直径/mm	σ_s/MPa	σ_b/MPa	δ_5/%	冷弯试验/180℃	用途举例
		不小于				
09MnV	≤16;17~25	300;280	440;440	22;22	$d=2a;d=3a$	拖拉机轮圈、冷弯型钢
09MnNb	≤16;17~25	300;280	420;400	23;21	$d=2a;d=3a$	
12Mn	≤16;17~25	300;280	450;440	21;19	$d=2a;d=3a$	锅炉容器、铁路车辆、油罐
18Nbb	6~16	300	460	24	$d=2a$	建筑结构、化工容器、管道
08MnPRe	≤5;6~16	360;330	480;460	20;20	$d=2a;d=3a$	车辆、油罐、焊接管道
09MnCuPTi	≤16;17~25	350;340	500;500	21;19	$d=2a;d=3a$	车辆、桥梁、石油井架
09Mn2V	5~20	350	500	21	$d=2a$	-70℃低温用钢
12MnV	≤16;17~25	350;340	500;500	21;19	$d=2a;d=3a$	船舶、桥梁
12MnPRe	6~20	350	520	21	$d=2a$	建筑结构、船舶、化工容器
14MnNb	≤16;17~25	360;340	500;480	20;18	$d=2a;d=3a$	建筑结构、化工容器、锅炉、桥梁
16Mn	≤16;17~25	350;330	520;550	21;19	$d=2a;d=3a$	桥梁、船舶、汽车、厂房结构、压力容器
16MnRe	≤16	350	520	21	$d=2a$	同上,大量用于造船
10MnPNbRe	≤10	400	520	19	$d=2a$	造船、石油井架
15MnV	≤5;5~16	420;400	560;540	19;18	$d=2a;d=3a$	中高压容器、造船、车辆、桥梁
15MnTi	≤25;20~40	400;380	540;520	19;19	$d=3a;d=3a$	造船、桥梁、压力容器、起重机
16MnNb	≤16;17~20	400;380	540;520	19;18	$d=3a;d=3a$	桥梁、起重机
14MnVTiRe	≤12;17~20	450;420	560;540	18;18	$d=2a;d=3a$	桥梁、大型船舶、高压容器
15MnVN	≤10;≤17	480;450	650;600	17;19	$d=2a;d=3a$	桥梁、船舶、车辆、大型焊接结构

通常按照钢 σ_s 的高低，将普通低合金钢分为六个级别如表 6.9 所示。其中前四个级别（即 $\sigma_s < 450$ MPa）的普通低合金钢，均以轧制时得到大量铁素体和少量珠光体为基体组织。主要讨论这四个级别。

表 6.9　普低钢按强度的分级

级别（σ_s/MPa）	钢　　号
300	12Mn、09Mn2、09MnV、09MnNb、09MnAl、18Nbb
350	16Mn、16MnRe、14MnNb、08MnPRe、09MnCuPTi、12MnV、12MnPRe
400	15MnV、15MnTi、16MnNb
450	14MnVTiRe、15MnVN
500	14MnMoV、14MnMoVBRe
550 ~ 650	14CrMnMoVB

（1）σ_s 为 300 MPa 级的钢种。常用的牌号有 12Mn、09Mn2、09MnV、09MnNb、09MnAl 等。

这类钢的 σ_s 比普通碳素钢 Q235 的强度提高约 50 MPa，而且工艺性能好，适于冷冲压成形。主要用于建筑结构、锅炉、容器、油罐等。

（2）σ_s 为 350 MPa 级的钢种。常用牌号有 16Mn、12MnV、14MnNb 等。

16Mn 为我国普通低合金钢中发展最早、使用最多、产量最大的钢种，具有良好的综合力学性能、焊接性能及冷变形性能。在船舶、车辆及大型钢结构中广泛应用。

（3）σ_s 为 400 MPa 级的钢种。常用牌号有 15MnV、16MnNb、15MnTi 等，此类钢的含碳量与 16Mn 钢基本相同，但因加入 V、Ti、Nb 等元素起到了细化晶粒及产生沉淀强化的作用，而使强度进一步提高。同时具有较好的韧性及较小的时效敏感性，可用于制造大型金属构件（如远洋货轮及高压容器等）。

（4）σ_s 为 450 MPa 级的钢种。常用的牌号为 14MnVTiRe 及 15MnVN 等。这类钢在 15MnV 钢的基础上添加 Ti，N 及稀土元素而成，因而使强度进一步提高，可用于制造大型桥梁、锅炉及船舶等。

欲使普通低合金钢的 σ_s 提高到 450 MPa 以上，这时通过铁素铁和珠光体的组织强化已难以达到，必须采用其他的组织状态，如相应发展低碳贝氏体型钢；低碳低合金钢淬火获得低碳马氏体后，再经高温回火得到低碳索氏体组织等。

第7章　机器零件用钢

7.1　概　　述

机器零件用钢是指用于制造各种机器零件所用的钢种,如各种轴类零件、齿轮、弹簧等。

机器零件的工作条件与构件有明显的差异,从而决定了机器零件用钢的性能与构件用钢有所区别,主要表现在以下几方面。

1.工艺性能要求

通常机器零件的生产工艺是:型材→改锻→毛坯热处理→机械加工→最终热处理→精加工等。由此不难看出,机器零件用钢的工艺性能要求主要是指可锻造性、切削加工性及热处理工艺性能。机器零件用钢的可锻性虽然有要求,但一般问题不大。因此,机器零件用钢的工艺性能主要是可切削性及热处理工艺性能。

2.使用性能

绝大多数的机器零件是在常温或温度波动不大的条件下承受动载荷的作用,因而要求机器零件用钢应具有较高的疲劳强度。

有的零件承受短时过载的作用,因而要求机器零件用钢应具有高的抗塑性变形的能力及抗断裂的能力。

机器零件工作时往往相互间有相对滑动或滚动而产生摩擦,其结果是使零件磨损,引起零件尺寸的变化,因此要有一定的耐磨性。

由于机器零件的形状比较复杂,不可避免地存在着不同形式的缺口,如台阶、键槽、油孔、螺纹等,这些缺口的存在会造成应力集中,因此,要求机器零件用钢应具有较高的韧性及较低的缺口敏感性。

可见对机器零件用钢的力学性能要求是多方面的,不仅在强度和韧性方面的要求要比构件用钢高得多,以保证机器零件体积小、结构紧凑和安全性好,而且在疲劳性能及耐磨性方面的要求更占重要地位,这对构件用钢往往不是主要的。

根据机器零件用钢的性能要求,机器零件用钢一般是在热处理强化状态下使用,以充分发挥钢材的性能潜力。

机器零件用钢的使用状态一般是淬火+回火,通常称强化状态。按对零件强化范围来分,又分为整体强化与表面强化状态两种。

机器零件用钢是不同含碳量的碳钢及合金钢,钢中的碳的质量分数可分为以下几个级别:0.2%左右;0.4%左右;0.5%~0.6%左右;1%左右;合金元素的总质量分数一般在3%~5%,最多不大于10%。

综上所述,影响机器零件用钢力学性能的主要因素有三方面:① 含碳量;② 淬火后的回火温度;③ 合金元素的种类及数量。而且在淬火时保证得到完全马氏体的情况下,又以含碳量与回火温度的影响为主,合金元素只起辅助作用。

不难看出，机器零件用钢的种类及加工工艺要比构件用钢复杂得多，因为机器零件的种类较多，其中轴类零件、齿轮、弹簧、轴承等是构成各种机器的基础零件，它们具有一定的代表性和典型性。以下将结合这四类零件的用钢选材及如何编制零件的加工工艺来讨论机器零件用钢的使用性能及工艺性能特点。

7.2　轴类零件用钢

一、轴类零件的工作条件及性能要求

(一)工作条件

轴类零件是机床、汽车、拖拉机以及各类机器的基础零件之一。它的功能是支撑旋转零件(如齿轮、离合器、皮带轮等)并传递力矩。

根据轴的工作状态，分为两大类：一类是不传递动力只承受弯矩起支撑作用的心轴。另一类是通过旋转运动来传递力矩的传动轴，如机床主轴、变速箱中的花键轴、汽车半轴和内燃发动机曲轴等。机床主轴是一根带阶梯的轴，轴上装有轴承、齿轮和其他零件，机床工作时，由主轴夹持着工件运动。因此，它在工作时既传递扭矩又承受弯矩。

在各种机器中，尽管轴所受的载荷性质、方向、大小各不相同，但绝大多数轴工作时所承受的载荷都是动载荷，即承受交变应力的作用。在交变应力作用下，轴最常见的失效形式是疲劳断裂。还有一些轴，由于轴颈与滑动轴承相配合，有相对滑动产生摩擦会使轴颈磨损。在极少数情况下，当机器启动、急刹车或换挡时，受到一定的冲击载荷作用。

在机器零件中，还有像螺钉、螺栓、连杆、锻锤锤杆等零件，无论是受力的性质和失效形式均与轴类零件有相似之处。所以，本节所讲的轴类零件用钢，实质上是指受交变载荷和冲击载荷作用，并以疲劳断裂为主要失效形式的零件用钢，轴类零件具有代表性。

(二)性能要求

根据轴类零件的工作条件及失效形式，对其用钢的性能提出如下要求。

1.高的疲劳极限

承受交变应力工作的零件，疲劳极限是设计的主要依据，但由于疲劳极限难以测定，除少数要求比较高的轴类零件按疲劳极限设计外，目前一般是通过建立疲劳与普通拉伸性能指标之间的经验公式加以解决。通常钢的塑变抗力指标(σ_b、σ_s)越高，则疲劳极限也越高。但二者之间没有严格的定量关系，因为疲劳裂纹形成的难易程度不仅与钢的塑性变形有关，而且还与钢中异相质点(非金属夹杂物)的形状、数量有关。异相质点往往是疲劳源的形成处。因此，要用 σ_b 精确地计算 σ_{-1}，还要考虑与异相质点有关的极限塑性指标 ψ_k。故有

$$\sigma_{-1}=0.25(1+1.35\psi_k)\sigma_b$$

此关系式对低、中等级强度钢适用。

由于轴类零件用钢的基本要求是疲劳极限高，因此要求有高的 σ_b、σ_s 及 ψ_k 等指标。

2.良好的冲击韧性和塑性

轴在工作中承受一定的冲击载荷。从轴的结构来看，其上面还有台阶、键槽及油孔等，为了减少应力集中效应以减轻缺口敏感性，防止轴在工作中突然断裂，为此，还要求轴类零件用钢有良好的抗冲击韧性、断裂韧性及塑性。

3.轴的表面或局部表面要有一定的耐磨性

不难看出,对轴类零件用钢的性能总的要求是强度高,塑性和韧性好,通常称之为具有良好的综合机械性能。

为了获得良好的综合性能,轴类零件用钢应采用热处理强化,即淬火、回火。按照对轴淬火强化的范围来分,可分为整体强化和表面强化两种。绝大多数轴类零件是采用整体强化。本节主要介绍整体强化用钢的特点及加工工艺,有关表面强化用钢及工艺将合并在齿轮用钢中介绍。

钢在淬火、回火后的组织和性能主要与含碳量、合金元素、淬火、回火温度有关。合金元素的作用在前面已经讨论了,下面主要讨论含碳量、回火温度对淬火钢机械性能的影响,为确定轴类用钢的含碳量与回火温度提供依据。

二、含碳量、回火温度对淬火钢机械性能的影响

(一)淬火回火钢的拉伸性能

图 7.1 是低、中、高碳钢回火后的拉伸性能。由图可见,各种碳钢随回火温度的升高,强度(σ_b、σ_s)不断下降,仅弹性极限在 300～400℃时最高,塑性(δ、ψ)不断上升。这主要是由于回火时碳化物聚集长大,使滑移阻力减少的结果。

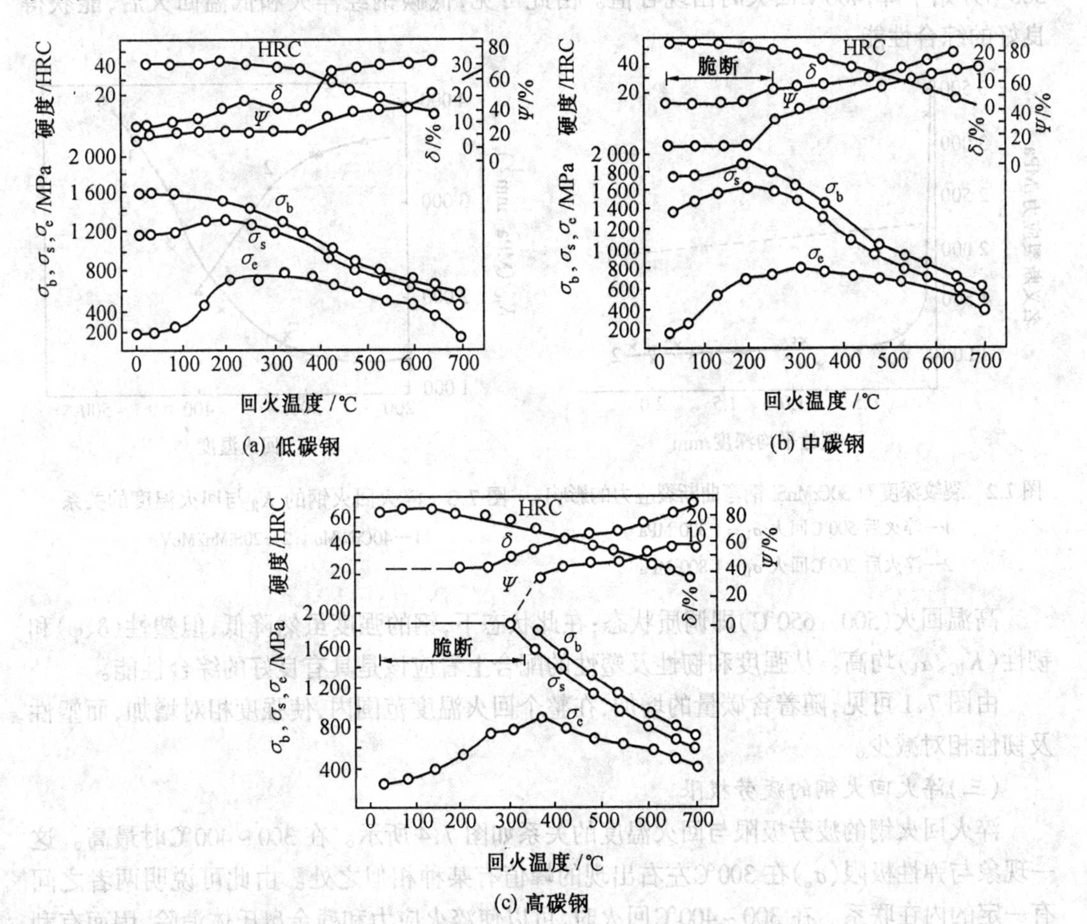

图 7.1 淬火钢的拉伸性能与回火温度的关系

（二）淬火回火钢的断裂抗力

淬火回火钢的断裂抗力，通常用钢的冲击韧性(α_k)，断裂韧性(K_{IC})，以及极限塑性(δ_k、ψ_k)来衡量。

在淬火状态下，钢的韧性和塑性均较低，因而脆性大。随着含碳量的增加，钢的脆性增加。对于碳的质量分数高于 0.4% 以上的钢，在淬火状态下拉伸时，一般不形成颈缩。因此，σ_b 不再代表塑性变形抗力而是断裂抗力。

在低温回火（< 200℃）状态，钢的韧性和塑性得以改善，主要是马氏体分解和内应力部分消除所致。但此时钢表现出较大的缺口敏感性。所谓缺口敏感性，是指零件有缺口时，缺口尖端有大的应力集中，而使钢的断裂强度显著降低的现象，如图 7.2 所示。碳的质量分数高于 0.4% 的钢经低温回火断裂韧性也很低，它直接反映了存在缺口条件下的承载能力，故使用上很不安全。

中温回火（200 ~ 400℃）状态：中温回火钢的塑性(δ、ψ)随回火温度的升高而升高。但在此温度范围内，有低温回火脆性，使 α_k 值降低，而 K_{IC} 的值在回火脆性温度范围内，也和 α_k 值一样呈现谷值，如图 7.3 所示。中碳钢在 250℃左右回火时出现谷值，低碳钢在 300℃开始下降，400℃回火时出现谷值。由此可见，低碳钢经淬火和低温回火后，能获得良好的综合性能。

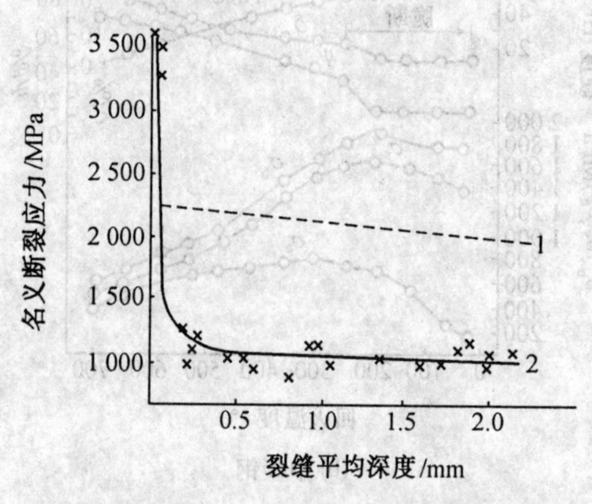

图 7.2 裂纹深度对 30CrMnSi 钢弯曲断裂应力的影响

1—淬火后 500℃回火 σ_b = 1 300 MPa

2—淬火后 200℃回火 σ_b = 1 800 MPa

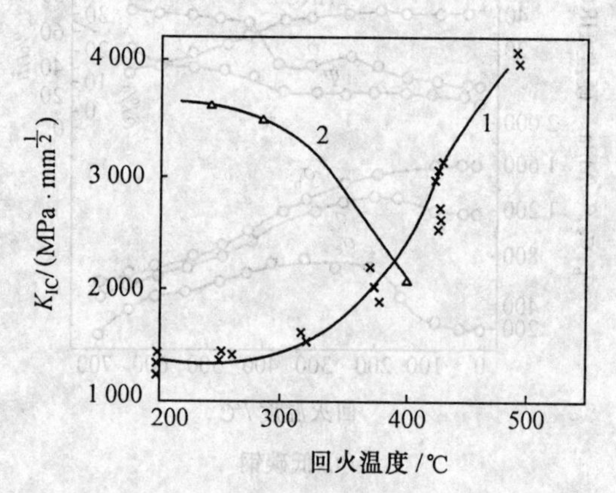

图 7.3 淬火回火钢的 K_{IC}与回火温度的关系

1—40CrNiMoA；2—20SiMn2MoVA

高温回火（500 ~ 650℃）即调质状态：在此状态下，钢的强度虽然降低，但塑性(δ、ψ)和韧性(K_{IC}、α_k)均高。从强度和韧性及塑性的配合上看应该是具有良好的综合性能。

由图 7.1 可见，随着含碳量的增加，在整个回火温度范围内，使强度相对增加，而塑性及韧性相对减少。

（三）淬火回火钢的疲劳极限

淬火回火钢的疲劳极限与回火温度的关系如图 7.4 所示。在 300 ~ 400℃时最高。这一现象与弹性极限(σ_e)在 300℃左右出现的峰值有某种相似之处。由此可说明两者之间有一定的内在联系。在 300 ~ 400℃回火时，可以使淬火应力和残余奥氏体消除，因而有利于提高钢的疲劳强度。含碳量对淬火、低温回火钢的疲劳极限影响，如图 7.5 所示。

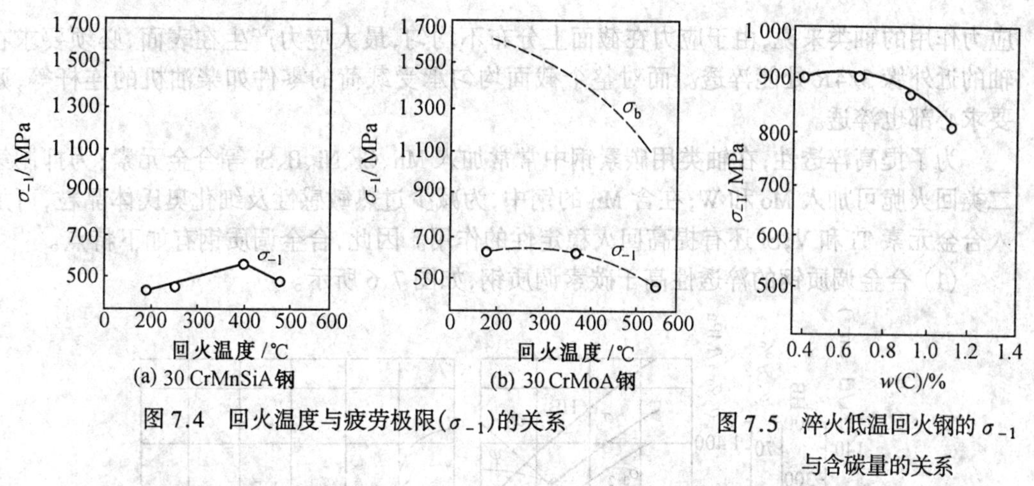

图 7.4 回火温度与疲劳极限(σ_{-1})的关系

图 7.5 淬火低温回火钢的 σ_{-1} 与含碳量的关系

当碳的质量分数在 0.4%～0.7%时，钢的疲劳极限较高。继续提高钢的含碳量时，钢的疲劳极限又下降了。

三、轴类零件用钢

根据含碳量、合金元素、回火温度对钢机械性能的影响来看，轴类零件可用中碳钢及中碳合金钢制造。

(一)碳素调质钢的特点

从含碳量上看，低碳钢在淬火及低温回火状态虽然具有良好的综合性能，但它的疲劳极限低于中碳钢，淬透性也不如中碳钢。高碳钢虽然强度高，但它的韧性及塑性很低。因此，轴类用钢的碳的质量分数应取中碳(0.3%～0.5%)。

从使用状态上不难看出，碳素钢在淬火态的韧性和塑性均很低，脆性大；低温回火状态，韧性和塑性虽然有所改善，但其绝对值仍然满足不了轴类零件用钢的要求。况且在此状态下，钢的缺口敏感性很大。中温回火后，存在低温回火脆，使 α_k、K_{IC}值重新下降。只有在高温回火后钢的塑性及韧性才显著提高，使钢具有良好的综合机械性能。因此，轴类用钢通常是在高温回火状态下(调质状态)使用。通常把经调质处理后才使用的钢称为调质钢。

碳素钢调质后虽然有上述优点，但它存在着如下的不足之处：碳素钢的淬透性低，调质状态的钢硬度较低，耐磨性不足。此外，由于回火温度过高，强度下降太多，因而牺牲了钢的强度。

为了克服碳素调质钢的不足，可采用以下三个方面的措施：① 为了克服钢的淬透性和强度不足，可采用合金化；② 为了提高轴的耐磨性，可采用表层强化(表面淬火或化学热处理)；③ 为了提高调质碳素钢的强度可适当的调整回火温度。对某些零件如螺钉、螺栓等还可采用低碳马氏体钢。因为低碳马氏体钢也具有良好的综合机械性能，而且强度高于调质钢。但因低碳马氏体钢淬透性低等原因，目前此钢在轴类零件上尚未被采用。

(二)合金调质钢的特点

碳素调质钢之所以有良好的综合机械性能是因为得到了回火索氏体。而获得回火索氏体的先决条件是淬火时要得到马氏体。因此，对调质用钢而言，淬透性是头等重要的。合金化的目的之一是提高钢的淬透性以克服中碳钢的不足。对于承受弯曲、扭转等复合应力作用的轴类来说，由于应力在截面上分布不均匀，最大应力产生在表面，必须要求在轴的近外缘 3/4R 处能淬透。而对整个截面均匀承受载荷的零件如柴油机的连杆等，则要求心部也淬透。

为了提高淬透性，在轴类用碳素钢中常常加入 Mn、Cr、Ni、B、Si 等合金元素；为抑制第二类回火脆可加入 Mo 和 W；在含 Mn 的钢中，为减少过热敏感性及细化奥氏体晶粒，可加入合金元素 Ti 和 V；Si 还有提高回火稳定性的作用。因此，合金调质钢有如下特点。

(1) 合金调质钢的淬透性高于碳素调质钢，如图 7.6 所示。

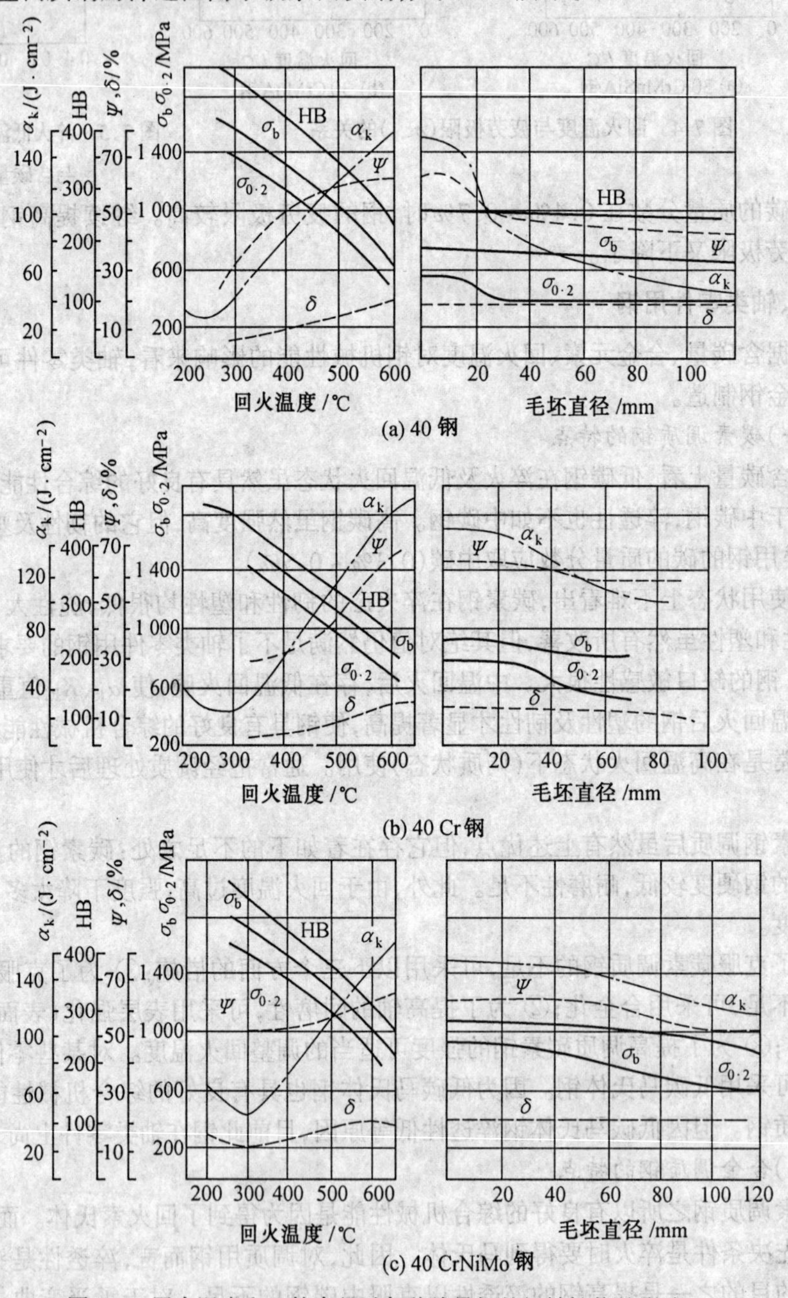

图 7.6 回火温度和工件直径对各种牌号钢的机械性能的影响

(2) 合金调质钢有第二类回火脆性,回火后快冷或加入合金元素 Mo 和 W 可以抑制回火脆性的出现。

(3) 合金调质钢(含 Mn 钢除外)的过热敏感性较小,奥氏体晶粒较细,有利于提高钢的韧性与强度。

(4) 合金调质钢的强韧性高于碳素调质钢。

(三)调质钢的牌号、化学成分、性能及选用

调质钢的牌号、化学成分如表 7.1 所示。

表 7.1 常用调质钢的化学成分

组别	牌 号	化学成分 w_B/%							
		C	Mn	Si	Cr	Ni	Mo	V	B
Ⅰ	40	0.37~0.45	0.50~0.80	0.17~0.37	≤0.25	≤0.25	—	—	—
	45	0.42~0.50	0.50~0.80	0.17~0.37	≤0.30	≤0.30	—	—	—
Ⅱ	40Cr	0.37~0.44	0.50~0.80	0.17~0.37	0.80~1.10	—	—	—	—
	40CrB	0.37~0.44	0.70~1.00	0.17~0.37	0.40~0.60	—	—	—	0.001~0.004
Ⅲ	40CrMn	0.37~0.45	0.90~1.20	0.17~0.37	0.90~1.20	—	—	—	—
	30CrMnSi	0.27~0.34	0.80~1.10	0.90~1.20	0.80~1.10	—	—	—	—
Ⅳ	40CrNi	0.37~0.44	0.50~0.80	0.17~0.37	0.45~0.75	1.00~1.40	—	—	—
	40CrNiMo	0.37~0.44	0.50~0.80	0.17~0.37	0.60~0.90	1.25~1.65	0.15~0.25	—	—
Ⅴ	30CrNi3	0.27~0.33	0.30~0.60	0.17~0.37	0.60~0.90	2.75~3.15	—	—	—
	30CrNi2MoV	0.27~0.33	0.30~0.60	0.17~0.37	0.60~0.90	2.00~2.25	0.15~0.25	0.80~1.10	—

调质钢的牌号由三部分组成,即数字+元素+数字。前面的两位数字表示平均含碳量的万分之几,合金元素以化学元素符号表示,合金元素后面的数字表示合金元素的质量分数,一般以百分之几表示,当质量分数<1.5%时,牌号中一般只标出元素符号而不标明含量,当质量分数≥1.5%、2.5%、3.5%……时,则在元素后面相应地标出 2、3、4…。如为高级优质钢,则在牌号后加 A。例如:平均碳的质量分数为 0.36%、平均锰的质量分数为 1.5%~1.8%、平均硅的质量分数为 0.4%~0.7%Si 的钢,其牌号为 36Mn2Si。

按照钢的淬透性高低,可把调质钢分为以下五类:

(1)碳素调质钢,例如 45 钢。此类钢由于淬透性低,承载能力小,因而只能制造中小负荷的轴类零件,如机床的主轴。

(2)含 Cr 的钢,如 40Cr、40CrB 钢。这一类钢,淬火用油冷却时,淬透直径为 20 mm。因此,对截面不大的轴类零件,采用此类钢可获得较高的机械性能。

(3)这类钢的淬透性比较高,如 40CrMn、30CrMnSi 钢可用于直径 20~40 mm 的零件。

(4)此类钢同时含有质量分数为 1%~1.5%的镍,对于直径为 40~70 mm 的轴可采用此类钢,由于 Ni 既能增加淬透性,又能降低脆性转折温度。尤其是受冲击载荷作用的零件,应采用此类钢。

(5)对于直径大于 70 mm 的轴,需要整体调质时,采用 30CrNi3 钢,但这种钢具有较高的第二类回火脆倾向。因此,对于承受动载荷的大尺寸零件常采用 30CrNi2MoV 钢,这种

钢中由于含 Ni 量高，而使脆性转折温度比其他钢低。

四、轴类零件加工工艺

实践表明，零件的加工质量对它的使用寿命有重要影响，要保证零件的加工质量，常常要求选用具有良好的工艺性能的材料。

制造轴类零件，常采用锻造、切削加工、热处理（预备热处理及最终热处理）等工艺，其中切削加工和热处理工艺是制造轴类零件必不可少的工艺方法。对一些性能要求不高，可选用尺寸与轴类尺寸相当的圆钢直接切削加工而成，然后进行热处理，不需经过锻造加工。

为了全面了解轴类加工工艺过程，下面介绍经改锻加工的轴类零件的工艺路线流程，并了解各工艺在加工过程中的作用。

（一）中碳碳素钢制轴类零件的加工工艺

由冶金厂供应的钢材加工轴类零件的基本工艺路线是：锻造→预备热处理（退火、正火）→机械加工→最终热处理（淬火、回火）→精加工（磨削）→装配。

1.锻造

由冶金厂供应的钢材，其尺寸和形状不可能与被加工轴的形状和尺寸相接近，必须经过改锻才能使毛坯接近轴的形状和尺寸，以减少切削加工量并节约钢材。另外，为了进一步改善钢的冶金质量，形成合理的流线排布，也必须进行锻造。为此，对钢的锻造性能提出了如下的要求：低的热变形抗力；宽的锻造温度范围（始锻温度和终锻温度的间隔称锻造温度范围）；锻裂、冷裂及出现组织缺陷倾向要小。锻裂是指毛坯在锻造过程中出现的裂纹。冷裂是锻后毛坯在冷却过程中，因内应力过大而使毛坯开裂。

毛坯的锻造质量如何，还决定于锻造工艺规范能否正确执行。锻造工艺规范是指锻造加热速度和透烧时间、始锻温度和终锻温度、冷却规范、变形程度等四个环节。

锻造之前，毛坯要加热，但加热速度不宜太快，以防止产生内应力，并有充分的保温时间，使毛坯表里温度相同，保证钢有低的热变形抗力。始锻温度的高低，主要考虑钢有最佳的塑性及最小的变形抗力。终锻温度过高，会使奥氏体晶粒长大；终锻温度过低，会由于钢的塑性下降，易造成锻裂或产生很大的内应力。冷却规范主要是指锻后的冷却速度，而冷却速度过快会引起冷裂。

中碳碳素钢的始锻温度为 1 100 ~ 1 150℃，终锻温度为 800 ~ 850℃。它的锻造温度范围约 300℃。在这个温度范围内，钢处于高温奥氏体状态，它的热变形抗力很低，出现锻裂、冷裂及组织缺陷倾向小。因此，中碳碳素钢有良好的锻造工艺性能。

中碳碳素钢锻造后的正常组织应是块状铁素体 + 细片状珠光体。

2.预备热处理

中碳碳素钢毛坯锻造后，如终锻温度在 A_{r3}以上时，钢的组织仍是奥氏体。空冷后，会得到细片状珠光体组织，这种组织的硬度要高于铁素体 + 珠光体的组织，使切削加工困难。

其次，毛坯在锻造过程中，各处的变形量不同，如果再结晶进行得又不充分，则在毛坯内部积聚内应力，这将对工件变形有一定的影响。因此，在切削加工前，必须消除。

生产实践又表明，钢在淬火前的组织对零件的淬火质量及性能有重要影响。中碳碳素钢锻后通常晶粒粗大，组织不均匀，为了使淬火后的组织较细，淬火前必须先消除粗大的晶粒，为淬火做好组织准备。为此，锻后的轴类零件毛坯通常要做预备热处理。

预备热处理是为了消除先前加工工序（锻造）的某些缺陷，并为随后的工艺操作（机械加工、淬火等）做好组织准备。

中碳碳素钢的预备热处理工艺有完全退火或正火。

中碳碳素钢完全退火的加热温度通常为 $A_{c3}+30\sim50$℃，完全退火后的组织是铁素体＋珠光体，其硬度为 HB180 左右。

钢的完全退火工艺生产周期长，为了缩短退火工艺时间，可采用等温退火它是把钢件加热到 $A_{c3}+30\sim50$℃后，使其奥氏体化，然后快速度冷却到 A_{c3}以下 50～100℃，并在此温度下停留，使奥氏体全部转变的操作工艺，如图 7.7 所示。

中碳碳素钢的另一种预备热处理工艺是正火。

正火的目的是为了细化晶粒，消除组织缺陷，并可代替调质处理，做最终热处理。

中碳碳素钢锻造时，如果因工艺规范执行不当，如终锻温度较高，会使奥氏体晶粒粗大。若冷却不当，可能形成针状的铁素体＋珠光体。这种组织会降低钢的强度及韧性。另外，当终锻温度在 $A_{r3}\sim A_{r1}$之间时，铁素体会形成带状组织（如图 7.8 所示），使钢的性能呈现方向性。为了消除上述组织缺陷，碳的质量分数在 0.3%～0.4%的钢也可以用正火来代替完全退火，因为正火的生产效率同于退火。

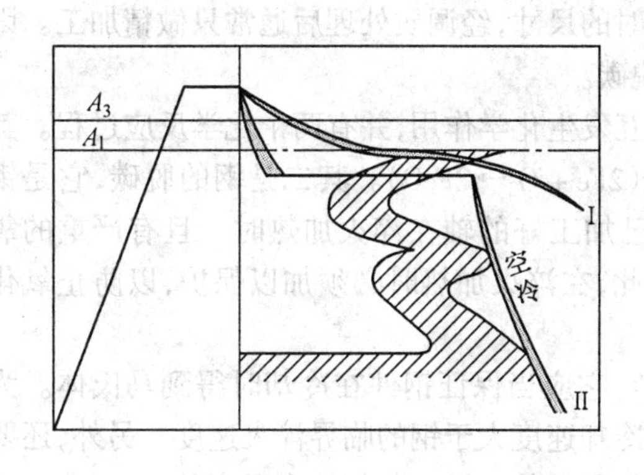

图 7.7 等温退火与普通退火示意图

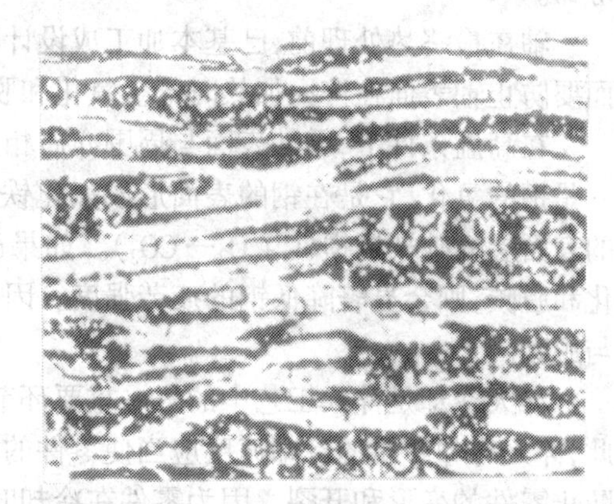

图 7.8 铁素体带状组织

碳的质量分数高于 0.4%时，正火后钢的硬度偏高，不利于切削，此时通常不用正火工艺代替完全退火。

由于正火后钢的强度高于退火状态，与调质状态相比，尽管正火钢的塑性和韧性不如调质钢，但对塑性及韧性要求不高的轴类零件可用正火来代替调质处理。

3. 切削加工

钢的切削加工性能好与差，对零件的加工质量有重要的影响。因而，在选择材料时，必须注意钢的切削加工性能。

钢的切削加工性能是不能用固定的单位来度量的。通常用刀具的寿命、工件的表面粗糙度、切削力、全切削速度和切削形状等指标单独或结合起来评定。钢在低强度和低塑性下，有较好的切削性能。

影响钢的切削加工性能的因素固然很多，但从材料角度看，主要有两个方面，即硬度和组织。

钢的硬度与切削加工性能有密切的关系。硬度增高，使切削抗力增大，刀具磨损加剧。钢的硬度过低，容易发生黏刀，降低零件表面粗糙度，刀具寿命缩短。在一般情况下，钢的硬度为 HB160～203 时，其切削加工性能最好。

钢中铁素体组织越多，加工时则难以获得光洁的表面，即使硬度合适，由于组织中存在大量的大块铁素体，也会使切削加工性能变得很差。

中碳碳素钢经完全退火后，无论在硬度上还是组织上，都会得到满意的切削加工性能。

4.最终热处理

最终热处理的目的是赋予零件所需要的使用性能，对轴类零件来说应具有良好的综合机械性能。

中碳碳素钢制轴类零件的最终热处理工艺是完全淬火＋高温回火，即调质处理。完全淬火的目的是使零件获得完全由马氏体构成的组织，因而完全淬火的加热温度必须在 A_{c3}以上，使其完全奥氏体化，才能达到这个目的。反之，淬火加热温度在 A_{c3}以下，则钢件的淬火组织中不但有马氏体，而且还有铁素体，这样会使零件性能不均匀，降低轴的使用寿命。

轴在最终热处理前，已基本加工成设计时的尺寸，经调质处理后通常只做精加工。因而要防止轴表面在淬火加热时产生氧化和脱碳。

在高温条件下，零件表面与周围介质相互发生化学作用，并有两个化学反应过程。其一是钢的氧化，它是在钢的表面形成氧化铁（$2Fe + O_2 \rightarrow 2FeO$）。其二是钢的脱碳，它是钢的表面层的碳被烧损（$C + O_2 \rightarrow CO_2$）。如果已加工好的轴在淬火加热时一旦有严重的氧化和脱碳，则会显著降低钢的疲劳强度。因此，在淬火加热时必须加以保护，以防止氧化与脱碳。

淬火冷却是淬火工艺中的另一重要环节，它应当保证钢件在冷却时得到马氏体。为此，淬火冷却介质的冷却速度应当使零件的冷却速度大于钢的临界淬火速度。另外，还要防止零件的变形和开裂。因为零件在冷却时，零件的表里和各部位有温度差存在，造成热胀冷缩不一致而产生热应力。又由于奥氏体转变产物的比容不同，使零件表面和心部之间的组织转变时间不同而产生组织应力。这两种应力的叠加立即在钢中产生内应力，当内应力增大时将使钢件出现变形，而内应力大于断裂极限时就产生开裂。因此，如何选择淬火冷却介质，是淬火质量的关键。

热处理常用的冷却介质有水和油。

水有强烈的冷却能力，但在 M_s 点附近温度冷却速度太快，易使零件变形，甚至开裂，这是水的最大弱点。

油的冷却特性是高温时比水的冷却能力低。在 M_s 点附近温度冷却速度比水小，这是油的优点。

由于碳钢的临界淬火速度大，而油的冷却能力较低，故通常选用水作淬火介质。

淬火钢虽然有高硬度和高强度，但其塑性和韧性很低，还有较大的淬火内应力和少量残余奥氏体存在。因而淬火态的中碳钢并不具有良好的综合的力学性能。因此，中碳钢制轴类零件淬火后，必须进行高温回火处理。

根据回火温度与钢的力学性能之间的关系曲线，中碳钢制轴类零件的高温回火温度通常以550～650℃为宜，回火后的组织为回火索氏体。

高温回火的冷却速度对碳素调质钢的性能没有影响。所以，回火后一般都采用空气冷却。

(二)中碳合金钢制轴类零件的加工工艺

中碳合金钢制轴类零件的加工工艺过程和工艺种类与中碳碳素钢在原则上是一样的。但加入合金元素后，改变了钢的临界点和"C"曲线的位置以及淬透性。因而，造成各种加工工艺的规范发生相应的变化。

中碳合金钢的锻造温度范围比中碳碳素钢要小；毛坯加热速度不易太快；锻后冷却应缓慢进行。尤其是合金元素含量较高的钢，因淬透性增高，为防止冷裂更应注意冷却速度与方式。

中碳低合金钢的预备热处理工艺也是采用完全退火、正火工艺。但中、高合金钢不能用正火代替完全退火。

中碳合金钢的最终热处理也采用完全淬火和高温回火工艺。

由于油的冷却速度比水小，淬火变形与开裂倾向性小，合金钢淬火冷却介质通常采用油。

中碳合金钢有第二类回火脆，凡是不含 Mo、W 元素的钢，在高温回火时，应快速冷却，以抑制回火脆性的产生。

调质钢完全淬火和高温回火工艺规范如表7.2所示。

表7.2　调质钢完全淬火和高温回火工艺规范及力学性能

牌号	热处理规范				力学性能(不小于)					临界直径/mm
	淬火温度/℃	淬火介质	回火温度/℃	回火介质	σ_b/MPa	$\sigma_{0.2}$/MPa	δ_5/%	ψ/%	α_k/(J·cm^{-2})	
40	830～850	水	560～650	水	620	450	20	50	90	10
45	820～840	水	560～620	水	700	500	17	45	80	12
40Cr	850	油	500	水或油	1 000	800	9	45	60	15
40CrB	870	油	500	水或油	1 000	800	9	45	60	20
40CrMn	840	油	520	水或油	1 000	850	9	45	60	25
30CrMnSi	880	油	540	水或油	1 100	900	10	45	50	25
40CrNi	820	油	500	水或油	1 000	850	11	45	70	25
40CrNiMo	850	油	620	水或油	1 000	850	12	55	100	35
30CrNi3	820	油	500	水或油	1 000	800	9	45	80	50
30CrNi2MoV	860	油	650	水或油	900	800	12	50	90	100

7.3 齿轮用钢

一、齿轮的工作条件及性能要求

(一)工作条件

齿轮通过齿面接触而传递动力,齿面周期地承受很大的接触应力,常因齿面接触疲劳破坏而失效。其破坏形式为麻点剥落或硬化层剥落。

齿轮的齿根处承受很大的弯曲应力。在弯曲应力的反复作用下,会产生弯曲疲劳破坏,发生断齿。此外,机器在启动、急刹车或换挡时,齿轮还会受到冲击载荷或短时过载的作用,而使齿部折断,这种破坏形式危害最大。

齿轮在工作时,两个齿面在啮合时还有相对运动(包括滑动和滚动)而产生摩擦,使齿面磨损。

齿轮在高速运转条件下,如接触应力过大,齿面滑动速度过高,主动与被动齿轮间摩擦而产生高温,破坏油膜的形成,使两个齿面的金属直接接触,导致两摩擦面的瞬时焊合;在随后的运转中,焊合的金属又被撕断,造成齿面刮伤,这就是胶合磨损。

综上所述,齿轮在工作时的主要失效形式有齿根折断、弯曲疲劳、接触疲劳与磨损。

根据齿轮的工作条件与失效形式,对齿轮用钢提出如下性能要求。

(二)性能要求

1.高的接触疲劳强度

影响接触疲劳强度高低的因素有表面硬度、含碳量、冶金质量等。一般说来,对同一种钢而言,表面硬度越高,接触疲劳抗力越大。所以,为保证有较高的接触疲劳抗力,应对齿轮表面进行淬火和低温回火处理。回火温度与钢的接触疲劳强度的关系如图 7.9 所示。

表面的含碳量对淬火回火钢接触疲劳性能的影响和对硬度的影响相似,总的趋势也是含碳量越高,接触疲劳抗力越大。从组织角度看,当表面组织为马氏体或马氏体 + 粒状碳化物时,接触疲劳强度随含碳量的增加而提高。表面层中存在有网状或条状碳化物时,则疲劳强度随含碳量的增加而降低。因此,要求齿轮表面碳的质量分数为 0.9% ~ 1.0%,而且钢中碳化物应呈细而圆的形态均匀分布。

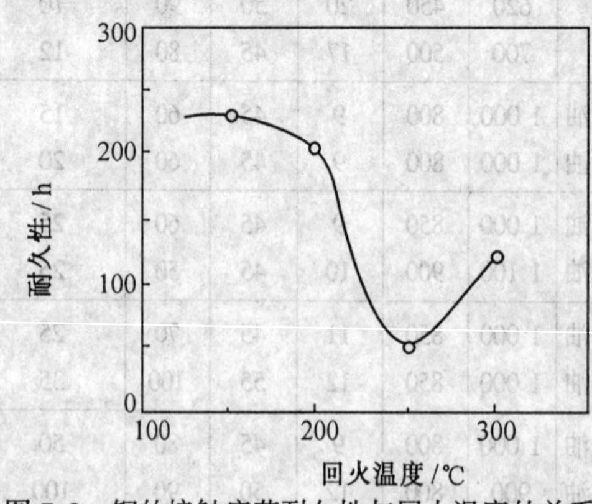

图 7.9 钢的接触疲劳耐久性与回火温度的关系
(w(C) = 1.0%, w(Cr) = 1.5%, 870℃油淬, P = 1 500 N, n = 1 800 r/min)

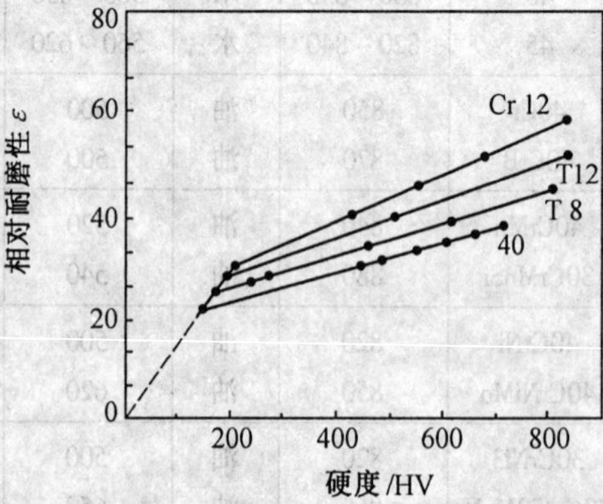

图 7.10 几种钢在磨粒磨损时其相对耐磨性与硬度的关系

钢中夹杂物往往是接触疲劳的裂纹源,因而降低钢的疲劳抗力。

2.高的耐磨性

为防止齿轮过早地磨损,齿轮工作表面还应有高的耐磨性能。

一般说来,钢的硬度越高,耐磨性能也越高,如图7.10所示。

钢的耐磨性还和含碳量与组织有关。实验结果表明,钢中剩余碳化物的数量对淬火、回火钢的耐磨性有很大影响,随着钢中含碳量及形成碳化物元素增多,会使淬火组织中剩余碳化物数量增多,从而使钢的耐磨性随之提高。由于碳化物有很高的硬度,不但有利于提高钢的塑变抗力,还有利于防止黏合。因此,通常把增加钢中碳化物数量,作为进一步提高淬火回火钢抗磨粒磨损及咬合磨损的重要手段之一。

含碳量对耐磨性的影响是通过硬度与碳化物的影响体现出来的,随着含碳量的增加,有利于提高马氏体的硬度并增加碳化物的数量,所以使钢的耐磨性增加,如图7.11所示。

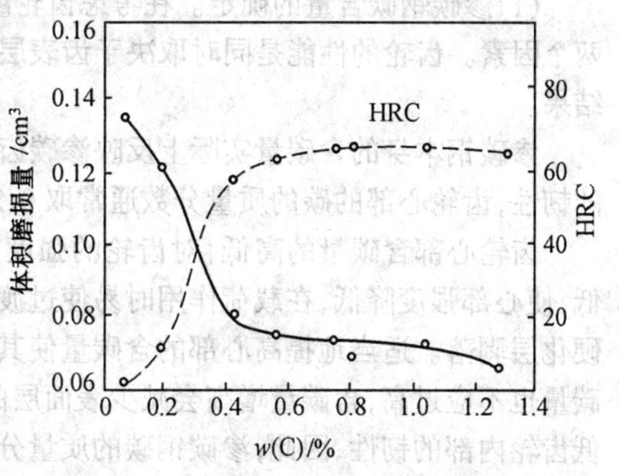

图7.11 含碳量对淬火回火钢耐磨性的影响

3.具有高的弯曲疲劳强度和良好的韧性与塑性,防止断齿失效

从上述要求可以看出,齿轮的工作表面应当坚硬耐磨,而心部应有良好的韧性和塑性。为达到此目的,必须采用综合的强化方法,即通过选择合适的钢种并采用适当的表面强化工艺来实现。目前有如下四种途径,可分别满足在不同条件下工作的齿轮的要求。

(1)低碳钢渗碳淬火。

(2)中碳钢感应加热表面淬火。

(3)中碳钢调质热处理+氮化处理。

(4)热处理后再加表面冷塑性变形(如喷丸等)强化。

除表面冷塑性变形强化方法外,其中渗碳、氮化属于化学热处理,感应加热表面淬火是只改变零件的表面组织,而不改变化学成分,详见后述。

(三)影响表面性能的因素

一般说来,影响表面强化态零件的使用性能的主要因素有以下几个方面。

(1)表层的组织。表层的组织形态会直接影响麻点剥落、磨损及疲劳过程,为此,可采用合金化及表面热处理等方法综合强化表层,如表面淬火可获得马氏体组织,化学热处理能提高表面层的碳及氮含量。

(2)表层内应力分布。表层存在压应力能提高齿轮的疲劳抗力。为此,可通过碾压或喷丸等方法来实现,并要求应力过渡缓和。

(3)硬化层的厚度。造成适当的硬化层深度是保证获得良好的接触疲劳性能及弯曲疲劳性能的重要条件。如硬化层深度不足,易使过渡层产生塑性变形,而形成裂纹,造成硬化层剥落;若硬化层过厚,又会降低表层的残余压应力,使弯曲疲劳强度下降。

(4)心部的硬度。如心部硬度过低,易使硬化层剥落,而心部硬度过高,又会降低表层的残余压应力。

下面结合这四个因素讨论各种齿轮用钢及表面强化工艺的特点。

二、齿轮用钢与强化工艺

根据齿轮使用性能的要求不同,目前齿轮用钢及强化工艺主要有如下三类:①齿轮渗碳用钢及渗碳工艺;②感应加热表面淬火用钢及工艺;③氮化用钢及工艺。同整体强化态调质钢相比,齿轮用钢统称为表面强化态零件用钢。

(一)渗碳用钢及强化工艺

1.渗碳用钢

(1)渗碳钢碳含量的确定。在考虑齿轮渗碳用钢时,需要考虑到使用性能及工艺性能两个因素。齿轮的性能是同时取决于齿表层的性能和齿心部的性能,是两者共同作用的结果。

渗碳钢本身的含碳量实际上反映渗碳齿轮心部的含碳量,为了保证齿轮心部有良好的韧性,齿轮心部的碳的质量分数通常取0.20%左右。因此,渗碳钢属于低碳钢。

齿轮心部含碳量的高低,对齿轮的强度及失效形式有重要影响,齿轮心部含碳量过低,使心部强度降低,在载荷作用时易使过渡区产生塑性变形,并形成很大的应力集中,使硬化层剥落。适当地提高心部的含碳量使其强度增加,则可避免此现象。但渗碳钢的含碳量也不应过高,含碳量增高会减少表面层的压应力,导致疲劳强度的降低,同时还会降低齿轮内部的韧性,因此,渗碳钢碳的质量分数上限可提高到0.30%左右。

(2)合金元素的作用。生产实践表明,随着齿轮心部硬度的增加,使疲劳寿命增加(如表7.3)。因为提高心部硬度和强度有利于防止渗层脱落,从而使渗碳件具有较高的承载能力。因此,对重要的渗碳件需规定心部硬度的要求,如汽车齿轮常规定齿心部硬度值为HRC33~45。

表7.3 三种不同成分钢的从动螺旋齿轮疲劳试验结果

钢的成分 w_B/%					表面硬度 HRC	心部硬度 HRC	渗层深度 /mm	疲劳寿命 /次
C	Mn	Cr	Ti	Ni				
0.17	0.9	1.2	0.08	—	59	28	1.40	18.1×10^4
0.23	0.9	1.2	0.08	—	60.5	34	1.33	24×10^4
0.24	0.9	1.2	0.08	<0.3	60	40	1.40	36×10^4

当钢的含碳量和淬火条件一定后,渗碳件心部的硬度和强度就取决于钢材的淬透性。如淬透性足够,心部可得到全部低碳马氏体;而淬透性不足时,除低碳马氏体外,还会出现不同数量的非马氏体组织(如铁素体等)。所以对重要的渗碳件除规定心部硬度外,还常规定检查心部组织,以控制铁素体的数量。

但渗碳用钢的淬透性也不宜过高,如淬透性过高时,易使渗碳件淬火变形增加。因此,从减少淬火变形角度出发,对钢材的淬透性也应选择适当。

渗碳用钢的淬透性是由加入合金元素来保证的。为了提高渗碳用钢的淬透性,常在钢中加入Cr、Ni、Mo、W、Mn、Si和B等元素。

加入合金元素后,除改变钢的淬透性外,对表面碳化物的形态也有很大影响,从而改变表面的性能。中等碳化物形成元素如 Cr 的影响较为有利，易使碳化物呈粒状分布；而强烈形成碳化物元素如 W、Mo、V 等，以及不形成碳化物元素如 Si 等，则易使碳化物呈长条状和网状分布。这种长条状或网状的碳化物起到与应力集中和缺口一样的作用，因而增加表面层的脆性。

为了使渗碳后直接淬火的组织具有较细的晶粒，要采用本质细晶粒钢。

(3)齿轮渗碳用钢。齿轮渗碳用钢的化学成分、热处理及力学性能列于表 7.4 中。

按强度(σ_b)级别或淬透性的大小，可将渗碳用钢分为以下三类。

①低强度渗碳用钢。其强度级别在 σ_b 为 800 MPa 以下，又常称为低淬透性渗碳用钢。常用牌号有 15、20、20Mn2、20MnV、15Cr 等。此类渗碳钢只适用于对心部强度要求不高的齿轮，如中、小型机床变速箱齿轮。

②中强度渗碳用钢。其强度级别在 σ_b 为 800 MPa ~ 1 200 MPa 范围内，又常称为中淬透性渗碳钢。常用牌号有 20Cr、20CrMnTi、20MnVB、20Mn2TiB 等。这类钢的淬透性与心部强度较高，可用于制造较为重要的齿轮，如汽车、拖拉机的变速箱齿轮。

③高强度渗碳用钢。其强度级别在 σ_b 为 1 200 MPa 以上，又常称为高淬透性渗碳用钢。常用牌号有 20Cr2Ni4、18Cr2Ni4W、15SiMn3MoWV 等，由于这些钢具有很高的淬透性与心部强度，可以用于制造截面较大的重负荷渗碳件，如飞机、坦克的变速箱齿轮。

2.低碳钢的渗碳淬火

为了满足齿轮的使用性能要求，尤其是齿轮表面层有良好的耐磨性及较高的接触疲劳强度，用低碳钢制齿轮还必须进行渗碳淬火。

(1)齿轮的渗碳。齿轮的渗碳是在增碳的活性介质中，将低碳钢加热到高温(一般在 900 ~ 950℃)使活性炭原子渗入钢的表面，以获得高碳的渗碳层组织。

渗碳可在固体、液体或气体渗碳的活性介质中进行，其中使用最多的是气体渗碳。

气体渗碳是将待渗的工件放入密封炉内，通入气体渗碳剂，如甲烷、乙烷、煤油等。这些介质通入炉内，在一定温度下发生分解。分解的产物中有 CO、C_nH_{2n}、C_nH_{2n+2}。这些气体的进一步分解，成为活性炭。

$$2CO \longrightarrow CO_2 + [C]$$

$$C_nH_{2n} \longrightarrow nH_2 + n[C]$$

$$C_nH_{2n+2} \longrightarrow (n+1)H_2 + n[C]$$

这些活性炭，在 900 ~ 950℃时，被齿轮表面所吸收，使齿轮表面的碳浓度增加，造成了表面与心部浓度梯度。在这种情况下，活性炭由表面向内部扩散。

由于低碳钢在 900 ~ 950℃时处于奥氏体状态，因而碳固溶入奥氏体中。

一个渗碳过程可概括为由渗碳介质分解、零件表面吸附活性炭及碳进一步向内部扩散等三个阶段构成。

(2)渗碳工艺规范。图 7.12 为低碳钢渗碳工艺曲线。

渗碳温度、渗碳时间及介质浓度是控制渗碳层含碳量及渗碳速度的重要参数。提高渗碳温度会急剧加快渗碳速度和增加渗层深度。图 7.13 表示渗碳层厚度随渗碳温度及渗碳时间变化的关系。由图可知，过程开始时速度最高，而后逐渐减小。随着温度的升高，过程迅速增快。

表 7.4　常用渗碳用钢的化学成分、热处理制度和力学性能

牌号	化学成分 $w_B/\%$								热处理制度					力学性能(不小于)				
	C	Mn	Cr	Ni	V	Ti	B	其他	淬火温度/℃ 一次淬火	淬火温度/℃ 二次淬火	淬火冷却	回火温度/℃	回火冷却	σ_b/MPa	σ_s/MPa	δ_5/%	ψ/%	α_k/(J·cm^{-2})
15	0.12~0.19	0.35~0.65	≯0.25	≯0.025	—	—	—	(Si)0.17~0.37	正火	—	—	—	—	380	230	27	55	
20	0.17~0.24	0.35~0.65	≯0.25	≯0.025	—	—	—	(Si)0.17~0.37	正火	—	—	—	—	420	250	25	55	
20Mn2	0.17~0.24	1.40~1.80	—	—	—	—	—	同上	850	—	水或油	200	水或空气	800	600	10	40	60
15Cr	0.12~0.18	0.40~0.70	0.70~1.00	—	—	—	—	(Si)0.17~0.37	880	800	水或油	200	水或空气	750	500	11	45	70
20Cr	0.18~0.24	0.50~0.80	0.70~1.00	—	—	—	—	(Si)0.17~0.37	880	800	水或油	200	水或空气	850	550	10	40	60
20MnV	0.17~0.24	1.30~1.60	—	—	0.07~0.12	—	—	(Si)0.17~0.37	880	—	水或油	200	水或空气	800	600	10	40	70
20CrMnTi	0.17~0.23	0.80~1.10	1.00~1.30	—	—	0.04~0.10		(Si)0.17~0.37	870	—	油	200	水或空气	1100	850	10	45	70
30CrMnTi	0.24~0.32	0.80~1.10	1.00~1.30	—	—	0.04~0.10	—	(Si)0.17~0.37	880	850	油	200	水或空气	1500	—	9	40	60
20Mn2B	0.17~0.24	1.50~1.80	—	—	—	—	0.0005~0.0035	(Si)0.17~0.37	880	—	油	200	水或空气	1000	800	10	45	70
20MnVB	0.17~0.23	1.20~1.60	—	—	0.07~0.12	—	0.0005~0.0035	(Si)0.17~0.37	880	—	油	200	水或空气	1100	900	9	45	70
20SiMnVB	0.17~0.24	1.30~1.60	—	—	0.07~0.12	—	0.0005~0.0035	(Si)0.17~0.37	910	—	油	200	水或空气	1200	1000	10	45	70
20CrMnMo	0.17~0.23	0.90~1.20	1.10~1.40	—	—	—	—	(Mo)0.20~0.30	850	—	油	200	水或空气	1200	900	10	45	70
20Mn2TiB	0.17~0.24	0.50~1.80	1.10~1.40	—	—	0.12	0.0005~0.0035	(Si)0.17~0.37	860	780	油	200	水或空气	1150	850	10	45	70
12Cr2Ni4	0.10~0.16	0.30~0.60	1.25~1.65	3.25~3.65	—	—	—	(Si)0.17~0.37	860	780	油	200	水或空气	1100	850	10	50	90
20Cr2Ni4	0.17~0.23	0.30~0.60	1.25~1.65	3.25~3.65	—	—	—	(Si)0.17~0.37	880	850	空气	200	水或空气	1200	1100	10	45	80
18Cr2Ni4W	0.13~0.19	0.30~0.60	1.35~1.65	4.00~4.50	—	—	—	(W)0.80~1.20	950	—	油	200	水或空气	1200	850	10	45	100
15CrMn2SiMo	0.13~0.19	2.00~2.40	0.40~0.70	—	—	—	(Si)0.40~0.70	(Mo)0.40~0.50	860	—	油	200	水或空气	1200	900	10	45	80
15SiMn3MoWV	0.12~0.18	0.90~3.30	—	—	0.05~0.12	(Si)0.40~0.70	(W)0.40~0.80	(Mo)0.40~0.50	950	880	空气	200	水或空气	1200	900	10	45	100

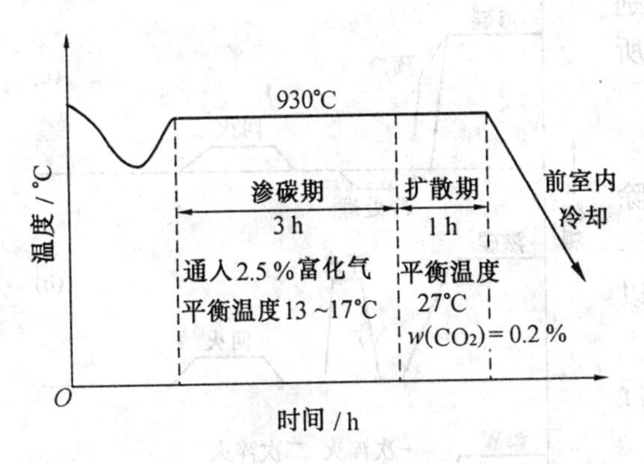

图7.12 低碳钢齿轮渗碳工艺曲线示意图

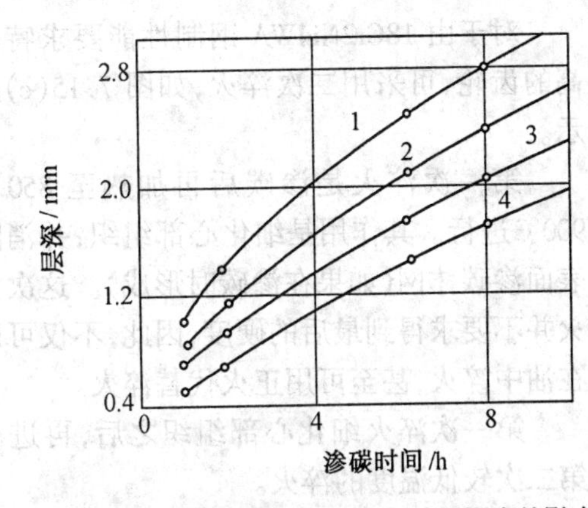

图7.13 不同渗碳温度下渗碳时间对渗层深度的影响

1—1 050℃;2—1 000℃;3—970℃;4—930℃

表面层的含碳量取决于在该温度下碳在奥氏体中的极限固溶度,从表面到工件内部逐渐降低,在900℃渗碳后,渗碳层中碳的质量分数可达1.2%~1.3%。

自渗碳温度缓慢冷却后的渗碳层组织如图7.14所示。

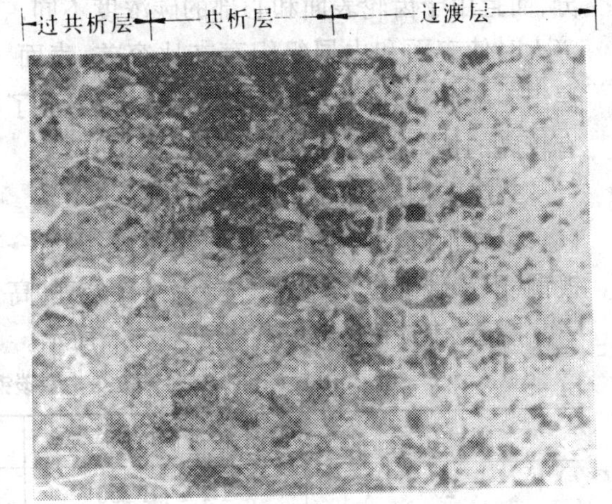

图7.14 自渗碳温度缓慢冷却后渗碳层的显微组织

渗碳层碳的质量分数超过0.8%~0.9%的渗碳层组织为过共析组织,向内依次为共析组织和亚共析组织。

对齿轮来说,渗碳层的碳的质量分数最多一般不超过0.9%~1.0%,碳量过高,将形成大量的二次渗碳体,致使渗碳层的脆性增加。

(3)渗碳后的热处理工艺。渗碳只是改变表面层的含碳量,而随后的淬火,才赋予渗碳工件以最终性能。淬火使零件表面获得高的抗压强度和耐磨性;而心部仍保持着高韧性。

为消除内应力,所有渗碳工件淬火后,都要进行低温回火(150~200℃)。经上述处理后,齿轮表面硬度为HRC60左右,心部的硬度在HRC15~30范围内。

在制定渗碳后的淬火规范时,必须考虑以下两点。第一,由于渗碳需要长时间加热,总是不同程度地引起晶粒长大,随后的热处理则应能消除这种组织缺陷。第二,齿轮是由高碳(质量分数为0.9%~1.0%)的表面和低碳(质量分数为0.20%左右)心部构成,对于仅要求表面硬度,而其他机械性能要求不高的齿轮,可以从渗碳温度900~950℃直接淬火,如图7.15(a)所示。除20Cr、12Cr2Ni4VA、18Cr2Ni4WA等钢制齿轮外,大部分渗碳齿轮可采用此种热处理工艺。

对于组织和性能要求较高的零件如20Cr制齿轮直接淬火组织粗大,因而渗碳后先在空气中冷却,然后再加热至850~900℃进行淬火,如图7.15(b)所示。

对于由 18Cr2Ni4WA 钢制性能要求特别高的齿轮，可采用二次淬火，如图 7.15(c)所示。

第一次淬火是渗碳后再加热至 850～900℃进行。其作用是细化心部组织，并消除表面渗碳体网(如果在渗碳时形成)。这次淬火并不要求得到最后的硬度，因此，不仅可以在油中淬火，甚至可用正火代替淬火。

第一次淬火细化心部组织之后，再进行第二次较低温度的淬火。

这个温度通常选用高碳钢的淬火温度(780～800℃)。所获得的细针状马氏体和分布其间的剩余碳化物具有高的耐磨性。

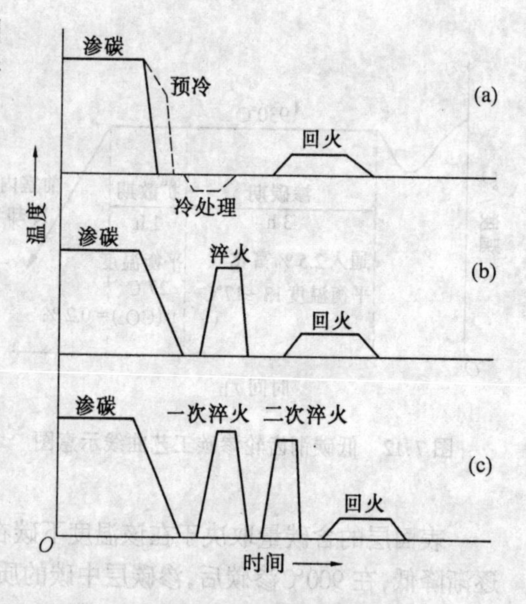

图 7.15 渗碳件热处理规范

齿轮渗碳后不但改变了表层的化学成分，而且由于齿轮表面和心部的碳浓度不同，淬火时使表面和内层组织存在比容差，表面层组织膨胀受到内层的限制，对渗碳层造成了有益的压应力，从而使齿轮在交变应力下具有较高的抗弯曲疲劳性能。

3.渗碳钢齿轮的加工工艺

渗碳钢齿轮典型加工工艺路线是：锻造→正火→高温回火(高合金钢)→切削加工→镀铜(不渗碳部位)→渗碳→淬火→冷处理(高合金钢)→低温回火→喷丸→精磨。

锻造：渗碳钢的锻造工艺如表 7.5 所示。

表 7.5 渗碳钢锻造工艺

牌　号	始锻温度/℃	终锻温度/℃	冷却方法
20	1 200～1 250	≥800	空冷
20Cr	1 200	800	空冷
20CrMnTi	1 200	900	空冷
12Cr2Ni4A	1 180	800	缓冷，截面较大的
18Cr2Ni4WA	1 180	850	缓冷，ϕ70 mm 以上

工业上应用的渗碳钢具有良好的锻造性能。

锻造后的预备热处理：低碳钢和低、中合金渗碳钢，锻造后的预备热处理通常采用正火，而不用完全退火，这主要是渗碳钢含碳量低，完全退火后的组织中有大块铁素体，降低齿轮加工后的表面粗糙度。

对高合金钢如 12Cr2Ni4A，由于淬透性高，正火后通常还要经高温回火，以降低硬度。

值得提出的是 18Cr2Ni4WA 钢，它具有特殊的奥氏体转变 C 曲线如图 7.16 所示。

该曲线的特点是没有珠光体转变区，贝氏体转变区与马氏体转变区相重合，而且马氏体转变开始温度为 370℃，终了温度为 250℃，由于 M_s 点高，这种钢在淬火后，心部只有很少的残余奥氏体。此钢这一特点必然影响到制造齿轮的加工工艺。

用 18Cr2Ni4WA 钢制造的齿轮毛坯锻造后，由于钢的淬透性很大，又没有珠光体转变区，因而锻造即使采用缓慢的冷却速度，也能得到贝氏体和马氏体，硬度很高。惟一的软化方法是采用高温回火，得到回火索氏体，具有良好的切削加工性能。

随着齿轮表面含碳量的增加，而且合金元素的量又较多，使 18Cr2Ni4WA 钢渗层的马氏体转变终了温度 M_f 降低到 0℃以下，因而经普通淬火和低温回火后，渗层中保留大量的残余奥氏体。这些残余奥氏体会降低齿轮渗层的硬度，这种现象在 12CrNi3A、12Cr2Ni4A 钢中也存在。为了消除渗层中的残余奥氏体，可采用冷处理。

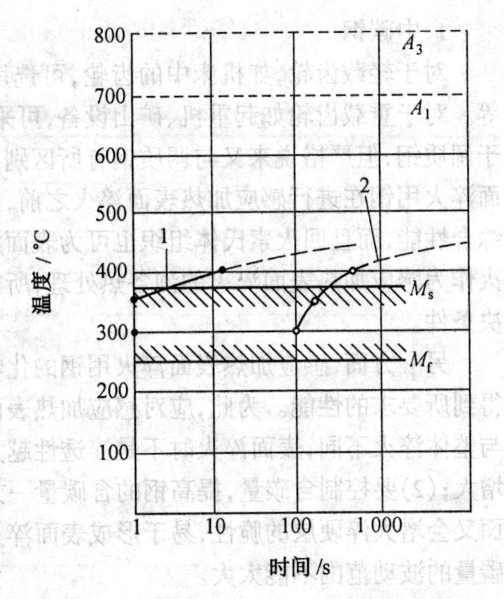

图 7.16　18Cr2Ni4WA 钢奥氏体等温转变 C 曲线

冷处理是将淬火到室温的工件，继续冷却到室温以下温度（-60 ~ -70℃），使残余奥氏体继续向马氏体转变的处理工艺。

为了进一步提高齿轮的表面疲劳强度，齿轮渗碳后，可进行喷丸处理。

喷丸处理是以高速弹丸流喷射工件表面，使工件表面层产生塑性变形，形成一定厚度的加工硬化层，在喷丸硬化层内形成较高的残余压应力，如图 7.17 所示。

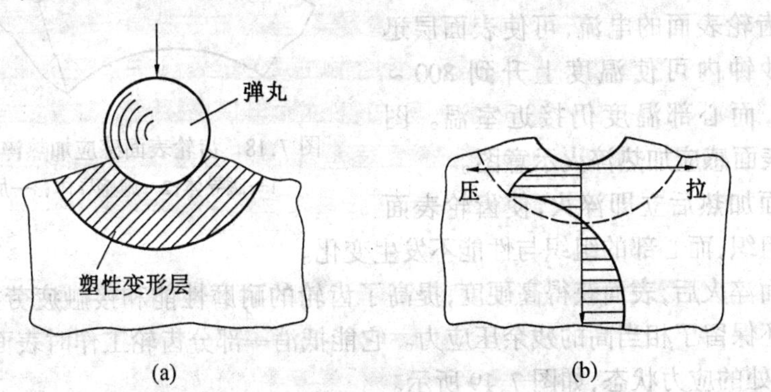

图 7.17　喷丸后表面应力状态示意图

这种利用冷变形来提高零件的疲劳强度的方法还有滚压法。有的轴表面也用碾压变形处理。

（二）感应加热表面淬火用钢及强化工艺

对于一些小模数轻载齿轮（如机床、精密机械等）或特大尺寸的齿轮，常采用感应加热表面淬火用钢，即中碳钢或中碳低合金钢和低淬透性钢来制造，并进行感应加热表面淬火强化工艺来提高齿轮的使用性能。

1.中碳钢

对于轻载齿轮,如机床中的齿轮,可选用中碳钢或中碳低合金钢如 45、40Cr、40Mn 钢等。对于重载齿轮如起重机、矿山设备,可采用 37CrNi3A、40CrNi、42CrMo 等。这些钢号属于调质钢,但严格说来又与调质钢有所区别。主要表现在以下两个方面:一是感应加热表面淬火用钢在进行感应加热表面淬火之前,虽然先进行调质处理以保证心部获得良好的综合性能,而且回火索氏体组织也可为表面淬火做好必要的组织准备,但有时也可采用正火作为感应加热表面淬火的预备热处理,所以调质处理不一定是感应加热表面淬火的先决条件。

另一方面,感应加热表面淬火用钢的化学成分应保证零件淬火后,在淬硬层和心部都得到所要求的性能。为此,应对感应加热表面淬火用钢提出如下要求:(1)要控制淬透性,与整体淬火不同,表面淬火时不是淬透性越大越好,淬透性过大易使淬火变形及开裂倾向增大;(2)要控制含碳量,提高钢的含碳量一方面可使零件表面硬度和耐磨性增加,另一方面又会增大淬硬层的脆性,易于形成表面淬火裂纹。因此,通常要用精选中碳钢,而且含碳量的波动范围不能太大。

感应加热表面淬火要通过不同频率的加热设备和感应器来实现。

当齿轮放在感应器内,感应器中通入高频电流(频率为 100~500 kHz)以产生高频交变磁场,在齿轮表层中产生同频率的感应电流。该电流有这样的特性,即在零件截面上的分布是不均匀的。零件心部电流密度几乎等于零,而表面电流密度极大,这个现象称为集肤效应。频率越高,感应电流密集层越薄,并且集中于齿轮表面的电流,可使表面层迅速升温,几秒钟内可使温度上升到 800~1 000℃左右,而心部温度仍接近室温。图 7.18为齿轮表面感应加热淬火示意图。

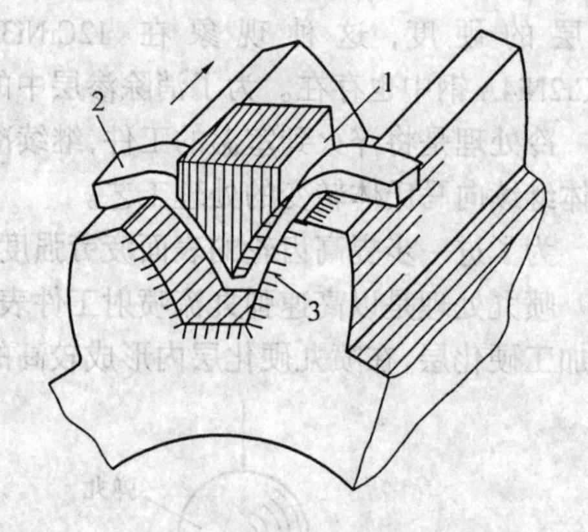

图 7.18　齿轮表面感应加热淬火示意图

1—磁导体;2—施感导体;3—加热层

齿轮表面加热后立即淬火,使齿轮表面获得马氏体组织,而心部的组织与性能不发生变化。

齿轮表面淬火后,表面获得高硬度,提高了齿轮的耐磨性能和接触疲劳抗力。此外,在齿轮表面还保留了相当高的残余压应力。它能抵消一部分齿轮工作时表面所受的拉应力,改变齿根处的应力状态,如图 7.19 所示。

表面残余应力的大小和分布与许多因素有关,如硬化层的形状和深度、心部强度、热处理工艺过程等。

齿轮感应加热硬化层深度主要取决于电流频率。工程上根据所用频率不同感应加热可分为三类:有高频(电流频率在 100~500 kHz)、中频(频率在 500~1 000 Hz)及工频(频率为 50 Hz)。生产中一般根据工件尺寸大小所需淬硬层的深度来选择感应加热的频率,如表 7.6 所示。

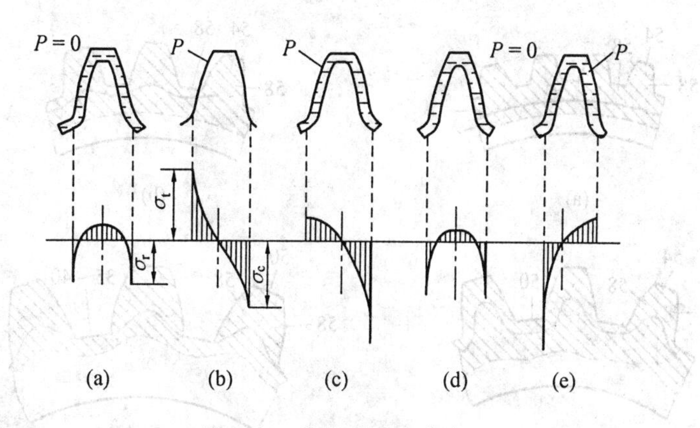

图 7.19 齿根处应力分布

表 7.6 感应加热方式的适用范围

加热方式	淬硬层深度/mm	适 用 范 围
高 频	0.5 ~ 2.5	中、小型齿轮或轴
中 频	2 ~ 10	直径较大的齿轮、轴等
工 频	10 ~ 20	较大直径齿轮透热等

硬化层深度和心部强度对齿轮残余压应力的影响，如图 7.20 所示。

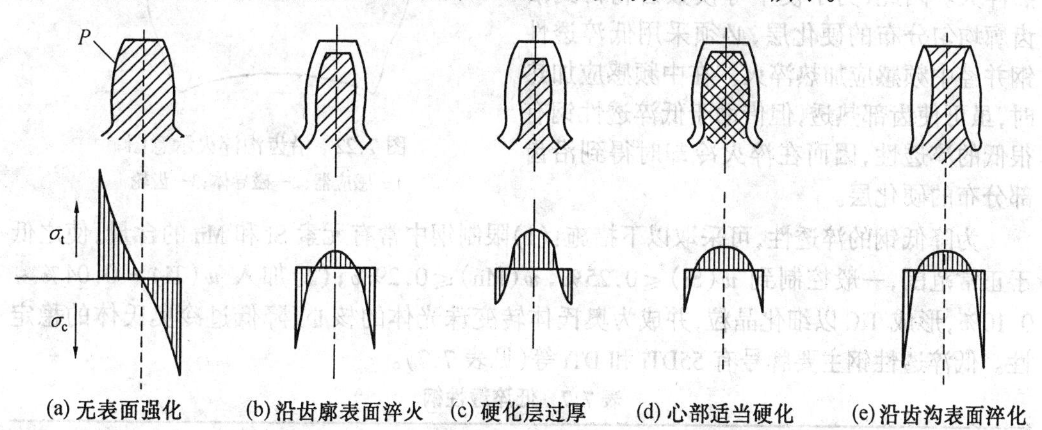

图 7.20 表面硬化层深度和心部强度对齿轮残余应力分布的影响

齿轮感应淬火后的硬化层分布，应沿齿廓分布，如齿根处无硬化层时，该处将出现拉应力，反而导致齿轮弯曲疲劳强度下降。因此，为了获得近似沿齿廓分布的淬火硬化层，对于齿轮模数小于 2.5 ~ 4 的齿轮可采用高频加热全齿淬火，硬化层如图 7.21 所示。

对于齿轮模数大于 5 的齿轮可采用高频或中频沿齿沟淬火，如图 7.22 所示。

对于模数很大的齿轮，由于受到功率和频率的限制，硬化层不易达到合理分布，可采用单齿淬火法，可得到合理的硬化层分布。

2. 低淬透性钢

所谓低淬透性钢，是指其淬透性很低，甚至比普通碳素钢还要低。这种钢主要是为了适应中等模数齿轮（模数 4 ~ 6）进行感应加热表面淬火的需要而发展起来的。对于中等

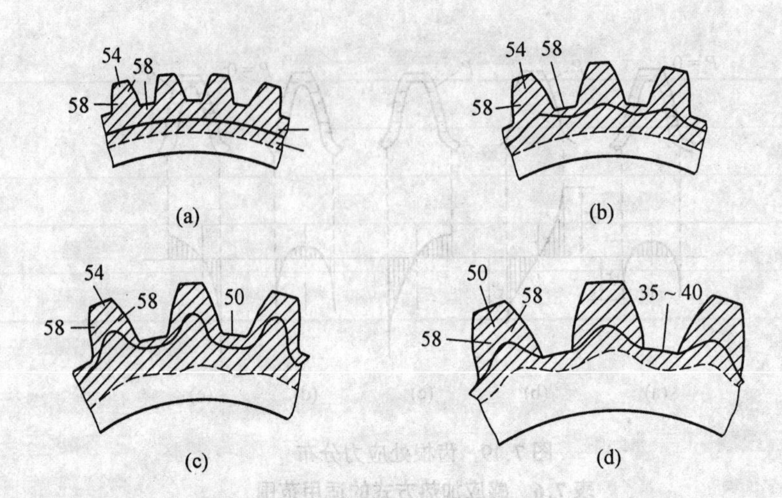

图 7.21　小模数齿轮全齿淬火硬化层分布情况

模数(4~6)齿轮而言,如采用高频感应加热淬火工艺,只能在齿顶得到硬化层,而齿根未得到硬化。如果采用中频感应加热淬火又易使整个齿牙透热,在淬火冷却时易出现开裂。因齿间距离太小,也不可能采用逐齿感应加热淬火。因此,为了使中等模数齿轮得到沿齿廓均匀分布的硬化层,必须采用低淬透性钢并经中频感应加热淬火。在中频感应加热时,虽可使齿部热透,但借助于低淬透性钢有很低的淬透性,因而在淬火冷却时得到沿齿部分布的硬化层。

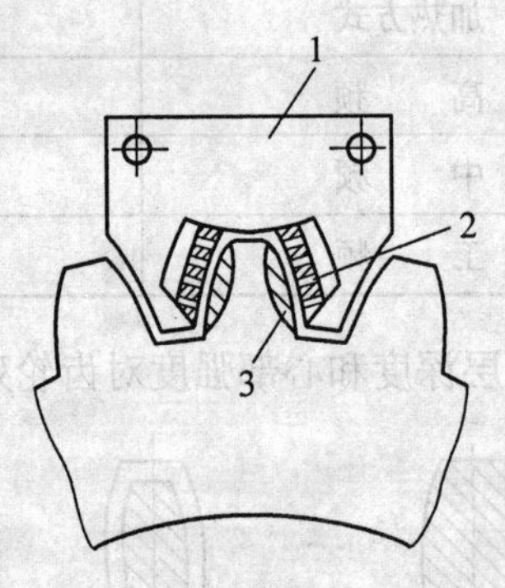

图 7.22　沿齿沟淬火示意图

1—感应器;2—磁导体;3—齿轮

为降低钢的淬透性,可采取以下措施:(1)限制钢中常有元素 Si 和 Mn 的含量,使之低于正常范围,一般控制到 $w(\mathrm{Si}) \leqslant 0.25\%$,$w(\mathrm{Mn}) \leqslant 0.29\%$;(2)加入 $w(\mathrm{Ti}) = 0.04\% \sim 0.10\%$,形成 TiC 以细化晶粒,并成为奥氏体转变珠光体的核心,降低过冷奥氏体的稳定性。低淬透性钢主要牌号有 55DTi 和 DTi 等(见表 7.7)。

表 7.7　低淬透性钢

牌号	化学成分 $w_B/\%$						临界淬火直径/mm	适用齿轮模数
	C	Si	Mn	P	S	Ti		
55DTi	0.51 ~ 0.58	0.10 ~ 0.20	0.10 ~ 0.02	≤0.04	≤0.04	0.04 ~ 0.10	8 ~ 10	≤5
60DTi	0.58 ~ 0.65	0.10 ~ 0.20	0.10 ~ 0.20	≤0.04	≤0.04	0.04 ~ 0.10	10.0 ~ 12.5	5 ~ 8

3.感应加热表面淬火齿轮加工工艺

对于承受较大冲击载荷的齿轮,其加工过程如下:

锻造→完全退火→切削加工→调质→精加工→感应加热表面淬火→低温回火。

感应加热淬火后应立即进行低温回火,以降低淬火时出现的内应力。有的齿轮表面淬火后利用高频加热时传导到深处的热量使已被淬火的表面回火,称为自回火。

对于承受较小冲击载荷的齿轮，可用正火代替调质处理，这类齿轮的加工工艺路线如下：

锻造→正火→切削加工→精加工→感应加热表面淬火→低温回火。

(三)齿轮氮化用钢及氮化处理

有一些精密齿轮，如高速大马力的柴油机用高精度的螺旋齿轮，它的尺寸精度要求很高，在工作中受到强烈的摩擦，产生较高的温度，在这种情况下，感应加热表面淬火和渗碳淬火均满足不了要求，常常采用氮化用钢及氮化处理。

1.氮化用钢

碳钢中由于渗氮后不形成特殊氮化物，氮化层的硬度不很高，因而通常不用碳钢做氮化钢。

工业中经常使用的专用渗氮钢是 38CrMoAlA 钢。铝能提高氮化速度和氮化层的硬度，因而加入质量分数为 1% 的 Al。加入质量分数为 0.2% 的 Mo 以抑制第二类回火脆并提高回火抗力。这种钢的氮化层具有很高的硬度，为了获得强而韧的心部来支撑表面的氮化层，以避免氮化层的破碎和脱落，一般要在氮化前先进行调质处理，使心部获得回火索氏体组织，以保证良好的综合力学性能并为氮化做好组织准备。

2.齿轮的氮化

氮化是将氮渗入钢中的一种化学热处理工艺。氮化的方法有：液体氮化、离心氮化、气体氮化等，而应用较多的是在氨分解气体中进行气体氮化。

气体氮化是将齿轮放在一个密封罐中，通入氨气，加热到 500 ~ 600℃，氨气分解反应式为

$$2NH_3 \longrightarrow 2H_2 + 2[N]$$

分解出的原子状态氮渗入钢中，在钢的表层形成各种氮化物。氮在钢中可形成 ε-$Fe_2(C、N)$ 和 γ-$Fe_4(C、N)$ 氮化物。ε 氮化物通常形成在齿轮的最表层，次层是 γ 氮化物。ε 氮化物脆性大于 γ 氮化物，在合金钢中除上述 ε 和 γ 氮化物外还有合金氮化物，如 AlN、CrN、MoN 等。

氮化后齿轮表面的硬度及耐磨性能均高于渗碳齿轮，氮化齿轮表面硬度可达 HRC65 ~ 72，渗碳齿轮硬度仅为 HRC58 ~ 62。氮化后的硬度可保持在 500 ~ 600℃不发生显著改变，而渗碳齿轮的硬度在 200℃时即开始下降。而且渗氮层的高硬度可由氮化处理直接获得，不需要再经淬火等处理，这样可避免淬火引起变形。因此，氮化处理的齿轮变形很小。同渗碳齿轮相比，氮化齿轮表面所形成的压应力更大。因此，在交变载荷作用下，氮化齿轮具有更高疲劳强度和较低的缺口敏感性。除此之外，氮化物的化学稳定性高，在水中、过热蒸汽以及碱性溶液中都具有较高的抗腐蚀性能。

氮化齿轮的主要缺点是渗氮需要的时间长，如渗 0.3 ~ 0.5 mm 厚的氮化层需要 30 ~ 50 h，另一方面氮化层比渗碳层要薄，而且脆性大。因此，限制了它的使用，目前主要用于精度高、变形小、高耐磨、耐腐蚀的齿轮。

氮化齿轮的加工工艺路线是：

锻造→完全退火→切削加工→调质→精加工→氮化→研磨

从渗碳和氮化可以看出，两者各有优缺点。有些齿轮还可采用碳氮共渗强化工艺。在生产实践中大量采用的齿轮强化途径是渗碳和感应加热表面淬火。二者之间各有优缺点，如表 7.8 所示。

这三种表面强化工艺,不但在齿轮制造中得以应用,对于与齿轮有相近工作条件和失效形式的其他零件均可采用。

轴的整体强化在上一节已经介绍,但通过合金化只能解决钢的淬透性问题,而要想进一步提高轴的耐磨性和疲劳强度,也可采用感应加热表面淬火工艺。对于高精度的轴和镗床主轴,可采用氮化处理。

表 7.8 不同工艺方法对齿轮硬化处理后的比较

工艺方法	材料	表层组织及硬度(HRC)	心部组织及硬度(HRC)	硬化层形状	硬化层深度及形状控制	残余应力	工艺周期及成本	热处理变形	应用范围
渗碳及碳氮共渗	低碳或低碳合金钢	M+碳化物+A残 56~62	低碳马氏体或屈氏体 35~45	沿齿廓均匀分布	易控制	压应力分布较均匀	长 高	较大	用于承力大的齿轮,如汽车、拖拉机等
感应加热表面淬火	中碳或中碳低合钢	M 45~60	正火或调质小于30	大多数分布不均匀	不易控制	随硬化层形状分布不均匀	极短 低	较小	用于轻载齿轮,如机床等
氮化	调质钢 38CrMoAl	氮化物 65~72	调质 30 左右	沿齿廓均匀分布	易控制	压应力分布均匀	长 高	最小	用于高精度、高耐磨的齿轮

7.4 弹簧用钢

一、弹簧的工作条件与性能要求

弹簧主要用于各类机器的减震(如破碎机的支撑弹簧和车辆的悬挂弹簧)、储备机械能(如钟表及仪表中的发条等)及控制运动(如气门、离合器、制动器)等。它是利用材料的弹性和结构特点,在外力作用下发生弹性变形,把机械功或动能转变为变形能(位能)。外力去除后,弹性变形又恢复,把变形能转变为机械功或动能。可见,弹簧也是在交变应力作用下工作的零件,其破坏形式主要是疲劳断裂。为了保证弹簧工作的可靠性,弹簧在工作时,不允许有塑性变形。

按照弹簧的结构形状可分为螺旋弹簧和板状弹簧两大类如图 7.23 所示。

根据弹簧的工作条件和失效形式,对弹簧钢提出了如下的性能要求。

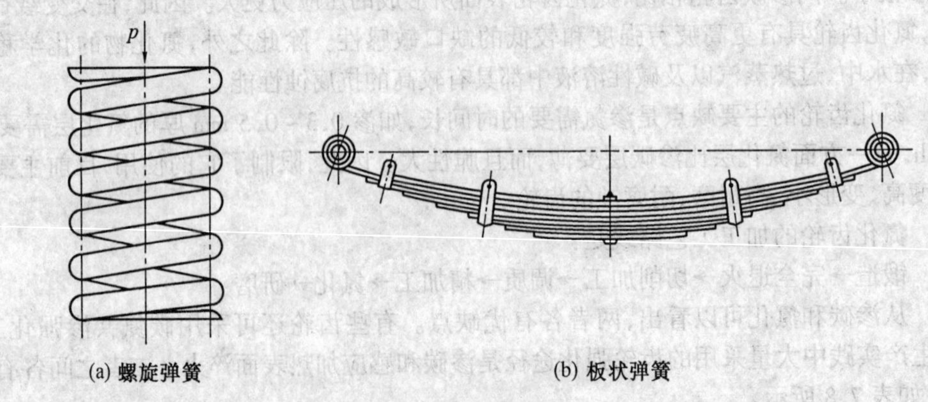

图 7.23 弹簧类型

1.高的弹性极限

根据弹簧的功能,弹簧在工作时应能产生较大的弹性变形和储备更多的能量。而弹簧材料弹性变形和储备能量的大小,取决于钢的弹性极限高低。因此,对弹簧钢的主要性能要求是应具有高的弹性极限或屈服极限,以防止使用中产生塑性变形而失效。

2.高的疲劳极限

由于弹簧承受交变应力的作用,它的失效形式主要是疲劳断裂。为了保证弹簧的使用寿命,弹簧钢应具有高的疲劳极限。

3.具有一定的塑性和韧性

弹簧钢对塑性和韧性的要求,一般情况下是 $\delta_k > 5\%$,$\psi_k > 20\%$ 即,对于 α_k 值可不做明确要求。其原因是弹簧的形式比较简单,应力集中小,弹簧本身的效能又是缓和冲击的。

二、弹簧用钢

用于制造弹簧的钢有碳钢和合金钢。

(一)碳素弹簧钢的特点

从含碳量对淬火回火钢拉伸性能及疲劳极限的影响来看,含碳量较高的钢具有较高的弹性极限和疲劳极限,但含碳量过高时,钢的疲劳强度又会有所下降。因此,碳素弹簧钢的碳的质量分数通常为 0.6% ~ 0.9%。

回火温度在 300 ~ 400℃时,钢的弹性极限及疲劳极限均最高。因此,碳素弹簧钢的最终热处理采用淬火和中温回火。

为了保证弹簧具有高的疲劳寿命,弹簧钢应具有高的冶金质量和表面质量。因此,弹簧钢属于优质钢。碳素弹簧钢由于淬透性低,因而限制了它的使用范围,仅限于小型弹簧。大、中型弹簧需要用合金钢制造。

(二)合金弹簧钢的特点

合金弹簧钢的碳的质量分数,通常在 0.5% ~ 0.7%之间。

为了提高钢的淬透性和回火稳定性,在钢中添加 Mn、Si、Cr、V 等元素。

锰可增加钢的淬透性能,但容易使晶粒粗大,一般加入锰的质量分数控制在 1% 以下。硅含量较多(质量分数为 1.5% ~ 2.0% 左右),主要用于强化铁素体基体,提高钢的弹性极限与疲劳极限;另一方面还能提高回火稳定性,使在相同温度回火后有较高的硬度及强度(如图 7.24 所示)。

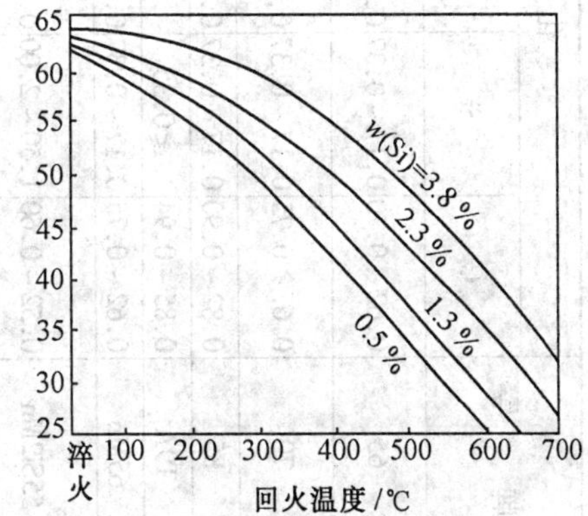

图 7.24　不同含硅量对钢(w(C) = 0.5% ~ 0.55%)经淬、回火后硬度的影响

合金元素硅虽然对钢的淬透性有良好的作用,但硅在钢中能增加表面脱碳倾向,对钢的疲劳强度不利;而且,硅还能促进钢的石墨化,一旦退火工艺执行不当,含硅的弹簧钢退火后便有可能出现石墨,降低钢的强度。为了克服这一不足,常加入铬和钒以代替硅与锰。

(三)弹簧钢的牌号、性能及用途

碳素弹簧钢及合金弹簧钢的编号方法与轴类零件用钢相同。

弹簧钢可分为如下五类,如表 7.9 所示。

表 7.9　常和弹簧钢的化学成分、热处理制度、力学性能及用途

种类	牌号	化学成分 w_B/%						热处理制度		力学性能(不小于)				用途举例
		C	Si	Mn	Cr	V	其他	淬火/℃	回火/℃	σ_s/MPa	σ_b/MPa	δ_{10}/%	ψ/%	
碳素弹簧钢	65	0.62～0.70	0.17～0.37	0.50～0.80	≤0.25	—	—	840 油	500	785	1000	9	35	小于 ϕ12 mm 的一般机器上的弹簧,或拉成钢丝作小型机械弹簧
	70	0.67～0.75	0.17～0.37	0.50～0.80	≤0.25	—	—	830 油	480	835	1030	8	30	
	85	0.82～0.90	0.17～0.37	0.50～0.80	≤0.25	—	—	820 油	480	980	1150	6	30	
	T9A	0.85～0.94	≤0.35	≤0.40	≤0.25	—	—	770 水	180	—	600	—	—	
合金弹簧钩	65Mn	0.62～0.75	0.17～0.37	0.90～1.20	≤0.25	—	—	830 油	540	785	980	8	30	ϕ20～25 mm 弹簧,工作温度低于 230℃
	55Si2Mn	0.52～0.60	1.50～2.00	0.60～0.90	≤0.35	—	—	870 水、油	480	1175	1300	6	30	
	60Si2Mn	0.56～0.64	1.50～2.00	0.60～0.90	—	—	—	870 油	440	1175	1275	5	25	ϕ25～30 mm 弹簧,工作温度低于 230℃
	50CrVA	0.46～0.54	0.17～0.37	0.50～0.80	0.80～1.10	0.10～0.20	—	860 油	450	1130	1270	10(δ_5)	40	ϕ30～50 mm 弹簧,工作温度低于 210℃的气阀弹簧
	60Si2CrVA	0.56～0.64	1.40～1.80	0.40～0.70	0.90～1.20	0.10～0.20	—	850 油	410	1675	1875	6(δ_5)	20	ϕ < 50 mm 弹簧,工作温度低于 250℃
	55SiMnMoV	0.52～0.60	0.90～1.20	1.00～1.30	—	0.08～0.15	Mo 0.20～0.30	880 油	550	1300	1400	6	30	ϕ < 75 mm 弹簧,重型汽车、越野汽车大截面板簧
	60CrMn	0.56～0.64	0.17～0.37	0.70～1.00	0.70～1.00	—	—	850 油	500	1080($\delta_{0.2}$)	1225	9	20	载重汽车、拖拉机、小轿车上的板簧
	60CrMnB	0.56～0.64	0.17～0.37	0.70～1.00	0.70～1.00	—	—	850 油	500	1080($\delta_{0.2}$)	1225	9	20	
	55CrMn	0.52～0.60	0.17～0.37	0.65～0.95	0.65～0.95	—	—	850 油	500	1130	1275	10	40	
	30W4Cr2V	0.26～0.34	0.17～0.39	≤0.40	2.00～2.50	0.50～0.80	—	1080 油	600	1325	1475	7	40	较高工作温度(500℃)以下的弹簧

1.碳素弹簧钢

碳素弹簧钢的淬透性差，当截面超过 12 mm 时，在油中不能淬透。因而，它只用于小截面弹簧（线径 < 12 ~ 15 mm），其中许多是制成冷拔钢丝并用冷成型法制成弹簧，如坐垫弹簧等。

2.锰弹簧钢

有代表性的钢种是 65Mn。与碳素弹簧钢相比它们的强度相当，淬透性比碳素弹簧钢高，但有过热倾向。多用于制造截面尺寸小于 15 mm 的中、小型低应力弹簧。

3.硅锰弹簧钢

有代表性的钢是 60Si2MnA。此钢充分利用了硅和锰的优点，其淬透性比 65Mn 还高，直径为 25 ~ 30 mm 的工件在油中即可淬透。回火抗力和弹性极限均比 65Mn 钢高，但有脱碳、石墨化的倾向。它可用于制造机车车辆、汽车、拖拉机上的板状弹簧及螺旋弹簧，还可作 250℃以下工作的耐热弹簧。

4.铬钒弹簧钢

有代表性的钢是 50CrVA，此钢的淬透性比 60Si2MnA 还高，直径为 50 mm 的弹簧用油即可淬透。它具有很高的弹性极限和强度，同时还有很高的韧性。此钢不易过热和脱碳，并且无石墨化现象，因此，适用于制作截面较大，应力较高的螺旋弹簧和工作温度在 300℃以下的弹簧，如柴油机气阀弹簧等。

5.硅铬弹簧钢

有代表性的钢是 60Si2CrA。它的淬透性与 50CrVA 钢相当，过热敏感性小，主要用于制造承受高应力的弹簧和耐热低于 300 ~ 350℃的受冲击载荷弹簧。

除弹簧钢外用于制造弹簧的材料还有不锈耐酸钢、耐热钢、高速工具钢等。

三、弹簧的制造工艺

弹簧的制造根据其成型方法不同，可分冷成型和热成型两种。

当弹簧的尺寸较小，可在常温下成型，称为冷成型。尺寸较大的弹簧需将材料加热之后成型，称之为热成型。

（一）冷卷螺旋弹簧制造工艺

冷卷螺旋弹簧所用钢材的直径为 0.1 ~ 12 mm 的钢丝和圆钢，或尺寸相近的钢带及扁钢。

冷卷弹簧钢的原始状态有两种：一种是硬化状态，另一种是退火状态。

所谓硬化状态是指以下三种情况，其一是钢丝经过冷拔变形而强化；其二是钢丝冷拔到一定尺寸后，再经淬火回火强化；其三是铅淬冷拔钢丝，它是将弹簧钢条（一般碳的质量分数为0.8%和 1.0%的钢）经正火、酸洗（去氧化皮）后，冷拔到一定尺寸，再加热到 A_{c3} + 80 ~ 100℃奥氏体化，然后迅速淬入 550℃左右铅浴中等温，以得到细片状索氏体。经过铅淬处理的钢材具有很高的塑性和较好的强度，在此基础上再进行多次冷拉拔，总变形量为 85% ~ 90%，最后得到表面光洁并具有很高的强度及一定塑性的弹簧钢丝，又称为白钢丝或钢琴丝。

上述状态的钢丝已具有弹簧所需要的性能。因此，此类弹簧冷卷后，不需再经淬火、回火强化，只需进行去应力回火即可。

另一类为退火状态，弹簧成型后需要经淬火、回火后才能获得需要的性能。

冷成型弹簧的基本工艺过程：卷簧→热处理→端面加工。

如果材料已具备了弹簧的性能，卷簧后只进行去应力回火，其目的在于消除冷加工金属丝和弹簧冷卷时所产生的内应力。这样可显著提高弹簧的疲劳寿命和稳定弹簧尺寸。

碳素弹簧钢去应力回火通常为250~350℃。

如果供应的钢丝是退火状态，那么，冷卷后还必须进行淬火、回火处理，以获得需要的性能。

亚共析碳素弹簧钢的淬火温度为 $A_{c3}+30\sim50$℃。对于线径较小的弹簧，为了防止变形和开裂，可选用油作为淬火介质。

淬火后弹簧必须回火，回火温度是根据弹簧的性能要求来确定的。从高弹性极限的要求来看，在300~350℃回火弹性极限具有最大值。但是考虑到300~350℃回火后钢材硬度仍比较高，当表面存在缺陷时，会引起应力集中而降低钢的疲劳强度。因此，弹簧的回火温度一般选择在400~520℃之间。回火后的硬度在HRC41~47之间，回火组织为屈氏体。弹簧钢淬火、回火工艺规范如表7.9所示。

(二)热成型螺旋弹簧的制造工艺

当弹簧的直径大于12 mm时，一般采用热成型工艺。

热成型螺旋弹簧的基本工艺过程如下：

下料→加热卷簧成形→最终热处理→喷丸强化→端面加工。

热成型是把弹簧钢加热到950~980℃的温度，然后再进行卷簧。

热卷后的弹簧，还必须进行淬火、回火。其淬火、回火工艺规范与退火状态供应的冷卷弹簧的淬火、回火是一样的。

为了进一步提高弹簧的疲劳强度，弹簧经淬火、回火后，还可对弹簧进行喷丸处理。

7.5 滚动轴承用钢

一、滚动轴承的工作条件及性能要求

滚动轴承是各类机器广泛应用的基础零件，主要作用在于支承轴颈，如图7.25(a)所示。

滚动轴承由内套、外套、滚动体(滚珠、滚柱和滚针)及保持架等四部分组成。

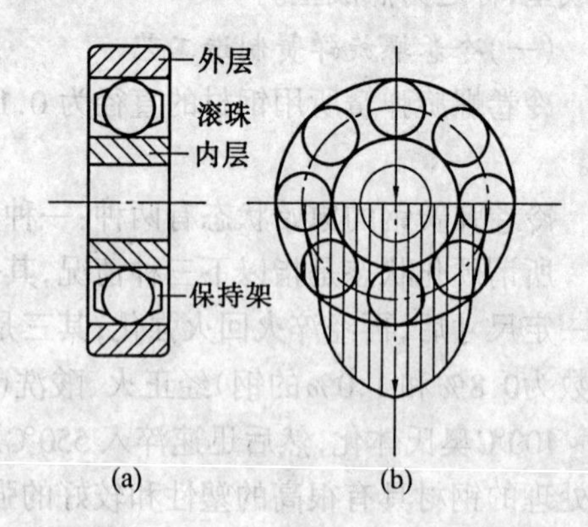

图7.25 单列向心滚动轴承及承载情况

滚动轴承在工作时，其内套与轴紧密配合，随轴一起转动，外套固定在轴承座上。轴在工作时受到弯矩、扭矩作用，装入轴承部分承受着轴的反作用力。它是由轴承座通过轴承作用在轴上的。轴承因此受到大小相等方向相反的作用力，即压力的作用，其力的分布

如图 7.25(b)所示。当轴承转动时,内套和滚珠发生转动和滚动,内、外套和滚动体的各部位周期地进入负荷带(如图 7.25(b)的阴影部分所示)。可见,滚动轴承的内、外套及滚动体都是在交变接触应力作用下工作的。

除此之外,滚动体与内、外套及保持架之间还有相对滑动,产生相对摩擦,使轴承磨损。摩擦表面的温度在工作中将会升高。

轴承失效的形式与所受的负荷大小、转速高低等工作条件以及轴承的精度等级有关。

对承受负荷较大的轴承,主要失效形式是在滚动体、内、外套工作表面上产生麻点剥落,属于接触疲劳失效。

对于精密轴承,早在产生接触疲劳之前,就会由于磨损及组织变化造成轴承的尺寸变化而失效。

在强大的冲击负荷作用下,轴承零件也可能破碎。有时,也可由于摩擦使表面温度过高而造成表面烧伤。

根据轴承的工作条件和失效形式,对滚动轴承用钢提出如下性能要求。

(1)高的接触疲劳强度。钢的硬度越高,钢的接触疲劳强度便越高。因此,滚动轴承表面的工作硬度通常为 HRC61~65。

(2)高的耐磨性。

(3)良好的尺寸稳定性。滚动轴承尺寸稳定性,对它的使用寿命有重要影响。轴承的尺寸稳定性与轴承钢在使用过程中的组织稳定性有密切关系。

如果淬火回火后轴承中有较多的残余奥氏体、则在使用中就有可能影响轴承的尺寸。因此,滚动轴承中应尽可能减少残余奥氏体量,对精密轴承更应严格控制。

(4)具有一定的韧性和良好的冶金质量。

(5)对承受高温及腐蚀作用的滚动轴承,还要求有一定的耐热及抗蚀性能。

二、滚动轴承用钢

根据滚动轴承的工作条件与性能要求,目前常用于制造滚动轴承的典型钢种主要是各种铬轴承钢。其牌号、化学成分如表 7.10 所示。

表 7.10 常用滚动轴承钢化学成分、热处理制度及用途

牌号	化学成分 w_B/%				热处理制度		回火后硬度/HRC	用途举例
	C	Cr	Si	Mn	淬火/℃	回火/℃		
GCr6	1.05~1.15	0.40~0.70	0.15~0.35	0.20~0.40	800~820 水、油	150~170	62~64	直径<10 mm 的滚珠、滚柱及滚针
GCr9	1.00~1.10	0.90~1.20	0.15~0.35	0.20~0.40	810~830 水、油	15~170	62~64	直径<20 mm 的滚珠、滚柱及滚针
GCr9SiMn	1.00~1.10	0.90~1.20	0.40~0.70	0.90~1.20	810~830 水、油	150~160	62~64	壁厚<12 mm、外径<250 mm 的套圈。直径为 25~50 mm 的钢球。直径<22 mm 的滚子
GCr15	0.95~1.05	1.30~1.65	0.15~0.35	0.20~0.40	830~840 油	150~160	62~64	

续表 7.10

牌　号	化学成分 w_B/%				热处理制度		回火后硬度/HRC	用途举例
	C	Cr	Si	Mn	淬火/℃	回火/℃		
GCr15SiMn	0.95～1.05	1.30～1.65	0.40～0.65	0.90～1.20	820～840 油	150～170	62～64	壁厚≥12 mm、外径＞25 mm 的套圈。直径为＞50 mm 的钢球。直径＞22 mm 的滚子
Gr4Mo4V	0.75～0.85	3.75～4.25	≤0.35	≤0.40	1 100～1 150 油	550×3 次	60～65	用于工作温度在 315℃以下的飞机、舰艇发动机主轴轴承

铬滚动轴承的特点：

为了使钢有高的接触疲劳强度和耐磨性能，铬滚动轴承钢的碳的质量分数通常在 0.9%～1.11%范围，常规淬火后，有很高的硬度(HRC63～66)。

在这类钢中含有质量分数为 0.5%～1.65%的铬，其目的在于提高钢的淬透性。铬的质量分数为 1.5%时，厚度为 25 mm 以下的零件在油中可渗透。铬和碳所形成的$(Fe、Cr)_3C$ 合金渗碳体，比 Fe_3C 稳定，能阻碍奥氏体晶粒长大，减少钢的过热敏感性能，使淬火后能获得细针状马氏体而增加钢的韧性。淬火后保留一部分合金渗碳体，有利于提高钢的接触疲劳强度及耐磨性。Cr 还有利于提高低温回火时的回火稳定性，铬的质量分数过高(＞1.65%)时，会增加淬火钢中残余奥氏体量，而且易在钢坯中心形成$(Fe、Cr)_7C_3$ 型碳化物，造成碳化物分布的不均匀性，从而影响轴承的使用寿命和尺寸稳定性。

对于大型轴承(如直径大于 30～50 mm 的钢珠)，可在 GCr15 的基础上，加入适量的 Si(质量分数为 0.4%～0.65%)和 Mn(质量分数为 0.9%～1.2%)，以便进一步提高钢的淬透性。

为保证铬轴承钢的高硬度，必须在淬火及低温回火状态下使用。

此外，由于接触疲劳破坏对材料内部的缺陷十分敏感，所以，对轴承钢的冶金质量要求很高，对损坏基体连续性和均匀性的因素，如非金属夹杂物、碳化物的不均匀性分布(带状、网状分布)、疏松、偏析等应严格加以限制。此外，裂纹、气泡、白点、缩孔等缺陷一般不允许存在。

三、铬轴承钢制滚动轴承的加工工艺

滚珠通常采用冷镦成型，再经研磨加工和热处理。

普通轴承套圈的加工工艺路线如下：

锻造→预备热处理(正火、球化退火)→切削加工→淬火→低温回火→磨削加工。

1.锻造

铬轴承钢始锻温度应控制在不大于 1 100℃为宜，终锻温度应控制在 800～850℃之间。如果终锻温度过低，在两相区内继续锻造，由于二次渗碳体的大量析出，易形成带状组织。若在低于 A_{r1}的温度以下锻造，由于奥氏体发生分解，钢的塑性变形能力降低，有使零件锻裂的可能。

毛坯锻造后的冷却要严格控制冷却速度，由于此钢是高碳过共析钢，如果锻后冷却速度过慢，会形成碳化物网。因此，为了防止网状碳化物的出现，锻后常采用吹风冷却。

2.预备热处理

预备热处理工艺：正火、球化退火。

如果轴承钢锻后出现了网状碳化物，或因终锻温度过高，奥氏体晶粒粗大便会降低钢的使用性能和工艺性能。因此，必须在球化退火之前，采用正火加以消除。GCr15 钢的正火加热温度取决于正火的目的，如果为了消除锻后的网状碳化物，通常取 900 ~ 950℃加热；如果仅是为了细化晶粒，取 870 ~ 890℃加热，然后在空气中冷却。

如果铬轴承钢锻造后组织正常，即索氏体 + 少量细小二次渗碳体，其硬度为 HB255 ~ 340，不必进行正火，但此硬度值高于最佳切削硬度，难以加工，必须进行球化退火降低硬度。

对过共析钢来说，球状珠光体的切削加工性能优于片状珠光体。原始组织为球状珠光体的零件，在淬火时的变形、开裂及过热倾向也比片状珠光体小。

为了提高钢的接触疲劳强度和耐磨性，铬轴承钢淬火、低温回火后，还应有一定量的均匀分布的剩余球状碳化物。

综上所述，铬轴承钢的退火工艺与轴类零件不同，应采用球化退火。

球化退火是将钢件加热到 A_{c1}和 A_{cm}之间的不完全奥氏体化区，保温后缓慢冷却，以获得球状珠光体组织的热处理工艺。

球化退火目的是：

(1)降低硬度，便于切削加工；

(2)消除内应力；

(3)获得球状珠光体，为淬火做好组织准备。

球化退火工艺规范如图 7.26 所示。

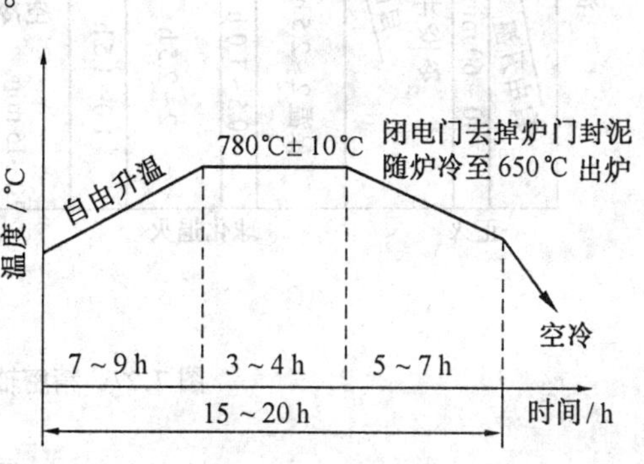

图 7.26　铬轴承钢的球化退火工艺曲线

铬轴承钢球化退火后的质量主要决定于加热温度。加热温度过高，得不到球状碳化物，而是片状碳化物。温度过低，由于片状碳化物溶解不完全，仍保留片状，也达不到球化退火的目的。

GCr15 钢球化退火的加热温度以 780 ± 10℃范围内为宜。

在球化退火组织中，碳化物的弥散度决定于冷却速度。冷却速度越大，弥散度越高。生产上通常采用 20 ~ 30℃/h 的冷却速度。

铬轴承钢球化退火以后的硬度通常为 HB179 ~ 207。

球化退火也可以采用等温球化退火。

3.切削加工

铬轴承钢的切削加工性能好坏，除决定于硬度外，还与碳化物的形态有关。球化退火后，即使钢的硬度在最佳切削硬度范围之内，但碳化物球化不好或有片状渗碳体存在，仍会降低轴承的表面粗糙度。因此，轴承钢球化退火后碳化物应以小、圆、均匀为宜。

4.最终热处理

为了获得高硬度、强度及耐磨性,可采用不完全淬火加低温回火。

GCr15 钢不完全淬火的温度通常为 840±10℃。淬火后的硬度为 HRC63~66。淬火后的组织为细针状马氏体,在光学显微镜下不易分辨出来,因此,又称为隐晶马氏体。

为了防止轴承在淬火后产生变形与开裂,GCr15 钢制轴承采用油作为淬火介质。

根据轴承的性能要求,轴承淬火后要求进行低温回火,GCr15 钢以 150~180℃为宜。

轴承零件在制造和使用中均要求尺寸十分稳定。影响轴承尺寸稳定性的原因之一,就是铬轴承钢淬火后,还有 10%~20%的残余奥氏体,有可能在轴承的使用中发生转变。由于转变前后组织比容不同,使轴承的尺寸发生变化。为此,残余奥氏体的量应限制在极少的范围内。通常采用冷处理来消除残余奥氏体。

轴承经最终热处理后,还要进行磨削加工,由于在磨削加工过程中,轴承表面受到磨削力的作用,会有残余变形,产生组织应力。除此之外,由于砂轮与工件之间在磨削时有磨削热产生,产生了热应力,因此在磨削过程中为了防止工件温度过高,通常用冷却液进行冷却。这些残余应力的存在,会影响轴承的尺寸稳定性。为此,精密轴承在粗磨后,需进行一次去应力回火。为了与最终热处理中的回火相区别,通常称之为时效处理,图7.27 为精密轴承热处理工艺过程。

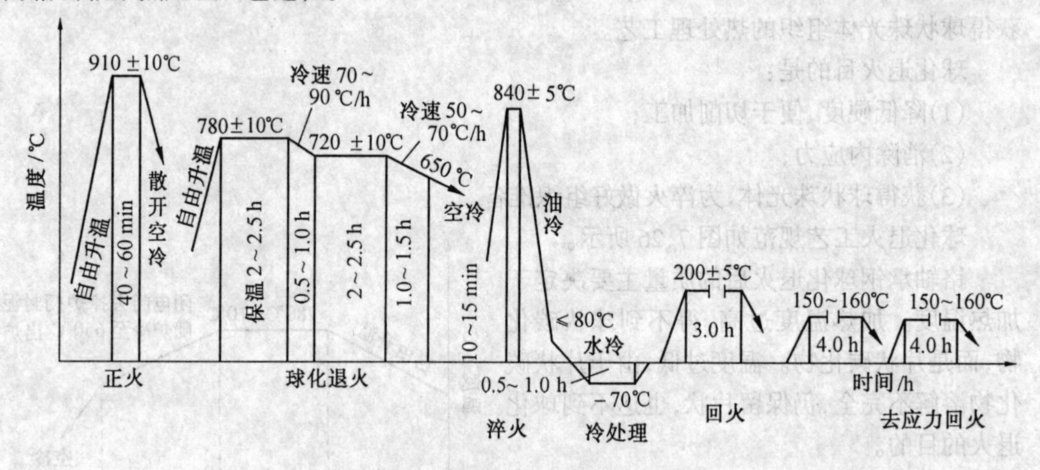

图 7.27 精密轴承的热处理工艺曲线

7.6 易切削钢

易切削钢是指在钢中加入某一种或几种合金元素,使其切削加工性能优良的钢。这类钢主要用于自动切削机床上。

一般在钢中加入合金元素 S、Pb、P 及微量的 Ca 等,形成了一系列的易削钢。

硫易切削钢中,如果提高锰量,则硫的质量分数可达 0.25%~0.35%。硫主要以 MnS 夹杂物微粒的形式分布的钢中,并沿轧制方向形成纤维组织,中断钢基体的连续性,使钢被切削时形成易断的钢屑,从而降低切削抗力和容易排屑。此外,MnS 的硬度及摩擦系数低,还能减少刀具磨损。

铅在常温下不溶于固溶体，呈孤立细小的铅颗粒均匀分布在钢中。切削时所产生的热量达到铅的熔点(327℃)以上时，铅质点即呈熔化状态，产生润滑作用，使摩擦系数降低，提高刀具寿命。铅颗粒也可中断钢基体的连续性，也有利于断屑。

磷能溶于铁素体，提高强度、硬度，降低塑性、韧性，也能使切屑易断，并提高零件的表面粗糙度。

常用的易切削钢的牌号、成分、机械性能及用途如表 7.11 所示。易切削钢的牌号前冠以“Y”或“易”字样。含锰量较高者，在牌号后标出“Mn”或“锰”。

通常，易切削钢可进行最终热处理，但不采用预备热处理，以免损害其易切削性。易切削钢的成本高，只有大批量生产时才能获得较好的经济效益。

表 7.11　常用易切削钢的化学成分、机械性能及用途

牌　号	化学成分 w_B/%						机械性能(热轧)				用途举例
	C	Mn	Si	S	P	其他	σ_b/MPa	σ_s/% (不小于)	ψ/% (不小于)	HB (不小于)	
Y12	0.08~0.16	0.70~1.00	0.15~0.35	0.10~0.20	0.08~0.15	—	390~450	22	36	170	在自动机床上加工的一般标准紧固件，如螺栓、螺母、销。Y15 含硫量高切削性更好
Y15	0.10~0.18	0.80~1.20	≤0.15	0.23~0.33	0.05~0.10	—	390~450	22	36	170	
Y20	0.17~0.25	0.70~1.00	0.15~0.35	0.08~0.15	≤0.06	—	450~600	20	30	175	强度要求稍高、形状复杂不易加工零件，如纺织机、计算机上的零件及各种紧固标准件
Y30	0.27~0.35	0.70~1.00	0.15~0.35	0.08~0.15	≤0.06	—	510~650	15	25	187	
Y40Mn	0.37~0.45	1.20~1.55	0.15~0.35	0.20~0.30	≤0.05	—	590~735	14	20	207	受较高应力、要求粗糙度高的机床丝杠、光杠、螺栓及自行车、缝纫机零件
T10Pb	0.95~1.05	0.40~0.60	0.15~0.30	0.035~0.045	≤0.03	(Pb) 0.15~0.25	—	—	—	—	精密仪表小零件，要求一定硬度，耐磨的零件，如手表、照相机、齿轮、轴
Y40CrSCa	0.40	0.73	0.32	0.09	≤0.02	(Ca) 0.0028 (Cr) 0.94	—	—	—	—	经热处理的齿轮、轴

7.7 典型零件选材及工艺分析

一、轴类

1.机床主轴

在选用机床主轴的材料和热处理工艺时,必须考虑以下几点。

(1)受力的大小。因为机床类型不同,工作条件有很大的差别,如高速机床和精密机床主轴的工作条件与重型机床主轴的工作条件相比,无论在弯曲或扭转疲劳特性方面差别都很大。

(2)轴承类型。如在滑动轴承上工作时,需要有高的耐磨性。

(3)主轴的形状及其可能引起的热处理缺陷。结构复杂的主轴在热处理时易变形甚至开裂,因此在选材上应给予重视。

C616-416 车床主轴几何图形,如图 7.28 所示。

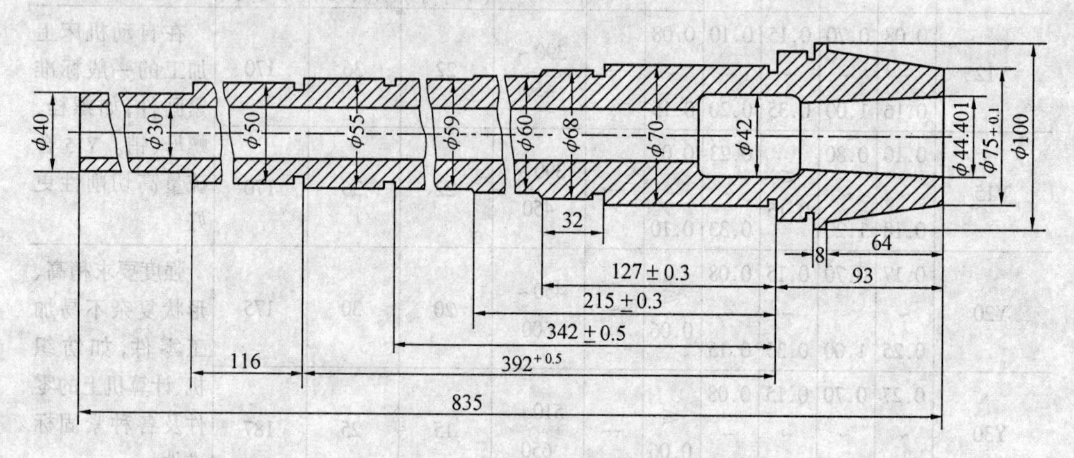

图 7.28　C616-416 车床主轴几何图形

该轴的工作条件如下。

(1)承受交变的弯曲应力与扭转应力,有时受到冲击载荷的作用。

(2)主轴大端内锥孔和锥度外圆经常与卡盘、顶针有相对摩擦。

(3)花键部分经常有磕碰或相对滑动。

总之,该主轴是在滚动轴承中运转,承受中等负荷、中等转速,有装配精度要求,且受一定的冲击力等。

由此确定热处理技术条件如下。

(1)整体调质后硬度应为 HB200~230,金相组织为回火索氏体。

(2)内锥孔和外圆锥面处硬度为 HRC45~50,表面 3~5 mm 内金相组织为回火屈氏体和少量回火马氏体。

(3)花键部分的硬度为 HRC48~53,金相组织同上。

C616 车床属于中速、中负荷、在滚动轴承中工作的机床,因此选用 45 钢是可以的。

主轴的工艺路线:

下料→锻造→正火→粗加工(外圆留 4~5 mm)→调质→半精车外圆(留 2.5~3.5 mm)钻中心孔;精车外圆(留 0.6~0.7 mm,锥孔留 0.6~0.7 mm);铣键槽→局部淬火(锥孔及外锥体)→车各定刀槽,粗磨外圆(留 0.4~0.5 mm),滚铣花键→花键淬火→精磨。

正火处理是为了得到合适的硬度(HB170~230),以便机械加工,同时为调质处理做好组织准备。

调质处理是为了使主轴得到高的综合机械性能和疲劳强度。为了更好地发挥调质效果,将它安排在粗加工后进行。调质淬火时由于主轴各部分的直径不同,应注意变形问题。调质后的变形虽然可以通过校直来修正,但校直时的附加应力,对主轴精加工后的尺寸稳定性是不利的。为减小变形应注意淬火操作方法。

内锥孔和外圆锥面部分经盐浴局部淬火和回火后得到所要求的硬度,以保证装配精度和不易磨损。经淬火后的内锥孔和外圆锥面部分需经 260~300℃回火。

花键部分可用高频淬火以减少变形和达到硬度要求。花键部分高频淬火后需经 240~260℃回火,以消除淬火应力。

2.汽车半轴

汽车半轴是驱动车轮转动的直接驱动件。

以跃进-130 型载重汽车(载重量为 2 500 kg)的半轴为例。半轴的简图如图 7.29 所示。

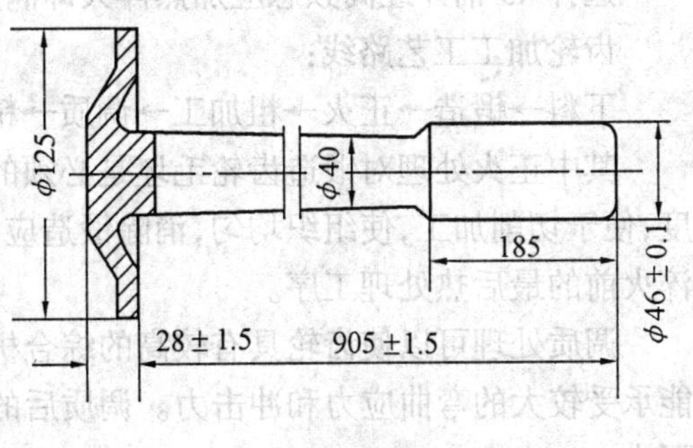

图 7.29 汽车半轴简图

汽车半轴是传递扭矩的一个重要部件。汽车运行时,发动机输出的扭矩,经过多次变速和主动器传递给半轴上,再由半轴传动到车轮上,推动汽车前进或倒行。在上坡或启动时,扭矩很大,特别在紧急制动或行驶在不平坦的道路上,工作条件更为繁重。

因此,半轴在工作时承受冲击、反复弯曲疲劳和扭转应力的作用,要求材料有足够的抗弯强度、疲劳强度和较好的韧性。

根据半轴的工作条件及性能要求,其最终热处理技术要求:

硬度:杆部 HRC37~44;盘部外圆 HRC24~34。

金相组织:回火索氏体和回火屈氏体。弯曲度,杆中部≯1.8 mm,盘部跳动≯2.0 mm。

据此,半轴材料可选用 40Cr、40CrMo、40CrMnMo 钢。同时规定调质后半轴的淬透层应呈回火索氏体或回火屈氏体,心部(从中心到花键底半径四分之三范围内)允许有铁素体存在。

根据上述技术条件,选用 40Cr 钢能满足要求。同时应指出,以汽车的整体性能来看,设计半轴时所采取的安全系数是比较小的。这是考虑到汽车超载运行而发生事故时,半轴首先破坏对保护后桥内的主动齿轮不受损坏是有利的。从这一点出发,半轴又是一个易损件。

半轴的工艺路线是:

下料→锻造→正火→机械加工→调质→盘部钻孔→磨花键。

锻后正火,硬度为HB187～241。调质处理是使半轴具有高的综合性能。由于盘部与杆部要求不同的硬度,在淬火加热采用整体加热后,盘部油冷取出予以自行回火,然后调过头来整体进行水冷。

淬火后的回火温度,根据杆部要求硬度HRC37～44,选用420±10℃回火。回火后在水中冷却,以防止产生回火脆性。同时水冷有利于增加半轴表面的压应力,提高其疲劳强度。

二、齿轮

1.机床齿轮

机床中的齿轮担负着传递动力、改变运动速度和运动方向的任务。机床齿轮的工作条件与矿山机械、动力机械中的齿轮相比属于运转平稳、负荷不大、条件较好的一类。实践证明,一般机床齿轮选用中碳钢制造,并经高频感应热处理,所得到的硬度、耐磨性、强度及韧性已能满足其性能要求,而且高频淬火具有变形小、生产率高等优点。

下面以C616机床中齿轮为例加以分析。

选择45钢并经高频感应加热淬火即满足要求。

齿轮加工工艺路线:

下料→锻造→正火→粗加工→调质→精加工→高频淬火及回火→精磨。

其中正火处理对锻造齿轮毛坯是必须的热处理工序,它可以使同批坯料具有相同硬度,便于切削加工,使组织均匀,消除锻造应力。对一般齿轮来说,正火处理也可作为高频淬火前的最后热处理工序。

调质处理可以使齿轮具有较高的综合机械性能,提高齿轮心部的强度和韧性,使齿轮能承受较大的弯曲应力和冲击力。调质后的齿轮由于组织为回火索氏体,在淬火时变形更小。

高频淬火及低温回火是赋予齿轮表面性能的关键工序,通过高频淬火提高了齿轮表面硬度和耐磨性;并使齿轮表面有压应力存在而增强了抗疲劳破坏能力。为了消除淬火应力,高频淬火后应进行低温回火(或自行回火),这对防止研磨裂纹的产生和提高抗冲击能力极为有利。

2.汽车、拖拉机齿轮

汽车、拖拉机齿轮主要分装在变速箱和差速器中,在变速箱中,通过它来改变发动机、曲轴和主轴齿轮的速比;在差速器中,通过齿轮来增加扭转力矩并调节左右两车轮的转速,通过齿轮将发动机的动力传到主动轮,推动汽车、拖拉机运行。汽车、拖拉机齿轮的工作条件比机床齿轮要繁重得多,因此在耐磨性、疲劳强度、心部强度和冲击韧性等方面的要求均比机床齿轮高。实践证明,汽车、拖拉机齿轮用渗碳钢制造并经渗碳热处理后使用是较为合适的。

下面以JN－150型载重汽车(载重量为8 000 kg)变速箱中第二轴的二、三挡齿轮(如图7.30所示)为例进行分析。

汽车、拖拉机齿轮的生产特点是批量大、产量高,因此在选择用钢时,在满足机械性能的前提下,工艺性能必须给以足够的重视。

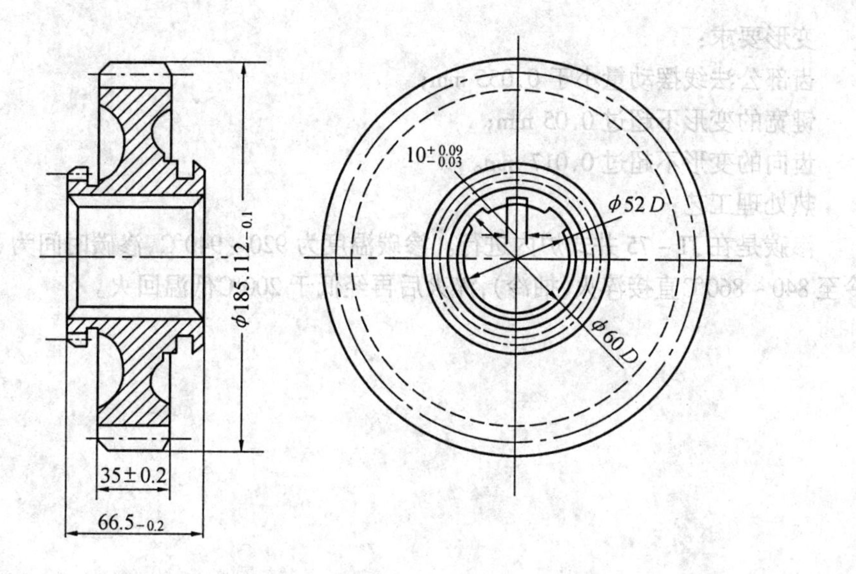

图 7.30　齿轮

20CrMnTi 钢具有较高的机械性能，该钢在渗碳淬火低温回火后，表面硬度为HRC58～62，心部硬度为 HRC30～45。20CrMnTi 的工艺性能尚好，锻造后一般以正火来改善其切削加工性。

20CrMnTi 钢的热处理工艺性较好，有较好的淬透性。由于合金元素钛的影响，对过热不敏感，故在渗碳后，可直接降温淬火。此外，尚有渗碳速度较快，过渡层较均匀，渗碳淬火后变形小等优点，这对制造形状复杂、要求变形小的齿轮零件来说是十分有利的。

20CrMnTi 钢可制造截面在 30 mm 以下，承受高速中等载荷以及冲击载荷和摩擦的重要齿轮、齿轮轴等。当含碳量在上限时，也可用于制造截面在 40 mm 以下，模数大于 10 的齿轮等。

根据 JM－150 型载重汽车变速箱中的第二轮的二、三挡齿轮的规格和工作条件，选用 20CrMnTi 钢制造比较合适。

二轴齿轮的工艺路线：

下料→锻造→正火→机械加工→渗碳、淬火及低温回火→喷丸→磨内孔及换挡槽→装配。

该齿轮热处理技术条件和热处理工艺如下。

热处理技术条件：

渗碳层表面碳的质量分数：0.8%～1.05%；

渗碳层厚度：0.8～1.3 mm；

淬火后硬度：HRC ≮59；

回火后表面硬度：HRC58～64；

回火后心部硬度：HRC33～48。

齿轮主要尺寸：

齿轮（Z）= 32；模数（m）= 5.5；

公法线长度（L）= $74.88^{-0.16}_{-0.24}$；键宽 = $10^{+0.09}_{+0.03}$。

变形要求：

齿部公法线摆动量小于 0.055 mm；

键宽的变形不超过 0.05 mm；

齿向的变形不超过 0.017 mm。

热处理工艺：

渗碳是在 JT－75 井式炉内进行。渗碳温度为 920～940℃，渗碳时间为 5 h，渗碳后预冷至 840～860℃直接淬火(抽冷)，淬火后再经低于 200℃低温回火。

第8章 工具材料

目前用于制造工具的材料主要有工具钢、硬质合金及陶瓷材料等。在这些材料中应用最多的是工具钢,因而本章重点介绍工具钢。

根据工具的工作条件及用途,工具钢可分为刃具钢、模具钢和量具钢三大类。

8.1 刃具钢

刃具钢是指用于制造各种切削加工工具的钢种。主要用于制造车刀、铣刀、刨刀、拉刀、钻头、丝锥及板牙等。

一、刃具的工作条件及性能要求

尽管刃具的工作条件各有不同,但车刀的工作基本上能反映出其他刃具的工作条件特点。

车刀在切削过程中是依靠刃部与工件表面金属相互作用,把一定厚度的金属从整体上剥离下来而成为切屑。因此,车刀将受到很大的切削压力,该压力往往是车刀产生变形和断裂的外界条件之一;车刀在工作时,还与工件、切屑相互接触产生摩擦,使车刀刃口磨损;车刀在工作时,不论是切屑层的变形,还是刃具与工件、切屑间的摩擦都要消耗一定的机械功,这部分功的绝大部分(约占80%左右)会变成切削热,使工作状态的刀具温度升高,切削速度越大,刀具温度越高,有时高达500℃以上。所以,刀具工作时还承受温升作用和一定的冲击载荷作用。

刃具在上述条件下工作时常出现刃具卷刃、刃口崩断、刃口磨损、整体断裂等失效形式。其中磨损是最基本的,所占比例最大的一种失效形式。

根据刃具工作条件和失效形式,对刃具用钢提出如下性能要求。

(一)使用性能

(1)高硬度。为了保证刀刃能犁入工件并防止卷刃,刃具钢必须具有高于被切削材料的硬度,一般应在HRC60以上。

(2)高的耐磨性。

(3)高的红硬性。为了防止刃具在使用中因温度升高而导致刃具钢硬度下降,刃具钢应有高的红硬性。所谓红硬性是指刃具在高温下仍能保持高硬度的能力。钢的红硬性高低,取决于淬火后马氏体中合金元素Cr、W、Mo、V等含量多少和回火时析出碳化物的类型及分布。如果在马氏体中有足够的碳含量,这时马氏体中的Cr、W、Mo、V等元素含量越高,则钢的红硬性也越高。其原因是这些碳化物元素在回火过程中能阻碍碳的扩散。阻碍碳化物从马氏体中的析出,从而使钢可在较高温度下不软化。此外当这些元素含量较高时,当它们析出后,还能产生二次硬化效果。所以,Cr、W、Mo、V等元素是提高钢的红硬性常用的合金化元素。

(4)足够的强韧性。在各种形式的切削加工过程中,刃具往往承受着冲击、振动等载荷作用,要求刃具有足够的塑性和韧性,以防止使用中崩刃。对中、小截面的刃具,还要求有足够的抗压、抗弯强度,以防止刃具折断。

应当指出,上述四点是对各类刃具钢的基本要求,根据刃具工作条件不同,应当有所侧重。如对锉刀不一定需要很高的红硬性。而钻头工作时,其刃部是在工件的孔内工作,热量散失困难,钻头温度高,对红硬性要求很高。

(二)工艺性能

刃具钢应具有较宽的锻造温度范围,锻裂、冷裂、析出网状碳化物的倾向低;球化退火后硬度低,形成片状珠光体的倾向低;有良好的淬硬性及淬透性,热处理后的变形及开裂倾向小,在高温加热时,不易过热和脱碳,对加热介质不敏感;有良好的抗磨裂性能。

以上各项性能要求是刃具用钢合金化及选用的基本依据。必须指出,要想满足刃具工作条件,最重要的性能是对钢的硬度、红硬性及淬透性的要求。因此,如何获得高的硬度、红硬性及淬透性是刃具钢合金化及热处理的基本出发点。

按照使用情况不同及相应的性能要求,用于制造刃具的钢种有碳素刃具钢、低合金刃具钢及高速钢等。

二、碳素刃具钢

(一)碳素刃具钢使用性能特点

众所周知,钢中淬火马氏体的硬度主要决定于含碳量。当马氏体中的碳的质量分数在0.6%以上时,淬火钢的硬度可达最大值。因此,为满足刃具用钢的基本使用性能要求(硬度高),钢的碳的质量分数必须在0.6%以上。但对耐磨性要求而言,除取决于基体的硬度外,还与组织中的多余碳化物有关,据此,还需继续增加含碳量,使其有足够数量的多余碳化物存在。但含碳量增加太多,会显著降低淬火后钢的强度和塑性。因此,综合考虑碳对硬度、耐磨性、强度和塑性的影响,碳素刃具钢的碳的质量分数一般都在0.65%~1.35%范围内,属高碳钢。

应当看到,碳素刃具钢包括亚共析钢、共析钢及过共析钢。这类钢的使用性能特点,除具有高硬度、良好的耐磨性外,由于在淬火时得到高碳片状马氏体和钢中有较多的剩余碳化物,使高碳钢的韧性较低,脆性大。所以,用高碳钢制造的刃具在使用中脆断倾向大。其次,碳素刃具钢尽管淬火后硬度可达HRC60以上,但当回火温度高于250℃时,由于碳的大量析出,使钢的硬度显著降低。这样,用碳素刃具钢制造的刃具,当工作温度超过200℃时,就失去了切削能力,因此,碳素刃具钢的红硬性低。

(二)碳素刃具钢工艺性能的特点

由于亚共析钢的工艺性能已在机器零件用钢中做过介绍。这里主要介绍过共析钢制造刃具的加工工艺及工艺性能。

绝大多数的刃具制造采用如下的工艺路线:

下料→锻造→预处理→机械加工→淬火、回火→精加工。

刃具毛坯的锻造目的也和机器零件毛坯的锻造相似。但由于过共析钢中碳化物的数量比亚共析钢多,如碳化物呈网或带状分布,会使钢淬火变形、力学性能呈明显方向性,并显著降低钢的塑性及强度,如表8.1所示。因此,过共析钢锻造的另一个重要目的是为了使钢中的碳化物分布均匀。

表 8.1　碳化物形态对 T12 钢力学性能的影响

试样组织	硬度 HRC	抗弯强度/MPa	挠度/mm
马氏体+均匀分布碳化物	62~63	3780	2.02
马氏体+继续网状碳化物	62~63	1800	0.90
马氏体+连续网状碳化物	62~63	1310	0.90

碳素刃具钢的始锻温度及终锻温度如表 8.2 所示。不难看出,过共析钢的始锻温度比亚共析钢低 60~70℃,应注意防止过烧。终锻温度也不易太高,否则会使钢在锻后冷却时析出网状碳化物。

过共析钢锻后既有冷裂倾向又有出现网状碳化物的可能。因此,此类钢锻造后的冷却速度应严格控制。既要防止冷速太快,内应力过大造成冷裂,又要防止冷速太慢碳化物呈网状析出,正确冷却工艺如图 8.1 所示。

表 8.2　碳素刃具钢、亚共析钢锻造工艺规范

牌　号	锻造温度/℃		冷却方式
	始　锻	终　锻	
T7、T8	1130~1160	≥800	空冷到 650~700℃后转入干砂、炉渣坑中缓冷、空冷
T10、T12	1100~1140	800~850	
10~50	1170~1200	≥800	

碳素刃具钢为了满足使用性能与工艺性能的要求,在锻后和淬火前需要进行预处理,预处理工艺为正火和球化退火。球化退火的目的是降低硬度,便于加工,细化组织,为淬火做好组织准备。过共析钢球化退火常采用等温退火法。等温球化退火工艺曲线如图 8.2 所示,工艺规范如表 8.3 所示。

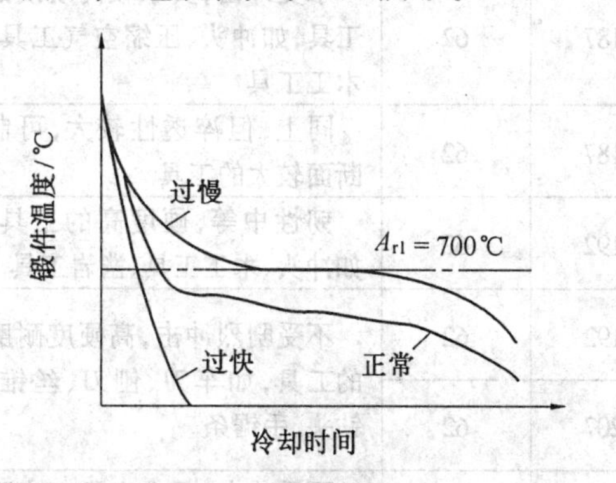

图 8.1　过共析钢锻件冷却速度曲线示意图

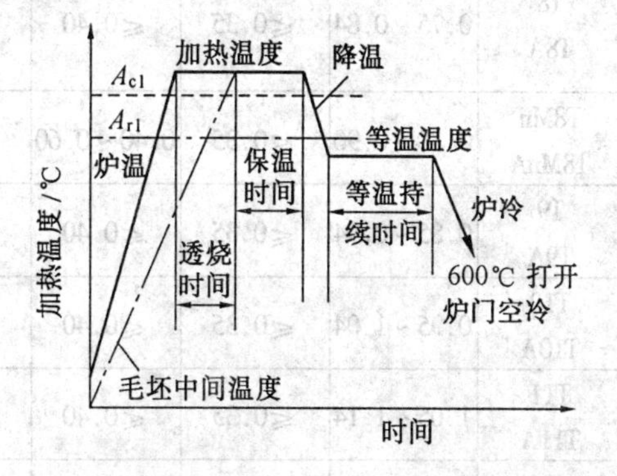

图 8.2　过共析钢钢球化退火工艺曲线示意图

表 8.3　过共析钢球化退火工艺规范

牌　号	退火后硬度/HB	显微组织	加热温度/℃	等温温度/℃
T10、T12	179~207	球状珠光体	750~770	680~700

当过共析钢毛坯锻后出现网状碳化物时，由于球化退火加热温度较低，不能使用网状碳化物全部深入奥氏体中，因而用球化退火不能消除网状碳化物，这时必须在球化退火之前进行一次正火予以消除。过共析钢的正火是将钢加热到 A_{cm}以上 30～50℃，保温一定时间后，使网状碳化物完全溶解，然后在空气中冷却。而后再进行球化退火，以便于切削加工。过共析钢切削加工性能的好与差，除与钢的硬度高低有关外，还与钢中球状碳化物情况有关。球化程度越高，则切削性能越好。

为了使刃具获得必要的切削性能，碳素刃具钢多在淬火及低温回火状态下使用。淬火的目的是为了使刃具获得高硬度与高耐磨性，故对亚共析刃具钢制刃具应采用完全淬火，对过共析刃具钢制刃具应采用不完全淬火（即 A_{c1} + 30～50℃）。亚共析碳素刃具钢淬火后的组织为细针状马氏体。过共析碳素刃具钢淬火后的组织为隐晶马氏体与未溶的球状碳化物。在碳素刃具钢正常淬火组织中，还不可避免地会有数量不等的残余奥氏体存在。进行低温回火的目的是在保持高硬度的条件下，消除淬火应力，降低脆性，以避免刃具在使用中崩刃或过早损坏。通常将碳素刃具钢的回火温度取在 150～180℃范围内，所得组织为回火马氏体。

由于碳素刃具钢的淬透性低，淬火时要采用水冷，这样会产生很大的内应力，导致变形与开裂。因此，淬火后应及时回火。

常用的碳素刃具钢的牌号、化学成分及性能如表 8.4 所示。

表 8.4　碳素工具钢的化学成分及用途

牌　号	化学成分 w_B/%			硬　度		用　途　举　例
	C	Si	Mn	供应状态 HB(不大于)	淬火后* HRC(不小于)	
T7 T7A	0.65～0.74	≤0.35	≤0.40	187	62	承受冲击，韧性较好、硬度适当的工具，如扁铲、手钳、大锤、改锥、木工工具
T8 T8A	0.75～0.84	≤0.35	≤0.40	187	62	承受冲击，要求较高硬度的工具，如冲头、压缩空气工具，木工工具
T8Mn T8MnA	0.80～0.90	≤0.35	0.40～0.60	187	62	同上，但淬透性较大，可制断面较大的工具
T9 T9A	0.85～0.94	≤0.35	≤0.40	192	62	韧性中等，硬度高的工具，如冲头、木工工具、凿岩工具
T10 T10A	0.95～1.04	≤0.35	≤0.40	192	62	不受剧烈冲击，高硬度耐磨的工具，如车刀、刨刀、丝锥、钻头、手锯条
T11 T11A	1.05～1.14	≤0.35	≤0.40	207	62	
T12 T12A	1.15～1.24	≤0.35	≤0.40	207	62	不受冲击，要求高硬度高耐磨的工具，如铣刀、刮刀、精车刀、丝锥、量具
T13 T13A	1.25～1.35	≤0.35	≤0.40	217	62	同上，要求更耐磨的工具，如刮刀、剃刀

注：* 淬火后硬度不是指用途举例中各种工具的硬度，而是指碳素工具钢材料在淬火后的最低硬度。

这类钢的编号原则是“碳”或“T”字后面附以数字表示，数字表示钢中平均含碳量的千分之几。如T8、T12钢分别表示钢中的平均碳的质量分数为0.8%和1.2%的碳素工具钢。若为高级优质碳素工具钢，则在牌号末端附以“高”或“A”字，如碳12高(T12A)等。

由表可见，碳素刃具钢可分以下几种类型。

(1)亚共析刃具钢(T7、T7A)。具有良好的强韧性，适于制作承受冲击载荷作用的刃具(如斧子)和切削软材料的刃具，如木工工具等。

(2)共析刃具钢(T8、T8A)。在常规淬火条件下，它的淬透性在碳钢中是最高的，又由于此钢无网状碳化物的析出，因此，可制造截面较大的刃具，但此类钢易过热。

(3)过共析碳素刃具钢(T10A、T11A、T12A、T13A等)。这类钢不完全淬火后有球状未溶碳化物，因而耐磨性高于上两组钢。又由于此类钢淬火后残余奥氏体量较多，会减少刃具变形。其中T10A、T11A可用于制造要求硬度与耐磨性较高的刃具，如丝锥、板牙、锉刀、刮刀、手锯条、钻头等。T12A、T13A钢因淬火后过剩碳化物数量较多，且分布不均匀，使钢的韧性降低，不宜制作受冲击的刃具，只适于做高耐磨的刃具，如锉刀、剃刀、刻刀等。

由于碳素刃具钢的红硬性低、淬透性差、有一定的耐磨性，主要用于制造切削量较小，切削速度较低的小型刃具。对于重载荷、尺寸较大，工作温度超过200℃的刃具，碳素刃具钢就满足不了要求。对这类刃具用钢就要采用合金刃具钢。

三、低合金刃具钢

这种刃具钢是为了克服碳素刃具钢淬透性不足，红硬性低的缺点，以适应切削加工需要而相应发展起来的一类刃具钢。

在低合金刃具钢中的合金元素有Cr、Mn、Si、W、V等。这些合金元素的主要作用是增加钢的淬透性(Cr、Mn、Si等)，细化晶粒(W、V等)，提高回火抗力及耐磨性(Cr、W、V、Si等)。因此，低合金刃具钢的红硬性、耐磨性等比碳素刃具钢高。合金元素加入后，不但改善了钢的使用性能，同时也使其工艺性能发生变化。

同碳素刃具钢相比，低合金刃具钢的锻造除注意防止网状碳化物及条状碳化物形成外，还要使低合金刃具钢因液析而产生的莱氏体中的碳化物均匀分布。所谓碳化物液析是因为在高碳钢中添加了Si、Cr、W、V等元素而引起的。Si、Cr、W、V等元素均为缩小γ区的元素，有降低Fe-C合金相图上共晶组织中奥氏体含碳量的作用，尽管合金刃具钢按其成分而言应属于过共析钢，但在其铸锭组织中有时出现莱氏体共晶组织。这种组织的出现，会引起钢中碳化物大小及分布不均，从而使钢的脆性增加，而且这种组织用热处理的办法是不能消除的。因此，只能用锻造方法来加以克服。

由于低合金刃具钢中合金元素加入后，使其导热性能降低，因此，锻造加热速度比碳素刃具钢要慢，以防止加热速度过快而引起钢锭内裂。

低合金刃具钢锻后既形成网状碳化物，又有冷裂倾向，因此也应严格控制冷却速度。其锻后冷却方式与碳素刃具钢相同。

同碳素刃具钢相比，低合金刃具钢的淬透性增加，晶粒长大倾向性小，回火抗力增加，因而低合金刃具钢制刃具淬火加热温度范围增宽，有利于相应放宽淬火温度，提高固溶体的合金化程度以及钢的机械性能；淬火时可采用较缓和的冷却介质，因而减少了刃具的变形与开裂倾向。

低合金刃具钢的牌号、化学成分及热处理制度如表8.5所示。

表 8.5 常用合金刃具钢的化学成分及热处理制度

牌号	主要化学成分 $w_B/\%$					热处理制度					用途举例
						淬火			回火		
	C	Mn	Si	Cr	W	温度/℃	介质	HRC	温度/℃	HRC	
Cr06	1.30~1.45	≤0.40	≤0.40	0.50~0.70	—	780~810	水	63~65	160~180	62~64	刻刀、锉刀、剃刀
CrW5	1.25~1.5	≤0.30	≤0.30	0.4~0.7	4.50~5.50	800~820	水	65~66	150~160	64~65	刻刀、锉刀、剃刀
Cr	0.95~1.10	≤0.40	≤0.40	0.75~1.05	—	830~860	油	62~64	150~170	61~63	车刀、插刀、铰刀
Cr2	0.95~1.10	≤0.40	≤0.40	1.30~1.65	—	830~850	油	62~65	150~170	60~62	车刀、插刀、铰刀
9SiCr	0.85~0.95	0.30~0.60	1.20~1.60	0.95~1.25	—	820~860	油	62~64	150~200	61~63	板牙、丝锥、钻头、铰刀、齿轮铣刀
CrWMn	0.90~1.05	0.8~1.10	≤0.40	0.90~1.20	1.20~1.60	800~830	油	62~63	160~200	61~62	板牙、丝锥、钻头、铰刀、齿轮铣刀
W	1.05~1.25	≤0.40	≤0.40	0.10~0.30	0.80~1.20	800~830	水	62~64	150~180	59~61	麻花钻、丝锥、铰刀、辊成刀具
W2	1.10~1.25	≤0.40	≤0.40	0.10~0.30	1.80~2.20	800~830	水	62~64	150~180	59~61	麻花钻、丝锥、铰刀、辊成刀具
Cr5MoV	0.95~1.05	≤1.00	≤0.50	4.75~5.50	—	790 预热 950 加热	空	62~64	180~200	≮60	剪刀

按照钢的淬透性高低合金刃具钢可分为低淬透性和高淬透性合金刃具钢两类。

低淬透性合金刃具钢主要有 Cr06、CrW5。由于这类钢的含碳量高，脆性大，淬透性又低，通常是先将此钢冷轧成薄带状后再使用，如制造剃刀等。

高淬透性合金刃具钢主要有 9CrSi、CrWMn。这类钢淬透性高，热处理变形小，回火抗力也较高。主要用于制造拉刀、长丝锥、长铰刀等。

综上所述，低合金刃具钢的淬透性显著提高，基本上可适用于各种尺寸刃具的要求，同时钢的耐磨性、回火抗力均有所提高。这就使低合金刃具钢的使用范围比碳素刃具钢扩大了许多。但是由于加入的合金元素量比较少，低合金刃具钢的红硬性提高的幅度还不够大，当刃具的切削速度增高，使刃具的工作温度高达 500 ~ 600℃时，低合金刃具钢就满足不了要求，必须进一步合金化。

8.2 高速钢

前已指出，低合金刃具钢基本上解决了碳素工具钢淬透性不足的缺陷，但没有从根本上解决红硬性不高的问题。只有在高速钢出现以后，才同时较好地解决了淬透性和红硬性两方面的问题。

高速钢已有近百年的历史。在长期的生产实践中，人们不断加深了对高速钢的认识。从 1910 年逐渐形成了标准成分的 W18Cr4V 钢，相继形成了多种牌号的高速钢。尽管高速钢的种类繁多，但在化学成分上、金相组织上、生产工艺及使用性能等方面都有很多相似之处。故以 W18Cr4V 钢为重点介绍高速钢的化学成分、组织与性能特点。

一、高速钢中合金元素的作用

W18Cr4V 钢的化学成分为：$w(\mathrm{C}) = 0.7\% \sim 0.8\%$，$w(\mathrm{W}) = 17.5\% \sim 19\%$，$w(\mathrm{Cr}) = 3.8\% \sim 4.4\%$，$w(\mathrm{V}) = 1.0\% \sim 1.4\%$。

从中可见，钢中含有质量分数约为 18% 的 W，4% 的 Cr，1% 的 V，故一般称 18 - 4 - 1 钢。钢中含有大量的 W，主要以 Fe_4W_2C 形式存在于钢中，加热时一部分溶入奥氏体，起稳定奥氏体的作用，淬火后存在于马氏体中，除可使马氏体得到强化以外，重要的是使马氏体难以分解，具有很高的回火稳定性。从而使钢具有突出的红硬性，同时当钢回火至 560℃左右时，并有部分 W_2C 呈弥散析出，使钢得到二次硬化。另一部分 Fe_4W_2C 碳化物在加热时不溶于奥氏体，不仅可阻碍奥氏体晶粒长大，且使钢具有很高的耐磨性。

铬的加入，没有钨那样明显的二次硬化作用。但它与碳形成 $Cr_{23}C_6$ 型碳化物，不像钨的碳化物稳定，加热时可以全部溶入奥氏体，赋予钢以优越的淬透性。

钢中的钒是一种强碳化物形成元素，它与碳结合为 V_4C_3 碳化物，具有极高的硬度，可增加钢的耐磨性。钢在淬火加热时，它只能部分溶入奥氏体，而一部分不能溶入奥氏体，强烈阻止奥氏体晶粒的长大，使钢得到细化，具有很好的强韧性。

钢中碳的质量分数为 0.7% ~ 0.8%，它一面保证淬火马氏体中的过饱和碳，另一方面是与 W、Cr、V 元素形成碳化物，保证钢的耐磨性。

由此可见，18 - 4 - 1 高速钢中的合金元素及含碳量是配合得相当合理的。几十年来虽有多次改进,但高速钢一直还被保留下来继续使用。

二、W18Cr4V 钢的铸态组织

W18Cr4V 钢中的碳的质量分数虽为 0.7%~0.8%,但由于有大量缩小 γ 区合金元素的加入,使钢的 E、S 点大大左移,因而,在高速钢的铸态组织中含大量莱氏体碳化物。莱氏体组织呈"鱼骨状"分布在奥氏体晶粒之间,如图 8.3 所示。在莱氏体中碳化物质量分数约为 27%~28%。在冶金厂锻轧成材过程中,莱氏体碳化物虽可被破碎,但在轧制半成品中碳化物的分布仍不同程度的保留着它的粗大和不均匀性。生产中常将碳化物的不均匀性分成 10 级来鉴定,级别越高,分布不均匀程度越严重。

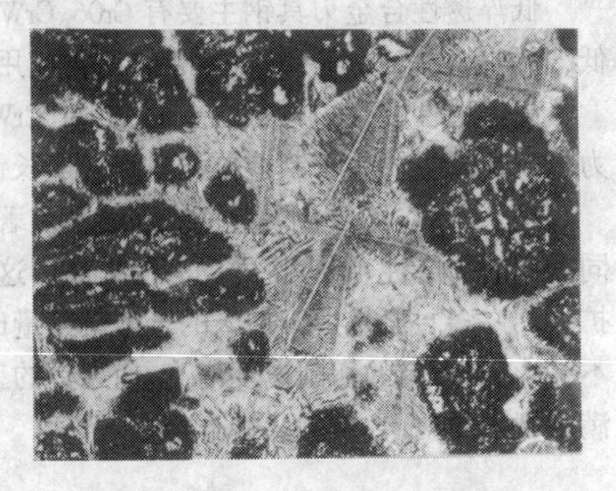

图 8.3　W18Cr4V 钢铸态组态

碳化物分布的不均匀性对高速钢刃具的质量有很大的影响。随着碳化物不均匀性的增加,钢的抗弯强度与塑性显著降低;钢的机械性能及热处理后的变形呈现各向异性;若在薄刃工具的刃口上有粗大碳化物存在,易发生崩刃现象。另外,碳化物不均匀性较大时,还易在淬火加热时引起奥氏体晶粒长大,淬火时会因不同区域马氏体的合金化程度和残余奥氏体量不同而增大淬火应力,使刃具变形与开裂倾向增加。因此,高速钢中莱氏体碳化物的存在,会对钢的使用性能与工艺性能带来很大的影响。

三、W18Cr4V 钢加工工艺特点

高速钢的热加工主要指锻造,其目的不仅是改变钢材的形状和尺寸使之成形,更重要的是通过热加工打碎鱼骨状莱氏体,改变碳化物的不均匀性。由于莱氏体组织是共晶组织,难于通过热处理消除,只能通过热加工来改善。

高速钢铸锭热轧成钢材时,碳化物的分布是不均匀的。钢材的尺寸越大,碳化物分布的不均匀程度越高。对于尺寸较大,碳化物均匀性要求高的刃具,必须进行充分的反复镦拔锻造。

高速钢锻造的始锻温度为 1 130~1 200℃,终锻温度为 880~930℃,锻造后冷却速度要缓慢。高速钢锻后无网状碳化物析出,但冷裂倾向大。

高速钢锻造中的主要缺陷是裂纹,除材料因素外,加热不足、加热不均匀、停锻温度低、冷却速度快都能引起开裂。因此,高速钢锻造时加热速度不易太快,通常要经 800~900℃预热。锻造开始压下量要小,随着莱氏体碳化物的逐渐破碎,相应增加压下量,以防开裂。

高速钢制刃具的制备热处理工艺是球化退火,其工艺曲线如图 8.4 所示。

高速钢制刃具所要求的强度、硬度、红硬性及耐磨性等均是通过淬火、回火后得到的。所以高速钢淬火、回火工艺的好与差将决定刃具的使用性能与寿命。

前述碳素刃具钢制刃具的淬火加热原则是按 A_{c1} + 30~50℃来确定。但高速钢制刃具的淬火加热温度不能按此原则确定,这主要是由于高速钢在加热时组织转变过程不同。

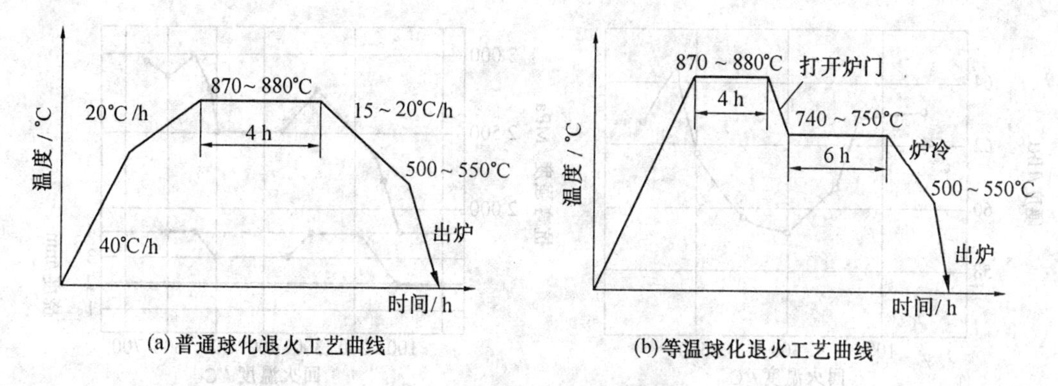

(a)普通球化退火工艺曲线 (b)等温球化退火工艺曲线

图 8.4 高速钢球化退火工艺曲线

W18Cr4V 钢的 A_{c1}点为 810～860℃，即珠光体向奥氏体转变是在一定范围内进行的。更主要的是高速钢中含有大量不同类型碳化物形成元素，它们在加热时的溶解温度各不相同。铬的碳化物在 900℃开始溶解，到 1 100℃基本全部溶入奥氏体。钨的碳化物在 1 150℃以上才开始大量溶解。钒的碳化物在加热到 1 200℃才逐渐溶解。图 8.5 给出了随着温度的升高，W18Cr4V 钢的奥氏体被合金元素所饱和的曲线。由此可见。为使奥氏体得到足够的合金化，必须加热到远远大于 A_{c1}的温度，即 1 280℃左右，但也不宜过高，因为一旦加热到 1 300℃左右，钢中碳化物大量溶解后，奥氏体晶粒容易急剧粗化，而且易于局部熔化，使钢的性能破坏，无法挽救。

高速钢的过冷奥氏体等温转变 C 曲线如图 8.6 所示。由于钢中含有大量合金元素，高速钢的过冷奥氏体非常稳定，因而钢的淬透性很高。对于中、小型刃具空冷就能获得马氏体，大型刃具油冷可获得马氏体。

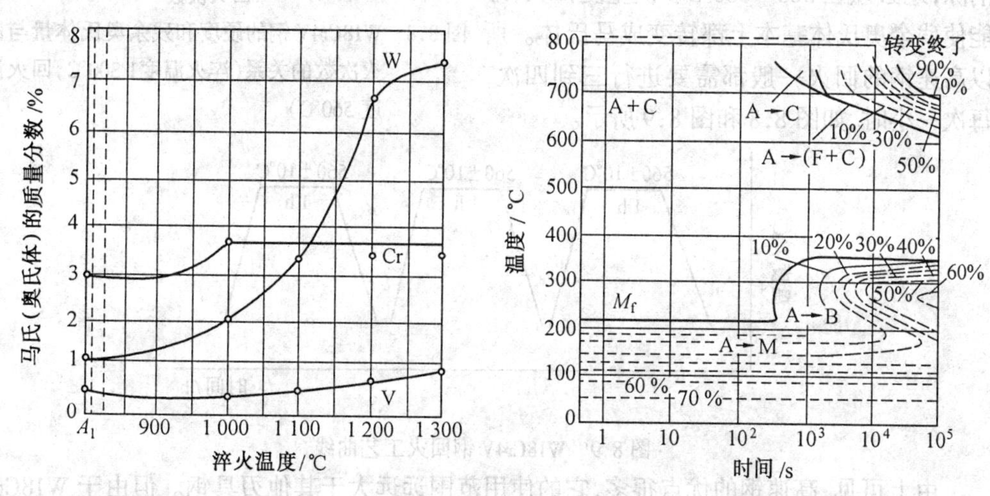

图 8.5 W18Cr4V 钢中奥氏体(马氏体)的成分与加热温度的关系

图 8.6 W18Cr4V 钢过冷奥氏体等温转变 C 曲线(1 300℃奥氏体化)

由于高速钢淬火加热温度高，奥氏体合金化程度大，M_s 点低，淬火后钢中含有质量分数为 30%～35%的残余奥氏体。因此，必须进行回火予以消除。

图 8.7 为高速钢的强度、硬度、塑性与回火温度的关系。随着回火温度的升高，钢的

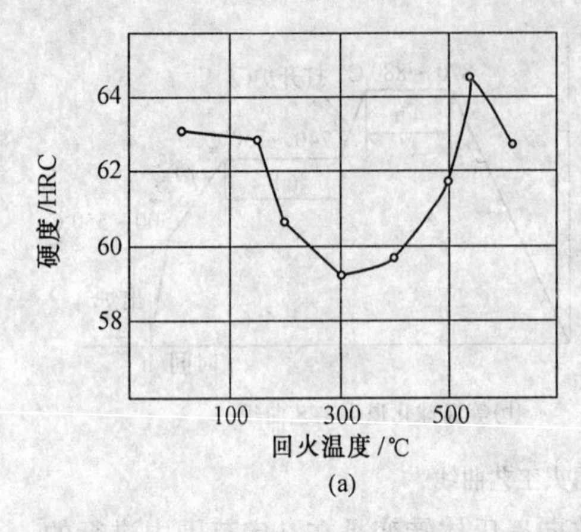

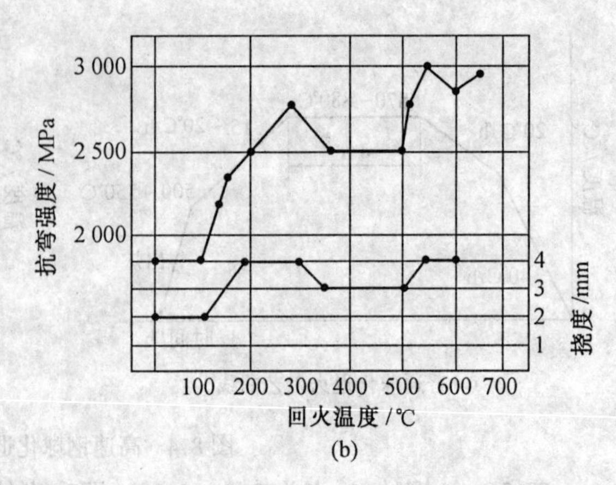

图 8.7　W18Cr4V 钢的硬度和力学性能与回火温度的关系

硬度逐渐降低，当回火温度增加到 500～600℃时，硬度又再次升高。硬度再次升高的原因，一方面是因为在 500～600℃回火时，从马氏体和残余奥氏体中析出了弥散细小的碳化物，使钢产生二次硬化。另一方面正是由于从残余奥氏体中析出了碳化物，其残余奥氏体的 M_s 点升高，因而在回火以后冷却时使其又转变成了马氏体，称二次淬火。但这种二次淬火并不能一次就把残余奥氏体全部消除，还必须在 560～580℃多次重复回火，才能使残余奥氏体基本上都转变成马氏体。所以高速钢的回火一般都需要进行三到四次，每次一小时，如图 8.8 和图 8.9 所示。

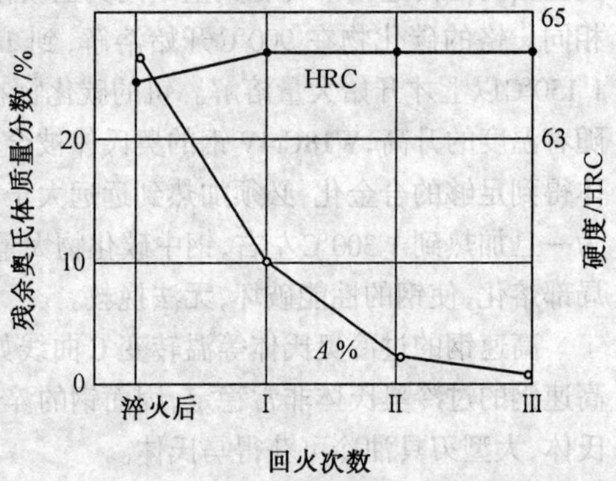

图 8.8　W18Cr4V 钢的硬度和残余奥氏体量与回火次数的关系（淬火温度1 300℃，回火温度 560℃）

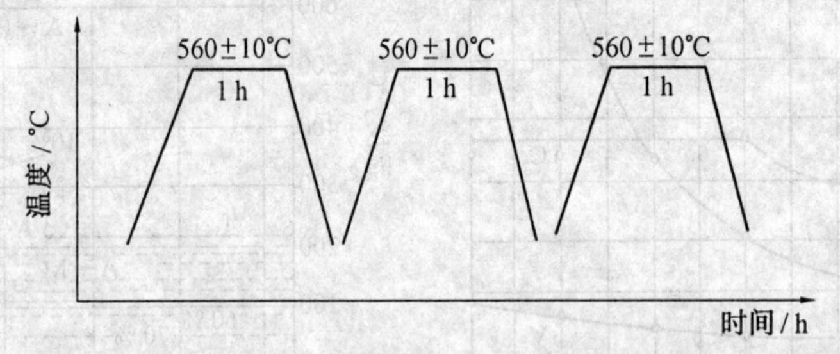

图 8.9　W18Cr4V 钢回火工艺曲线

由上可见，高速钢的优点很多，它的使用范围远远大于其他刃具钢。但由于 W18Cr4V 钢含有大量昂贵的钨元素、淬火温度高、碳化物均匀性及被切削加工性较差，因而又有一系列的新型高速钢被研制且用于机械制造上。

四、高速钢的类型

目前，高速钢已发展许有多种类，表 8.6 为常见各类高速钢的牌号、成分及性能。其

表 8.6　常用高速钢的化学成分、热处理制度、特性及用途

名称		牌号	主要化学成分 w_B/%						热处理温度/℃			硬度		热硬性	用途
			C	W	Mo	Cr	V	Al 或 Co	退火	淬火	回火	退火后 HB	回火后 HRC	HRC*	
钨高速钢		W18Cr4V (18-4-1)	0.70~0.80	17.50~19.00	≤0.30	3.80~4.40	1.00~1.40	—	860~880	1260~1300	550~570	207~255	63~66	61.5~62	制造一般高速切削车刀、刨刀钻头、铣刀等
高碳钨高速钢		95W18Cr4V	0.90~1.00	17.50~19.00	≤0.30	3.80~4.40	1.00~1.40	—	860~880	1260~1280	570~580	241~269	67.5	64~65	在切削不锈钢及其他硬或韧的材料时，可显著提高刀具寿命与被加工零件的粗糙度
钨钼高速钢		W6Mo5Cr4V2 (6-5-4-2)	0.80~0.90	5.00~6.75	4.50~5.50	3.80~4.40	1.75~2.20	—	840~860	1220~1240	550~570	≤241	63~66	60~61	制造要求耐磨性和韧性很好配合的高速切削刀具，如丝锥、钻头等；并适于采用轧制、扭制热变形加工成形新工艺来制造钻头等工具
高钒的钨钼高速钢		W6Mo5Cr4V3 (6-5-4-3)	1.00~1.10	5.00~6.75	4.75~5.75	3.75~4.50	2.25~2.75	—	840~885	1200~1240	550~570	≤255	>65	64	制造要求耐磨性和热硬性较高的，耐磨性和韧性较好配合的，形状稍微复杂的刀具，如拉刀、铣刀等
超硬高速钢	高碳高钒高速钢	W12Cr4V4Mo	1.25~1.40	11.50~13.00	0.90~1.20	3.80~4.40	3.80~4.40	—	840~860	1240~1270	550~570	≤262	>65	64~64.5	只宜制造形状简单的刀具或仅需很少磨削的刀具。优点：硬度热硬性高，耐磨性优越，切削性能良好，使用寿命长；缺点：韧性有所降低，可磨削性和可锻性均差
	含钴高速钢	W18Cr4VCo10	0.70~0.80	18.00~19.00	—	3.80~4.40	1.00~1.40	9.00~10.00 (Co)	870~900	1270~1320	540~590	≤277	66~68	64	制造形状简单截面较粗的刀具，如直径在 15 mm 以上的钻头，某几种车刀；而不适宜于制造形状复杂的薄刃成型刀具或承受单位载荷较高的小截面刀具。用于加工难切削材料，例如高温合金、难熔金属、超高强度钢、钛合金以及奥氏体不锈钢等，也用于切削硬度≤HB300~350 的合金调质钢
		W6Mo5Cr4V2Co8	0.80~0.90	5.5~6.70	4.8~6.20	3.80~4.40	1.80~2.20	7.00~9.00 (Co)	870~900	1220~1260	540~590	≤269	64~66	64	
	含铝高速钢	W6Mo5Cr4V2Al	1.05~1.20	5.50~6.75	4.50~5.50	3.80~4.40	1.75~2.20	0.80~1.20(Al)	850~870	1220~1250	550~570	255~267	67~69	65	在加工一般材料时刀具使用寿命为 18-4-1 的二倍，在切削难加工的超高强度钢、耐热合金时，其使用寿命接近钴高速钢
		W10Mo4Cr4V3Al(5F-6)	1.30~1.45	9.00~10.50	3.50~4.50	3.50~4.50	2.70~3.20	0.70~1.20(Al)	845~855	1230~1260	540~560	≤269	67~69	65.5~67.5	

注：* 将淬火后试样在 600℃加热 4 次，每次 1 h。

中以 W18Cr4V 及 W6Mo5Cr4V2 两种为最常用、最典型的高速钢。W18Cr4V 上面已做了介绍，下面着重介绍 W6Mo5Cr4V2 高速钢。

W6Mo5Cr4V2 高速钢是在 W18Cr4V 钢的基础上，以钼代替部分钨而发展起来的钢种。此钢的主要优点是，由于钼存在而降低了碳化物偏析程度，提高了钢的热塑性，为高速钢的热成型创造了条件。在经过相同的热加工后，这类钢的碳化物不均匀性比 W18Cr4V 钢小，因而，提高了钢在淬火、回火后的强度及韧性。所以 W6Mo5Cr4V2 高速钢比 W18Cr4V 高速钢有很大的优越性，目前世界各国多用这种高速钢代替了 W18Cr4V 钢。

W6Mo5Cr4V2 高速钢的热处理大体上与 W18Cr4V 钢相类似，只是温度区间的高低不同而已。由于钼的碳化物的溶解温度较钨为低，所以 W6Mo5Cr4V2 钢的淬火加热温度较 W18Cr4V 钢略低一些，一般取 1 230 ± 10℃；锻造和退火温度也低于 W18Cr4V 钢，始锻温度为 1 150℃，终锻温度为 950℃，退火温度较 W18Cr4V 钢低 10℃左右。但 W6Mo5Cr4V2 高速钢的脱碳倾向较大，因此，要注意加热的保护和严格控制淬火加热温度。

8.3 模具钢

模具是实现少或无切削加工的重要工具。按照被加工毛坯的状态分为冷作模具与热作模具两类。用于制造模具的钢材称为模具钢，相应分冷作模具钢和热作模具钢。

一、冷作模具钢

冷作模具的种类很多，有冲裁、成型、冷精压、冷镦、冷挤、冷滚压、拉拔模等。由于加裁方式及被加工材料的性质、规格不同，各种模具的工作条件差别很大，因而其失效形式也不相同。如冲裁模主要用于各种板料的冲切成型，模具工作部位是刃口，要求刃口在冲切过程中保持其完整与锐利，即在工作中不崩刃、不易变形、不易磨损等。因此，要求用于制造冲裁模的钢材应具有高硬度，良好的耐磨性和强韧性。这点与刃具用钢的要求有其相似性。但有些冲裁零件要求精度较高，因此，冷冲裁模的热处理变形小，必须选用热处理变形小的钢来制作。

镦锻模和挤压模，主要用于变形成型，根据工件形状、尺寸及变形量，以及加工材料的强度、硬度、加工硬化能力等，模具冲头承受很大的压力，凹模则承受很大的张力；由于金属在型腔中剧烈流动，还使冲头和凹模的工作面受到剧烈的摩擦而产生热量，使模具表面的瞬时温度达到 200～300℃。由此可见，对这类模具钢，除应具有高硬度外，还应当有良好的强韧性，高的断裂抗力及高耐磨性等。

其他冷作模具工作条件介于冲裁模和冷镦、冷挤压模之间。

比较冷作模具与刃具，在工作条件和性能要求上具有相似性。因此，在一般情况下，刃具用钢也可用来制作某些冷作模具。由于模具的种类多，形状复杂、尺寸较大、精度要求高等特点，模具用钢的强韧性、耐磨性、淬透性，热处理变形等较刃具钢要求高一些，红硬性低一些。所以相应形成了适合于作冷模具用钢的钢种。

按照冷作模具钢工艺性能及承载能力可划分为表 8.7 所示的六个基本组。

表 8.7　冷作模具钢的分类

组别	名　　称	牌　　号
Ⅰ	低淬透性冷作模具钢	T7A、T8A、T10A、T12A、V、MnSi、Cr2、9Cr2、CrW5
Ⅱ	低变形冷作模具钢	9Mn2V、9Mn2、CrWMn、MnCrWV、9CrWMn、SiMnMo
Ⅲ	微变形冷作模具钢	Cr6WV、Cr12MoV、Cr12、Cr4W2MoV、Cr2Mn2SiWMoV
Ⅳ	高强度冷作模具钢	W6Mo5Cr4V2、W18Cr4V
Ⅴ	高强韧冷作模具钢	6W6Mo5Cr4V、CG2（6Cr4Mo3Ni2WV）、65Nb（65Cr4W3Mo2VNb）、LD（7Cr7Mo3V2Si）
Ⅵ	抗冲击冷作模具钢	4CrW2Si、5CrW2Si、6CrW2Si、60Si2Mn、5CrNiMo、5CrMnMo、5SiMnMoV、9CrSi

在每一组中，具有某些共同的特点的钢种，在一定条件下可以互相代用。

第一组属于低淬透性冷作模具钢。以碳素工具钢 T10A 及低合金钢 Cr2 为代表。其化学成分、性能与用途如表 8.8 所示。

表 8.8　低淬透性冷作模具钢的化学成分及性能对比

牌　　号	化学成分 w_B/%					性能相对顺序			
	C	Mn	Si	Cr	其他	淬透性	韧性	耐磨性	淬火工艺性
T7A	0.65～0.74	≤0.40	≤0.35	—	—	1	9	1	2
T8A	0.75～0.84	≤0.40	≤0.35	—	—	5	6	2	4
T10A	0.95～1.04	≤0.40	≤0.35	—	—	4	4	4	5
T12A	1.15～1.24	≤0.40	≤0.35	—	—	2	2	8	3
V	1.0	0.3	0.3	—	0.3V	3	7	6	7
MnSi	1.0	0.7	0.8	—	—	7	3	7	6
Cr2	0.95～1.10	≤0.40	≤0.40	1.30～1.65	—	8	5	5	9
9Cr2	0.80～0.95	≤0.40	≤0.40	1.30～1.70	—	9	8	3	8
CrW5	1.4	0.3	0.3	0.6	5.0W	6	1	9	1

注：性能顺序按 1→9，表示性能由低→高。

此类钢的碳的质量分数为 0.7%～1.4%，合金元素质量分数小于 2%。合金元素含量少，回火抗力低，淬透性低，因而承载能力较低。

这类钢的主要用途是用于制造各种中、小批量生产的冷冲模，以及需在薄壳硬化状态使用的整体或冷镦模、冲剪工具等。

第二组为低变形冷作模具钢，化学成分如表 8.9 所示。

表 8.9　低变形冷作模具钢的化学成分

牌　号	典型化学成分 w_B/%					基　本　特　点
	C	Mn	Cr	W	V	
MnCrWV	1.0	1.2	0.6	0.6	0.2	综合性能优良,各国通用
CrWMn	0.90~1.05	0.80~1.10	0.90~1.20	1.20~1.60	—	耐磨性较好,易出现材质缺陷
9CrWMn	0.85~0.95	0.90~1.20	0.50~0.80	0.50~0.80	—	韧性、塑性较好,耐磨性偏低
9Mn2V	0.85~0.95	1.70~2.00	—	—	0.10~0.25	淬火变形小,韧性、淬透性偏低
9Mn2	0.9	1.8	—	—	—	过热敏感性强,易于加工,变形小
SiMnMo	1.5	1.2	(Si)1.0	(Mo)0.4	—	耐磨性抗咬合性好,强韧性低

本组钢的优点是有较好的淬硬性(HRC61~64)和淬透性,ϕ60~120 mm 工件能于油或硝盐中淬硬,淬火操作简便,淬裂和变形倾向低,并易于控制。

目前应用较多的钢是 CrWMn 与 9Mn2V。它们广泛用作加工薄钢板,有色金属的轻载复杂形状冷冲模的基本材料,尤其在钟表、仪器、玩具、食品工业中以轻型冷冲压作业为主的工厂中,应用更为广泛。

第三组高耐磨微变形冷作模具钢。其化学成分和主要特点如表 8.10 所示。代表性的钢种是 Cr12 型。它包括 Cr12、Cr12MoV 两个钢号。化学成分特点是含碳量高,含铬量高,因而 Cr12 型钢在铸态组织中也有大量莱氏体碳化物,也属莱氏体类钢。

表 8.10　高耐磨微变形冷作模具钢的化学成分

牌　号	化学成分 w_B/%							主要特点
	C	Mn	Si	Cr	W	Mo	V	
Cr12MoV	1.45~1.70	≤0.40	≤0.40	11.00~12.50	—	0.40~0.60	0.15~0.30	综合性能好,适应广泛
Cr12	2.00~2.30	≤0.40	≤0.40	11.50~13.00	—	—	—	高耐磨,高抗压性
Cr6WV	1.0	—	—	6.0	1.3	—	0.6	高强度,变形均匀
Cr4W2MoV	1.12~1.25	≤0.40	0.40~0.70	3.50~4.00	1.90~2.60	0.80~1.20	0.80~1.10	高耐磨,高热稳定性
Cr2Mn2SiWMoV	1.0	2.0	0.8	2.5	1.0	0.6	0.2	低温淬火,变形均匀

Cr12 型钢经常规淬火后再低温回火能获得高硬度、良好的耐磨性及抗压强度,这些性能仅次于高速钢,淬透性也与高速钢接近,ϕ300 mm 以上在油中完全可以淬透。

Cr12 型钢能广泛用于制造各类冷作模具,除了上述原因外,还有另一个其他钢种不具备的特点,就是它的热处理变形小,可以通过调整淬火加热温度,在较大的范围内改变 M_s 点的位置及淬火组织中残余奥氏体的量。由于残余奥氏体的比容小,可以抵消马氏体转变时的比容增大,以减少淬火钢的变形。如恰当地选择淬火温度,Cr12 型钢制模具淬火后可基本不变形,故有微变形冷作模具钢之称。

Cr12 型钢的锻造及工艺性能与高速钢相似,锻后也采用球化退火,850~870℃加热,保温 3~4 h,然后于 720~750℃等温 6~8 h,退火后的硬度≤HB255。

Cr12 型钢制模具的最终热处理(淬火、回火)如何进行与模具的工作条件及性能要求有关。

对要求高硬度,良好耐磨性及韧性,热处理变形小的模具常用较低温度(1 000℃左右)淬火和低温回火工艺。称此工艺为一次硬化法。某些耐磨性及红硬性要求高,或需要进行氮化处理的模具,可进行高温加热(1 100℃)淬火和多次高温回火(510~520℃)处理。

此钢在该温度范围回火后有二次硬化现象。这种二次硬化现象主要是残余奥氏体在回火冷却时转变成马氏体造成的。称此工艺为二次硬化法。这种工艺,由于淬火温度高,奥氏体晶粒易长大,钢的韧性低,一般很少用。

Cr12 型钢由于含有大量莱氏体碳化物,易造成碳化物不均匀,因此它与高速钢一样,如锻造不好则韧性低,脆性大,在使用中常常出现脆断倾向,是此类钢最突出的缺点。

比较 Cr12 和 Cr12MoV 钢的化学成分可见,Cr12 钢由于含碳量高,又不含细化晶粒的合金元素 Mo 和 V,因而它的韧性低于 Cr12MoV。目前,工厂中应用最多的是 Cr12MoV 钢。提高 Cr12 型钢韧性的途径有两种,其一是提高 Cr12 型钢的锻造工艺水平,减少钢中碳化物的分布不均匀性;其二继续降低钢中的含碳量和 Cr 含量,研制出了 Cr6WV 和 Cr4W2MoV 等钢,以减少钢中碳化物的数量,可使钢的韧性提高。

第四组钢为高速钢,它主要用于制作冷挤压的冲头。从模具的使用性能要求看,主要是高硬度、良好的耐磨性、高的强韧性、即良好的综合性能,而不是钢的红硬性。因此,高速钢制作模具的最终热处理工艺与制作刃具不同,应采用低温淬火和低温回火为宜。

第五组高强韧性钢,化学成分如表 8.11 所示。此类钢的化学成分相当于各种不同类型高速钢淬火后基体组织的成分,故称基体钢。与高速钢相比,基体钢的过剩碳化物少,颗粒细小,分布均匀。所以,钢的冲击韧性、疲劳强度均高于高速钢,同时又保持了一定的耐磨性及红硬性。这类钢可用于制造重负荷、以断裂为主要失效形式的模具。

表 8.11　高强韧工具钢的化学成分

牌　号	化学成分 $w_B/\%$					
	C	Cr	W	Mo	V	其　他
65Nb	0.65	4.0	3.0	2.0	1.0	(Nb)0.2
CG2	0.60	4.0	1.0	3.0	1.0	(Ni)2.0
012Al	0.50	4.0	—	3.0	1.0	(Si)1.0、(Mn)1.0
LD	0.70	7.0	—	3.0	2.0	(Si)0.8

第六组抗冲击冷作模具钢,化学成分及牌号如表 8.12 所示。这组钢的共同特点是过剩碳化物少、组织均匀,淬火后的组织以板条状马氏体为主,因而具有高强度、高韧性、高冲击疲劳抗力。缺点是抗压强度低,淬火变形难以控制。此钢主要用于冲剪工具,大、中型冷镦模、精压模等。

表 8.12　抗冲击钢的成分及特点

类别	牌　号	典型成分 $w_B/\%$						性能及用途
		C	Mn	Si	Cr	W	Mo	
弹簧钢	60Si2Mn	0.56～0.64	0.60～0.90	1.50～2.00	≤0.35	—	—	疲劳强度高,耐磨性低,以小型冷镦冲头为主
耐冲击工具钢	4CrW2Si	0.35～0.45	≤0.40	0.80～1.10	1.00～1.30	2.00～2.50	—	需渗碳,强韧、耐磨
	5CrW2Si	0.45～0.55	≤0.40	0.50～0.80	1.00～1.30	2.00～2.50	—	以重剪刃为主
	6CrW2Si	0.6	≤0.40	0.50～0.80	1.00～1.30	2.20～2.70	—	抗压性较高,以小型模具为主
刃具钢	9SiCr	0.85～0.95	0.30～0.60	1.20～1.60	0.95～1.25	—	—	淬硬性好,以轻剪刃为主
热模具钢	5CrMnMo	0.50～0.60	1.20～1.60	0.25～0.60	0.60～0.90	—	0.15～0.30	高韧性,以冷精压,大型冷镦、冷挤模为主
	5CrNiMo	0.50～0.60	0.50～0.80	≤0.40	0.50～0.80	(Ni)1.40～1.80	0.15～0.30	
	5SiMnMoV	0.5	0.6	1.6	0.3	(V)0.2	0.2	高强度,以成型剪刃为主

为了便于选用，将上述各组冷作模具钢的特性做一比较，如表 8.13 所示。

表 8.13　冷作模基本钢种的特性比较表

序号	项　目	相对特性水平顺序(由优→劣)
1	抗压性及耐磨性	W6Mo5Cr4V2 > Cr12 > Cr12MoV > Cr6WV > 5CrW2Si > MnCrWV > 9Mn2V > T10A
2	韧性	5CrW2Si > (T10A) > Cr6WV > W6Mo5Cr4V2 > Cr12MoV > MnCrWV > 9Mn2V > Cr12
3	可切削性	T10A > 9Mn2V > MnCrWV > Cr6WV > 5CrW2Si > W6Mo5Cr4V2 > Cr12MoV > Cr12
4	淬透性	C12MoV > W6Mo5Cr4V2 > Cr12 > Cr6WV > 5CrW2Si > MnCrWV > 9Mn2V > T10A
5	微变形性	Cr12MoV > Cr12 > Cr6WV > 9Mn2V > MnCrWV > 5CrW2Si > W6Mo5Cr4V2 > T10A

注：(T10A)钢韧性水平指薄壳硬化状态。

二、热作模具钢

热作模具大致可分为四类：锤锻模、机锻模(水压机、摩擦压力机等)、压铸模及热冲裁模等。尽管各类热作模具工作条件差别很大，但同冷作模具相比主要区别是模具在服役过程中均与热态金属接触。这使模具的工作温度升高，如锤锻模锻打钢件时，模具的平均温度在 500～600℃之间，机锻模在 700℃左右。由于模具温度的升高，使模具的组织、性能及使用寿命发生变化，为此，热作模具在工作时要采用冷却以控制模具的温升。这样，热作模具在工作时除受机械力的作用外，还承受循环热应力的作用。因此，热作模具的失效形式主要有塑性变形、断裂、磨损及热疲劳。

热疲劳是在模具温度发生循环变化的条件下模具受到循环热应力的作用，以致在模具表面出现裂纹，一般并不深。但热疲劳的出现会加速模具的磨损，并常常成为模具脆性破断及机械疲劳断裂的裂纹源。

根据热作模具的工作条件及失效形式，对热作模具用钢提出如下的性能要求。

1.高的变形抗力

模具钢的变形抗力反映了模具的抗堆塌的能力。由于热作模具的工作部分往往被加热到很高的温度，因此，要求热作模具经热处理后不仅应具备较高的室温硬度，还应具备较高的回火抗力、热稳定性及高温硬度。

2.良好的断裂抗力

主要是指热作模具钢要有较高的抗拉强度、断裂韧性及冲击韧性等性能。

3.高的热疲劳抗力

为了防止热作模具过早的出现热疲劳裂纹，热作模具钢必须有高的热疲劳抗力，而影响钢的热疲劳抗力的因素很多，主要有钢中的合金元素、导热性能、机械性能、热处理工艺等因素。其中钢中的含碳量不易太高，当含碳量高时，钢的热导性能降低，热疲劳抗力也降低。所以热作模具钢的碳的质量分数通常在 0.5%～0.6%之间。合金元素钨和钼虽然能提高钢的热强性，但它们均能降低钢的热疲劳抗力。而铬对热疲劳抗力的影响与钢中的含钨量有关，在含钨量较多的钢中增加铬含量对钢的热疲劳抗力改善不大；而在钨的质量分数低于 2%钢中，将铬的质量分数增加 5%时，能明显提高热疲劳抗力。

4. 良好的淬透性

由于热作模具的尺寸较大,因而热作模具钢应当有良好的淬透性,尤其是锤锻模更为突出。

据此,热作模具钢应当有良好的综合性能,这点与调质钢相似。因此,热作模具钢通常是在淬火、高温回火状态下使用。

上述各项都是对热作模具钢的一般性能要求,对不同类型的热作模具钢而言,其侧重点又会有所不同,下面分别介绍各类热作模具钢的特点。

常用的热作模具钢如表 8.14 所示,钢的化学成分如表 8.15 所示。

表 8.14 热作模具钢的分类

按用途分类	按性能分类	按合金元素分类	牌号
锤锻模具钢	高韧性热模钢	低合金热模钢	5CrNiMo, 5CrMnMo, 5SiMnMoV, 5Cr4Mo, 5CrSiMnMoV
机锻模具用钢 压铸模具用钢	高热强热模钢	钨系热模钢 铬系热模钢 铬钼系热模钢	3Cr2W8V, 4Cr5MoSiV1, 4Cr5W2SiV, 4Cr5MoSiV, 4Cr4Mo2WSiV, 5Cr4W5Mo2V, 4SiCrV
热冲裁模具用钢	高热强热模钢 高耐磨热模钢	钨系热模钢 铬系热模钢	3Cr2W8V, 8Cr3

表 8.15 热作模具钢的化学成分

序号	牌号	化学成分 w_B ①%							
		C	Si	Mn	Cr	W	Mo	V	其他
1	5CrMnMo	0.50~0.60	0.25~0.60	1.20~1.60	0.60~0.90	—	0.15~0.30	—	—
2	5CrNiMo	0.50~0.60	≤0.40	0.50~0.60	0.50~0.80	—	0.15~0.30	—	(Ni)1.40~1.80
3	3Cr2W8V	0.30~0.40	≤0.40	≤0.40	2.20~2.70	7.50~9.00	—	0.20~0.50	—
4	4SiCrV	0.40~0.50	1.20~1.60	≤0.40	1.30~1.60	—	—	0.10~0.25	—
5	8Cr3	0.75~0.85	≤0.40	≤0.40	3.20~3.80	—	—	—	—
6	5SiMnMoV	0.45~0.55	1.50~1.80	0.50~0.70	0.20~0.40	—	0.30~0.50	0.20~0.35	—
7	4Cr5MoSiV	0.33~0.43	0.80~1.20	0.20~0.50	4.75~5.50	—	1.10~1.60	0.30~0.60	—
8	4Cr5W2SiV	0.32~0.42	0.80~1.20	≤0.40	4.50~5.50	1.60~2.40	—	0.60~1.00	—
9	5Cr4Mo②	0.45~0.55	≤0.40	≤0.40	3.50~4.50	—	1.40~1.70	—	—

注:①S、P 的质量分数均小于等于 0.030%; ②作为堆焊电极材料。

可以看出,常用的热作模具钢有三个基本组。下面分别介绍每一组钢的性能特点。

第一组为锤锻模用钢,主要用于制造锤锻模。我们知道,锤锻模有两个特点,其一是工作时冲击载荷大,其二是锤锻模的截面尺寸大。锤锻模按照其高度可分为四类:当 $H<275$ mm 为小型;$H=275\sim325$ mm(相当 $(1\sim3)\times10^3$ kg)为中型;$H=325\sim375$ mm(相当 $(4\sim6)\times10^3$ kg)者为大型;$H>375$ mm(大于 6×10^3 kg)为特大型。因此,锤锻模用钢有两个突出的问题,即应当有高的强韧性和淬透性。5CrMnMo 和 5CrNiMo 钢从化学成分上看,含碳量为中碳,保证钢具有良好的强韧性;从合金化上看,加入 Cr、Mn、Ni、Mo 等合金元素,以提高其淬透性。因此,可满足高的强韧性和淬透性的要求。且5CrNiMo钢又优于5CrMnMo钢,所以,5CrNiMo钢适用于做各种类型的锤锻模,而5CrMnMo钢只能做中、小型的。这组钢的主要缺点是耐热温度低,当模具温度超过500℃以后,钢的强度就显得不足。所以此类钢一般不用来做热挤压模具。受热温度高于600℃的模具要选用第二组钢来制造。

第二组热作模具钢的代表牌号是3Cr2W8V、4Cr5MoVSi钢。这类钢主要用做热挤压、压力机及压铸模具。

3Cr2W8V钢属于过共析钢,由于其中含有大量的钨,使钢的回火稳定性高,并可在回火过程中析出碳化物造成二次硬化,使钢具有较高的红硬性。铬的作用主要在于提高钢的淬透性及热疲劳抗力,加入少量的钒可以细化晶粒和提高耐磨性。这种钢的主要缺点是脆性大,而且热疲劳抗力不够高,尤其是3Cr2W8V钢制模具在工作时不能用水冷,因为经受急冷急热时容易产生龟裂。

3Cr2W8V钢锻后采用不完全退火,退火温度为830~850℃,然后以小于等于40℃/h的速度冷却,退火后的组织为细粒状珠光体,硬度为HB207~255。3Cr2W8V钢在不同温度淬火与回火后的硬度如图8.10所示。随着淬火温度的提高,钢的红硬性也提高,在回火时,在550℃左右出现二次硬化效应。

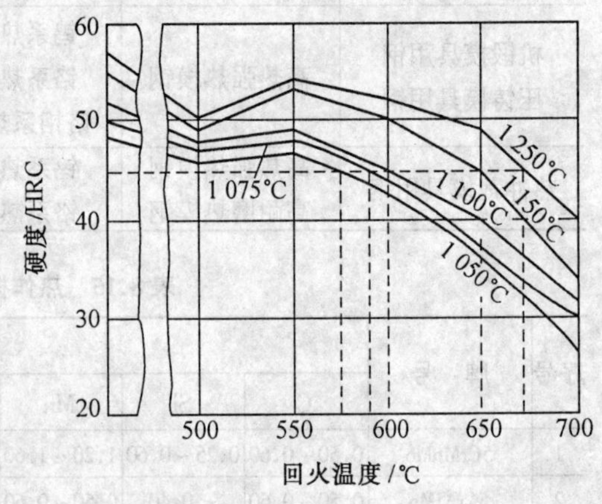

图8.10 3Cr2W8V钢不同淬火温度下硬度与回火温度的关系

3Cr2W8V钢制模具的淬火、回火工艺规范的选择应视模具的工作条件与失效形式而定。如以热磨损或塑性变形为失效形式的模具,要求有高的热稳定性、红硬性,可选择1 200℃进行淬火。如以脆断为失效形式,且这种脆断又以热疲劳裂纹为裂纹源时,则可将回火温度提高到680℃,HRC40~39为宜。

由于3Cr2W8V钢韧性低、脆性大,热疲劳抗力低,易产生脆断,因此可用4Cr5MoVSi钢来代替。

4Cr5MoVSi钢主要是因为加入质量分数为5%的Cr和少量Mo、V、Si等元素而获得高的淬透性、较高的回火稳定性,而且也有二次硬化效应。其韧性及疲劳抗力均优于3Cr2W8V钢,并对模具可采用强烈冷却(水冷),扩大其应用范围。但该钢的耐热温度不如3Cr2W8V钢高。

第三组热作模具钢,由于含碳量高,故耐磨性能较好,主要用于制造平锻模,切边模等。

8.4 量具钢

量具是用于度量工件尺寸的工具,如卡尺、块规及塞规等。对量具的基本要求是在长期存放与使用中要保证其尺寸精度,即形状尺寸不变。

通常引起量具在使用或存放中发生尺寸精度降低的原因主要有磨损和时效效应。

量具在多次使用中会与工件表面之间有摩擦作用,而使量具磨损并改变其尺寸精度。

实践还表明,由于组织和应力上的原因,也会引起量具在长期使用或存放过程中尺寸精度发生变化,这种现象称时效效应。在淬火和低温回火状态下,钢中存在有以下三种导致尺寸变化的因素:①残余奥氏体转变成马氏体,引起体积膨胀;②马氏体分解,正方度下降,使体积收缩;③残余应力的变化和重新分布,使弹性变形部分地转变为塑性变形而引起尺寸变化。

如上所述,量具用钢的主要性能要求是具有高硬度及良好的耐磨性,并在长期使用和存放期间有良好的尺寸稳定性。这两点是量具钢合金化及热处理的主要出发点。

目前量具用钢主要有碳素工具钢、高碳合金工具钢及渗碳钢等。

碳素工具钢有 T10A、T12A 等,主要用于制造形状简单、精度不很高的量具,如量规、样圈等圆形量具。

高碳合金工具钢有 GCr15、CrWMn 等,主要用于制造高精度的量具,如块规、塞规等。

渗碳钢有 15、20、15Cr、15CrMn 等,主要用于制造长形或平板状量具,如卡规、样板及直尺等。

量具的高硬度及耐磨性能是通过选择合适的钢种及热处理来实现的,即淬火和低温回火工艺。为了使量具的尺寸稳定,应尽量减少不稳定的组织及内应力,或者使已形成的组织稳定性增加,以减少时效效应。通常需要有三个附加的热处理工序:①淬火之前的调质处理;②常规热处理之间的冷处理;③常规热处理后的时效处理。

调质处理的目的是获得回火索氏体组织。因为回火索氏体组织与马氏体的体积差别较小,能使淬火应力和变形减小,从而有利于降低量具的时效效应。

冷处理的目的是为了使残余奥氏体转变为马氏体,减少残余奥氏体量,从而增加量具的尺寸稳定性,冷处理应在淬火后立即进行。

时效处理通常在磨削后进行。量具磨削后在表面层有很薄的二次淬火层,为使这部分组织稳定,需要在 110~150℃经过 6~36 h 的人工时效处理。图 8.11 为用 CrWMn 钢制高精度量规的热处理工艺曲线。

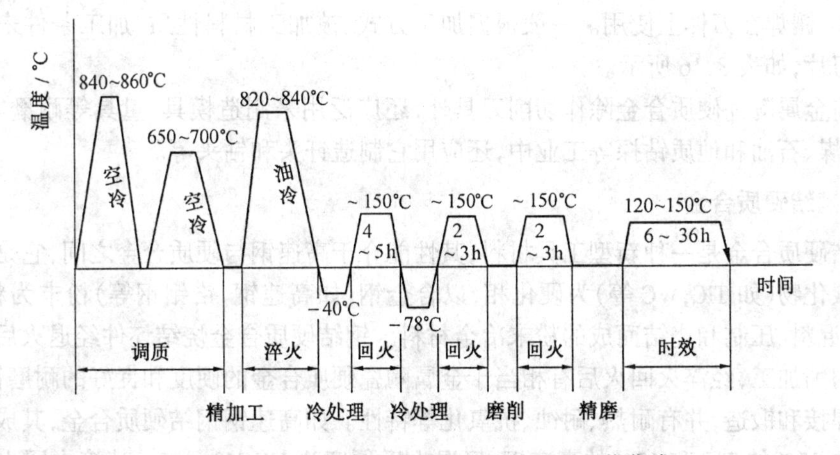

图 8.11 CrWMn 钢高精度量具的热处理工艺曲线

8.5 硬质合金

硬质合金是将一些高硬难熔的化合物粉末和黏结剂混合、加压成型,再经烧结而成的一种粉末冶金材料。

硬质合金种类很多,目前常用的有金属陶瓷硬质合金和钢结硬质合金。

一、金属陶瓷硬质合金

金属陶瓷硬质合金是将一些高硬难熔的金属碳化物粉末(如 WC、TiC 等)和黏结剂(Co、Ni 等)混合、加压成型,再经烧结而成的一种粉末冶金材料,它与陶瓷烧结相似,故由此而得名。

金属陶瓷硬质合金广泛应用的有两类。

(1)钨钴类。应用最广泛的牌号有 YG3、YG6、YG8 等。YG 表示钨钴类硬质合金,后边的数字表示钴的含量。YG6 表示钴的质量分数为 6%、含 WC 的质量分数 94%的钨钴类硬质合金。

(2)钨钴钛类。应用最广泛的牌号有 YT5、YT15、YT30 等。YT 表示钨钴钛类硬质合金,后边的数字表示 TiC 的含量。如 YT15 表示含 TiCl 的质量分数为 5%,其他为 WC 和 Co 的钨钴钛类硬质合金。

以上两类硬质合金中,碳化物是合金的"骨架"、起坚硬耐磨的作用,钴则起黏结作用。它们之间的相对量将直接影响合金的性能。一般说来,含钴量越高(或含碳化物量越低),则强度、韧性越高,而硬度、耐磨性越低,因此含钴量多的牌号(如 YG8)一般都用于粗加工及加工表面比较粗糙的工件。

上述两类硬质合金的特点是硬度高(HRA86 ~ 93,相当于 HRC69 ~ 81),热硬性好(可达 900 ~ 1 000℃),耐磨性优良。硬质合金刀具的切削速度比高速钢提高 4 ~ 7 倍,刀具寿命可提高 5 ~ 80 倍。有的金属材料如奥氏体耐热钢和不锈钢等用高速钢无法加工,但用含 WC 的硬质合金就可以切削加工;硬质合金还可加工硬度在 HRC50 左右的硬质材料。然而,硬质合金由于硬度太高,脆性大,不能进行机械加工,因而硬质合金经常制成一定规格的刀片,镶焊在刀体上使用。一般根据加工方式、被加工材料性质、加工条件来选用硬质合金刀片,如表 8.16 所示。

目前金属陶瓷硬质合金除作切削刀具外,还广泛用来制造模具、量具等耐磨零件;在采矿、采煤、石油和地质钻探等工业中,还应用它制造钎头和钻头等。

二、钢结硬质合金

钢结硬质合金是一种新型工具材料,其性能介于高速钢与硬质合金之间,它是以一种或几种碳化物(如 TiC,WC 等)为硬化相,以合金钢(如高速钢、铬钼钢等)粉末为粘结剂,经配料、混料、压制和烧结而成的粉末冶金材料。钢结硬质合金烧结坯件经退火后可进行一般的切削加工,经淬火回火后有相当于金属陶瓷硬质合金的硬度和良好的耐磨性,也可以进行焊接和锻造,并有耐热、耐蚀、抗氧化等特性。如高速钢钢结硬质合金,其成分为质量分数为 35%的 TiC 和 65%的高速钢,经退火后硬度为 HRC40 ~ 45。其淬火回火工艺与高速钢相似，淬火回火后的硬度为 HRC69～73。高速钢钢结硬质合金适用于制造各种形状复杂的刀具和麻花钻头、铣刀等，也可制造在较高温度下工作的模具和耐磨零件。

表 8.16　硬质合金刀具(刀片)牌号的选用举例

加工方式	被加工材料									加工条件及特征
	碳钢及合金钢	特殊难加工钢	奥氏体不锈钢	淬火钢	钛及钛合金	铸铁 HB ≤240	铸铁 HB 400～700	非铁金属及其合金	非金属材料	
	推荐使用的硬质合金牌号									
车削	YT5 YT14 YT15	YG8 YG6A	YG8		YG8	YG5 YG8	YG8 YG6X	YG6 YG8	—	锻件、冲压件及铸件表皮断续带冲击的粗车，均匀断面表皮的连续粗车
车削	YT15 YT4 YT15	YG8	—	YT5 YG8	YG6 YG8	YG6 YG8	—	YG3X	YG3X	不连续面的半精车及精车
车削	YT30	YT14 YT5	YG6X	YT15 YT14	YG8	YG3X	YG6X	YG3X	YG3X	连续面的半精车及精车
车削	YT15 YT14 YT5	YG8	YG6X	—	YG8	YG6 YG8	—	YG3X	YG3X	切断及切槽
车削	YT15 YT14	YT15 YT14	YG6X	YG6X	YG6	YG3X	YG6X	YG6	YG3X	精、粗车螺纹
刨削及拉削	YT15	—	—	—	—	YG8	—	YG8	YG6 YG8	粗加工
刨削及拉削	YG5	—	—	—	—	YG6 XG8	—	YG6	YG6	半粗加工及精加工
铣削	YT15 YT14	YT15 YT14 YT5	—	—	YG8	YG3X	YG6X	YG3X	YG3X	半精铣及精铣
钻削	YT5	—	—	—	YG6 YG8	YG6 YG8	YG6 YG8	YG6 YG8	—	铸孔、锻孔、冲压孔的一般扩钻
铰削	YT30 YT15	YT30 YT15	YG6X	YT30	YG8	YG3X	YG6X	YG3X	YG3X	预铰及精纹

注：X 表示细颗粒。用细颗粒粉末制得的烧结工具具有较高的抗弯强度和耐磨性，其韧性也有所改善。

第9章 特殊钢

用于制造在特殊工作条件或特殊环境(腐蚀介质、高温等)下具有特殊性能要求的构件和零件的钢材,称特殊钢。

特殊钢一般包括不锈钢、耐热钢、高耐磨钢、磁钢等。

这些钢在机械制造,特别是在化工、石油、电机、仪表和国防工业等部门都有广泛、重要的用途。

9.1 不锈钢

在化工、石油等工业部门中,许多机件与酸、碱、盐及含腐蚀性气体和水蒸气直接接触,使机械产生腐蚀。因此,用于制造这些机件的钢除应有一定的力学性能及工艺性能外,还必须具有良好的抗腐蚀性能。所以,如何获得良好的抗腐蚀性能是这类钢合金化和热处理的基本出发点。

不锈钢是在大气和弱腐蚀介质中耐蚀的钢;而在各种强腐蚀介质(酸)中耐腐蚀的钢,则称为耐酸钢。

为了了解这类钢是如何通过合金化及热处理来实现钢的耐蚀性能,首先要了解钢的腐蚀过程及失效形式。

一、金属腐蚀失效形式及过程

自然界中金属腐蚀的形式很多,但就其本质而言,可分为化学腐蚀和电化学腐蚀两大类。

化学腐蚀:指金属直接与介质发生化学反应。例如,铁与氧、水蒸气等直接接触,发生氧化反应为

$$4Fe + 3O_2 \longrightarrow 2Fe_2O_3$$

$$Fe + 2H_2O \longrightarrow Fe(OH)_2 + H_2\uparrow$$

这些化学反应的结果,使金属逐渐发生破坏。如化学腐蚀的产物与基体结合的牢固且很致密,这时,使腐蚀的介质与基体金属隔离,会阻碍腐蚀的继续进行。因此,防止金属产生化学腐蚀主要措施之一是加入 Si、Cr、Al 等能形成保护膜的合金元素进行合金化。

电化学腐蚀:指金属电解质溶液里因原电池作用产生电流而引起的腐蚀。根据原电池原理,产生电化学腐蚀的条件:①必须有两个电位不同的电极;②有电解质溶液;③两电极构成通路。

那么工程上服役的构件及零件是怎样满足上述的电化学腐蚀条件呢?

一般钢的腐蚀就是由电化学腐蚀引起的,但又与一般化学书中介绍的原电池有所不同。在一般原电池中需要有两块电极电位不同的金属极板,而实际钢铁材料是在同一块

材料上发生电化学腐蚀，称微电池现象。在碳钢的平衡组织中，除了有铁素体外，还有碳化物，这两个相的电极电位不同，铁素体的电位低（阳极），渗碳体电位高（阴极），这两者就构成了一对电极（如图9.1所示）。加之钢材在大气中放置时表面会吸附水蒸气形成水溶液膜，于是就构成了一个完整的微电池，便产生了电化学腐蚀。

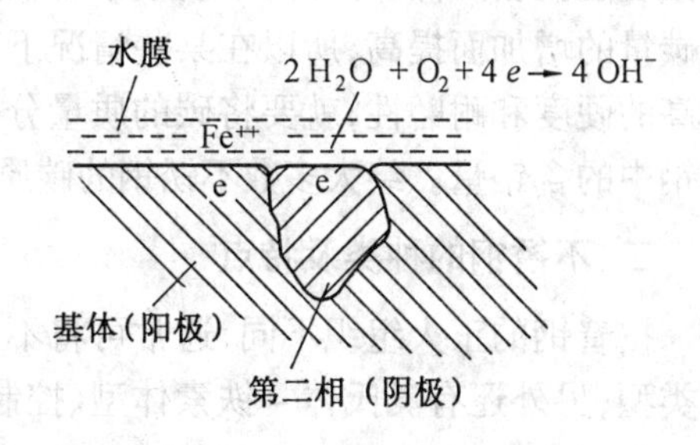

图9.1 微电池现象示意图

根据电化学腐蚀产生的位置及条件，常常出现各种不同类型的腐蚀形式，如晶间腐蚀、应力腐蚀、疲劳腐蚀等。

研究结果还表明，当金属产生化学或电化学腐蚀后，在一些金属的表面能形成一层致密的薄膜（如 Cr_2O_3，Al_2O_3，SiO_2 等），此薄膜将介质与金属隔离，能减缓或阻止腐蚀的继续进行，称之为金属的钝化。

对金属钝化现象的认识，为提高金属的耐蚀性提供了新的途径。

二、提高金属耐腐蚀性的途径

提高金属抗电化腐蚀性能的主要途径为合金化，以达到如下的目的。

(1)使金属具有均匀化学成分的单相组织。

(2)提高金属的电极电位，使构成微电池的两个极的电位差越小越好。

(3)使金属表面形成致密的氧化膜（如 Cr_2O_3，Al_2O_3，SiO_2 等），使金属钝化。

在不锈钢中常加入的合金元素有：Cr、Ni、Ti、Mo、V、Nb 等。

铬是决定不锈钢抗腐蚀性好坏的主要元素之一。因为铬与氧能形成致密的 Cr_2O_3 保护膜，还能提高铁素体的电极电位，如图9.2所示。铬加入后，铁素体的电极电位的变化随着含铬量的增加不是渐变的，而是突变式的，即铬的质量分数为12.5%、25%、37.5%（原子比）时，电极电位才能显著地提高。铬是缩小γ区的元素，当铬含量很高时能得到单一的铁素体组织。因此，不锈钢中铬是必加的元素，其铬的质量分数通常为13%、17%及27%。也就是说，只有钢中的铬的质量分数最低限为12%才能提高钢的抗腐蚀性。

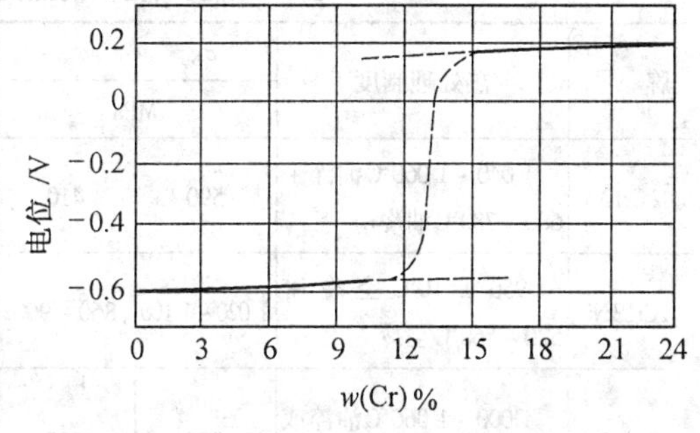

图9.2 铁－铬合金的电极电位与含铬量的关系

镍是扩大γ区的元素，在低碳镍钢中镍的质量分数达24%以上时，可获得单相奥氏体组织，钢的抗腐蚀性能显著提高。但这时钢的强度不高，如果要获得适度的强度和高耐蚀性，必须把镍和铬同时加入钢中才能达到构件及零件的性能要求。

碳在不锈钢中的影响有二重性，一方面碳与铬有很大的亲和力，能形成一系列铬的碳化物，钢中的含碳量越高，形成铬的碳化物就越多，固溶体中的含铬量相对地就越少，钢的耐蚀性能就会降低。因此,不锈钢中含碳量一般要求较低。另一方面,不锈钢的强度则随含碳量的增加而提高,所以在某些情况下,如用于制造滚动轴承、弹簧和刃具的不锈钢,要求高的硬度和耐磨性,就要将碳的质量分数提高到 0.85% ~ 0.95%,此时,必须相应地提高钢中的含铬量。绝大多数不锈钢的碳质量分数在 0.4%以下,同时加入铬、镍主要元素。

三、不锈钢的种类及特点

按着钢的正火组织不同,通常可将不锈钢分为马氏体型、奥氏体型、铁素体型三个基本类型,另外还有奥氏体-铁素体型、控制相转变(半奥氏体)型等类型。

(一)抗氧化钢

典型的抗氧化钢有:1Cr13、1Cr13Ni、2Cr13、Y2Cr13Ni2、3Cr13、4Cr13 和 4Cr10Si2Mo 等。其化学成分、力学性能及用途如表 9.1、表 9.2 所示。抗氧化钢含有质量分数约 13%的铬,具有良好的抗氧化和耐腐蚀的能力,较高的强度和热韧性。

表 9.1　抗氧化钢的化学成分

牌　号	化学成分 w_B/%						
	C	Mn	Si	Cr	Ni	S	P
1Cr13	0.08 ~ 0.15	≤0.80	≤0.80	12.00 ~ 14.00	—	≤0.025	≤0.030
1Cr3Ni	0.10 ~ 0.15	0.30 ~ 0.80	≤0.80	11.50 ~ 13.00	0.30 ~ 0.80	≤0.025	≤0.035
2Cr13	0.16 ~ 0.25	≤0.80	≤0.80	12.00 ~ 14.00	—	≤0.025	≤0.030
Y2Cr13Ni2	0.20 ~ 0.30	0.80 ~ 1.20	≤0.50	12.00 ~ 14.00	1.50 ~ 2.00	0.15 ~ 0.25	0.08 ~ 0.15
3Cr13	0.26 ~ 0.35	≤0.80	≤0.80	12.00 ~ 14.00	≤0.60	≤0.030	≤0.025
4Cr13	0.36 ~ 0.45	≤0.80	≤0.80	12.00 ~ 14.00	—	≤0.025	≤0.030

表 9.2　抗氧化钢的热处理制度、力学性能及用途

牌　号	热处理制度	σ_b	$\sigma_{p0.2}$	δ_5	ψ	α_k/(kJ·m^{-2}) 或 HRC	用　途
		MPa		%			
1Cr13	1 040 ~ 1 060℃油淬 + 680 ~ 780℃油冷	590	410	20	60	710	常温下耐弱腐蚀介质的容器、透平叶片等
1Cr13Ni	950 ± 10℃ 空冷 + 520 ~ 560℃空冷	1 020 ~ 1 100	860 ~ 900	16 ~ 17	—	—	发动机连接管及安装边等
2Cr13	1 000 ~ 1 060℃油淬或空冷 + 600 ~ 700℃油冷	835	635	10	50	590	同 1Cr13 及医疗注射针等
Y2Cr13Ni2	1 030 ~ 1 050℃空冷 + 600 ± 20℃空冷	1 225	—	6	—	—	表面粗糙度较低又承受较大应力的耐腐耐磨性
3Cr13	1 000 ~ 1 050℃油淬 + 200 ~ 300℃快冷	1 600	1 300	3	4	HRC≥48	耐腐耐磨的机器、仪器零件、医用器械等
4Cr13	1 050 ~ 1 100℃ 油淬 200 ~ 300℃空冷	1 680	1 400	4	8	HRC≥50	

1Cr13、2Cr13 钢由于含碳量较低,具有良好的综合力学性能,可进行深冲、弯曲、卷边和焊接,但切削性能差,主要用于制造不锈的结构件(如汽轮机叶片等)。1Cr13Ni 钢经调质处理后,具有较高的强度、韧性和良好的减震性,适用于制造在腐蚀介质和冲击载荷条件下工作的零件(如发动机连接管等)。Y2Cr13Ni2 是易切削钢,强度较高,在大气、水、硝酸类氧化性酸及碱水溶液中均有较好的耐腐蚀性能,但在盐酸、硫酸以及卤化物介质中有明显的点腐蚀倾向。切削加工性能好,但焊接性能和冷变形塑性较差。其最终热处理采用淬火及高温回火。

3Cr13、4Cr13 钢含碳量较高,它们的强度和硬度均高于 2Cr13,但冷变形及焊接性能均比 2Cr13 差,主要用于制造耐蚀工件、医疗工具、不锈轴承等。其最终热处理采用淬火及低温回火。

(二)马氏体不锈钢

典型的马氏体不锈钢有 1Cr17Ni2、1Cr17Ni3、1Cr11Ni2W2MoV、1Cr12Ni3Mo2V、0Cr17Ni4Cu4Nb 等,其化学成分、力学性能及用途如表 9.3、表 9.4 所示。马氏体不锈钢中主要有低碳(碳的质量分数为 12%)铬型热强钢,钢中添加有较多量的补充强化元素,经淬火和中温回火产生二次硬化,进一步提高强度和热强性,广泛用作 550℃以下工作的发动机压气机叶片、盘件、轴颈、环型件及其他重要承力件。1Cr17Ni2 钢具有良好的耐蚀性、较高的强度、较好的切削加工性能及冷冲压成型性能,可用各种方法进行焊接,焊后必须经过高温回火或调质处理。1Cr11Ni2W2MoV 和 1Cr12Ni2WMoVNb 均是马氏体热强型不锈钢,1Cr11Ni2W2MoV 钢的室温强度、持久强度均较高,并有良好的韧性和抗氧化性能,在淡水和潮湿的空气中有较好的耐蚀性。1Cr12Ni2WMoVNb 钢热强性高,耐应力腐蚀性能好,冷热加工性能好,氩弧焊与点焊裂纹倾向性小。1Cr11Ni2W2MoV、1Cr12Ni2WMoVNb 的生产和使用已有几十年的历史。1Cr12Ni3Mo2V 钢具有较高的中温抗蠕变性能、抗疲劳性能和抗腐蚀性能,满意的焊接性能和成型性能。

表 9.3 马氏体不锈钢化学成分

牌号	化学成分 w_B/%							
	C	Mn	Si	Cr	Ni	Mo	V	其他
1Cr17Ni2	0.11~0.17	≤0.80	≤0.80	16.00~18.00	1.50~2.50	—	—	—
1Cr17Ni3	0.12~0.20	≤1.00	≤1.00	15.00~18.00	2.00~3.00	—	—	—
1Cr11Ni2W2MoV	0.10~0.16	≤0.60	≤0.60	10.50~12.00	1.40~1.80	0.35~0.50	0.18~0.30	(W)1.50~2.00
1Cr12Ni3Mo2V	0.08~0.13	0.50~0.90	≤0.35	11.00~12.50	2.00~3.00	1.50~2.00	0.25~0.40	—
0Cr17Ni4Cu4Nb	≤0.07	≤1.00	≤1.00	15.00~17.50	3.00~5.00	(Cu)3.00~5.00	—	(Nb)0.15~0.45
0Cr15Ni5Cu2Ti	≤0.08	≤1.00	≤0.70	13.50~14.80	4.80~5.80	(Cu)1.75~2.50	—	(Ti)0.03~0.15

表 9.4 马氏体不锈钢的热处理制度、力学性能及用途

牌号	热处理制度	σ_b	$\sigma_{p0.2}$	δ_5	ψ	α_k/(kJ·m^{-2})	用途
		MPa		%		或 HRC	
1Cr17Ni2	950~1 040℃油淬+275~350℃空冷	≮1080	—	≮10	—	≮490	潮湿介质中工作的承力件等

续表 9.4

牌号	热处理制度	σ_b	$\sigma_{p0.2}$	δ_5	ψ	$\alpha_k/(kJ\cdot m^{-2})$ 或 HRC	用途
		MPa		%			
1Cr17Ni3	1 010 ± 10℃油淬 + 650 ± 5℃空冷	880 ~ 1080	≥690	≥12	—	≥400	要求较高强度、韧性、塑性和良好耐蚀性的零部件等
1Cr11Ni2W2MoV	1 000 ~ 1 020℃油淬或空冷 + 540 ~ 590℃空冷	≮1080	≮885	≮12	≮50	≮690	550℃以下及潮湿条件下工作的承力件等
1Cr12Ni3Mo2V	1 050℃空冷 + 620 ± 5℃空冷	≮1000	≮800	≮10	—	≥1000	航空发动机的低压压气机一级转子轴机匣等
0Cr17nI4Cu4Nb	1 020 ~ 1 060℃水淬 + 540 ~ 560℃空冷	≮1070	≮1000	≮12	≮45	—	400℃以下工作的高强度耐蚀件等
0Cr15Ni5Cu2Ti	950℃空冷	≮1080	≮785	≮10	≮55	≮1200	飞机发动机燃烧室机匣等重要承力件等

(三)控制相转变不锈钢

典型的控制相转变不锈钢有 0Cr17Ni7Al、0Cr12Mn5Ni4Mo3Al、0Cr16Ni6 等，其化学成分、力学性能及用途如表 9.5、表 9.6 所示。控制相转变不锈钢是一类介于奥氏体和马氏体之间的沉淀硬化高强度不锈钢。此类钢在室温下为奥氏体组织，塑性和加工成型性能优良，经深冷和时效处理后可达到高强度，还可通过冷变形实现塑性转变达到超高强度。用冷变形方法制造的钢带、钢丝适用于弹性元件，如 0Cr12Mn5Ni4Mo3Al 钢制造的多种弹性元件已广泛应用于航空和航天工业。

表 9.5 控制相转变不锈钢化学成分

牌号	化学成分 w_B/%								
	C	Mn	Si	Cr	Ni	Al	Mo	S	P
0Cr17Ni7Al	≤0.09	≤1.00	≤1.00	16.00 ~ 18.00	6.50 ~ 7.75	0.75 ~ 1.50	—	≤0.025	≤0.035
0Cr12Mn5Ni4Mo3Al	0.03 ~ 0.09	4.40 ~ 5.30	≤0.80	11.00 ~ 12.00	4.00 ~ 5.00	0.50 ~ 1.00	2.70 ~ 3.30	≤0.025	≤0.025
0Cr16Ni6	0.05 ~ 0.09	0.30 ~ 0.80	0.30 ~ 0.80	15.00 ~ 17.00	5.00 ~ 7.50	—	—	≤0.020	≤0.030

表 9.6 控制相转变不锈钢的热处理制度、力学性能及用途

牌号	热处理制度	σ_b	$\sigma_{p0.2}$	δ_5	ψ	用途
		MPa		%		
0Cr17Ni7Al	1 050℃水淬或空冷 + 760℃空冷至不高于 580℃，1.5 h 空冷	≤1030	≤380	≮20	—	350℃以下长期工作的不锈结构件、容器、管道等
0Cr12Mn5Ni4Mo3Al	1050℃固溶 + (- 78℃)4 h + 520℃，2 h 空冷	1605	1410	15.7	62.7	350℃以下工作的飞行器构件、弹性元件等
0Cr16Ni6	1 000℃水冷 + (- 70 ~ - 80℃)2 h + 420℃，1 h 空冷	≮1175	≮930	≮12	≮50	飞机、发动机上的重要受力构件和其他飞行器零件等

(四)奥氏体不锈钢

典型的奥氏体不锈钢有 0Cr18Ni9、1Cr18Ni9、1Cr18Ni9Ti、H00Cr18Ni9、00Cr18Ni10N、00Cr19Ni10、0Cr21Ni6Mn9N、1Cr18Mn8Ni5N、2Cr13Mn9Ni4、4Cr14Ni14W2Mo 等,其化学成分、力学性能及用途如表 9.7、表 9.8 所示。在奥氏体不锈钢中,18Cr－8Ni 是最基本的一类,用锰或锰加氮代替一部分 Ni 而形成的 Cr－Ni－Mn 和 Cr－Ni－Mn－N 钢属于节镍型钢种。因其含铬量高,抗氧化、耐蚀性能优良,又因其室温下保持稳定的单相奥氏体组织,无磁性,具有优良的塑性和加工成型性能,广泛地用于飞机发动机的燃油导管、液压导管及其他管线、散热器,各种钣金、焊接构件,还可以通过冷变形制造弹性元件。

表 9.7 奥氏体不锈钢的化学成分

牌 号	化学成分 $w_B/\%$						
	C	Mn	Si	Cr	Ni	Ti	其 他
0Cr18Ni9	≤0.07	≤2.00	≤1.00	17.00~19.00	8.00~11.00	—	—
1Cr18Ni9	≤0.12	≤2.00	≤0.80	17.00~19.00	8.00~10.00	—	—
1Cr18Ni9Ti	≤0.12	≤2.00	≤0.80	17.00~19.00	8.00~11.00	5(C－0.02)~0.8	—
H00Cr18Ni9	≤0.03	0.20~2.00	≤0.70	17.00~20.00	9.00~12.00	—	—
00Cr18Ni10N	≤0.03	≤2.00	≤1.00	17.00~19.00	8.00~12.00	—	(N)0.12~0.22
00Cr19Ni10	≤0.03	≤2.00	≤1.00	18.00~20.00	8.00~12.00	—	—
0Cr21Ni6Mn9N	≤0.04	8.00~10.00	≤1.00	19.00~21.50	5.50~7.50	—	(N)0.15~0.40
1Cr18Mn8Ni5N	≤0.10	7.50~10.00	≤1.00	17.00~19.00	4.00~6.00	—	(N)0.15~0.25
2Cr13Mn9Ni4	0.15~0.30	8.00~10.00	≤0.80	12.00~14.00	3.70~5.00	—	—
4Cr14Ni14W2Mo	0.40~0.50	≤0.07	≤0.08	13.00~15.00	13.00~15.00	—	(W)2.00~2.75 (Mo)0.25~0.40

表 9.8 奥氏体不锈钢的热处理制度、力学性能及用途

牌 号	热处理制度	σ_b	$\sigma_{p0.2}$	δ_5	ψ	用 途
		MPa(不小于)		%(不小于)		
0Cr18Ni9	1010~1150℃水冷	520	205	40	60	耐蚀钣金、冲压成型件等
1Cr18Ni9	1010~1150℃水冷	520	205	40	60	低温以及 250℃以下使用的不锈弹簧等
1Cr18Ni9Ti	1010~1150℃水冷	540	196	45	55	航天、航空、化工焊接件等
00Cr18Ni10N	1010~1100℃水冷	480	176	40	60	广泛替代 0Cr18Ni9、1Cr18Ni9、1Cr18Ni9Ti 等
0Cr21Ni6Mn9N	1050℃水冷	720	345	40	65	飞机导风管、超低温氢介质中工作的零件等
1Cr18Mn8Ni5N	1010~1120℃水冷	635	295	45	60	400℃以下在大气或燃气产物中长期工作的航空发动机冲压和焊接构件,800℃以下在大气或燃气产物相接触的短时使用零件等
2Cr13Mn9Ni4	1050~1120℃水冷	635	355	60	40	要求有较高的强度、一定的耐蚀能力的结构件、翼梁、机身等
4Cr14Ni14W2Mo	820~830℃空冷	705	315	20	35	发动机排气活门和紧固件等

生产实践表明，奥氏体不锈钢的组织为单相奥氏体时有最佳的耐蚀性。正如前面指出，在平衡条件下，钢中会有$(Fe,Cr)_4C$析出和$\gamma \to \alpha$相变，这时18－8Ni型不锈钢的抗蚀性能就会降低。尤其是当碳化物在晶界析出时，易产生晶间腐蚀，这是18－8Ni型不锈钢在工作中遇到的主要问题。

为了进一步提高18－8Ni型不锈钢的耐蚀性，一方面可尽量减少钢中的含碳量，以减少碳化物第二相，另一方面常可对钢进行一次固溶处理，以消除奥氏体不锈钢中的碳化物第二相，即将钢加热到1050～1150℃，让所有碳化物全部溶解于奥氏体，然后采取快速冷却（如水冷）以抑制第二相的析出。这样处理后，在室温状态可获得单相奥氏体组织。

固溶处理与一般碳钢和合金钢的淬火处理不同，固溶处理后钢的强度降低，塑性却提高了。

18－8Ni不锈钢经固溶处理后，由于消失了第二相，故可以提高钢的耐蚀性，但当碳的质量分数在0.03%～0.12%的奥氏体钢（如1Cr18Ni9），经固溶处理，碳化物溶入奥氏体后处于过饱和状态，一旦使用中受热到550～800℃较长时间，将促进$(Fe,Cr)_4C$在晶界析出，降低晶界的含铬量，从而导致沿晶界腐蚀现象，称晶间腐蚀。

为了克服晶间腐蚀现象，可在奥氏体不锈钢中加入强碳化物形成元素Ti和Nb。当钢中加入Ti、Nb后，能使钢中绝大部分的碳被结合在TiC、NbC中，减少了$(Fe,Cr)_4C$形成的可能性。这样就减少了18－8Ni型不锈钢的晶间腐蚀倾向。但1Cr18Ni9Ti和1Cr18Ni9Nb不锈钢并没有完全消除晶间腐蚀的现象，另外，为了防止其发生晶间腐蚀，还必须进行稳定化处理。

稳定化处理的工艺是加热温度应高于$(Fe,Cr)_4C$完全溶解的温度，而低于碳化钛完全溶解的温度，使$(Fe,Cr)_4C$完全溶解，而保留部分碳化钛。随后的冷却速度应缓慢，以便使加热时溶于奥氏体中的那一部碳化钛在冷却时能够充分析出。这样，碳几乎全部稳定于碳化钛中（稳定化处理即由此而得名），使$(Fe,Cr)_4C$不致再析出，从而防止了1Cr18Ni9Ti钢的晶间腐蚀现象。

1Cr18Ni9Ti钢制零件稳定化处理的具体工艺是：加热温度850～880℃，保温6 h，采用空冷或炉冷。

此外，经过冷加工或焊接的18－8Ni型不锈钢都会存在残余应力。如不设法消除此残余应力，还将会引起应力腐蚀开裂。消除应力的处理工艺如下：

为消除冷加工残余应力，可加热至300～350℃，而后空冷。

为消除焊接残余应力，宜加热至850℃以上，可同时起到减轻晶间腐蚀倾向的作用。

（五）双相不锈钢

典型的奥氏体－铁素体双相不锈钢有1Cr18Ni11Si4AlTi、1Cr21Ni5Ti等，其化学成分、力学性能及用途如表9.9、表9.10所示。此类钢是为了弥补奥氏体不锈钢晶间腐蚀的不足而发展起来的。1Cr18Ni11Si4AlTi钢的抗拉强度，特别是屈服强度明显高于单相奥氏体钢，并具有较高的抗氧化性和耐腐蚀性能。但此类钢的冷热加工较单相奥氏体钢困难。适量铁素体相的存在，有效地降低了钢的焊接裂纹倾向性。1Cr21Ni5Ti钢由于铁素体的强化作用其抗拉强度明显高于单相奥氏体钢，耐腐蚀性能特别是耐晶间腐蚀和应力腐蚀性能优良。此类钢可进行各种方法的焊接，裂纹倾向性很小。加工成型性能稍次于

18－8Ni型奥氏体不锈钢，可部分取代18－8Ni型奥氏体不锈钢。

表9.9 双相不锈钢化学成分

牌号	化学成分 w_B/%								
	C	Mn	Si	Cr	Ni	Al	Ti	S	P
1Cr18Ni11Si4AlTi	0.10～0.18	≤0.80	3.40～4.00	17.50～19.50	10.00～12.00	0.10～0.30	0.40～0.70	≤0.025	≤0.035
1Cr21Ni5Ti	0.09～0.14	≤0.80	≤0.80	20.00～22.00	4.80～5.80	—	0.25～0.50	≤0.025	≤0.035

表9.10 双相不锈钢的热处理制度、力学性能及用途

牌号	热处理制度	σ_b	$\sigma_{p0.2}$	δ_5	ψ	α_k/(kJ·m^{-2})	用途
		MPa(不小于)		%(不小于)		或HRC	
1Cr18Ni11Si4AlTi	1 000～1 050℃水冷	715	440	25	40	790	在空气或特定介质中工作的焊接件等
1Cr21Ni5Ti	950～1 050℃空冷或水冷	590	345	2	40	470	要求耐蚀的焊接件、钣金件等

(六)铁素体型不锈钢

典型的铁素体型不锈钢有Cr17、Cr25及Cr28型，其化学成分、性能及用途见表9.11所示。

表9.11 铁素体不锈钢化学成分、热处理制度、性能及用途

牌号	化学成分 w_B/%								热处理制度
	C	Si	Mn	Cr	Ti	S	P	其他	
Cr17	≤0.12	≤0.80	≤0.70	16～18	—	≯0.030	≯0.035	—	750～800℃退火空冷
Cr17Ti	≤0.10	≤0.80	≤0.70	16～18	5×w(C)～0.8	≯0.030	≯0.035	—	700～800℃退火空冷
Cr17Mo2Ti	≤0.10	≤0.60	≤0.80	15.5～17	0.5～0.8	—	—	(Mo)1～2	750～800℃退火空冷
Cr25Ti	≤0.12	≤1.00	≤0.80	24～27	5×w(C)～0.8	≯0.030	≯0.035	—	700～800℃退火空冷
Cr28	≤0.15	≤1.00	≤0.80	27～30	—	≯0.030	≯0.035	—	700～800℃退火空冷
Cr25Mo3Ti	≤0.15	≤1.00	≤0.80	24～26	1.5～2.0	≯0.030	≯0.035	2.3～2.6Mo	1020～1050℃水或空冷(＞～2 mm水冷)
Cr17(S)	≤0.12	≤1.00	≤1.25	14～18	—	＞0.15	—	—	—

HB	σ_b	σ_c	δ	ψ	α_k/(J·cm^{-2})	用途举例
	MPa		%			
156	400	250	20	50	20～80	生产硝酸的设备(吸收塔、热硝酸热交换器、酸槽、管路等)
	450	300	20	—	—	同上，但晶间腐蚀倾向小
145	500	300	20	55	—	制盐及有机酸、人造纤维设备等
	450	300	20	45	—	盛不同浓度硝酸及磷酸的容器、硝酸浓缩设备等
	450	300	20	45	—	硝酸浓缩设备等
	650	550	12	—	—	适于制造介质中含氯离子的设备，如制氯、高氯酸、漂白粉等

这类钢因含铬量高，在氧化性酸(如HNO_3)中有良好的耐蚀性，金相组织主要为铁素体，故而得名。这类钢在加热和冷却时几乎没有$\alpha \rightleftharpoons \gamma$的转变，因而不能用相变强化。铁素体不锈钢的缺点是韧性较低，冷变形性能差，焊接热影响区晶粒粗大且脆性高。

铁素体不锈钢在350～550℃之间长期停留将导致脆化,强度升高,而塑性、韧性急剧降低,在475℃左右发展最快,称475℃脆性。其原因是由于从铁素体中析出富铬的化合物,使钢的脆性剧增。因此,铁素体不锈钢应避免在此温度下使用或在热加工工艺过程中在此温度下长期停留。已出现脆性的钢可采用580～600℃保留1～5 h或760～800℃保温0.5～1 h的方法使之消除。

铁素体不锈钢在550～850℃长期停留时将从铁素体中析出σ相(FeCr金属间化合物),具有高的硬度,使钢变脆,称σ脆性。已形成σ相而变脆的钢加热到820℃以上时,可将σ相溶入铁素体中,使塑性及韧性恢复正常。

9.2 耐热钢及耐热合金

工程上有些零件,如锅炉、汽轮机零件等因在一定温度下工作,在工作时除受载荷作用外,还应具有一定的耐热性能。用于制造在一定温度下(再结晶温度以上)工作的零件及构件所用的钢均称耐热钢或耐热合金。

根据机械零件使用性能要求不同,可把耐热钢及耐热合金分为两大类。

(1)耐热不起皮钢及合金:指在热的气体介质中无载荷或低载状态下工作时,表面具有耐化学腐蚀抗力的钢及合金,可用于制造加热炉内的元件。

(2)热强钢及合金:指除了承受高温气体介质作用外,还承受一定载荷作用的钢及合金。

一、耐热不起皮钢

耐热不起皮钢在工作时由于受力很小,主要是受到热气体介质的作用,故失效形式基本上是高温氧化。因此,对这类钢提出的基本性能要求是高温抗氧化性能,也称热稳定性。

从化学腐蚀的过程可知,如果在金属的表面形成一层致密的氧化膜,则氧化过程就会减慢或停止。因此,氧化膜的性质对金属的抗氧化性能有决定性的作用。

氧化膜的性质是由氧化膜的结构、致密度和完整性决定的。

在铁的氧化物中,Fe_3O_4和Fe_2O_3就有保护作用,而FeO就没有这种作用,相反能加剧氧化过程,这主要是FeO的结构中常常存在着一些空位,导致原子扩散的加速。

为提高钢的抗氧化性能,常加入Cr、Al、Si等元素,因为这些元素在高温下可在钢的表面上形成一层结构致密的氧化物膜。

常用的耐热不起皮钢的牌号、成分及用途如表9.12所示。

二、热强钢

热强钢是在应力和温度作用下工作的,因而要求材料除了有良好的抗氧化性能外,还应具有高的热强性,而且热强性是第一位。

表 9.12 耐热不起皮钢主要化学成分及用途举例

牌号	化学成分 w_B/%										用途举例
	C	Si	Mn	Cr	Ni	Ti	Al	N	S(≯)	P(≯)	
Cr3Si	≤0.10	1.0~1.5	≤0.70	3.0~3.5	—	—	—	—	0.030	0.035	<750℃工作的炉用构件
Cr6Si2Ti	≤0.15	2.0~2.5	≤0.70	5.8~6.8	—	0.08~0.15	—	—	0.030	0.035	<850℃工作的炉用构件
Cr13Si3	≤0.12	2.3~2.8	≤0.70	12.5~14.5	—	—	—	—	0.030	0.035	800~1 000℃工作的炉用构件
Cr13SiAl	0.10~0.20	1.0~1.5	≤0.70	12.0~14.0	—	—	1.0~1.8	—	0.030	0.035	800~1 000℃工作的炉用构件
Cr18Si2	≤0.12	1.9~2.4	≤1.0	17.0~19.0	—	—	—	—	0.030	0.035	<1 000℃工作的炉用构件及渗碳箱等
Cr17Al14Si	≤0.10	1.0~1.5	≤0.70	16.5~18.5	—	—	3.5~4.5	—	0.030	0.035	<1 100℃工作的炉用构件及渗碳箱等
Cr24Al2Si	≤0.12	0.8~1.2	≤1.0	23.0~25.0	—	—	1.4~2.4	—	0.030	0.035	适应于~1 050℃温度波动下工作的炉用构件
Cr25Si2	≤0.10	1.6~2.1	≤1.0	24.0~26.0	—	—	—	—	0.030	0.035	适应于~1 050℃温度波动下工作的炉用构件
Cr18Ni25Si2(苏ЭЯ3С)	0.30~0.40	2.0~3.0	≤1.5	17.0~20.0	23.0~26.0	—	—	—	0.025	0.035	<1 100℃工作的炉用构件,渗碳箱及炉内输送带等
6Mn18Al5Si2Ti	0.6~0.7	1.7~2.2	18~20	—	—	0.15~0.25	4.5~5.5	—	0.03	0.06	≤950℃工作的炉用构件
Cr19Mn12Si2N	0.24~0.34	1.7~2.4	11~13	18~20	—	—	—	0.24~0.32	0.035	0.05	850~1 000℃工作的炉用构件
Cr20Mn9Ni2Si2N	0.18~0.28	1.8~2.7	8.5~11	17~21	2~3	—	—	0.2~0.28	0.03	0.03	850~1 050℃工作的炉用构件,用以代 Cr18Ni25Si2

(一)热强性

材料在高温和载荷作用下抵抗塑性变形和破裂的能力,称为热强性。它是通过材料在高温下的力学性能指标反映出来的。

材料在高温下的力学性能与常温不同,因增加了温度、时间和组织变化三个影响因素。

1.温度对钢的性能的影响

随着温度的升高,材料的强度逐渐下降,塑性逐渐增加。

2.载荷时间的影响

在常温时,材料的强度几乎与时间无关。但随着温度的升高,材料强度随着时间的增加而不断下降,温度越高,时间影响越大。

3.组织变化的影响

材料在高温长时间作用下,金属的组织将向更加稳定的状态转化,组织状态的变化会伴随着强度的下降。

常温下金属受力时的主要变形方式是滑移。在高温下,金属受力时的变形主要由原子扩散而引起的,由于长期在高温条件下工作的零件,在强度、塑性及断裂形式等方面都与常温条件下有所不同,因此,高温下使用的零件不能采用常温力学性能指标作为设计和选材的依据,而应以高温强度为依据,即所谓热强性指标。

为了了解耐热钢热强性的物理意义,首先介绍一下金属在高温下的蠕变现象。

金属的蠕变是材料在高温下工作时的一种主要失效形式。它是指金属在高温下,当外加应力低于屈服极限(甚至弹性极限)时,即会随着时间的延长逐渐发生缓慢的塑性变形直至断裂的现象。

蠕变现象可用图 9.3 所示的蠕变曲线来描述。蠕变曲线可划分为以下几个阶段。

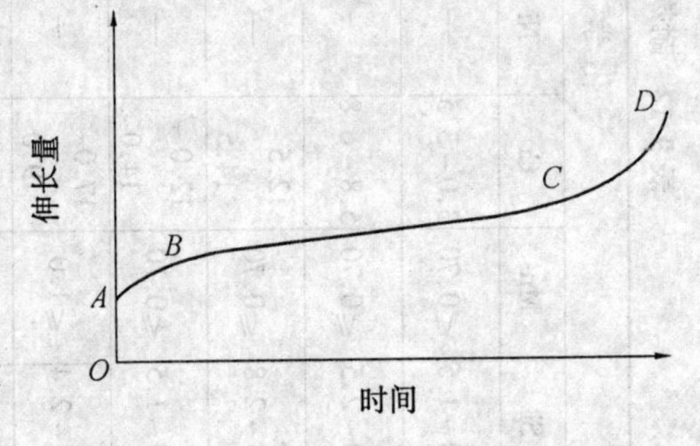

图 9.3　典型的蠕变曲线

OA 段为加载后立即发生的弹性变形和塑性变形阶段;

AB 段为蠕变不稳定变形阶段,在此阶段金属以不均匀(逐渐变慢)的速度变形;

BC 段为蠕变的稳定形变阶段,在此阶段金属以恒定的速度变形;

CD 段为蠕变的最后阶段,这时蠕变速度不断加快直至 *D* 点断裂。

由此可见,金属在高温下蠕变变形的特点是,由瞬时微量变形经过减速变形逐渐过渡到稳定变形,经过相当长的缓慢的稳定变形之后,才发生加速度变形而至断裂。蠕变变形只有在一定温度以上、超过一定的应力才会发生。这个温度界限就是金属的再结晶温度,应力界限就是金属的弹性极限。因为只有大于再结晶温度,金属才能发生明显的扩散,只有超过弹性极限,金属才会产生塑性变形。

金属的蠕变过程是塑性变形引起金属的强化过程在高温下通过原子扩散使其迅速消除。因此,在蠕变过程中,两个相互矛盾的过程同时进行,即塑性变形使金属强化和由温度的作用而消除强化。蠕变现象产生的条件:①材料的工作温度高于再结晶温度;②工作应力高于弹性极限。

因此,要想完全消除蠕变现象,必须使金属的再结晶温度高于材料的工作温度,或者增加弹性极限使其在该温度下高于工作应力。

对高温工作的零件不允许产生过大的蠕变变形,应严格限制其在使用期间的变形量。如汽轮机叶片,由于蠕变而使叶片末端与汽缸之间的间隙逐渐消失,最终会导致叶片及汽缸碰坏,造成重大事故。因此,对这类在高温下工作,精度要求又高的零件用钢的热强性,通常用蠕变极限来评定。

蠕变极限,即在一定温度下引起一定变形速度的应力。通常用 $\sigma^{t\ ℃}_{\varepsilon\%/h}$ 表示,如 $\sigma^{580℃}_{1\times10^{-5}}=$ 95 MPa,表示材料在 580℃下蠕变速度为 1×10^{-5}%/h 的蠕变极限为 95 MPa。

对一些在高温下工作时间较短,不允许发生断裂的工件,如宇宙火箭工作的时间是几十分钟,而送入轨道的一级或二级运载火箭的工作时间仅是几秒钟。在这种情况下,要求构件不会发生断裂,便不能用蠕变极限来评定材料的热强性,而应用持久强度来评定。

持久强度是在一定温度下,经过一定时间引起断裂的应力,通常用 $\sigma^{t\ ℃}_{\tau}$ 表示。其中 t ℃——试验温度;τ——至断裂时间。如果取时间等于 100 h,则在这段时间内引起断裂的应力就是 100 h 的持久强度。若经 300 h 后引起断裂的应力显然比经 100 h 引起断裂的应力要小。

材料的蠕变极限和持久强度越高,材料的热强性也越高。

(二)提高材料热强性的途径

金属的蠕变和蠕变断裂过程发生均与金属中原子扩散难易程度有关,而影响扩散的基本因素是原子间结合力及组织结构(晶粒大小,第二相的性质及稳定性等)。因此,金属的热强性高低与它的原子间结合力大小及组织结构有密切的关系。如果金属中原子间结合力越大,组织与结构能阻碍原子的扩散,则有利于提高金属的热强性。

工程上常采用强化高温材料的方法有:①固溶强化;②弥散强化;③晶界强化。

在耐热钢中加入 Cr、Mo、W、Nb 等,这些元素溶入固溶体能提高钢的强度和再结晶温度。

在耐热钢中加入强碳化物形成元素 Mo、V、W 等,能形成稳定性很高的 Mo_2C 和 V_4C_3 化合物,这些碳化物稳定性高,能起到弥散强化相的作用。

晶界对于金属虽可起强化作用(阻碍位错运动),但也提供了扩散通道降低热强性。因此,对高温下使用的材料,并非晶粒越细越好,为了减少晶界对扩散的作用,应选择其粗大晶粒有利于提高钢的热强性。

(三)热强钢的种类及用途

目前工业中应用的热强钢按其组织类型可分珠光体、马氏体和奥氏体热强钢三大类。

珠光体型热强钢的成分如表 9.13 所示。不难看出,这类钢的含碳量低,合金元素的含量也不多,主要有 Cr、Mo、W、V、Mn 等,典型的钢有 12Cr1MoV 钢。

这类钢主要用于制造工作温度在 500 ~ 600℃之间长期承受机械作用的蒸汽管道、蒸汽过热器等。

表 9.13　低合金珠光体型热强钢－锅炉管钢与汽轮机叶轮、

	牌　号	化学成分 w_B/%								
		C	Si	Mn	Cr	Mo	W	V	Ti	B
锅炉管用钢	16Mo	0.13～0.19	0.17～0.37	0.40～0.70	—	0.40～0.55	—	—	—	—
	12CrMo	≤0.15	0.17～0.37	0.40～0.70	0.40～0.60	0.40～0.55	—	—	—	—
	15CrMo	0.12～0.18	0.17～0.37	0.40～0.70	0.80～1.10	0.40～0.55	—	—	—	—
	12CrMoV	0.08～0.15	0.17～0.37	0.40～0.70	0.40～0.60	0.25～0.35	—	0.15～0.30	—	—
	12Cr1MoV	0.08～0.15	0.17～0.37	0.40～0.70	0.90～1.20	0.25～0.35	—	0.15～0.30	—	—
	10CrMo910(德)	≤0.15	≤0.50	0.40～0.60	2.00～2.50	0.90～1.10	—	—	—	—
	15CrMoV	0.08～0.15	0.17～0.37	0.40～0.70	0.90～1.20	1.00～1.20	—	0.15～0.25	—	—
	12MoWVBR	0.08～0.15	0.60～0.90	0.40～0.70	R 0.15	0.45～0.65	0.15～0.30	0.35～0.55	0.06	0.007
	12Cr2MoWVTiB(钢研 102)	0.08～0.15	0.46～0.75	0.45～0.65	1.60～2.10	0.50～0.60	0.30～0.50	0.28～0.42	0.06～0.12	0.008
	12Cr3MoVSiTiB(Ⅱ11)	0.09～0.15	0.60～0.90	0.50～0.80	2.50～3.00	1.00～1.20	—	0.25～0.35	—	0.005～0.011
叶轮、转子、紧固件用钢	24CrMoV	0.20～0.28	0.17～0.37	0.30～0.60	1.20～1.50	0.50～0.60	—	0.15～0.25	—	—
	25Cr2MoVA	0.22～0.29	0.17～0.37	0.40～0.70	1.50～1.80	0.25～0.35	—	0.15～0.30	—	—
	25Cr2Mo1VA	0.22～0.30	0.17～0.37	0.55～0.80	2.10～2.50	0.90～1.10	—	0.30～0.50	—	—
	25Cr1Mo1VA(P2)	0.22～0.29	0.30～0.50	≤0.60	1.50～1.80	0.60～0.80	—	0.20～0.30	—	—
	35CrMo	0.32～0.40	0.17～0.37	0.40～0.70	0.80～1.10	0.15～0.25	—	—	—	—
	35CrMoV	0.30～0.38	0.17～0.37	0.40～0.70	1.00～1.30	0.20～0.30	—	0.10～0.20	—	—
	35Cr2MoV	0.26～0.34	0.17～0.37	0.40～0.70	2.30～2.70	0.15～0.25	—	0.10～0.20	—	—
	34CrNi3MoV	0.30～0.40	0.17～0.37	0.50～0.80	1.20～1.50	0.25～0.40	(Ni) 3.00～3.50	0.10～0.20	—	—

转子、紧固件用钢典型钢种

热处理	力学性能(不小于)					用途举例
	σ_b /MPa	σ_s /MPa	δ_5 /%	ψ /%	α_k /(J·cm^{-2})	
880℃空冷,630℃空冷	400	250	25	60	120	管壁温度<450℃
900℃空冷,650℃空冷	420	270	22	60	40	管壁温度<510℃
900℃空冷,650℃空冷	450	300	22	60	120	管壁温度<560℃
970℃空冷,750℃空冷	450	230	22	50	100	
970℃空冷,750℃空冷	500	250	22	50	90	管壁温度<570℃
—	—	—	—	—	—	管壁温度<565℃
—	—	—	—	—	—	蒸汽参数到580℃的主汽管
1 000℃空冷,760℃空冷	650	510	21	71	100	管壁温度<580℃
1 025℃空冷,770℃空冷	600	450	18	60	100	管壁温度<600℃
1 050～1 090℃空冷,720～790℃空冷	—	—	—	—	—	管壁温度<600℃
900℃油淬,600℃水或油	800	600	14	50	60	450～500℃工作的叶轮,<525℃紧固件
900℃油淬,620℃空冷	950	800	14	55	80	<540℃紧固件
1 040℃空冷,670℃空冷	750	600	16	50	60	<565℃紧固件
970～990℃及930～950℃二次正火680～700℃空冷	650	450	16	40	50	<535℃整锻转子
850℃油淬,560℃油或水	1 000	850	12	45	80	<480℃螺栓,<510℃螺母
900℃油淬,630℃水或油	1 100	950	10	50	90	500～520℃工作的叶轮及整锻转子
860℃油淬,600℃空冷	1 250	1 050	9	35	90	<535℃工作的叶轮及整锻转子
820～830℃油淬,650～680℃空冷	870	750	13	40	60	≤450℃工作的叶轮及整锻转子

由于一般锅炉工作时间较长,通常达10~20年之久。因而珠光体型热强钢在长期使用中会发生片状珠光体的球化、碳化物的聚集、钢的石墨化、合金元素在铁素体及碳化物间的重分布等变化。这些组织变化,无疑会使钢的性能也发生变化。其中渗碳体在高温长时间的作用下发生分解,产生游离碳即石墨,$Fe_3C \rightarrow 3Fe + C$(石墨),称为石墨化过程,由于石墨的强度和塑性都很低,几乎等于零。可将石墨本身看成孔洞,由于应力集中可能导致锅炉的爆炸,因此,石墨化是珠光体型热强钢中最危险的组织变化之一。

钢的化学成分是影响钢石墨化的最重要内在因素。钼虽可显著提高再结晶温度和强化铁素体,但会促进石墨化,因此,单纯含钼的珠光体热强钢现已很少使用。在钼钢中加入质量分数为0.5%~1.0%的Cr,则能有效地抑制石墨化,如再加入W、V等强碳化物形成元素,则抑制石墨化的效果更佳。另外,钢中的含碳量越高,也越易发生石墨化。所以珠光体型热强钢大都是加入合金元素Cr、Mo、W、V等的低碳合金钢。

珠光体型热强钢的高温强度较低,对于强度要求较高的汽轮机叶片等来说,珠光体热强钢就满足不了要求,应采用马氏体型热强钢。

马氏体型耐热钢主要是含Cr的质量分数为13%的Cr13型不锈钢。这类钢的成分、组织及性能特点在上一章已做过介绍。Cr13型钢具有较高的抗蚀性、抗氧化性,热处理后可获得高的硬度、强度及塑性。它主要用于制造在600℃以下工作的汽轮机叶片等。

但有些工作在高于600℃的零件,用珠光体及马氏体型热强钢材都满足不了要求,必须采用奥氏体型热强钢。

奥氏体型热强钢的成分及用途如表9.14所示。它主要用于制造工作温度高于600℃的发动机气阀、燃汽轮机叶片以及喷气发动机的其他受热零件。

表9.14 常用奥氏体热强钢的牌号、成分及用途

牌号	化学成分 w_B/%						最高使用温度/℃	
	C	Cr	Mo	Si	W	Ni	抗氧化	热强性
1Cr18Ni9Ti	≤0.12	17.00~19.00	—	≤1.00	—	8.00~10.50	850	650
4Cr14Ni14W2Mo	0.40~0.50	13.00~15.00	0.25~0.40	≤0.80	2.00~2.75	13.00~15.00	850	750

奥氏体型热强钢有一系列的共同特性:即高温强度与抗氧化性高、塑性高、可焊性好,线膨胀系数高。与珠光体钢和马氏体钢相比,此类钢工艺性能差。

奥氏体型钢作为热强钢使用时,其热处理是固溶处理后再采用高于零件使用温度60~100℃的时效处理,以使组织进一步稳定和提高热强性。

以上介绍的珠光体、马氏体、奥氏体型热强钢,仅适用于750℃以下工作的零件。如果零件的工作温度超过750℃,耐热钢的高温强度就满足不了要求,这时应选用耐热合金。目前应用最多的耐热合金有镍基合金、钴基合金等。如果零件工作温度超过900℃时可考虑选用铌基合金、钼基合金以及陶瓷材料。

三、耐热钢合金

在近代的涡轮机和喷气发动机中最重要的零件是叶片。喷气发动机的功率很大程度上是由气体的最高工作温度决定的,而这又由叶片在长期工作中所能承受的最高温度决定。在近代的喷气发动机中叶片受热达 700～900℃,并且这个温度还有上升的趋势。

目前用于制造温度高于 700℃的叶片材料主要是镍基合金。按组织状态镍基合金可以为单相合金(即所谓镍铬合金和尼柯奈里合金)和时效合金(即所谓尼莫尼克合金)。按加工方法不同,分为变形及铸造合金两种。随着合金化程度不断提高,合金熔点随之降低。致使变形温度范围越加变窄,高温塑性越差,其锻造性能也越差,因此,目前工作温度最高的合金只能是铸造合金。

单相镍基合金乃是镍铬合金或镍、铬、铁和极少量碳与其他能形成第二相元素组成的合金。该类合金的组织为单相固溶体。单相固溶体不具有高强度和高温强度。因此,这类合金通常使用于无载荷或低载荷的零件,即不作为热强材料,而是作为耐热材料。

工程上作为高热强合金是时效型镍基合金。时效型镍基合金典型的成分是 Ni－Cr－Ti－Al 四元合金(Cr、Al、Ti 的质量分数分别为 20%,1%,2%)。用此材料制造零件的主要热处理工艺是固溶处理和时效。固溶处理后获得过饱和固溶体。该组织在重新加热时,将发生分解。在低温、在固溶体内发生铝和钛原子的偏聚;当温度升高时,将析出第二相。兹将铝和钛贫化的相称 γ 相,而铝和钛富化(析出)的相称 γ′相。当于更高温度时效时,γ′相转变成稳定的 η 相(Ni_3Ti)。时效过程中的组织变化,必然影响材料的性能,如图 9.4 所示。可见,在 700～800℃时,合金的热强性高。

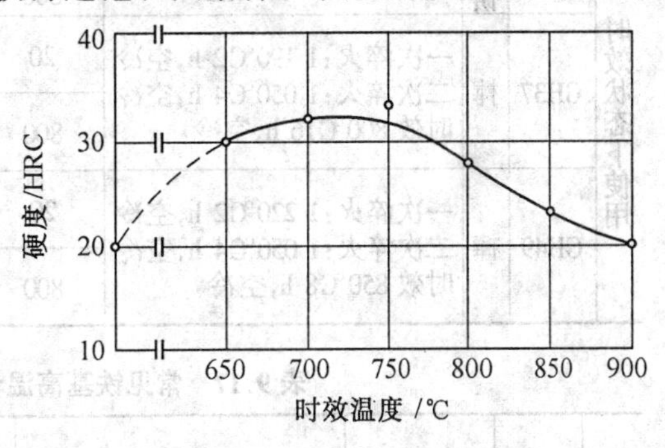

图 9.4　尼莫尼克合金的硬度与时效温度的关系

时效合金高温强度高的原因是,由于高温下 γ 相和 γ′相点阵的原子结合力大,使铝和钛原子的迁移率低,所以该合金高温下软化速度低。

时效合金的牌号及化学成分如表 9.15 所示,高温性能如表 9.16 所示。

与镍基弥散硬化型合金并用的尚有铁镍基和钴基合金。其牌号与性能如表 9.17 所示。

表 9.15　常用变形镍基高温合金的牌号与化学成分

类型	牌号	化学成分 w_B/%													
		C	Si	Mn	Cr	Ni	Ti	Al	W	Mo	Nb	V	Fe	S	P	其他
固溶状态下使用	GH30	≤0.12	≤0.80	≤0.70	19～22	基体	0.15～0.35	≤0.15	—	—	—	—	≤1.0	≤0.01	≤0.015	(Cu)≤0.20 (Pb)≤0.001
	GH39	≤0.08	≤0.80	≤0.40	19～22	基体	0.35～0.75	0.35～0.75	—	1.8～2.3	0.9～1.3	—	≤3.0	≤0.012	≤0.02	(Cu)≤0.02
	GH44	≤0.10	≤0.80	≤0.50	23.5～26.5	基体	0.30～0.70	≤0.50	13～16	—	—	—	≤4.0	≤0.013	≤0.013	
	GH128	≤0.06	≤0.5	≤0.80	20	基体	0.41	0.49	7.65	8.03	—	—	≤3.0	≤0.013	≤0.013	(Ce)0.02 (Zr)0.10
时效状态下使用	GH33	≤0.06	≤0.65	≤0.35	19～22	基体	2.3～2.7	0.45～0.55	—	—	—	—	≤1.0	≤0.01	≤0.015	(B)≤0.01 (Ce)≤0.01
	GH37	≤0.10	≤0.65	≤0.50	13～16	基体	1.8～2.3	1.7～2.3	5～7	2～4	—	0.10～0.50	≤0.50	≤0.01	≤0.015	(B)≤0.02 (Ce)≤0.02
	GH49	≤0.07	—	—	9.5～11	基体	1.4～1.9	3.7～4.4	5～6	4.5～5.5	—	0.20～0.50	≤1.5	≤0.01	≤0.015	(Co)14～16 (B)0.02 (Ce)0.02

表 9.16 常用变形镍基高温合金的热处理与性能

类型	牌号	半成品	热处理	机械性能				
				温度/℃	σ_b/MPa	$\sigma_{0.2}$/MPa	δ_5/%	蠕变与持久强度/MPa
固溶状态下使用	GH30	板和棒	980～1 020℃,空冷	20	730～780	270～300	38～40	$\sigma_{100}^{800}=45, \sigma_{0.2/100}^{800}=10$
				800	180～220	100～111	65	
	GH39	板棒	1 050～1 080℃,空冷	20	830～860	400	45	$\sigma_{100}^{800}=70$
				800	290	150	40	
	GH44	板	1 200℃,空冷	20	750～900	300～350	45～65	$\sigma_{100}^{800}=110, \sigma_{0.2/100}^{800}=33$
				800	380～430	190～230	40～55	
	GH128	板	1 215℃空冷	20	830～850	—	60～62	800℃,σ=110,402h
				800	420	—	70～86	900℃,σ=60,170h
时效状态下使用	GH33	棒和饼	淬火:1 080℃ 8 h,空冷 时效:700℃ 16 h,空冷	20	950～1 100	620～700	15～30	$\sigma_{100}^{800}=250$, $\sigma_{0.2/100}^{800}=150$
				800	500～600	420～480	12～20	
	GH37	棒	一次淬火:1 190℃2 h,空冷 二次淬火:1 050℃4 h,空冷 时效 800℃16 h,空冷	20	1 140	750	14	$\sigma_{100}^{800}=280$ $\sigma_{0.2/100}^{800}=170$
				800	750	460	6～8	$\sigma_{0.2/100}^{850}=140$
	GH49	棒	一次淬火:1 220℃2 h,空冷 二次淬火:1 050℃4 h,空冷 时效 850℃8 h,空冷	20	1 000～1 200	750～800	6～12	$\sigma_{0.2/100}^{800}=350$
				800	800～900	600～700	9～12	$\sigma_{0.2/100}^{900}=140$

表 9.17 常见铁基高温合金的牌号、热处理与性能

类型	牌号	供应状态	热处理	机械性能/MPa				
				温度/℃	σ_b	$\sigma_{0.2}$	δ_5/%	持久强度
固溶状态使用	GH35	冷轧板材	淬火:1 100～1 140℃,空冷	20	600		35	$\sigma_{100}^{800}=80, \sigma_{100}^{900}=30$
				800	250		58	
	GH140	冷轧或热轧板材	淬火:1 050～1 080℃,空冷	20	670	260	40	$\sigma_{100}^{800}=82.5, \sigma_{100}^{900}=30$
				800	270	180	40	
	GH131	冷轧板材	淬火:1 160±20℃,空冷	20	855		41.3	$\sigma_{511}^{800}=110, \sigma_{300}^{900}=52$
				800	355		60.0	
时效状态使用	GH36	热轧棒,锻饼	淬火:1 150℃,水冷 时效:670℃ 16 h + 790℃16 h,空冷	20	940	600	16	$\sigma_{100}^{600}=450, \sigma_{100}^{600}=350$
				600	600	450	12	
	GH132	热轧棒,冷轧板	淬火:980℃,油冷 时效:702℃16 h空冷	20	1 137	730	20.4	550℃,≥100 h,740
				650	835	636	32.3	650℃,≥100 h,450
	GH135	饼或棒	淬火:1 140℃,空冷 时效:830℃9 h + 700℃16 h,空冷	20	1 110	690	20	$\sigma_{100}^{600}=690$ $\sigma_{100}^{650}=570$
				650	1 000	720	16	

9.3 耐磨钢

某些机械零件,如挖掘机、拖拉机、坦克的履带板,球磨机的衬板等,在工作时受到严重磨损及强烈撞击。因而制造这些零件的钢除了应有良好的韧性外,还应具有良好的耐磨性。在生产中应用最普遍的是高锰钢 Mn13。

Mn13 高锰钢的化学成分是 C、Mn 的质量分数分别在 1.0% ~ 1.3%,11% ~ 14%范围内。由于它机械加工困难,通常都是铸造成型。铸造高锰钢牌号为 ZGMn13,此钢由于组织中有碳化物的存在,致使钢的韧性较低。为了改善钢的韧性,应进行"水韧处理"使高锰钢全部获得奥氏体组织。

所谓水韧处理是把钢加热到临界点温度以上(1 000 ~ 1 100℃)保温一段时间,使钢中碳化物能全部溶解到奥氏体中去,然后迅速地把钢浸淬于水中冷却。水韧处理时,由于冷却速度快,碳化物来不及从奥氏体中析出,因而获得全部奥氏体。当零件在使用中受到剧烈冲击或较大压力作用时,其表面产生加工硬化,硬度可提高到 HB450 ~ 550,这样表层具有良好的耐磨性,而心部奥氏体又具有足够的韧性。

高锰钢制件在使用中必须伴随外来的压力和冲击作用,否则高锰钢是不能耐磨的,其耐磨性并不比硬度相同的其他钢种好。例如喷砂机的喷嘴,选用高锰钢或碳素钢来制造,它们的使用寿命几乎是相同的。这是因为喷砂机的喷嘴所通过的小砂粒不能引起高锰钢硬化所致。因此,喷砂机喷嘴的材料就用不着选择高锰钢,一般选用淬火回火的碳素钢即可。

水韧处理后的高锰钢加热到 250℃以上是不合适的。这是因为加热超过 300℃时,极短时间内即开始析出碳化物,而使性能变坏。高锰钢铸件水韧处理后一般不作回火。为防止产生淬火裂纹,可考虑改进铸件设计。

高锰钢广泛应用于既耐磨损又耐冲击的一些零件。在铁路交通方面,高锰钢用于铁道上的辙叉、转辙器及小半径转弯处的轨条等。高锰钢用于这些零件,不仅由于它具有良好的耐磨性,而且由于它材质坚韧,不容易突然折断,即使有裂纹开始发生,由于加工硬化作用,也会抵抗裂纹的继续发展。另外,高锰钢在寒冷气候条件下,还有良好的机械性能,不会冷脆。高锰钢用于挖掘机之类的铲斗、各式碎石机的腭板、衬板,显示出非常优越的耐磨性。高锰钢在受力变形时,能吸收大量的能量,受到弹丸射击时也不易穿透。因此高锰钢也用于制造防弹板以及保险箱钢板等。高锰钢还大量用于挖掘机、拖拉机、坦克等的履带板、主动轮、从动轮和履带支承滚轮等。由于高锰钢是非磁性的,也可用于既耐磨损又抗磁化的零件,如吸料器的电磁铁罩。

除高锰钢外,石墨化钢也常作为耐磨钢的一种材料。它是一种高碳铸钢,其化学成分的质量分数可根据不同用途在一定范围内变动,一般 C 为 1.20% ~ 1.60%、Si 为 0.5% ~ 1.5%、Mn 为 0.3% ~ 0.4%。化学成分对石墨化钢的组织及性能有很大的影响,碳的含量增高,钢中石墨的数量增加,强度及塑性降低。但钢中的含硅量也要适当,含硅量过高,在结晶时易析出石墨;反之含硅量过低,则热处理时石墨化过程便缓慢。钢中含锰量增高,石墨的数量减少,且组织细化,使钢的强度增加。

石墨化钢的铸态组织为粗大的珠光体及分布于晶界的二次渗碳体网。经热处理后，渗碳体发生分解，进行石墨化，可以得到马氏体、珠光体或铁素体基体及点状石墨。由于石墨化钢的组织是由钢的基体和点状石墨组成的，因而兼有钢和铸铁的性能。

铸态石墨化钢必须经热处理后才能应用。热处理的目的是：①消除内应力；②细化晶粒；③使渗碳体分解，进行石墨化；④达到所需性能。经常采用的热处理有低温退火、石墨化退火、正火及淬火回火。

低温退火是在低于 A_1 的 700℃长时间保温，以消除内应力，并使共析渗碳体粒状化。石墨化退火是将钢先加热至高于 A_{cm} 的温度，一般为 950～1 000℃，保温 2～5 h，使游离渗碳体分解，然后慢冷到 A_1 以下的温度（700℃），再使部分共析渗碳体分解，最后空冷。得到的组织为层片状珠光体、铁素体和点状石墨。

正火是将钢加热到 1 000℃，保温 1～3 h 后空冷，以细化组织，正火后需要进行一次 760～800℃保温 2～3 h 的退火，最后得到的组织为粒状珠光体和点状石墨。

淬火及回火是为了提高石墨化退火后的石墨化钢的机械性能。淬火是加热至 830～850℃保温 1.5～2 h 后水淬或油淬，淬火后硬度不低于 HRC60。然后根据零件的硬度要求，在 150～550℃的温度范围内进行回火。

石墨化钢用于制造球磨机的衬板和磨球、锻模、冷冲模、拉丝模、喷砂嘴等。在磨料磨损条件下，石墨化钢的耐磨性比高锰钢还好，而且成本较低。

第三篇 铸钢与铸铁

在机械制造、农业机械及交通运输工具中，有相当一部分零件是直接铸造出来的。例如，按机器重量百分比计算，机床中铸件重量占 60% ~ 90%，农业机械占 40% ~ 60%。因为铸造生产效率高，减少切削加工量，节约材料，可生产形状复杂，特别是具有复杂内腔的铸件，如箱体、气缸体、机座、机床床身等。因此，铸造也是获得零部件的主要方法之一。

在设计时，如零件需用铸造方法生产，则必须根据零件的工作条件及性能要求，适当地选择铸造合金。目前工程上应用的铸造用黑色金属材料有铸钢及铸铁两种。

第10章 铸　　钢

在重型机械、冶金设备、运输机械、国防工业等部门中,有不少零件是用铸钢铸造而成的。

工业上应用的铸钢,通常按化学成分和用途进行分类。按化学成分可分为铸造碳钢和铸造合金钢。

按用途又分为铸造结构钢、铸造特殊钢(耐磨钢、不锈钢及耐热钢等)和铸造工具钢(如铸造高速钢)等。

铸钢的强度,尤其是塑性及韧性优于灰口铸铁。但铸钢的铸造性能比铸铁差,主要是铸钢的流动性较低,钢液易氧化,易形成夹杂,体积收缩和线收缩比较大,因而形成缩孔、疏松及热裂倾向也比较大。因此,铸造零件时必须采取相应的技术措施。

10.1 铸造碳钢

铸造碳钢的碳的质量分数在0.12%~0.62%之间,多属亚共析钢。其牌号及成分如表10.1所示。由于铸钢中的硫和磷是有害杂质,对不同质量的铸件,其铸造碳钢中的磷、硫含量有一定的规定,如表10.2所示。

表10.1　铸造碳钢的牌号和化学成分

牌　　号	化学成分 w_B/%		
	C	Mn	Si
ZG15	0.12~0.22	0.35~0.65	0.20~0.45
ZG25	0.22~0.32	0.50~0.80	0.20~0.45
ZG35	0.32~0.42	0.50~0.80	0.20~0.45
ZG45	0.42~0.52	0.50~0.80	0.20~0.45
ZG55	0.52~0.62	0.50~0.80	0.20~0.45

表10.2　铸造碳钢的硫、磷质量分数限量

铸件级别	w(S)/%	w(P)/%
	不大于	
Ⅰ	0.04	0.04
Ⅱ	0.05	0.05
Ⅲ	0.06	0.06

根据 $Fe-Fe_3C$ 相图可知，亚共析铸钢平衡条件下的结晶组织为铁素体＋珠光体。但铸钢在生产条件下，通常是非平衡结晶，因而组织处于不稳定状态。其次，铸态组织比较粗大，易形成魏氏组织。这种组织的特征是先共析铁素体呈针状插向奥氏体晶粒内部。魏氏组织出现以后，会降低钢的韧性。为了消除魏氏组织，可将钢退火或正火。

铸造碳钢的机械性能除与组织有关外，钢的化学成分也有重要的影响。铸造碳钢中的成分主要有碳及少量的锰、硅，硫和磷等杂质。碳是提高铸造碳钢强度的主要元素。

为了改善碳钢铸件的组织与性能，通常进行完全退火、正火或正火＋回火处理。其目的是细化晶粒，消除魏氏组织和铸造应力。铸造碳钢的机械性能如表 10.3 所示。

表 10.3　铸造碳钢的机械性能

牌　号	屈服强度 /MPa	抗拉强度 /MPa	延伸率/%	断面收缩率/%	冲击韧性 /(J·cm^{-2})
	不小于				
ZG15	196	392	25	40	59
ZG25	235	441	20	32	44
ZG35	275	490	16	25	34
ZG45	314	537	12	20	29
ZG55	343	588	10	18	19

铸造碳钢主要用于轻负荷的一些铸件。

10.2　铸造合金钢

由于铸造碳钢的淬透性低，某些物理化学性能满足不了工程的需要，因而，在碳钢中加入适量的合金元素，以提高碳钢的机械性能和改善某些物理化学性能。常用的元素有 Mn、Si、Mo、Cr、Ni、Cu 等。按加入的合金元素总量的多少，铸造合金钢又分为铸造低合金钢和铸造高合金钢。

铸造低合金钢合金元素总的质量分数一般在 5% 以下。加入的合金元素可以是一种或多种。又分为单元素铸造低合金钢和多元素铸造低合金钢。

我国常用的几种单元素低合金铸钢的牌号、化学成分和机械性能如表 10.4 所示。铸造生产上常用的多元素低合金结构钢分为锰系和铬系两类，它们的牌号、化学成分及机械性能如表 10.5、表 10.6 所示。

铸造生产上用的单一合金元素的低合金钢主要是锰钢。低锰钢的主要特点是耐磨性高，故用于承受动载荷，需要耐磨的零件。

铸造高合金钢，其合金元素总质量分数一般在 10% 以上，在高合金钢中，加入合金元素的目的主要是为了获得特殊的物理化学性能。如高锰钢、不锈钢、耐热钢及铸造工具钢等。这些钢的牌号、化学成分如表 10.7、表 10.8、表 10.9 所示。

表 10.4 单元素低合金铸钢的牌号、化学成分及机械性能

牌号	化学成分 w_B/% C	Mn	Si	Cr	Mo	P	S	热处理方法	机械性能 σ_s/MPa	σ_b/MPa	δ_5/%	ψ/%	α_k/(J·cm^{-2})	硬度HB	用途
						不大于			不小于						
ZG35Mn	0.30~0.40	1.20~1.60	0.17~0.37	—	—	0.04	0.04	正火	343	588	14	30	49	—	制作在较高应力作用下，承受摩擦和冲击的零件如链轮、承力支架
ZG40Mn	0.35~0.45	1.20~1.50	0.30~0.45	—	—	0.04	0.04	正火	294	637	12	30	—	≥163	
ZG40Mn2	0.35~0.50	1.60~1.80	0.20~0.40	—	—	0.04	0.04	正火	323	637	12	—	—	187~255	制作承受摩擦的零件，如齿轮等，耐磨性比ZG45Mn高，可代替ZG30CrMnSi
ZG45Mn	0.40 ≈0.50	1.20 ≈1.50	0.30 ≈0.45		—	0.035	0.04	正火	333	657	11	20	—	196 ≈235	制作耐磨零件，如齿轮、导轮、车轮等
ZG40Cr	0.35 ≈0.45	0.50 ≈0.80	0.17 ≈0.37	0.80 ≈1.10	—	0.04	0.04	正火	343 470	627 686	18 15	26 20	— —	≤212 229~321	制作高强度的铸造零件，如齿轮、齿轮轮缘等主要零件

表 10.5 锰系多元素低合金铸钢的牌号、化学成分及机械性能

类别	牌号	化学成分 w_B/% C	Si	Mn	Mo	V	其他		P	S	热处理方法	机械性能 σ_s/MPa	σ_b/MPa	δ_5/%	ψ/%	α_k/(J·cm^{-2})
									不大于			不小于				
锰钼钢	ZG20MnMo	0.17~0.23	0.25~0.35	1.20~1.50	0.15~0.25				0.04	0.04						
	ZG15MnMoVCu	0.08~0.16	0.40~0.60	1.20~1.50	0.50~0.70	0.20~0.30	Cu 0.20~0.40		0.03	0.03						
	ZG15MnMoVWB	0.13~0.18	0.30~0.60	1.30~1.60	0.90~1.10	0.40~0.50	W 0.30~0.50	B 0.005~0.010	0.03	0.03						
锰硅钢	ZG20MnSi	0.16~0.22	0.60~0.80	1.00~1.30					0.03	0.03	正火回火	294	510	14	30	49
											淬火回火	343	588	14	25	29
	ZG30MnSi	0.25~0.35	0.60~0.80	1.10~1.40					0.04	0.04	淬火回火	392	637	14	30	49
锰钒钢	ZG15MnV	0.12~0.18	0.20~0.60	1.20~1.60		0.04~0.12			0.04	0.04						

表 10.6　铬系多元素低合金铸钢的牌号、化学成分及机械性能

类别	牌号	化学成分 w_B/%									热处理方法	机械性能				
		C	Si	Mn	Cr	Mo	V	其他	P	S		σ_s /MPa	σ_b /MPa	δ_5 /%	ψ /%	α_k /(J·cm^{-2})
									不大于			不小于				
铬锰钢	ZG20CrMn	0.17～0.23	0.17～0.37	0.90～1.20	0.90～1.20				0.04	0.04						
	ZG35CrMn2	0.32～0.38	0.17～0.37	1.60～1.90	0.40～0.70				0.04	0.04						
	ZG20CrMnMo	0.17～0.23	0.17～0.37	0.90～1.20	0.40～0.50				0.40	0.40						
	ZG30CrMnSi	0.28～0.38	0.50～0.75	0.90～1.20	0.50～0.80				0.04	0.04	正火回火			14	30	
	ZG35CrMnSi	0.30～0.40	0.50～0.75	0.90～1.20	0.50～0.80				0.04	0.04	正火回火	343	686	14	30	39
铬钼钢	ZG20CrMo	0.17～0.20	0.17～0.37	0.50～0.80	0.80～1.10	0.15～0.25			0.04	0.04	正火回火	245	441	18	30	29
	ZG35CrMo	0.30～0.40	0.17～0.37	0.50～0.80	0.80～1.10	0.20～0.30			0.04	0.04	正火回火	392	588	12	20	29
											淬火回火	549	686	12	25	39
	ZG15CrMoV	0.14～0.20	0.17～0.37	0.40～0.70	1.20～1.70	1.00～1.20	0.25～0.40		0.03	0.03						
	ZG20CrMoV	0.18～0.25	0.17～0.37	0.40～0.70	0.90～1.20	0.50～0.70	0.20～0.30		0.03	0.03						
	ZG15CrMoVTiB	0.13～0.18	0.17～0.37	0.70～1.10	1.20～1.40	0.90～1.20	0.30～0.40	Ti 0.05～0.15 B 0.005～0.01		0.03						

表 10.7　高锰钢的化学成分及机械性能

序号	化学成分 w_B/%					机械性能(不小于)						备注
	C	Mn	Si	P	S	σ_b /MPa	σ_s /MPa	δ_5 /%	ψ /%	α_k /(J·cm^{-2})	HB	
1	0.9～1.25	11～14	0.3～0.8	≤0.10	≤0.05	549	294	15	15		179～229	*
2	1.0～1.25	11～14	0.4～0.7	≤0.10	≤0.05	886		30		245	180～220	一级品
	1.0～1.4	11～14	0.3～0.9	≤0.10	≤0.05	549	294	15	15		180～220	合格要求
3	1.0～1.5	11～15	0.4～1.0	≤0.12	≤0.05	549	294	15	15		179～229	

注：当铸件壁厚大于 100 mm 时，碳的质量分数推荐用 0.85%～1.1%。

表 10.8 铸造不锈钢的牌号、化学成分及用途

类别	牌号	化学成分 $w_B/\%$											用途
		C	Si	Mn	Cr	Ni	Mo	Ti	Cu	N	P	S	
铬不锈钢	ZG1Cr13	0.08～0.15	≤1.0	≤0.6	12.0～14.0						≤0.40	≤0.03	这种钢在空气及弱腐蚀性介质(如盐水及稀硝酸)中,在温度不超过 30℃的条件下有良好的耐蚀性,在食品、医药和化工设备上用得较多
	ZG2Cr13	0.16～0.24	≤1.0	≤0.6	12.0～14.0						≤0.040	≤0.03	
高铬不锈钢	ZGCr28	0.50～1.00	0.5～1.3	0.5～0.8	26.0～30.0						≤0.10	≤0.035	这种钢对硝酸的耐蚀性很高,适用于制造硝酸浓缩设备的容器、管道、阀体和泵,也可以用来制造生产氯酸钠和磷酸等设备的零件
	ZGCr34	0.50～1.00	1.3～1.7	0.5～0.8	32.0～36.0						≤0.10	≤0.10	
铬锰氮不锈钢	ZG1Cr18Mn13Mo2CuN	≤0.12	≤1.5	12.0～14.0	17.0～20.0		1.5～2.0		1.0～1.5	0.20～0.30	≤0.06	≤0.035	这种钢在硝酸、醋酸及低浓度的硫酸等介质中具有良好的耐蚀性,适于制造化工设备和食品加工设备零件
	ZGNi3Mo3Cu2N	≤0.12	≤1.5	8.0～10.0	16.0～19.0	3.0～4.0	3.0～3.5		2.0～2.5	0.19～2.26	≤0.06	≤0.035	
铬镍不锈钢	ZG1Cr18Ni9	≤0.12	≤1.5	0.8～2.0	17.0～20.0	8.0～11.0					≤0.04	≤0.03	这种钢在很多的强腐蚀性介质(如硝酸、大部分有机酸和无机酸、磷酸和碱)中均具有良好的耐蚀性。但对硫酸和盐酸的耐蚀性差(加钼的钢对硫酸耐蚀性较好),广泛用于制造化工设备和石油加工设备的零件,这种钢无磁性,有时作为无磁钢用
	ZG1Cr18Ni9Ti	≤0.12	≤1.5	0.8～2.0	17.0～20.0	8.0～11.0					≤0.045	≤0.03	
	ZG1Cr18Ni12Mo2Ti	≤0.12	≤1.5	0.8～2.0	16.0～19.0	11.0～13.0	2.0～3.0	0.3[①]～0.7			≤0.045	≤0.03	
	ZG1Cr18Ni12Mo3Ti	≤0.12	≤1.0	1.0～2.0	16.0～19.0	11.0～13.0	3.0～4.0	0.3～0.7			≤0.04	≤0.03	

注:①钢中钛的含量可根据碳的质量分数按公式 $w(\mathrm{Ti}) = 5(w(\mathrm{C}) - 0.02\%) - 0.7\%$ 计算。

表 10.9　铸造工具钢的牌号、化学成分

类别	牌　号	化学成分 $w_B/\%$							
		C	Si	Mn	Cr	W	Mo	V	S,P≤
高速工具钢	ZGW18Cr4V	0.7~0.8	0.40	0.40	3.8~4.4	17.5~19.0	0.3	1.0~1.4	0.03
	ZGW12Cr4V4Mo	1.20~1.40	0.40	0.40	3.8~4.4	11.5~13.0	0.9~1.2	3.8~4.4	0.03
模具用钢	ZG5CrMnMo	0.5~0.6	0.25~0.35	1.2~1.6	0.6~0.9	—	0.15~0.35	—	0.04
	ZG5CrNiMo	0.5~0.6	≤0.35	0.5~0.8	0.5~0.8	—	0.15~0.30	Ni1.4~1.8	0.04

第 11 章 铸 铁

铸铁是碳的质量分数大于 2.14% 的铁-碳合金。与钢相比,铸铁中含碳及含硅量较高。工业上常用铸铁的化学成分 C、Si、Mn、P、S 的质量分数范围分别为 2.5% ~ 4.0%, 1.0% ~ 3.0%, 0.5% ~ 1.4%, 0.01% ~ 0.05%, 0.02% ~ 0.20%。

铸铁在铸造合金中应用量较大的原因是:它的来源广,成本低,并有良好的减震和减摩作用,良好的流动性及切削加工性能。但铸铁的塑性差,在通常条件下不能锻造。

碳在铁碳合金中常以 Fe_3C 形式出现,但它并不是最稳定的相,在一定条件下会发生分解形成游离的碳即石墨。因此,按照碳在铸铁中存在的形式和形态可将铸铁分为白口铸铁、灰口铸铁、可锻铸铁及球墨铸铁等四类。

白口铸铁中碳全部以渗碳体的形式存在,断口呈白亮色,故而得名。白口铸铁硬而脆不易加工,很少用来制造机器零件。

而灰口铸铁、可锻铸铁,球墨铸铁中的碳大部分是以石墨形式存在。由于石墨形态差异,铸铁的性能有明显不同,因而有不同应用。

11.1 灰口铸铁

灰口铸铁中碳全部或大部以片状石墨形式存在,断口呈灰色,故而得名。

一、灰口铸铁的石墨化过程

铸铁中石墨的形成叫做石墨化过程。石墨的晶体结构为简单六方,如图 11.1 所示。

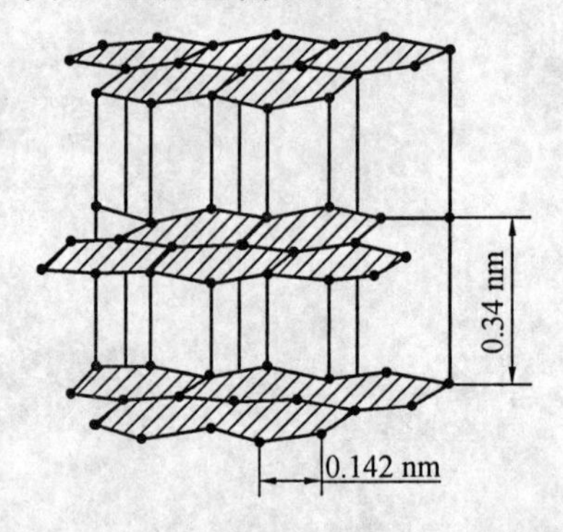

图 11.1 石墨的晶体结构

石墨的结晶形态常呈片状,它的强度、塑性及韧性均很低,接近于零。

铁碳合金在一般情况下结晶时,从液体和奥氏体中析出的是渗碳体而不是石墨,但渗碳体并不是稳定相。在极其缓慢冷却条件下,或合金中含有较多促进石墨形成的元素(如 Si)时,在结晶过程中,便会析出稳定的石墨相。因此,对铁碳合金的结晶过程来说,实际上存在有两种状态的相图,如图 11.2 所示。图中的实线即是 $Fe-Fe_3C$ 相图,虚线部分则是 Fe-G 相图(G 代表石墨)。如果铸铁全部按着 Fe-G 相图进行结晶,则铸铁的石墨化过程可分为三个阶段。

第一阶段,即在 1 153℃时通过共晶反应而形成石墨,其反应式可写成

$$L_{C'} \longrightarrow A_{E'} + G$$

第二阶段,即在 1 153 ~ 738℃范围内冷却过程中,自奥氏体中析出二次石墨(G_{II})。

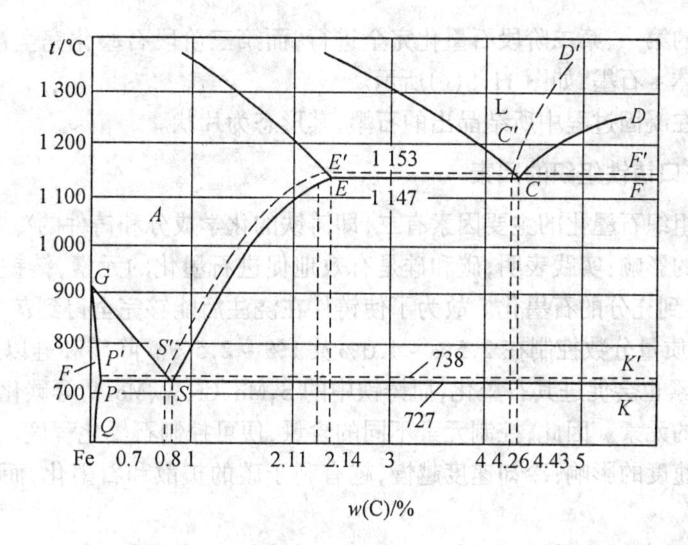

图 11.2　铁碳合金的两种相图

第三阶段，即在 738℃时，通过共析反应而形成石墨，其反应式为

$$A_{S'} \longrightarrow F_{P'} + G$$

一般地，铸铁在高温冷却的过程中，由于具有较高的原子扩散能力，故其第一和第二阶段的石墨化是较容易进行的，即通常都能按照 Fe－G 相图结晶，凝固后得到(A＋G)组织。而随后在较低温度下的第三阶段石墨化，则常因铸铁的成分及冷却速度等条件不同，而被全部或部分地抑制。按三个阶段石墨化进行程度不同，可获得三种不同基体的组织。

如果铸铁三个阶段石墨化全部完成，则铸铁的组织为铁素体＋石墨，如图 11.3(a)所示。

如果铸铁在第一、第二阶段石墨化完全进行，而第三阶段的石墨化部分进行，则铸铁的组织为铁素体＋珠光体＋石墨，如图 11.3(b)所示。

(a) 铁素体灰口铸铁　　(b) 铁素体＋珠光体灰口铸铁　　(c) 珠光体灰口铸铁

图 11.3　灰口铸铁的显微组织

如果铸铁的第一、第二阶段石墨化完全进行，而第三阶段石墨化完全被抑制，则铸铁的组织为珠光体 + 石墨，如图 11.3(c)所示。

灰口铸铁在凝固过程中所结晶出的石墨，其形态为片状。

二、影响灰口铸铁组织的因素

影响铸铁组织石墨化的主要因素有二，即铸铁的化学成分和铸件的冷却速度。

化学成分的影响：实践表明，碳和硅是有效地促进石墨化的元素，铸铁中碳和硅的含量越高，越易得到充分的石墨化。故为了使铸件在浇注后能够完全得到灰口，常把铸铁的成分 C 和 Si 的质量分数控制在 2.5% ~ 4.0% 及 1% ~ 2.5%。除碳和硅以外，铸铁中 Al、Cu、Ni、Co 等元素也会促进其石墨化，而铸铁中的 S、Mn、Cr、W、Mo、V 等碳化物形成元素则为阻止石墨化的元素。因此，控制元素不同的含量，便可控制石墨化程度。

铸件冷却速度的影响：冷却速度越慢，越有利于碳的扩散和石墨化，而快冷则阻止石墨化。

在铸造时，冷却速度受造型材料、铸造方法及铸件壁厚影响很大，金属型铸件易得到白口，砂型铸件易得到灰口。壁薄铸件易得白口，反之易得到灰口，壁越厚越有利于石墨化。

图 11.4 表示化学成分(C + Si)和冷却速度对铸铁组织的综合影响。

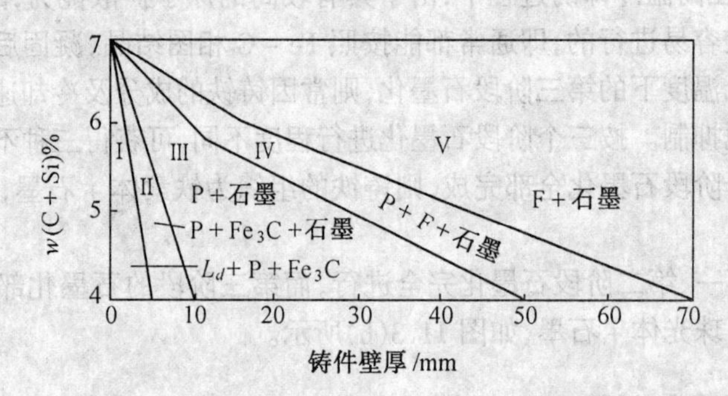

图 11.4　铸件壁厚(冷速)和化学成分对铸件组织的影响(型砂铸造)

三、灰口铸铁的性能

铸铁的性能取决于金属基体的性能并与石墨的数量和形态密切相关。

石墨与基体相比机械性能很低，因此，可把石墨视为基体上的孔洞或裂纹。因而，石墨占据的体积越大，铸件的性能越低。在石墨体积相同的条件下，铸铁的性能将取决于石墨的形态和分布(详见后述)。因此，铸铁中石墨越多，石墨的尺寸越大，对金属基体的分割作用越强，铸铁的性能越差。

灰口铸铁中的片状石墨在基体中起着裂纹的作用。承受拉伸载荷时，沿着石墨端部易于形成裂纹源，所以，灰口铸铁的抗拉强度很低。而在压缩应力条件下，铸铁将呈现出足够高的抗压强度，接近钢的性能。因此，可以认为，压缩时铸铁的抗压强度和硬度，主要取决于金属基体的组织。

显然，铁素体灰口铸铁的硬度较低，珠光体灰口铸铁的硬度较高。

此外，铸铁中的石墨本身有润滑作用，并且它从铸铁表面上磨掉时所遗留下的孔洞又具有存油的能力，故铸铁有优良的减磨性。由于石墨的组织松软，能够吸收震动，故铸铁具有良好的消震性。由于石墨具有割裂基体连续性的作用，从而使铸铁的切屑易脆断，故还具有良好的切削加工性。

正是由于灰口铸铁具有以上一系列的优点，因而被广泛地用来制造各种承受压力和要求消震性的床身、机架、结构复杂的箱体、壳体和经受摩擦的导轨、缸体等。

四、灰口铸铁的牌号和用途

表 11.1、11.2 为灰口铸铁的牌号、机械性能和用途。

按照国家标准，灰口铸铁可根据直径 30 mm 单铸试样的抗拉强度进行分级。灰口铸铁共有六个牌号。牌号中的符号 HT 表示灰口铸铁，其后三位数字表示最低抗拉强度 σ_b 值。

表 11.1 灰铸铁的分级及单铸试样的抗拉强度

牌号	抗拉强度 σ_b/MPa	牌号	抗拉强度 σ_b/MPa
HT100	≥100	HT250	≥250
HT150	≥150	HT300	≥300
HT200	≥200	HT350	≥350

表 11.2 灰铸铁附铸试样的抗拉强度

铸铁牌号	铸件壁厚/mm		抗拉强度 σ_b/MPa				
			附铸试棒		附铸试块		铸件（仅供参考）
	大于	至	R15 mm	R25 mm	R15 mm	R25 mm	
HT150	20	40	130	—	(120)	—	120
	40	80	115	(115)	110	—	105
	80	150	—	105	—	100	90
	150	300	—	100	—	90	80
HT200	20	40	180	—	(170)	—	165
	40	80	160	(155)	150	—	145
	80	150	—	145	—	140	130
	150	300	—	135	—	130	120
HT250	20	40	220	—	(210)	—	205
	40	80	200	(190)	190	—	180
	80	150	—	180	—	170	165
	150	300	—	165	—	160	150
HT300	20	40	260	—	(250)	—	245
	40	80	235	(230)	225	—	215
	80	150	—	210	—	200	195
	150	300	—	195	—	185	180
HT350	20	40	300	—	(290)	—	285
	40	80	270	(265)	260	—	255
	80	150	—	240	—	230	225
	150	300	—	215	—	210	205

注：表中括弧内的抗拉强度值仅适用于铸件壁厚大于试样直径时。

五、灰口铸铁的变质处理

普通灰口铸铁的主要缺点是因片状石墨的存在而使它的机械性能较低，所以要改善灰口铸铁性能的关键，首先应从改变其石墨的含量和尺寸着手，也就是要减少石墨的数量同时使它的尺寸变小。

我们知道，铸铁随含碳量和含硅量的降低，可使石墨减少。但由此所带来的困难是会加大铸件形成白口的倾向，尤其铸件壁厚较小时，更难免形成白口铸铁。细化石墨的最好的办法是采用“变质处理”。即在铸铁浇注之前向铁水中加入少量的变质剂（硅铁和硅钙合金），使铸铁在凝固过程中产生大量的异质晶核，增加石墨的形核数量，获得较高强度的“变质铸铁”。变质处理也称为孕育处理，所以变质铸铁又称为孕育铸铁。

由于变质铸铁中的石墨得到细化，不仅其强度有很大的提高，而且塑性和韧性也有所改善。它可用来制造机械性能要求较高而且截面尺寸变化较大的大型铸件。

六、灰口铸铁的热处理

灰口铸铁的性能不高主要因石墨的作用，改善基体组织的性能虽会有一定影响，但与石墨的作用相比则小得多。因此，利用热处理来提高灰口铸铁基体机械性能的效果不大。热处理主要是用来消除铸铁内应力、稳定尺寸、改善切削加工性和提高铸件表面的耐磨性。常用的热处理方法如下。

1.消除应力退火

铸件的冷却过程中，因各部分的冷却速度不同，会产生很大的内应力，它不仅会在冷却过程中引起铸件变形和开裂，而且在随后的切削加工之后也常会因应力的重新分布而引起变形及开裂。所以，大型、复杂的铸件或精度要求较高的铸件，在铸造开箱之后在切削加工之前，通常都要进行一次消除应力退火。退火工艺是将铸件开箱之后立即转入100～200℃的炉中，随炉缓慢升温至500～600℃，经过长时间（一般4～8 h）保温后，再缓慢冷却下来。由于这种工艺的加热温度在共析点以下，故也称低温退火或时效处理。

2.改善切削加工性的退火

铸铁表层及一些薄壁处，由于冷速较快，难免会出现白口，致使切削加工难以进行。为了降低硬度，改善切削加工性，需进行在共析转变温度以上加热的高温退火。其工艺是将铸件加热至850～900℃，保温2～5 h，使渗碳体分解成石墨，然后随炉缓冷至400～500℃，再置于空气中冷却。

3.表面淬火

某些大型铸件的工作表面需要有较高的硬度和耐磨性，如机床导轨的表面，常需表面淬火。表面淬火方法可采用高频淬火或接触电热表面淬火等。

11.2 可锻铸铁

可锻铸铁是由白口铸铁在固态下经长时间石墨化退火而得到的具有团絮状石墨的一种铸铁。可锻铸铁的石墨化是通过渗碳体在固态下的分解而形成的，因此，不是片状而是团絮状。由于石墨是团絮状,这就大大减轻了石墨对基体金属的切口作用,因而它不但比灰口铸铁具有较高的强度,并且还具有较高的塑性和韧性,故而得名。

可锻铸铁的制造分两个步骤:第一步是先浇铸成白口铸件,第二步再经石墨化退火。

石墨化退火的工艺是:将浇注成的白口铸件加热至 900~980℃,在高温下经长时间保温(约 15 h),通过渗碳体的分解(石墨化)获得奥氏体与团絮状石墨的组织,而后在缓慢冷却的过程中,奥氏体将沿着已形成的团絮状石墨的表面再析出二次石墨,至共析转变温度范围(750~720℃)时,奥氏体再分解成为铸铁素体与石墨。其退火工艺曲线如图 11.5 中的曲线①所示。如果在通过共析转变时的冷却速度较快,如图 11.5 中曲线②所示,则得到珠光体+石墨。其显微组织如图 11.6 所示。

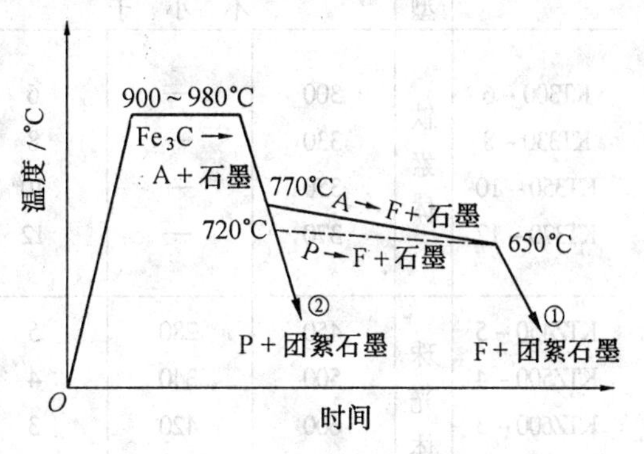

图 11.5 可锻铸铁的石墨化退火工艺

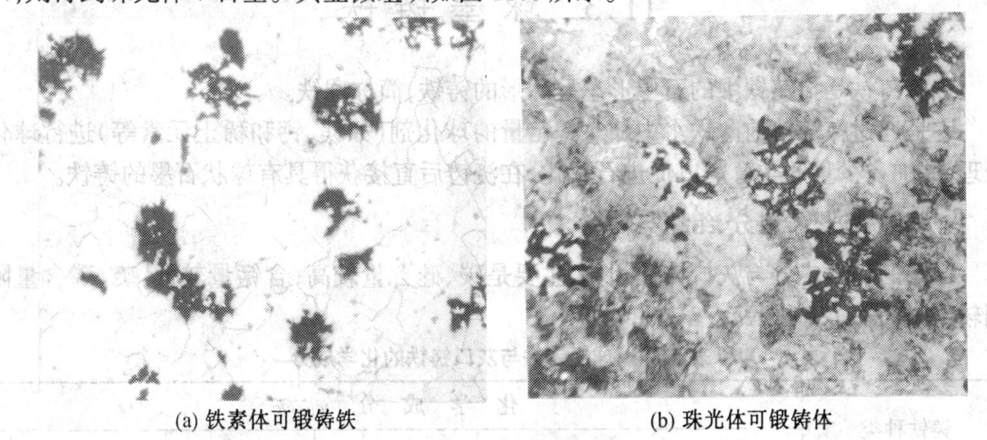

(a) 铁素体可锻铸铁 (b) 珠光体可锻铸体

图 11.6 可锻铸铁的显微组织

因此,可锻铸铁可依其基体组织分为铁素体可锻铸铁和珠光体可锻铸铁两种。

由于可锻铸铁中石墨是团絮状,因而可锻铸铁的强度比灰口铸铁高,尤其是铁素体可锻铸铁具有较高的塑性和韧性。它在生产上用得较多,用于制造一些截面较薄而形状复杂、工作中受到震动而强度要求又较高的零件,如汽车、拖拉机零件等。

珠光体可锻铸铁的强度比铁素体可锻铸铁高,可用它制造强度要求较高的零件,如曲轴、连杆等。

可锻铸铁的牌号和性能如表 11.3 所示。牌号中的"KT"符号表示铁素体可锻铸铁,"KTZ"符号表示珠光体可锻铸铁,牌号中的两项数字分别表示最低抗拉强度和延伸率。可锻铸铁的机械性能虽比灰口铸铁优越,但生产周期长,工艺复杂,成本较高,故仅限于制造一些薄壁(<25 mm)零件。

表 11.3 可锻铸铁的牌号与机械性能及用途

牌号	基体类型	σ_b/MPa	σ_s/MPa	δ/%	HB	试棒毛坯直径/mm	应用举例
		不小于					
KT300-6	铁素体	300	—	6	120~163	16	汽车、拖拉机零件,如后桥壳、轮壳、转向机构壳体、弹簧钢板支座等;机床附件,如钩型扳手、螺纹绞扳手等;以及各种管接头;低压阀门、农具等
KT330-8		330	—	8	120~163		
KT350-10		350	—	10	120~163		
KT370-12		370	—	12	120~163		
KTZ450-5	珠光体	450	280	5	152~219	16	曲轴、连杆、齿轮、凸轮轴、摇臂、活塞环等
KTZ500-4		500	340	4	179~241		
KTZ600-3		600	420	3	201~269		
KTZ700-2		700	550	2	240~270		

11.3 球墨铸铁

珠墨铸铁是指铸铁中的石墨形态呈球形的铸铁,简称球铁。

它是通过在浇铸前向铁水中加入一定量的球化剂(如镁、钙和稀土元素等)进行球化处理,并加入少量的孕育剂以促进石墨化,在浇铸后直接获得具有球状石墨的铸铁。

一、球铁的化学成分、组织与性能

球铁的化学成分与灰口铸铁相比,主要是碳、硅含量较高,含锰量较低,硫、磷含量限制较严,如表 11.4 所示。

表 11.4 球墨铸铁与灰口铸铁的化学成分

铸铁种类	化学成分 w_B/%				
	C	Si	Mn	P	S
球墨铸铁	3.5~3.9	2.0~2.8	≤0.3	≤0.08	≤0.03
灰口铸铁	2.9~3.5	1.4~2.1	0.6~1.0	0.1~0.15	0.1~0.12

含碳、硅量高,是为了得到共晶左右的成分,流动性好并可细化石墨,提高石墨的圆整度。低硫含量是为了避免它对球化剂的消耗。

球墨铸铁的组织由金属基体和球状石墨组成。根据铸铁石墨化的程度,可获得铁素体+石墨,珠光体+石墨,铁素体+珠光体+石墨三种,如图 11.7 所示。

由于球铁中石墨呈球形,它的切口作用显著减弱,因而球铁的拉伸和弯曲强度都比灰口铸铁和可锻铸铁高,而且塑性也比灰口铸铁和可锻铸铁高。

二、球铁的牌号及用途

由于球铁性能的改善,可成功地代替不少钢制零件。如珠光体球墨铸铁常用来制造汽车、拖拉机或柴油机中的曲轴、连杆、凸轮轴、齿轮,机床中的主轴、蜗杆、蜗轮、轧钢机轧

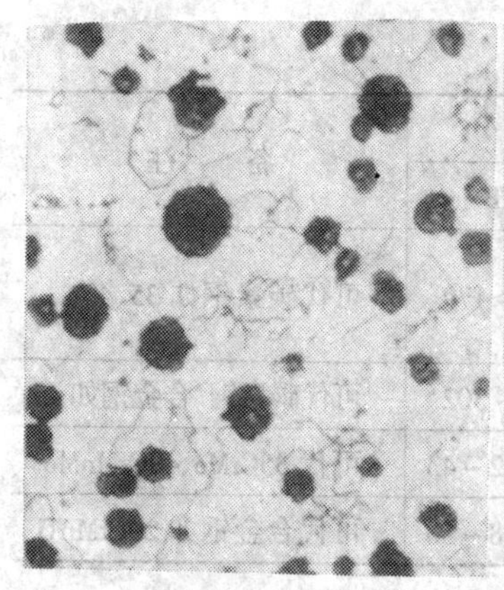

(a) 铁素体球墨铸铁

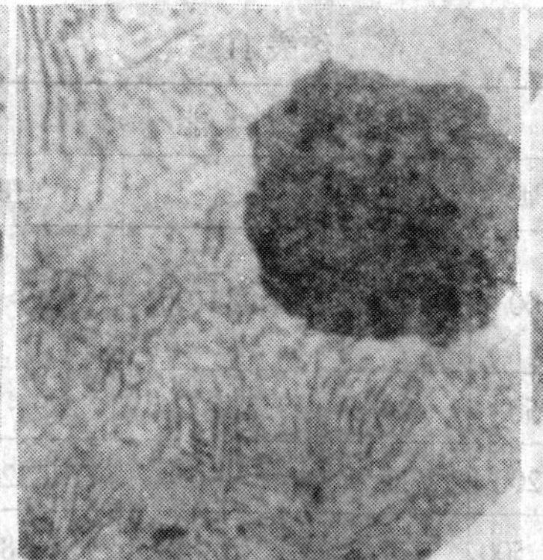

(b) 珠光体球墨铸铁

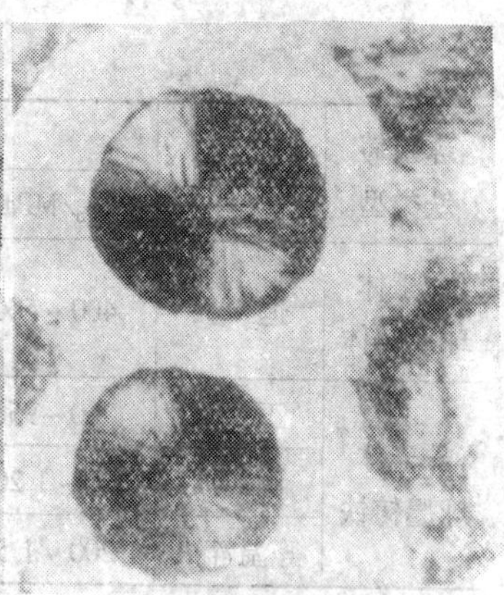

(c) 铁素体 + 珠光体球墨铸铁

图 11.7 球墨铸铁的显微组织

辊等;而铁素体球墨铸铁,则可用来制造受压阀门、机器底座等。

球铁的牌号如表 11.5 所示。牌号中的符号 QT 代表球墨铸铁。牌号中的数字与可锻铸铁牌号的数字意义相同。

表 11.5 球墨铸铁的牌号、机械性能和应用举例

牌号	基体	σ_b/MPa	$\sigma_{0.2}$/MPa	δ/%	A_k/J	HB
		不	小	于		
QT400 - 17	铁素体	400	250	17	48	≤179
QT420 - 10	铁素体	420	270	10	24	≤207
QT500 - 5	铁素体 + 珠光体	500	350	5	—	147 ~ 241
QT600 - 2	珠光体	600	420	2	—	229 ~ 302
QT700 - 2	珠光体	700	490	2	—	229 ~ 302
QT800 - 2	珠光体	800	560	2	—	241 ~ 321
QT1200 - 1	下贝氏体	1 200	840	1	24	≥HRC38

牌号	应用举例
QT400 - 17 QT420 - 10	汽车、拖拉机的牵引框、轮毂、离合器、差速器及减速器的壳体;农机具的犁铧、犁柱、犁托、犁侧板及牵引架;高压阀门的阀体、阀盖及支架等
QT500 - 5	内燃机的机油泵齿轮,水轮机的阀门体、铁路机车车辆的轴瓦等
QT600 - 2 QT700 - 2 QT800 - 2	柴油机和汽油机的曲轴、连杆、凸轮轴、汽缸套、进排气门座;脚踏脱粒机的齿条、轻载齿轮、畜力犁铧;空气压缩机及冷冻机的缸体、缸套及曲轴、球磨机齿轴、矿车轮及桥式起重机大小车滚轮等
QT1200 - 1	汽车螺旋伞齿轮、拖拉机减速齿轮、柴油机凸轮轴及犁铧、耙片等

续表 11.5

球墨铸铁类型	热处理	机械性能				备注
		σ_b/MPa	δ/%	A_k/J	HB	
铁素体球墨铸体	退火	400 ~ 500	15 ~ 25	48 ~ 96	121 ~ 179	可代碳素钢如 35、40
珠光体球墨铸铁	正火	700 ~ 950	2 ~ 5	16 ~ 24	229 ~ 302	可代碳素钢、合金钢如 45
	调质	900 ~ 1 200	1 ~ 5	4 ~ 24	HRC32 ~ 43	可代 35CrMo、40CrMnMo
	等温淬火	1 200 ~ 1 500	1 ~ 3	16 ~ 48	HRC38 ~ 50	可代合金钢如 20CrMnTi

三、球铁的热处理

球铁的热处理，主要用来改变它的基体组织和性能。球铁常用的热处理工艺有：退火、正火、淬火、回火、表面淬火等。

1.球铁的退火

球铁退火的目的主要是为了消除铸造应力和因铸造得到的白口。

球铁的消除应力退火工艺是将铸件加热到 550 ~ 600℃，保温一定时间，然后空冷，采用这种方法可以使铸件的内应力消除 90% ~ 95%，从而可提高铸件的塑性和韧性。

为消除白口可采用高温退火。具体工艺如图 11.8 所示。按图 11.8(a)的工艺，只完成了石墨化第一、二阶段，故最终得到的是以珠光体为基体的球铁。若按图 11.8(b)的工艺，即在石墨化第一、二阶段完成后，并进行第三阶段石墨化，根据此阶段保温时间长短和冷却条件即可得到不同的铁素体及珠光体的比例。如果进行完全，可得到以铁素体为基体的球铁，这种球铁具有高塑韧性，多用于代替可锻铸铁和低碳钢零件。

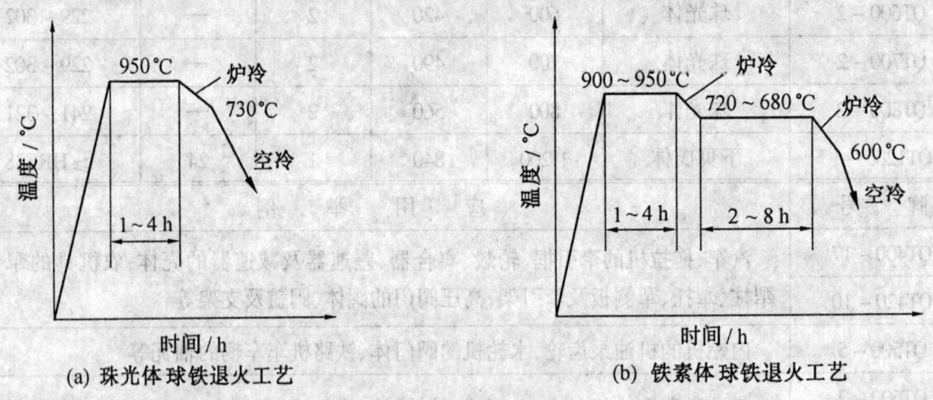

图 11.8　球墨铸铁件消除白口的高温退火工艺

2.球铁的正火

球铁的正火目的是为了获得珠光体组织，从而获得高的强度、硬度和耐磨性。有时正火是为表面淬火做组织准备。

球铁正火的加热温度有两种，一种是加热到 880 ~ 920℃的完全奥氏体化，如图 11.9(a)所示；另一种是加热到 840 ~ 880℃的不完全奥氏体化，如图 11.9(b)所示。完全奥氏体化正火后获得珠光体基体。不完全奥氏体化正火后组织中保留一部分铁素体，由于加热温度低，组织细，有较好的韧性与塑性，但强度比珠光体基球铁低一些。

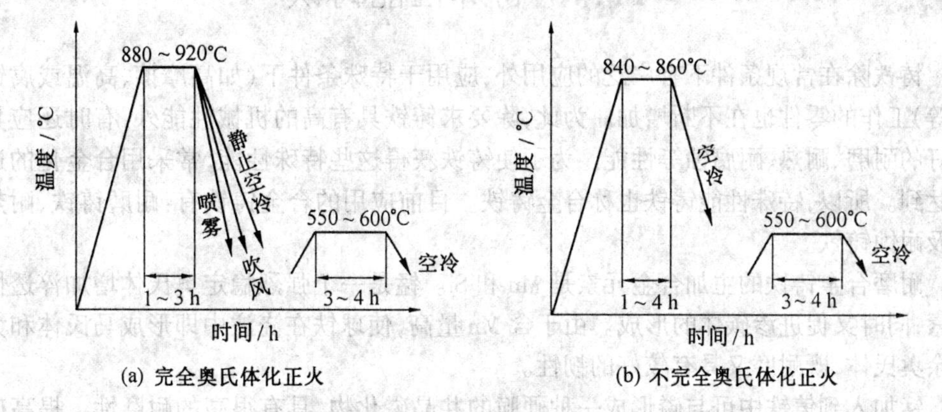

图 11.9 球墨铸铁正火工艺

球铁正火时可以采用空冷、风冷或喷雾等冷却方式。不同的冷却速度正火后，所得到的珠光体数量是不同的。

当球铁正火在静止空气中冷却时，共析体中的渗碳体还有部分要分解成铁素体和石墨。这时球铁的组织是珠光体 + 铁素体 + 石墨。由于铁素体总是先从石墨周围开始形成，即在石墨周围形成一圈铁素体，基体是珠光体，如图 11.10 所示。

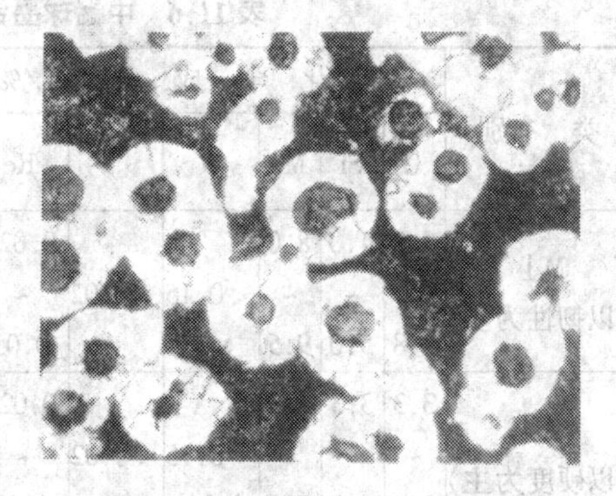

图 11.10 球墨铸铁中的牛眼状铁素体组织

如正火时冷却速度较大，常会在铸件中形成内应力，故正火后需要进行一次消除应力回火。回火温度为 550 ~ 600℃，保温 1 ~ 2 h，而后空冷。

3.球铁的淬火及回火

同钢的淬火及回火一样，根据铸件工作条件及使用性能可选择合理的淬火及回火工艺。例如，对于要求高强度、高冲击韧性的油阀、连杆等，可采用调质处理。

对于一些要求综合机械性能较高，而且外形比较复杂，热处理时易变形开裂的零件，如齿轮、凸轮轴等，可采用等温淬火。

等温淬火的加热温度与淬火相同，即 860 ~ 900℃，适当保温后，迅速转移至 250 ~ 300℃的等温盐浴中进行等温处理 0.5 ~ 1.5 h，然后取出空冷，一般不再进行回火。等温淬火后的组织为下贝氏体 + 石墨。球铁经等温淬火后的强度极限可达 1 200 ~ 1 500 MPa，硬度 HRC38 ~ 50，冲击功 A_k 为 16 ~ 48 J，并具有良好的耐磨性。

由此可见，等温淬火是提高球墨铸铁综合机械性能的一个有效途径。但由于等温盐浴的冷却能力有限，故一般仅适用于截面尺寸不大的零件。

11.4 特殊性能铸铁

铸铁除在常规条件下有广泛的应用外,应用于特殊条件下(如高摩擦、高温或腐蚀介质等)工作的零件也在不断增加。为此,除要求铸铁具有高的机械性能外,有时还应具有良好的耐磨、耐热、耐腐蚀等性能。为了使铸铁获得这些特殊性能,常采用合金化的途径来达到。所以,特殊性能铸铁也称合金铸铁。目前应用的合金铸铁有:耐磨铸铁、耐热铸铁及耐蚀铸铁。

耐磨合金铸铁的主加合金元素是 Mn 和 Si。锰是一个强烈稳定奥氏体增加淬透性的元素,同时又促进渗碳体的形成。由于含 Mn 量高,使球铁在浇注中即形成马氏体和大量残余奥氏体,既耐磨又具有较好的韧性。

锰加入到铸铁中可与磷形成一种硬脆的共晶磷化物,具有很高的耐磨性。提高硅含量,以促进石墨化。

表 11.6、11.7 为耐磨铸铁的化学成分、机械性能及使用情况。

表 11.6 中锰球墨铸铁的成分、性能及应用举例

类别	化学成分 w_B/%							机械性能					应用举例
	C	Si	Mn	P	S	Re	Mg	σ_b/MPa	σ_{bb}/MPa	f/mm	A_k/J	HRC	
MⅠ(以韧性为主)	3.3~3.8	4.0~5.0	8.0~9.5	<0.15	<0.02	0.025~0.05	0.025~0.06	340~450	550~700	4.0~7.0	12~24	38~47	农机用耙片,犁铧,饲料粉机锤等
MⅡ(以硬度为主)	3.3~3.8	3.3~4.0	5.0~7.0	<0.15	<0.02	0.025~0.05	0.025~0.06	—	550~800	3.0~4.0	6.4~12	48~56	球磨机磨球、衬板,煤粉机锤头等

表 11.7 合金高磷铸铁的成分和用途

铸铁名称	化学成分 w_B/%						用途
	C	Si	Mn	P	S	合金元素	
磷铜钛铸铁	2.9~3.2	1.2~1.7	0.5~0.9	0.35~0.6	<0.12	(Cu)0.60~1.00 (Ti)0.09~0.15	普通机床 精密机床
磷铜钼铸铁	3.1~3.4	2.2~2.6	0.5~1.0	0.55~0.8	<0.10	(Cr)0.35~0.55 (Mo)0.15~0.35	汽缸套
磷钨铸铁	3.6~3.9	2.2~2.7	0.6~1.0	0.35~0.5	<0.06	(W)0.40~0.65	活塞环

耐热铸铁:铸铁中加入 Al、Si、Cr 等合金元素可以改善耐热性。这是由于它们在铸件表面产生一层致密的保护性氧化膜(如 Al_2O_3、SiO_2、Cr_2O_3),具有抗氧化能力。

对于在较低温度(500~700℃)下工作的耐热铸铁,常采用低铬(Cr 质量分数在 0.5%~1.9%)或低铬铜合金铸铁。而用于高温(>800℃)下工作的则主要用高硅(Si 质

量分数 > 5%)、高铝(Al 质量分数约 25%)和高铬(Cr 质量分数 32% ~ 36%)铸铁。

表 11.8 为几种耐热铸铁的成分和应用举例。

表 11.8　几种耐热铸铁的成分、使用温度及应用举例

铸铁名称	化学成分 w_B/%						使用温度/℃	应用举例
	C	Si	Mn	P	S	其他		
中硅耐热铸铁	2.2 ~ 3.0	5.0 ~ 6.0	< 1.0	< 0.2	< 0.12	(Cr)0.5 ~ 0.9	≤850	烟道挡板、换热器等
中硅球墨铸铁	2.4 ~ 3.0	5.0 ~ 6.0	< 0.7	< 0.1	< 0.03	(Mg)0.04 ~ 0.07 (Re)0.015 ~ 0.035	900 ~ 950	加热炉底板、化铝电阻炉坩埚等
高铝球墨铸铁	1.7 ~ 2.2	1.0 ~ 2.0	0.4 ~ 0.8	< 0.2	< 0.01	(Al)21 ~ 24	1 000 ~ 1 100	加热炉底板,渗碳罐、炉子传送链构件等
铝硅球墨铸铁	2.4 ~ 2.9	4.4 ~ 5.4	< 0.5	< 0.1	< 0.02	(Al)4.0 ~ 5.0	950 ~ 1 050	
高铬耐热铸铁	1.5 ~ 2.2	1.3 ~ 1.7	0.5 ~ 0.8	≤0.1	≤0.1	(Cr)32 ~ 36	1 100 ~ 1 200	加热炉底板、炉子传送链构件等

耐蚀铸铁:铸铁的腐蚀过程及形式和钢相同。因此,提高铸铁耐腐蚀的途径基本上与不锈钢相同。即加入合金元素 Cr、Al、Si、Cu、Ni 等,提高铸铁基体组织的电位,并使铸铁表面形成一层致密的保护性氧化膜。铸铁中的含碳量或石墨含量应该尽量降低,最好获得单相基体加孤立分布的球状石墨组织。

耐蚀铸铁又分高硅耐蚀铸铁、高铝耐蚀铸铁及高铬耐蚀铸铁等。其中应用最广泛的是高硅耐蚀铸铁。

高硅耐蚀铸铁:铸铁中加入硅,其质量分数在 14.5%以上时,可使铸铁在硝酸、硫酸、盐酸、磷酸及湿空气中显示出较高的耐蚀性。硅的质量分数超过 18%则耐蚀性不再明显提高,但脆性增加。现用的高硅耐蚀铸铁,其中硅质量分数一般有 14% ~ 18%。高硅铸铁所以耐酸、耐蚀主要是由于形成坚固致密的 SiO_2 保护膜。但在氢氟酸和碱液(如 NaOH)中,因 SiO_2 膜被破坏,引起大量侵蚀,故高硅耐蚀铸铁多用于制作化工用的耐酸泵体、管件等。

高硅铸铁硬度高,很脆。此外,铸件线收缩大,易裂,铸造性能也差。

高硅耐蚀铸铁的成分、性能如表 11.9、表 11.10 所示。

表 11.9　高硅铸铁的化学成分

牌号	化学成分 w_B/%							
	C	Si	Mn	P	S	Cr	Cu	其他
STSi15R	1.00	14.25 ~ 15.75	0.50	0.10	0.10	—	—	0.10
STSi17R	0.80	16.00 ~ 18.00	0.50	0.10	0.10	—	—	0.10
STSi11Cu2CrR	1.20	10.00 ~ 12.00	0.50	0.10	0.10	0.60 ~ 0.80	1.80 ~ 2.20	0.01 ~ 0.03

表 11.10 高硅铸铁的机械性能

牌　　号	抗弯强度/MPa ≥	挠度/mm ≥	硬度/HRC
STSi15R	140	0.66	48
STSi17R	130	0.66	48
STSi11Cu2CrR	190	0.80	42

注：进行抗弯试验、挠度试验应采用 ϕ15 mm 的试样。

含铝耐蚀铸铁由于也能形成氧化物保护膜，可在氧化气氛中工作，也可作为耐碱铸铁。铸铁中铝质量分数为 4% ~ 6%。

高铬耐蚀铸铁的化学成分：$w(C) = 0.5\% \sim 1.0\%$，$w(Si) = 0.5\% \sim 1.3\%$，$w(Mn) = 0.5\% \sim 0.8\%$，$w(Cr) = 26\% \sim 30\%$，$w(P) = \leqslant 0.1\%$，$w(S) = \leqslant 0.05\%$。此铸铁主要用于在海水、弱酸中工作的零件。

第四篇

有色金属材料

有色金属及合金是指铁基以外的其他合金。它们的种类很多，但工业上应用较多的有色金属材料主要有铝、铜、镁、锌、钛及其合金以及锡铅基轴承合金等。目前，尽管它们的产量和用量不如黑色金属大，但由于它们具有某些特殊性能，而成为现代工业技术中不可缺少的材料。

第 12 章　铝、钛及其合金

12.1　铝及其合金

近年来，铝在工业中已成为仅次于钢的一种重要工业金属，主要在航空、航天工业中有广泛应用，也是电力工业、日常生活用品中不可缺少的材料。

一、纯铝

纯铝的密度为 2.7 g/cm^3，晶体结构为面心立方，没有同素异构转变，具有良好的导电和导热性，仅次于银、金、铜，而居第四位。由于铝在空气中表面会形成一层致密结构 Al_2O_3 保护膜，具有良好的耐蚀性；纯铝的塑性很高，可进行各种压力加工。

纯铝强度低，不能作为结构材料使用，只能做导电体和要求耐腐蚀的器皿等。

纯铝的性质受其中杂质含量的影响颇大，其牌号和化学成分，如表 12.1 所示。

表 12.1　纯铝的牌号和化学成分

牌　　号	主要化学成分 w_B/%								
	Si	Fe	Cu	Mn	Mg	Cr	Zn	Ti	Al
1A95	0.030	0.030	0.010	—	—	—	—	—	99.95
1A97	0.015	0.015	0.005	—	—	—	—	—	99.97
1A99	0.003	0.003	0.005	—	—	—	—	—	99.99
1035	0.35	0.6	0.10	0.05	0.05	—	0.10	0.03	99.35
1050	0.25	0.40	0.05	0.05	0.05	—	0.05	0.03	99.50
1050A	0.25	0.40	0.05	0.05	0.05	—	0.07	0.05	99.50
1200	w(Si + Fe)1.00		0.05	0.05	—	—	0.10	0.05	99.00
1235	w(Si + Fe)0.65		0.05	0.05	0.05	—	0.10	0.06	99.35
1350	0.10	0.40	0.05	0.01	—	0.01	0.05	—	99.50

二、铝合金

由于纯铝的强度低，在工业中不能作为结构材料使用。为此，提高铝的强度的基本途径是在铝中加入适当的合金元素，通过固溶强化、时效强化及弥散强化来实现。目前，铝合金强度已提高到 $\sigma_b = 500 \sim 600$ MPa，接近普通钢的强度，比强度（单位质量的强度）甚至比钢还高。例如，高强度铝合金的抗拉强度 σ_b 为 600 MPa，比强度达 222，而高强钢的抗拉强度 σ_b 为 1 300 MPa 时其比强度仅为 168。这正是它在航空、航天工业中广泛应用的根本原因。

(一)铝合金的分类

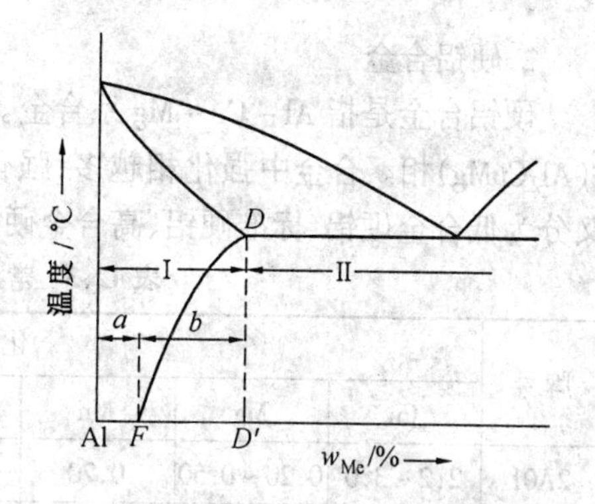

图 12.1 铝合金状态图的一般类型

根据铝合金的化学成分及生产工艺特点,可将铝合金分为变形铝合金和铸造铝合金两大类。可用铝合金状态图来说明二者成分上的差异。工程上常用的铝合金大都具有与图 12.1 类似的相图。由图可见,凡位于 D'成分以左的合金,在加热至高温时能形成单相固溶体组织,合金的塑性较高,适用于压力加工,故称为变形铝合金。凡位于 D'以右成分的合金,因含有共晶组织,液态流动性较高,适用于铸造,故称为铸造铝合金。

对于变形铝合金来说,位于 F 点以左成分的合金,在固态始终是单相的,不能进行热处理强化,被称为热处理不可强化的铝合金。成分在 F 和 D'之间的合金,由于合金元素在铝中有溶解度的变化会析出第二相,可通过热处理使合金强度提高,称热处理强化铝合金。典型的热处理强化铝合金有:Al-Cu 系,Al-Cu-Mg 系,Al-Mg-Si 系,Al-Cu-Mg-Zn 系等。

(二)变形铝合金

工业上应用的变形铝合金有:防锈铝、硬铝、超硬铝、锻铝四类。

1.防锈铝合金

防锈铝合金主要有 Al-Mn、Al-Mg 系合金。其牌号、成分如表 12.2 所示。

表 12.2 防锈铝合金的化学成分

牌号	化学成分 w_B/%							
	Mn	Mg	Fe	Si	Cu	Zn	Ti	Al
5A12	0.4~0.8	8.3~9.6	0.3	0.3	0.05	0.2	0.05~0.15	余量
5A02	0.15~0.4	2.0~2.8	0.4	0.4	0.1	—	0.15	余量
5A03	0.3~0.6	3.2~3.8	0.50	0.5~0.8	0.10	0.2	0.15	余量
5A05	0.3~0.6	4.8~5.5	0.50	0.5	0.10	0.2	—	余量
5A06	0.5~0.8	5.8~6.8	0.40	0.0001~0.005Be	0.1	0.2	0.02~0.1	余量
5B05	0.2~0.6	4.7~5.7	0.4	0.4	0.20	—	0.15	余量
3A21	1.0~1.6	0.05	0.7	0.6	0.20	0.10	0.15	余量

锰能提高铝的抗腐蚀性能,在合金为单相固溶体时,Al-Mn 合金的抗腐蚀性能比纯铝还高,强度也比纯铝高。

镁对铝合金的抗腐蚀性贡献要小些,Al-Mg 系合金的抗蚀性不如 Al-Mn 系合金,但优于其他铝合金。

各种防锈铝合金均不能进行热处理强化。要想提高合金的强度可通过冷加工,使之产生加工硬化。

2.硬铝合金

硬铝合金是指 Al - Cu - Mg 系合金。它能进行热处理强化,其强化相有 θ($CuAl_2$)相和 S(Al_2CuMg)相。合金中强化相越多,强化效果越好。根据合金中含 Cu、Mg 量多少,硬铝又分为低合金硬铝、标准硬铝、高合金硬铝,常用牌号、化学成分如表 12.3 所示。

表 12.3 常用硬铝的主要化学成分

牌号	化学成分 w_B/%								
	Cu	Mg	Mn	Si	Fe	Zn	Ti	Ni	Al
2A01	2.2~3.0	0.20~0.50	0.20	0.50	0.50	0.10	0.15	—	余量
2A02	2.6~3.2	2.00~2.40	0.45~0.7	0.30	0.30	0.10	0.15	—	余量
2A06	3.8~4.3	1.70~2.30	0.50~1.00	0.50	0.50	0.10	0.03~0.15	—	余量
2A10	3.9~4.5	0.15~0.30	0.30~0.50	0.25	0.20	0.10	0.15	—	余量
2A11	3.8~4.8	0.40~0.80	0.40~0.80	0.70	0.70	0.30	0.15	0.10	余量
2A12	3.8~4.9	1.20~1.80	0.30~0.90	0.50	0.50	0.30	0.15	0.10	余量

低合金硬铝,含铜、镁量较低,因而合金的强度低,但塑性好,而且时效速度慢,这恰好为合金固溶处理后进行铆接创造了良好条件,使铆钉不致在铆接中迅速时效强化而引起开裂。这类合金主要用来做铆钉,因而有"铆钉硬铝"之称,典型合金有 2A01、2A10。

标准硬铝中含铜、镁的量有所增加,所以合金中强化相 θ 相和 S 相数量也增多,合金的强度与硬度比低合金硬铝高,但塑性和冷、热压力加工能力较差。它多以棒、板、型材等状态供应,典型的合金为 2A11。

高合金硬铝中镁的含量增加较多,因此 S 相为主要强化相。它的强化效果比 θ 相更大。故它比以上两种硬铝的强度均高,如表 12.4 所示,典型合金为 2A12、2A06。

表 12.4 硬铝的机械性能

牌　号	材料状态	σ_b/MPa	$\sigma_{0.2}$/MPa	δ/%	ψ/%	HB
2A01	淬火,自然时效	300	170	24	50	70
2A10	淬火,自然时效	400	—	20	—	—
2A11	淬火,自然时效	400	200	18	—	100
2A12	淬火,自然时效	520	290	19	—	—
2A06	淬火,自然时效	400	300	20	—	—

硬铝合金有两个重要特性在使用中或进行加工时必须注意。

(1)抗腐蚀性能差,在海水中尤甚。这是因为它含有较高的铜,含铜的固溶体与化合物的电极电位比晶界高,易产生晶间腐蚀。为了保护硬铝部件,其外部都包一层高纯度铝,制成包铝硬铝材。

(2)硬铝合金固溶温度范围很窄,在 ±5℃左右。固溶温度过低,固溶体的过饱和度不足,不能发挥最大的时效效果。固溶温度过高易产生过烧,因此,合金固溶处理时的加热温度应严格控制。

3.超硬铝合金

超硬铝合金是 Al-Cu-Mg-Zn 系合金。该合金中有 θ、S、η($MgZn_2$)、T($Al_2Mg_3Zn_3$)四种强化相,由于强化相的种类及数量多,合金的强度在铝合金中是最高的,但合金的抗腐蚀性差,可采用 Al-Zn 合金做包层。超硬铝合金的牌号、成分及机械性能如表 12.5、12.6 所示。这类合金可以板材、型材和模锻件等形式应用于飞机制造业中。

表 12.5 超硬铝的牌号及化学成分

牌号	化学成分 $w_B/\%$							
	Zn	Mg	Cu	Cr	Mn	Ti	Fe	Si
7A03	6.0~6.7	1.2~1.6	1.8~2.4	0.05	0.10	0.02~0.08	0.2	4.52
7A04	5.0~7.0	1.8~2.8	1.4~2.0	0.10~0.25	0.20~0.60	0.10	0.5	0.5
7A09	4.4~5.0	1.1~1.7	1.2~2.0	0.05~0.15	0.15~0.40	0.02~0.06	0.5	0.5
7A10	3.2~4.2	3.0~4.0	0.5~1.0	0.10~0.20	0.20~0.35	0.05	0.3	0.2
7A06	7.6~8.6	2.5~3.2	2.2~2.8	0.10~0.25	0.20~0.50	—	0.3	0.3

表 12.6 超硬铝的机械性能

牌号	材料状态	σ_b/MPa	$\sigma_{0.2}$/MPa	$\delta/\%$	$\psi/\%$	HB
7A03	淬火,人工时效	520	440	15	45	150
7A04	淬火,人工时效	560~600	530~550	8	12	150
7A09	淬火,人工时效	549	451	6	—	140
7A06	淬火,人工时效	680	640	7	—	190

4.锻铝合金

锻铝合金是 Al-Mg-Si 及 Al-Mg-Si-Cu 系普通锻造铝合金和 Al-Cu-Mg-Fe-Ni 系耐热锻铝合金。尽管这类合金中的合金元素种类较多,但每种元素的含量都较少,因而具有良好的热塑性。它主要用于制造形状复杂的大型锻件。合金牌号、化学成分与机械性能如表 12.7、12.8 所示。

表 12.7 锻铝合金的牌号及化学成分

牌号	化学成分 $w_B/\%$								
	Mg	Si	Cu	Mn	Cr	Ti	Fe	Zn	Ni
6A02	0.45~0.9	0.5~1.2	0.2~0.6	0.15~0.35	—	0.15	0.5	0.2	—
2A50	0.4~0.8	0.7~1.2	1.8~2.6	0.4~0.8	—	0.15	0.7	0.3	0.10
2B50	0.4~0.8	0.7~1.2	1.8~2.6	0.4~0.8	0.01~0.2	0.02~0.10	0.7	0.3	0.10
2A14	0.4~0.8	0.6~1.2	3.9~4.8	0.4~1.0	—	0.15	0.7	0.3	0.10
2A70	1.4~1.8	0.35	1.9~2.5	0.2	—	0.02~0.1	0.9~1.5	0.3	0.9~1.5
2A80	1.4~1.8	0.5~1.2	1.9~2.5	0.2	—	0.15	1.0~1.6	0.3	0.9~1.5
2A90	0.4~0.8	0.5~1.0	3.5~4.5	0.2	—	0.15	0.5~1.0	0.3	1.8~2.3

表 12.8　锻铝合金的机械性能

牌号	材料状态	σ_b	$\sigma_{0.2}$	σ_{-1}^*	E	δ	ψ	HB
		MPa				%		
6A02	型,棒,淬火,人工时效	330	280	98	71 000	16.0	20	95
2A50	模压件,淬火,人工时效	420	300	130	72 000	13.0	—	105
2B50	模压件,淬火,人工时效	480	380	125	72 000	19.0	25	135

注:疲劳强度的循环次数 $N = 5 \times 10^7$。

耐热锻铝合金的化学成分和组成相极其复杂,除了 Cu 和 Mg 外,还加入 Fe 和 Ni,有的合金还加有 Si。这种复杂合金化的合金不仅高温性能好,还有高的锻压性能,适用于制造各种耐热零件。

(三)铸造铝合金

用来制造铸件的铝合金称为铸造铝合金。铸造铝合金分 Al - Si 系(材料代号 ZL1××),Al - Cu 系(材料代号 ZL2××),Al - Mg 系(材料代号 ZL3××),Al - Zn 系(材料代号 ZL4××),其中 Al - Si 系应用最广。

Al - Si 系铸造合金称硅铝明,包括简单硅铝明(Al - Si 二元合金)及复杂硅铝明(Al - Si - Mg - Cu 等多元合金)。

从图 12.2 Al - Si 二元合金相图可知,Al - Si 属共晶系合金,硅的质量分数在 11% ~ 13%范围内,铸造后几乎全部是共晶组织,如图 12.3 所示。因此,这种合金的流动性好,铸件产生的热裂倾向小,适用于铸造复杂形状的零件。它的耐腐蚀性能高,有较低的膨胀系数,可焊性良好。该合金不足之处是铸造时吸气性高,结晶时能产生大量分散缩孔,使铸件的致密度下降。由于 Al - Si 合金组织中的共晶硅呈粗大的针状,使合金的机械性能降低。这种针状组织用热处理方法不能得到改善,只能采用变质处理。

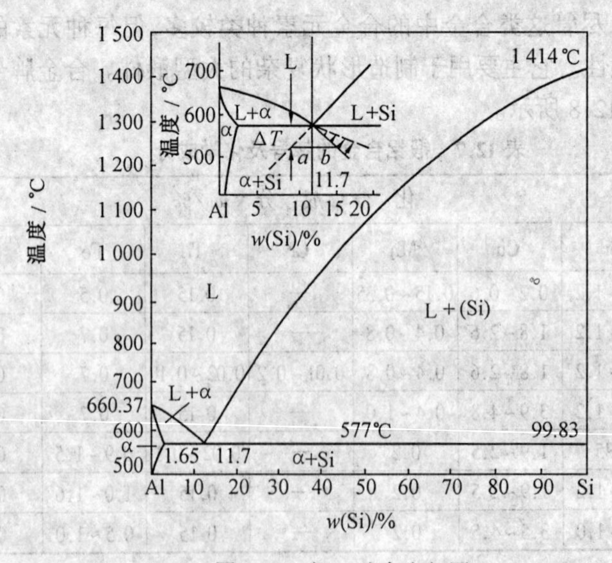

图 12.2　铝 - 硅合金相图

(a) 变质前

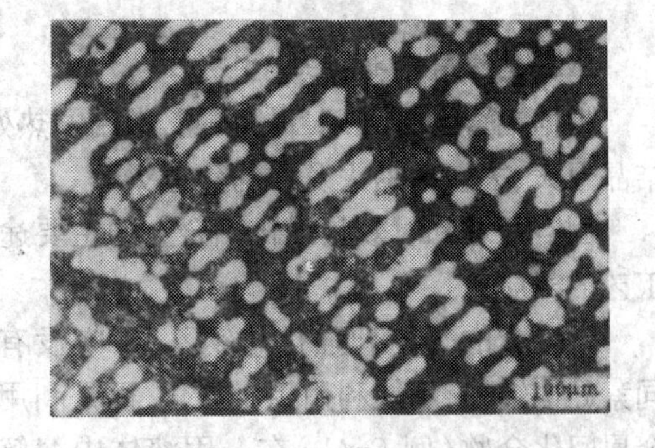

(b) 变质后

图 12.3 ZL102 合金铸态组织

硅铝明变质处理是在合金浇注前,向液体合金中加入微量 Na(质量分数为 0.05% ~ 0.1%)或质量分数 1% ~ 3%的钠盐(2/3NaF + 1/3NaCl)变质剂,浇铸后即得到由初晶 α 和微细的共晶组成的亚共晶组织,如图 12.3(b)所示。合金的机械性能得以改善,使合金的强度及塑性均有所提高,但提高的幅度不大,对于重负荷工件的铸件来说,还是满足不了要求。为此,在 Al - Si 合金的基础上,进一步加入 Cu、Mg 等形成强化相的元素,构成复杂的硅铝明,就可通过热处理强化,使合金的强度显著提高。

内燃机中的活塞,是在高速、高温、高压、变负荷下工作的,所以要求制造活塞的材料必须比重小,高耐磨、高的导热性、高的耐蚀性、耐热性,还要求活塞材料的线膨胀系数接近气缸体的线膨胀系数。复杂硅铝明基本上能满足这一要求,它是制造活塞的理想材料。

硅铝明的牌号、化学成分如表 12.9 所示。

表 12.9 铸造 Al - Si 系合金的材料代号、化学成分

材料代号	化学成分 w_B/%					
	Si	Cu	Mg	Mn	Ni	Ti
ZL101	6.5 ~ 7.5	—	0.25 ~ 0.45	—	—	—
ZL102	10.0 ~ 13.0	—	0.10	0.5	—	—
ZL103	4.5 ~ 6.0	2.0 ~ 3.5	0.40 ~ 0.70	0.3 ~ 0.7	—	—
ZL104	8.0 ~ 10.5	—	0.17 ~ 0.35	0.2 ~ 0.5	—	—
ZL105	4.5 ~ 5.5	1.0 ~ 1.5	0.40 ~ 0.60	—	—	—
ZL106	7.5 ~ 8.5	1.0 ~ 1.5	0.35 ~ 0.55	0.3 ~ 0.5	—	0.10 ~ 0.25
ZL107	6.5 ~ 7.5	3.5 ~ 4.5	—	—	—	—
ZL108	11.0 ~ 13.0	1.0 ~ 2.0	0.50 ~ 1.00	0.3 ~ 0.9	—	—
ZL109	11.0 ~ 13.0	0.5 ~ 1.5	0.90 ~ 1.50	—	0.8 ~ 1.5	—
ZL110	4.0 ~ 6.0	5.0 ~ 8.0	0.3 ~ 0.5	—	—	—
ZL111	8.0 ~ 10.0	1.3 ~ 1.8	0.45 ~ 0.65	0.1 ~ 0.35	—	0.1 ~ 0.35

(四)铝合金的热处理

根据铝合金热处理目的不同,常用的热处理工艺有:固溶处理(淬火)和时效处理,再结晶退火、去应力退火及均匀化退火等。

固溶处理和时效是强化铝合金的主要途径。以 Al - Cu 系合金为例说明铝合金强化工艺的实质。

铝合金的热处理强化与钢不同,它没有同素异构转变,不能利用相变强化,而是利用金属间化合物(例 $CuAl_2$)在 α 固溶体中溶解度变化的原理(如图 12.4 所示)。但不是凡具有与 Al - Cu 合金相似相图的铝合金均能有效地进行热处理强化,还要视其合金中第二相的性质而定。如 Al - Mn、Al - Mg 合金尽管与 Al - Cu 相图相似,但由于强化相与 $CuAl_2$ 不同,因此,这两类铝合金系就不能进行热处理强化。

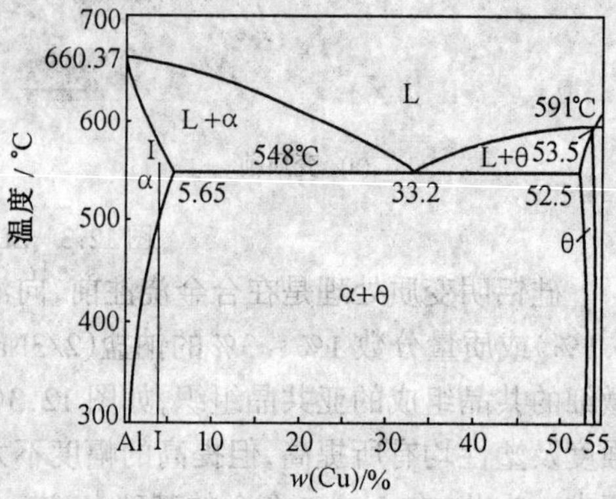

图 12.4 Al - Cu 合金状态图

铝合金的热处理强化工艺分两步:第一步为固溶处理,第二步为时效处理。

固溶处理是将合金Ⅰ加热到固相线以下的单相 α 固溶体区,保温一定时间,使第二相($CuAl_2$)完全溶解,而后快速冷却,获得过饱和的 α 固溶体。

时效处理是指经固溶处理后的合金,在室温或一定温度下加热保持一定时间,使过饱和固溶体组织趋于进行某种程度的分解,而得到一定强化效果的工艺。

如果时效是在常温下进行称自然时效;在一定加热条件下进行,称人工时效。

Al - Cu 合金时效后的强度与温度和时间的关系如图 12.5、12.6 所示。

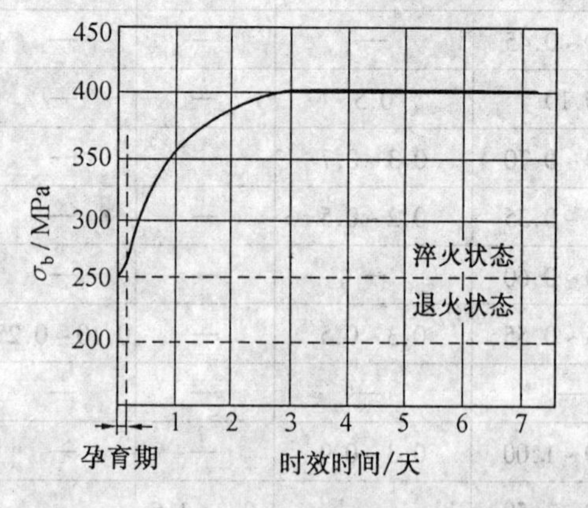

图 12.5 w(Cu)为 4%的铝合金自然时效曲线

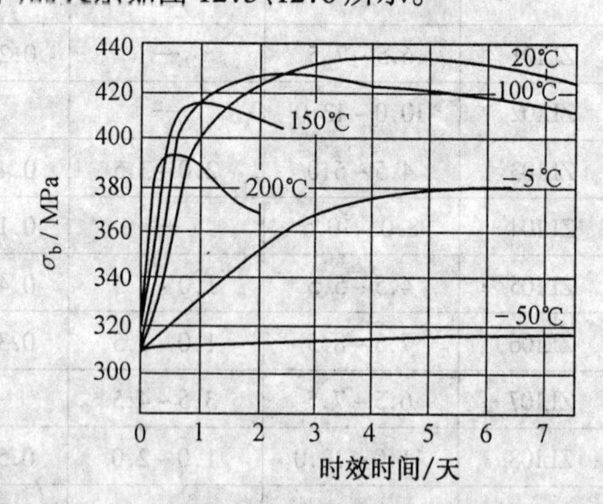

图 12.6 w(Cu)为 4%铝合金在不同温度下的时效曲线

不难看出,Al - Cu 合金在时效过程中经过一定时间保温,其硬度和强度会得到明显提高,故称为时效强化或时效硬化。

汉涅 - 普勒斯顿(Guinier - Preston)利用 X 射线结构分析发现了合金在时效过程中其

结构所发生的变化。在自然时效时,铜原子不能长距离扩散,只是在 α 过饱和固溶体的某晶面上发生铜原子富集,称 G.PⅠ区。

随着时效温度的提高,G.PⅠ区不断长大,形成 G.PⅡ区。G.PⅠ区和 G.PⅡ区没有原则上的差别。当 G.PⅡ区形成后,再提高时效温度,将形成 $CuAl_2$ 的过渡相,用 θ'表示。它的点阵不同于固溶体和稳定的 $\theta(CuAl_2)$相,与 α 固溶体呈共格联系。在进一步提高温度后,θ'相便与 α 固溶体共格破坏,变成稳定的 θ 相析出,并开始聚集长大。

在形成 G.PⅡ区和 θ'时,由于固溶体的晶格将发生严重的畸变及共格,这正是合金时效使硬度和强度显著提高的根本原因。在自然时效时,多数铝合金只能发展到此阶段,或发展不到此阶段即停止;而在人工时效时,则应注意只能保温到此阶段就要冷却下来,以期获得最高时效强化,否则过长的保温,一旦发生 θ 相析出,则称“过时效”,强度便又降低。

铝合金的去应力退火、再结晶退火、均匀化退火等工艺的目的与钢相似,只是热处理的温度较低,工艺参数不同。

12.2 钛及其合金

在我国,钛不但资源丰富,而且它具有密度小、比强度高、耐热性高及优异的抗腐蚀性能,因而钛及其合金已成为航空、造船及化工工业中不可缺少的材料。但由于钛在高温时异常活泼。因此,钛及其合金的熔炼、浇铸、焊接和热处理等都要在真空或惰性气体中进行,加工条件严格,成本较高,使它的应用受到限制。

一、纯钛

钛有两种同素异晶结构,在 882.5℃以下的稳定结构为密排六方晶格,用 α－Ti 表示;在 882.5℃以上直到熔点的稳定结构为体心立方晶格,用 β－Ti 表示。钛的主要物理性能如表 12.10 所示。

表 12.10　纯钛的物理性能

原子量	47.9
熔点	1 668℃
沸点	3 260℃
密度	$4.5\ g\cdot cm^{-3}$
弹性模量	107 kMPa
膨胀系数	8.5×10^{-6}
比电阻	$45\ \mu\Omega\cdot cm^{-1}$
导热系数	$1\ 884\ W\cdot m^{-1}\cdot K^{-1}$

钛的密度为 $4.5\ g/cm^3$,比铁小得多。钛的熔点比铁、镍都高,可作为耐热材料。钛的热膨胀系数较小,使它在高温工作条件下或热加工过程中产生的热应力小。钛的导热性差,只有铁的 1/5,加上钛的摩擦系数大($\mu=0.2$),使切削、磨削加工困难。钛的弹性模量较低,屈强比(σ_s/σ_b)较高,使得钛和钛合金冷变形成型时的回弹性大,不易成型和校直。

钛在硫酸、盐酸、硝酸和氢氧化钠等酸、碱溶液中,在湿气及海水中都具有优良的抗蚀性。但不能抵抗氢氟酸的侵蚀作用。钛在大气中十分稳定,表面生成致密的氧化膜,使它保持金属光泽。但当加热到600℃以上时,氧化膜就失去保护作用。

工业纯钛按杂质含量不同可分为三个等级,即TA1、TA2、TA3。工业纯钛的成分及机械性能分别如表12.11及表12.12所示。

表12.11　工业纯钛的化学成分

牌　号	化学成分 w_B/%(不大于)						余
	O	N	C	H	Fe	Si	
TA1	0.20	0.03	0.10	0.015	0.25	0.10	Ti
TA2	0.25	0.05	0.10	0.015	0.30	0.15	Ti
TA3	0.15	0.05	0.10	0.015	0.40	0.15	Ti

表12.12　工业纯钛的机械性能(室温)

牌　号	σ_b/MPa	σ_5/%	ψ/%	α_k/(J·cm^{-2})
TA1	350	25	50	80
TA2	450	20	45	70
TA3	550	15	40	50

二、钛合金

为了进一步提高钛的性能,常常加入合金元素进行强化。主要元素有Al、Sn、V、Cr、Mo、Mn等。其中由于Al、Sn元素有升高α⇌β转变温度、扩大α相区的作用,故通常称为α稳定化元素,与此相应Mo、V、Mn、Cr、Fe等元素在和钛形成合金后降低α⇌β转变温度及扩大β相区,因此,称做β稳定化元素。根据工业钛合金使用状态的组织,钛合金可分为α、β及α+β三类,分别称为α钛合金、β钛合金及α+β钛合金。

我国钛合金的牌号以TA、TB、TC代表这三类合金,合金的化学成分和机械性能如表12.13所示。

(一)α钛合金

由于α钛合金的组织全部为α固溶体,因而具有很好的强度、韧性及塑性。在冷态也能加工成某种半成品,如板材、棒材等。它在高温下组织稳定,抗氧化能力较强,热强性较好。在高温(500~600℃)时的强度性能为三类合金中较高者。但它的室温强度一般低于β和α+β钛合金。α钛合金是单相合金,不能进行热处理强化。代表性的合金有TA5、TA6、TA7。

(二)β钛合金

全部是β相的钛合金在工业上很少应用。因为这类合金密度比较大,耐热性差及抗氧化性能低。当温度高于700℃时,合金很容易受大气中的杂质气体污染,生产工艺复杂,因而限制了它的使用。但由于全β相钛合金是体心立方结构,合金具有良好的塑性,为了利用这一特点,发展了一种亚稳定的β相钛合金。此合金在淬火状态为全β组织,便于进行加工成型,随后的时效处理又能获得很高的强度。

表 12.13 钛合金的化学成分及主要机械性能(棒材)

类型	合金牌号	化学成分	状态	室温机械性能,不小于				高温机械性能,不小于		
				σ_b /MPa	δ/%	ψ/%	α_k/(J·cm^{-2})	试验温度 /℃	瞬时强度 σ_b /MPa	持久强度 σ_{100} /MPa
α钛合金	TA1	工业纯钛	退火	350	25	50	8×10	—	—	—
	TA5	Ti-4Al-0.005B		700	15	40	6×10	—	—	—
	TA6	Ti-5Al		700	10	27	3×10	350	430	400
	TA7	Ti-5Al-2.5Sn		800	10	27	3×10	350	500	450
	TA8	Ti-5Al-2.5Sn-3Cu-1.5Zr		1 000	10	25	(2~3)×10	500	700	500
β钛合金	TB1	Ti-3Al-8Mo-11Cr	淬火	≤100	18	30	3×10			
			淬火+时效	1 300	5	10	1.5×10			
	TB2	Ti-5Mo-5V-8Cr-3Al	淬火	≤1 000	18	40	3×10			
			淬火+时效	1 400	7	10	1.5×10			
α+β钛合金	TC1	Ti-2Al-1.5Mn	退火	600	15	30	4.5×10	350	350	350
	TC2	Ti-3Al-1.5Mn		700	12	30	4×10	350	430	400
	TC4	Ti-6Al-4V		950	10	30	4×10	400	630	580
	TC5	Ti-5Al-2.5Cr		950	10	23	3×10	400	600	560
	TC6	Ti-5Al-2Cr-2Mo-1Fe		950	10	23	3×10	450	600	550
	TC8	Ti-6.5Al-3.5Mo-0.25Si		1 050	10	30	3×10	450	720	700
	TC9	Ti-6.5Al-3.5Mo-2.5Sn-0.35Si		1 140	9	25	3×10	500	850	620
	TC10	Ti-6Al-6V-2Sn-0.5Cu-0.5Fe		1 150	12	30	4×10	400	850	800

（三）α + β钛合金

α + β钛合金兼有α和β钛合金两者的优点，耐热性和塑性都比较好，并且可进行热处理强化，这类合金的生产工艺也比较简单。因此，α + β钛合金的应用比较广泛，其中以TC4(Ti - 6Al - 4V)合金应用最广、最多。

三、钛合金的热处理

由于钛合金有同素异构转变，当把钛合金加热到β相区后淬火时，体心立方的β相以无扩散的方式转变成α′相。α相具有与α相相同的六方晶体结构，是β稳定元素在α钛中的过饱和置换式固溶体，使合金强化。但其强化效果远不如间隙原子碳在钢中的马氏体中那样显著。而钛合金的进一步强化是靠亚稳定β和α′相分解析出高度弥散的固溶体α相来实现。根据钛合金在加热与冷却时的转变情况，钛合金常进行如下热处理。

1.钛合金的退火

为了消除钛合金的冷作硬化以及内应力，可进行消除应力退火和再结晶退火。消除应力退火通常在450 ~ 650℃加热，对机加工件其保温时间可选用0.5 ~ 2 h，焊接件选用2 ~ 12 h，再结晶退火温度为750 ~ 800℃，保温1 ~ 3 h。

2.钛合金的淬火和时效

钛合金的淬火和时效是其主要的热处理强化工艺。淬火温度一般选在α + β两相区。而钛合金的时效温度在450 ~ 550℃范围，时效时间根据具体要求而定，由数小时到数十小时。钛合金在热处理加热时必须严格注意污染和氧化，最好在真空炉或惰性气体保护下进行。

目前钛合金主要在航空工业中得到广泛的应用，通常用它来制作各种飞行器上在300 ~ 550℃范围内工作的结构件。其中板材钛合金可加工成高速飞机蒙皮、机身或座舱的部分构架(U型梁、框架、隔框椽条)、防火壁，液压管道及喷气发动机上的尾喷口，燃烧室外套，发动机罩，排气管等。而锻件钛合金主要用于生产发动机内的涡轮盘，增压器叶轮、压气机动叶片等。根据统计，一架军用飞机可采用125 ~ 2 100 kg钛合金零件，一台喷气发动机的用钛量能达到630 ~ 1 650 kg。近年来由于宇宙飞行器的迅速发展，钛合金的使用范围更加扩大，某些火箭上的固体燃料箱，发动机外壳、压力容器等部件已开始用钛合金制造。

第13章　铜及轴承合金

13.1　铜及其合金

铜及其合金是人类应用最早的一种金属，我国是应用铜合金最早的国家。目前我国的铜产量仅次于钢和铝而居于世界第三位。由于铜及其合金的性质决定了它是电力、电工、仪表、造船等工业中不可缺少的材料。

一、纯铜

工业纯铜，由于它经常在表面上形成一层氧化膜呈紫红色，故称紫铜。

纯铜密度为8.9 g/cm^3，具有面心立方结构，无同素异构转变，具有良好的导电性和导热性，仅次于银。这一性能使它成为电力、电工等部门的主要材料。铜为逆磁性物质，用铜制作的各种仪器机件不受外来磁场干扰，这一特征在制造各种磁学仪器、定向仪器和其他防磁器械时，具有重要意义。

纯铜在大气、水、水蒸气中基本不受腐蚀，具有良好的抗蚀性。但在氨、氮、盐及氧化性的硝酸和浓硫酸中的耐腐蚀性很差，在海水中也有腐蚀现象。

纯铜的塑性很高，可承受各种形式的冷、热压力加工。

纯铜的各种性能受其中杂质的影响很大。纯铜中的杂质有Pb、Bi、O_2、S、P等。铅和铋与铜易形成低熔点共晶(Pb + Cu及Bi + Cu)分布在铜的晶界上，在热加工时熔化，使铜开裂，称热脆性。而氧和硫与铜形成Cu_2S和Cu_2O_2均是脆性化合物，在冷加工时易产生破裂，称冷脆性。

按着铜中杂质的多少，工业纯铜的牌号、成分如表13.1所示。纯铜主要用于做导电材料。

表13.1　纯铜的牌号、成分与用途

牌　　号	w(Cu)/%	w(杂质)/%		w(杂质总量)/%	主 要 用 途
		Bi	Pb		
T1	99.95	0.001	0.003	0.05	电线、电缆、雷管、贮藏器等
T2	99.90	0.001	0.005	0.10	
T3	99.70	0.002	0.010	0.30	电气开关、垫片；铆钉、油管等
T4	99.50	0.002	0.050	0.50	

纯铜有许多优点，但它的强度低，为满足工业发展的需要，必须提高铜的强度。尽管铜有明显的冷作硬化现象，强度能提高很多，但塑性却明显下降。所以，提高强度主要是利用合金化的方法实现。

在铜中经常加入的合金元素有:Zn、Sn、Al、Si、Be、Mn、Ni、Pb 等。这些合金元素不仅能提高铜的强度,而且还可进一步改善铜的抗蚀性及工艺性能,由此可形成一系列铜合金。

二、铜合金

(一)铜合金的分类及编号方法

铜合金按化学成分可分为黄铜、青铜和白铜三大类。

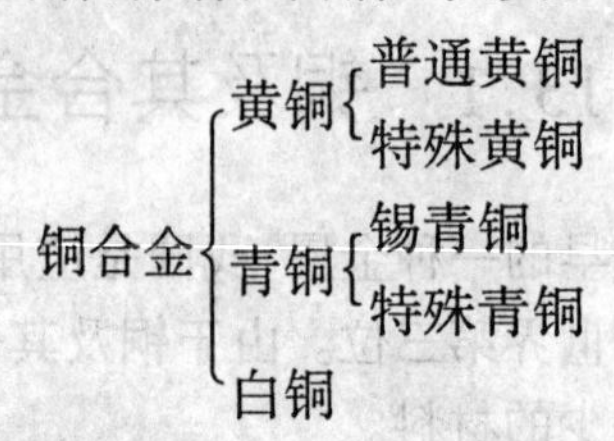

黄铜:指以锌为主要合金元素的铜合金。普通黄铜是 Cu - Zn 二元合金,在此基础上再加入其他合金元素为特殊黄铜。

黄铜的编号方法是以代号 H 起首,后面两位数字表示合金中含铜的质量分数。如 H80,即表示铜的质量分数为 80%的普通黄铜。

特殊黄铜的编号方法是用代号 H + 主要元素符号 + 铜含量 + 主加元素的含量。如 HPb59 - 1,表示铜的质量分数为 59%,Pb 的质量分数为 1%,余者为 Zn 的铅黄铜。

青铜:是指除以 Zn、Ni 为主要合金元素以外的铜合金。有锡青铜、铝青铜、硅青铜、铍青铜等。

青铜的编号方法是用代号 Q + 主要元素符号 + 主加元素的含量。例如,QSn7,表示含有 Sn 的质量分数为 7%的锡青铜。若合金中还有其他添加元素,则只写添加元素的质量分数。如 QSn6.5 ~ 0.4,表示 Sn 的质量分数为 6.5%及 P 的质量分数为 0.4%的锡 - 磷青铜。

白铜:是以镍为主要合金元素的铜合金。白铜牌号用字母 B 表示,后附 Ni 的平均含量。如添加第三种元素,则在 B 字后面增附该元素的化学符号和平均含量。如 B30 是镍的质量分数为 30%的白铜,BMn3 - 12,是含 Ni 和 Mn 的质量分数分别为 3%和 12%的锰白铜。

铜合金按生产工艺又分为变形铜合金和铸造铜合金。铸造铜合金编号是在牌号前冠以 Z 字母。

(二)黄铜

1. 普通黄铜的性能特点

研究黄铜性能特点主要是指它的力学性能、铸造性能和抗腐蚀性能,实质上是研究锌对黄铜性能的影响。

黄铜的强度和塑性与含锌量的关系如图 13.1 所示。

当黄铜中锌的质量分数在 30%以下时,黄铜的强度与塑性均随其含锌量的增加而增加,锌的质量分数在 30%时,合金的塑性最高,在此成分范围内的黄铜既有良好的塑性又有较高的强度。它是工业上应用最多的合金。

当锌的质量分数在 30%以上时,合金的塑性随含锌量的增加而迅速下降,但强度还是在提高。在锌的质量分数为45%时,合金强度最高,但塑性已显著下降。锌的质量分数超过45%时,合金的强度和塑性均很低,故工业上应用的黄铜锌的质量分数都在45%以下。

黄铜中锌对力学性能的影响规律是由其组织决定的。要想了解锌的质量分数在45%以下黄铜的组织,可从Cu-Zn相图(如图13.2所示)找到答案。由图可见,含35%Zn以下的黄铜,其组织为单相α相,为Zn在铜中的固溶体。固溶强化的结果使黄铜的强度提高。当含Zn量超过它在铜中的溶解度时,将形成硬而脆的CuZn化合物,随Zn含量的增加,黄铜的塑性降低、强度下降。

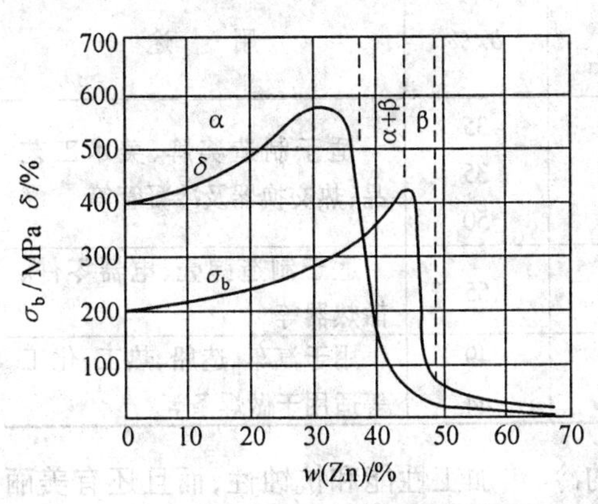

图13.1 铸态Cu-Zn合金的力学性能与含锌量的关系

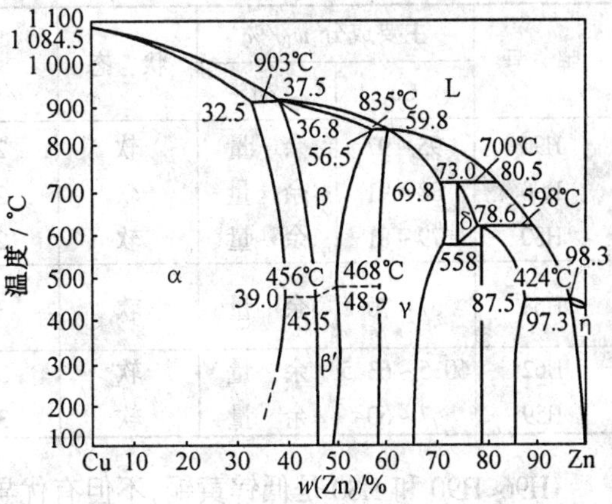

图13.2 Cu-Zn合金相图

根据Cu-Zn相图还可看出,黄铜的结晶温度间隔较小,因而黄铜的流动性好,偏析小,易形成集中缩孔,铸件比较致密,具有良好的铸造性能。尽管如此,由于黄铜承受加工的能力很强,所以,黄铜经常在压力加工状态下使用。

黄铜抗蚀性好,与纯铜相似。但黄铜的脱锌和季裂是黄铜的耐蚀性能不可忽视的两种现象。

脱锌:由于锌电极电位远低于铜,所以黄铜在中性盐类水溶液中也极易发生电化学腐蚀。电位低的锌被溶解,铜则呈多孔薄膜残存在表面,并与表面下的黄铜组成微电池,使黄铜呈为阳极而加速腐蚀。为了防止脱锌可采用低锌黄铜(如 $w(\mathrm{Zn})<15\%$)或加入质量分数为0.02%~0.06%的As。

季裂:冷变形的黄铜或半成品,在存放期间自行破裂的现象。这种破裂与季节有关,故称季裂。研究结果表明,季裂实质上是一种应力腐蚀开裂,在拉应力、腐蚀介质(主要是氨或 SO_2)、氧及潮湿空气联合作用下产生的。黄铜含锌量越高,越容易发生季裂,如图13.3所示,锌的质量分数在25%以上的黄铜

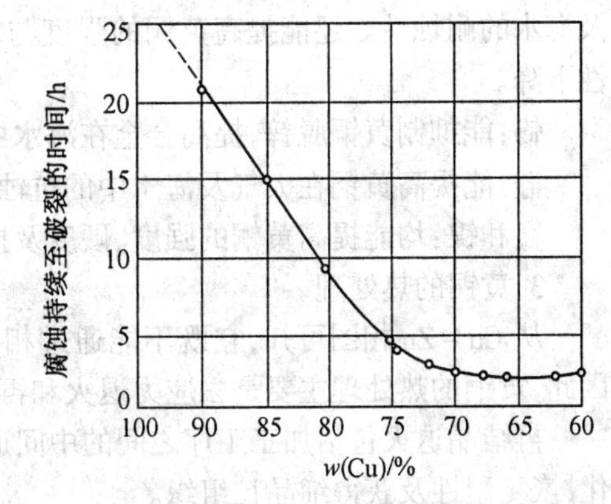

图13.3 黄铜在氨中腐蚀破裂倾向与含锌量的关系

对应力腐蚀很敏感。

实验表明，压应力不产生腐蚀破裂，而且对腐蚀破裂有抑制作用。因此，对零件表面进行喷丸或滚压处理是防止黄铜季裂的一种方法。其次，对变形的黄铜制品采用去应力退火，也可防止季裂。在黄铜中加入少量的硅，或质量分数为 0.02% ~ 0.06% 的 As 或质量分数为 0.1% 的 Mg，均能减少其季裂倾向。

2. 工业用黄铜的成分、性能和用途

工业上常用普通黄铜的成分、性能及用途如表 13.2 所示。

表 13.2　工业用黄铜的成分、机械性能与用途

牌　号	主要成分 w_B/%		状　态	σ_b /MPa	δ/%	用　途
	Cu	Zn				
H96	95 ~ 97	余　量	软	250	35	适于制造奖牌、美术工艺品；热交换器及冷凝管等
H90	88 ~ 91	余　量	软	270	35	
H80	79 ~ 81	余　量	软	270	50	
H68	67 ~ 70	余　量	软	320	55	适于制造弹壳、电器零件、散热器等
H62	60.5 ~ 63.5	余　量	软	330	49	用于汽车、造船、热工、化工等适用于做焊条等
H59	57 ~ 60	余　量	软	390	44	

H96、H90 和 H80 是低锌黄铜，不但有优异的冷、热加工性能和抗蚀性，而且还有美丽的金黄色，适用于制造各种奖牌和美术工艺品，还可制造冷凝器管、温差双金属等。

H68、H70 性能相近，俗称三七黄铜。由于它的塑性最高，适用于冷冲和深冲法加工各种形状复杂的工件，如弹壳等。

H62 多以管、板材料用于汽车、造船、制糖、热工、化工和精密机械制造业中。

为了进一步提高普通黄铜的耐蚀性、机械性能和切削加工性，在普通黄铜中加入少量的 Al、Pb、Mn、Si、Sn、Ni 等，可形成一系列的特殊黄铜。

铅：能提高黄铜的切削加工性能。

铝：在黄铜中加入少量的铝能在合金表面形成坚固的氧化膜，提高合金对气体、溶液及海水的耐蚀性。还能提高黄铜的强度与塑性。铝的质量分数超过 2%，易使黄铜的韧性下降。

锡：能抑制黄铜脱锌，提高合金在海水中的耐蚀性，因此，锡黄铜有海军黄铜之称。

硅：能提高黄铜在大气及海水中的抗蚀性和抗应力腐蚀破裂的能力。

锰和镍：均能提高黄铜的强度、硬度及抗蚀性。

3. 黄铜的热处理

从 Cu - Zn 相图可知，它既不能通过相变强化，也不能像铝合金那样进行时效强化。因此，黄铜的热处理主要是去应力退火和再结晶退火。

再结晶退火包括加工工序之间的中间退火和产品的最终退火，其目的是消除加工硬化，恢复塑性及获得细晶粒组织。

（三）青铜

工程上应用较多的青铜有锡青铜、硅青铜、铝青铜及铍青铜等。

1.锡青铜

锡对青铜力学性能的影响如图 13.4 所示。由图可知，Sn 的质量分数为 5%～6%时，合金的塑性最高，强度也增加。此时合金中的组织为单相 α 固溶体。当锡的质量分数超过 20%时，合金的强度与塑性均下降了。工业中使用的锡青铜的锡的质量分数是在 3%～14%之间。$w(\mathrm{Sn}) < 7\% \sim 8\%$ 的合金，适用于塑性加工；$w(\mathrm{Sn}) \geqslant 10\%$ 的合金适于铸造用。

由 Cu－Zn 相图(图 13.5)可知，锡的质量分数为 3%～14%的合金液相线与固相线之间的温度间隔很大。因而，合金的流动性较差，偏析倾向大，易形成分散缩孔，铸件的致密度低。但铸件凝固时体积收缩量小，易获得完全符合铸模型腔的铸件。

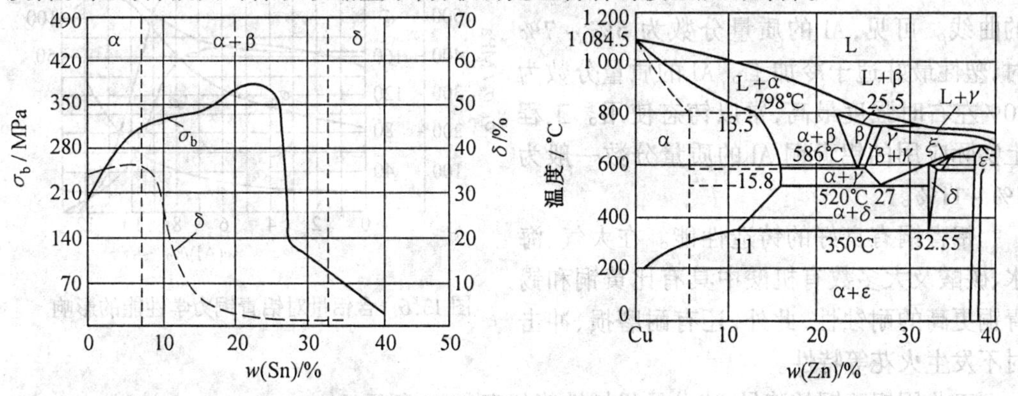

图 13.4 铸态 Cu－Zn 合金的机械性能与 Sn 含量的关系

图 13.5 Cu－Zn 合金相图

锡青铜在大气、海水、淡水以及蒸汽中的抗腐蚀性能比纯铜及黄铜都好，但对酸类的抗蚀性差。

锡青铜也不能进行热处理强化。但对锡青铜铸件必须进行均匀化退火，以消除铸件的枝晶偏析，对变形锡青铜可进行去应力退火等。

锡青铜的牌号、成分与性能如表 13.3 所示。

锡青铜可用于制造弹簧、耐磨零件等。

表 13.3 常用锡青铜的牌号、成分和机械性能

种类	牌号	材料状态	主要成分 w_B/%					σ_b/MPa	σ/%
			Sn	P	Zn	Pb	Cu		
塑性加工用锡青铜	QSn4－3	软	3.5～4.0	—	2.7～3.3	—	余量	300	38
	QSn4－1－2.5	软	3.0～5.0	—	3.0～5.0	1.5～3.5	余量	≥300	35
	QSn4－4－4	软	3.0～5.0	—	3.0～5.0	3.5～4.5	余量	300	35
	QSn6.5－0.1	软	6.0～7.0	0.10～0.25	—	—	余量	300	38
	QSn6.5－0.4	软	6.0～7.0	0.30～0.40	—	—	余量	300	38
铸造锡青铜	ZQSn10	金属模	9.0～11.0	—	—	—	余量	200～250	3～10
	ZQSn10－2	金属模	9.0～11.0	—	2.0～4.0	—	余量	200～250	2～10
	ZQSn8－1	金属模	7.0～9.0	—	4.0～6.0	—	余量	200～250	4～10
	ZQSn6－6－3	金属模	5.0～7.0	—	5.0～7.0	2.0～4.0	余量	180～250	4～8

2.铝青铜

以铝为主要合金元素的铜合金称铝青铜。铝青铜的强度和抗蚀性比黄铜和锡青铜还高,是应用最广的一种铜合金,也是锡青铜的代用品。

铝青铜与上述介绍的铜合金有明显不同的是可通过热处理进行强化。其强化原理是利用淬火能获得类似钢的马氏体的亚稳定组织,使合金强化。

铝青铜中含铝量对合金力学性能的影响,不仅考虑固溶强化,更重要的是淬火强化的效果。图 13.6 为铝对青铜力学性能影响的曲线。可见,Al 的质量分数为 5% ~ 7% 时,塑性最好适于冷加工。Al 的质量分数为 10%左右时强度最高,常以铸态使用。工程上实际应用的铝青铜 Al 的质量分数一般为 5% ~ 11%。

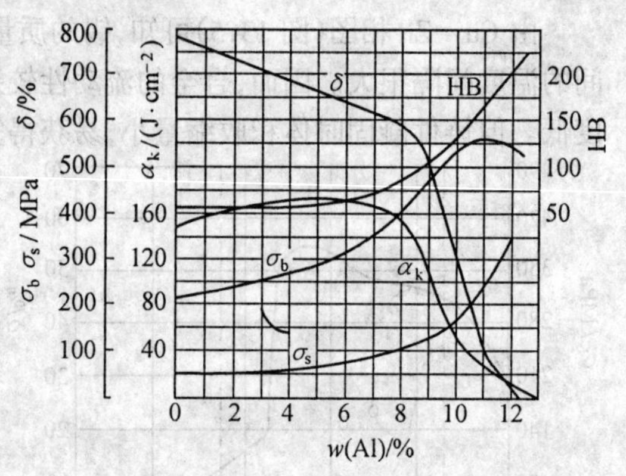

图 13.6 含铝量对铝青铜力学性能的影响

铝青铜有良好的铸造性能。在大气、海水、碳酸及大多数有机酸中具有比黄铜和锡青铜更高的耐蚀性,此外,还有耐磨损、冲击时不发生火花等特性。

工业用铝青铜的牌号、成分及机械性能如表 13.4 所示。

此类合金主要用于制造弹簧、船舶零件等。

表 13.4 铝青铜的牌号、化学成分及机械性能

牌 号	状 态	主 要 成 分 w_B/%				σ_b/MPa	σ/%
		Al	Mn	Fe	Ni		
QA15	退火	4.0 ~ 6.0	—	—	—	380	65
QA17	退火	6.0 ~ 8.0	—	—	—	420	70
QA19 - 2	退火	8.0 ~ 10.0	1.5 ~ 2.5	—	—	450	20 ~ 40
QA19 - 4	退火	8.0 ~ 10.0	—	2.0 ~ 4.0	—	500 ~ 600	40
QA110 - 3 - 1.5	退火	9.0 ~ 11.0	1.0 ~ 2.0	2.0 ~ 4.0	—	500 ~ 600	20 ~ 30
QA110 - 4 - 4	退火	9.5 ~ 11.0	—	3.5 ~ 5.5	3.5 ~ 5.5	800 ~ 700	35 ~ 45
QA111 - 6 - 6	退火	10.0 ~ 11.5	—	5.0 ~ 6.5	5.0 ~ 6.5	600	8

3.铍青铜

以铍为合金化元素的铜基合金称为铍青铜。它是极其珍贵的金属材料,热处理强化后的抗拉强度 σ_b = 1 250 ~ 1 500 MPa,HB 可达 350 ~ 400,远远超过任何铜合金,可与高强度合金钢媲美。

铍青铜热处理强化原理与 Al - Cu 合金相似。它是利用铍在铜中有很大的溶解度变化的原理,如图 13.7 所示。

α相是 Be 固溶于 Cu 中的固溶体,在 864℃时,Be 的溶解度为 2.7%,608℃时,为

1.55%，室温时 Be 的溶解度为 0.16%，因而有强烈的时效硬化现象。

铍青铜的时效强化工艺，应首先进行固溶处理，然后再加热到一定的温度进行时效处理，合金的强度与硬度会在一定温度下随保温时间发生明显的变化，如图 13.8 所示。

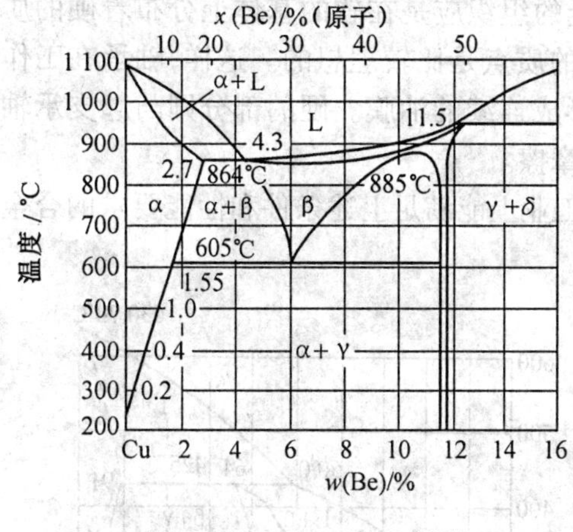

图 13.7　Cu－Be 合金相图

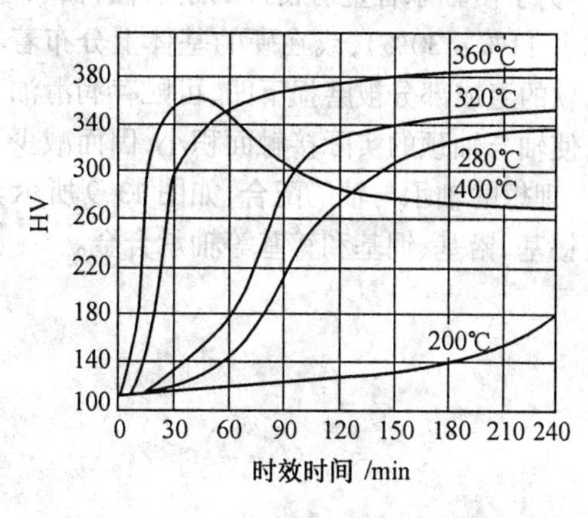

图 13.8　QBe2 合金时效曲线

除此而外，铍青铜具有很高的弹性极限、疲劳强度、耐磨性和抗蚀性，导电、导热性极好，并且耐热、无磁性，受冲击时不发生火花。因此，铍青铜用来制造各种重要弹性元件，耐磨零件（钟表齿轮、高温、高压、高速下的轴承）及防爆工具等。但 Be 是稀有金属，价格昂贵，在使用上受到限制。

铍青铜的牌号、主要成分和机械性能如表 13.5 所示。

表 13.5　铍青铜的牌号、成分及机械性能

牌　号	主要成分 w_B/%			材料状态	σ_b/MPa	σ/%	HV
	Be	Ni	Ti				
QBe2	1.9～2.2	0.2～0.5	—	淬火	450～500	40	90
				时效	1 250	2.5	375
QBe2.5	2.0～2.3	<0.4	—	淬火	490	50	—
				时效	1 210	5	—
QBe1.7	1.6～1.85	0.2～0.4	0.10～0.25	淬火	440	50	85
				时效	1 150	3.5	360
QBe1.9	1.85～2.1	0.2～0.4	0.10～0.25	淬火	950	40	90
				时效	1 250	2.5	380

13.2　轴承合金

一、轴承合金的工作条件及性能要求

轴承合金是指用于制造滑动轴承内衬的合金。

轴承在工作时,承受轴传给它的一定压力,并和轴颈之间存在摩擦,因而产生磨损。由于轴的高速旋转,工作温高升高,故对用做轴承的合金,首先要求它在工作温度下具有足够的抗压强度和疲劳强度,良好的耐磨性和一定的塑性及韧性。

为了使轴承合金有良好的耐磨性,轴承合金的组织应是在软的基体上分布着硬的质点(占 13%~30%),或在硬的基体上分布着软的质点是比较理想的。这样,轴承在工作时,软的组成部分被磨损下凹,可贮存润滑油,形成连续的油膜。硬的部分则凸起支承轴颈,使轴与轴颈的实际接触面积小,因而减少了摩擦。

理想的轴承与轴的配合,如图 13.9 所示。工业上能满足上述条件和性能要求的合金有:锡基、铅基、铜基和锌基等轴承合金。

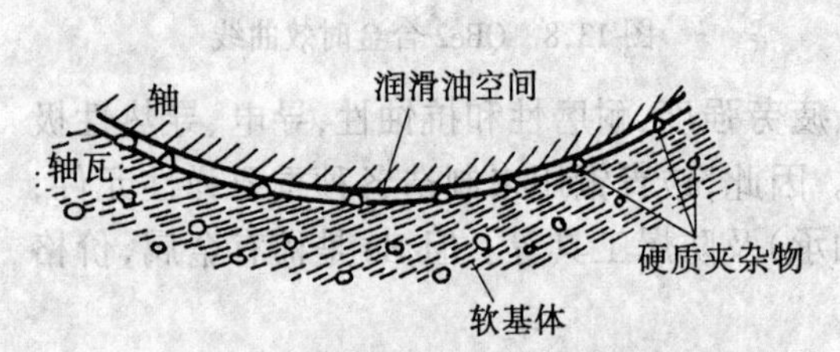

图 13.9 轴承与轴的理想配合示意图

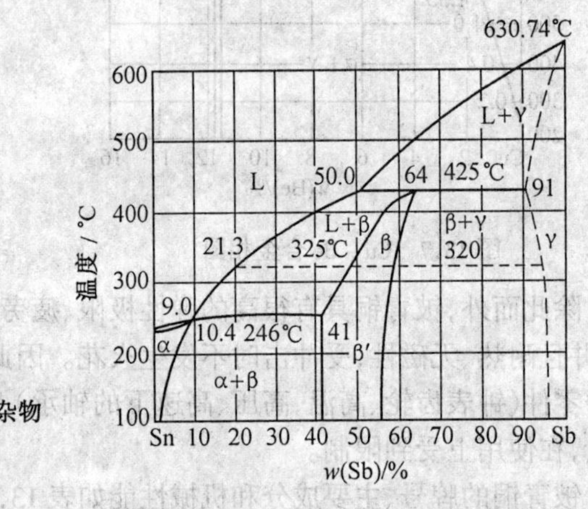

图 13.10 Sn-Sb 合金相图

二、锡基轴承合金

锡基轴承合金是以锡、锑为基础,并加入少量其他元素的合金。

锡基轴承合金的锑的质量分数通常在 10%~20%之间。由相图 13.10 所示,可见合金中的组织是由硬的 SnSb(β′)相和软的 α 固溶体(锑溶入锡中的固溶体)组成的。由于 β′相的比重比 α 相小,合金结晶时容易上浮,造成比重偏析。为此,在合金中还加入少量的铜,铜与锡形成熔点较高的金属间化合物 Cu_6Sn_5,并在结晶开始时首先析出,在液相中形成均匀分布的骨架,防止随后结晶的 β′相上浮。锡基轴承合金的组织如图 13.11 所示。其中白色方块和三角形为 β′相,亮针状组织为 Cu_6Sn_5 化合物均为硬质相,暗色基体为 α 固溶体。

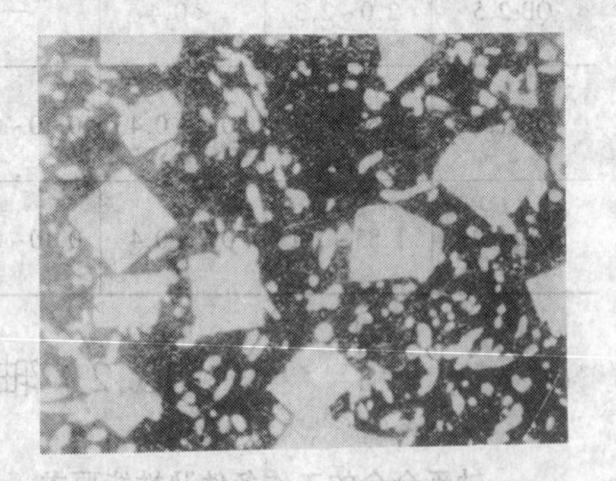

图 13.11 ChSnSb11-6 合金的显微组织

锡基轴承合金的牌号以“承”字的汉语拼音字母“Ch”开头,加上基体元素和主要添加元素的化学符号及主加元素、辅加元素的含量组成。如 ChSnSb11-6 质量分数为 11%的

Sb(主加元素)及质量分数为6%的Cu(辅加元素),其余为锡。

工业上常用的锡基轴承合金的成分和性能如表13.6所示。

ChSnSb11-6合金可用于浇注大型机器轴承,如汽轮机、发动机主轴轴承等。

表13.6 常用锡基和铅基轴承合金的成分与性能

类别	牌号	主要成分 $w_B/\%$				σ_b/MPa	σ/%	α_k/(J·cm^{-2})	摩擦系数(涂油)
		Sb	Cu	Sn	Pb				
锡基	ChSnSb7.5-3	7~8	3~4	余量	—	92	9.0	30	—
	ChSnSb11-6	10~12	5.5~6.5	余量	—	90	9.0	6	0.005
铅基	ChPbSb17-1	16~18	1.0~1.5	—	余量	42	0.6	1.5	0.007
	ChPbCa1-0.7	—	—	—	余量	100	2.5	8	0.004
	ChPbSb16-16	15~17	1.5~2.0	15~17	余量	78	0.2	1.4	0.006
	ChPbSb15-5.5	14~16	2.5~3.0	5~6	余量	68	0.2	1.5	0.005
	ChPbSb14~10	13~15	1.5~2.0	9~11	余量	70	1.0	3.0	0.006

三、铅基轴承合金

铅基轴承合金是以Pb-Sb为基,但由于Pb-Sb合金比重偏析严重,同时锑颗粒硬而基体又太软,为此,常在Pb-Sb合金基础上再加入少量的Sn、Cu、Cd等。

铅基轴承合金的强度、硬度及耐磨性较锡基轴承合金低。因而它只适用于制造工作温度低于60℃、承受力较小的又不太重要的轴承。

常用的铅基轴承合金的牌号、成分如表13.6所示。

四、铜基轴承合金

常用ZCuSn10P1、ZCuAl10Fe3、ZCuPb30等青铜合金做轴承。常用铜基轴承合金的牌号、成分如表3.7所示。

表13.7 常用铜基轴承合金的主要化学成分

牌号	主要化学成分 $w_B/\%$					
	Sn	Pb	P	Al	Fe	Cu
ZCuSn10P1	9.0~11.5	—	0.5~1.0	—	—	其余
ZCuPb30	—	27.0~33.0	—	—	—	其余
ZCuAl10Fe3	—	—	—	8.5~11.0	2.0~4.0	其余

ZQPb30青铜中,铅不溶于铜,而形成较硬质点均匀分布在铜的基体中。铅青铜的疲劳强度高,导热性好,并具有低的摩擦系数,因此,可做承受高载荷、高速度及在高温下工作的轴承,如航空发动机及大马力汽轮机曲轴轴承,柴油机及其他高速机器的轴承等。常用的铜基轴承合金的力学性能如表13.8所示,物理工艺性能如表13.9所示。

表 13.8　常用铜基轴承合金的力学性能及用途

牌号	铸造方法	力学性能(不小于)			主要特性	用途
		抗拉强度 σ_b/MPa	屈服强度 $\sigma_{p0.2}$/MPa	伸长率 δ_5/%		
ZCuSn10P1	S J Li La	220 310 330 360	130 170 170 170	3 2 4 6	硬度高,耐磨性极好,不易产生咬死现象,有较好的铸造性能和可加工性,在大气和淡水中有良好的耐蚀性	用于高负荷(20 MPa以下)和高滑动速度(8 m/s)下工作的耐磨件,如连杆、衬套、轴瓦、齿轮等
ZCuPb30	J	—	—	—	有良好的自润滑性,宜切削,铸造性能差,易产生密度偏析	要求高滑动速度的双金属轴瓦、减摩零件
ZCuAl10Fe3	S J Li,La	490 540 540	490 540 540	13 15 15	具有高的力学性能,耐磨性和耐蚀性能好,可以焊接,不宜钎焊,大型铸件自 700℃空冷可以防止变脆	要求强度高,耐蚀、耐磨的重型铸件,如轴套、蜗轮等

表 13.9　常用铜基轴承合金的物理工艺性能

牌号	密度 ρ /(g·cm^{-3})	线膨胀系数 $\alpha_1/10^{-6}$ K	热导率 /(w·m·K^{-1})	电阻率 ρ/ $10^{-6}\Omega$·m	比热容 C/ [J·(kg·K)$^{-1}$]	熔点 /℃	铸造温度/℃		线收缩率 /%	可加工性 /%(以HPb63-3为100%)
							加热温度	浇铸温度		
ZCuSn10P1	8.76	18.5	36.43～48.99	0.213	0.396	934	1100～1150	980～1050	1.44	40
ZCuPb30	9.4	18.4	142.35	0.10	—	990	1200～1250	1150～1200	1.60	80
ZCuAl10Fe3	7.5	18.1	58.62	0.124～0.152	0.419	1040	1200～1250	1100～1180	1.8～2.4	20

五、锌基轴承合金

锌基轴承合金是以锌为基加入适量铝及少量铜和镁形成的合金。常用的锌基耐磨合金的化学成分如表 13.10 所示。

表 13.10　锌基轴承合金的化学成分的质量分数/%

合　金	Al	Cu	Mg	Zn
ZA12	10.5～11.5	0.50～1.25	0.015～0.070	余量
ZA27	25.2～28.0	2.00～2.50	0.010～0.020	余量

当合金中 Al 的质量分数为 5%时将有共晶反应,上述两种合金是过共晶合金。在合金的组织中有 η 和 β'相,η 相是以锌为基的固溶体,较软,β'相是以铝为基的固溶体,较硬,当合金结晶后,形成软硬相间的组织。

为了提高合金的强度,还加入适量的 Cu 和 Mg。当铜增加到一定量时,能形成 $CuZn_3$

金属间化合物，具有高硬度，弥散分布于合金组织中，可提高合金的机械性能及耐磨性。镁能细化晶粒，除提高合金的强度外，还能减轻晶间腐蚀。

比较这类合金与青铜的性能如表 13.8 所示。

可见，这类合金的强度和硬度都较高，并有较好的耐磨性，在润滑充分的条件下，摩擦系数较小，用它代替铜合金作轴承材料，经济效益十分显著，是值得进一步推广的轴承合金。

表 13.11 锌基轴承合金与青铜的机械性能及物理性能

合金	ZA12	ZA27	ZQSn6－6－3
抗拉强度/MPa	276～310	400～441	176
屈服强度/MPa	207	365	78
硬度/HB	105～125	110～120	60
冲击值/$(J\cdot cm^{-2})$	24～30	35～55	—
密度/$(g\cdot cm^{-3})$	6.03	5.01	8.8
热膨胀系数/2×10^{-6}	27.9	26	17.1
线收缩率/%	1.0	1.3	1.4～1.6
结晶温度范围/℃	377～932	376～493	825～990
延伸率/%	1～3	3～6	8

第 14 章　提高机械产品质量的基本途径

机械产品设计者的主要任务是提供效能高、能耗低、寿命长以及价格低廉的优质产品。机械产品的质量如何主要与产品的设计、选材、加工工艺及使用条件等诸多因素有密切关系,并最终从产品的失效形式反映出来。因此,产品失效分析是提高产品质量的主要依据。

14.1　机械产品的失效分析

机械产品的种类虽然很多,但它们都有共同的属性,即具有某种规定的功能,例如,汽车的功能是载重和运输,机床的功能是加工零件。衡量某种产品的优劣主要是根据它能否很好地实现规定的功能。由于种种原因,机械产品失去原有功能的现象时有发生,按照国际通用的定义,产品丧失其规定功能的现象称为失效。

根据产品丧失功能的程度,可归纳以下三种情况。

(1)完全不能工作。

(2)性能劣化,超过规定的失效判据。

(3)失去安全工作能力。

机械产品的失效分析可分为整机失效分析和零件残骸的分析。

图 14.1 为机械产品失效分析的一般程序。当机械产品在使用中发生失效时,首先对该产品进行整机分析,以便确定各个零件失效的先后次序,确定最先失效部件、零件以及该零件最先失效的部位。然后对失效的零件进行细致的分析,确定失效的性质,找到失效的原因,以便对原设计不合理之处进行改进。

在进行失效分析时,首先要进行失效模式的分析。所谓模式是指一种或几种物理化学过程。由于它们的产生和作用导致机械零件或部件在尺寸、形状、形态及性能上发生改变,致使整个机器丧失其预先规定的能力。不同的物理和化学过程对应着不同的失效模式。人们根据零件的残骸(包括断口)的特征和残留的有关失效过程的信息,首先判断失效的模式,进而推断失效的根本原因。这是失效分析通常采用的方法,因而可以认为失效模式分析是失效分析的核心。

要了解产生失效的过程,首先要了解过程的诱发因素,如图 14.2 所示,其中有外部因素和零件材料的内部因素。内因是过程进行的依据,但它们大都比较隐蔽,一般难以立即查明,所以在研究失效模式时,首先应当抓住外部因素和后果(即失效表现形式)这两个环节。它是可能得到的已知条件,而内在因素和过程本身则是需要探索的内容。

零件失效的诱发因素可以归纳为力、环境和时间三个基本因素。

力是机械零件工作基础,也是导致材料失效最基本、最活跃的诱发因素。应力大小、方向及作用方式的不同组合,就构成了千差万别的受力形式。

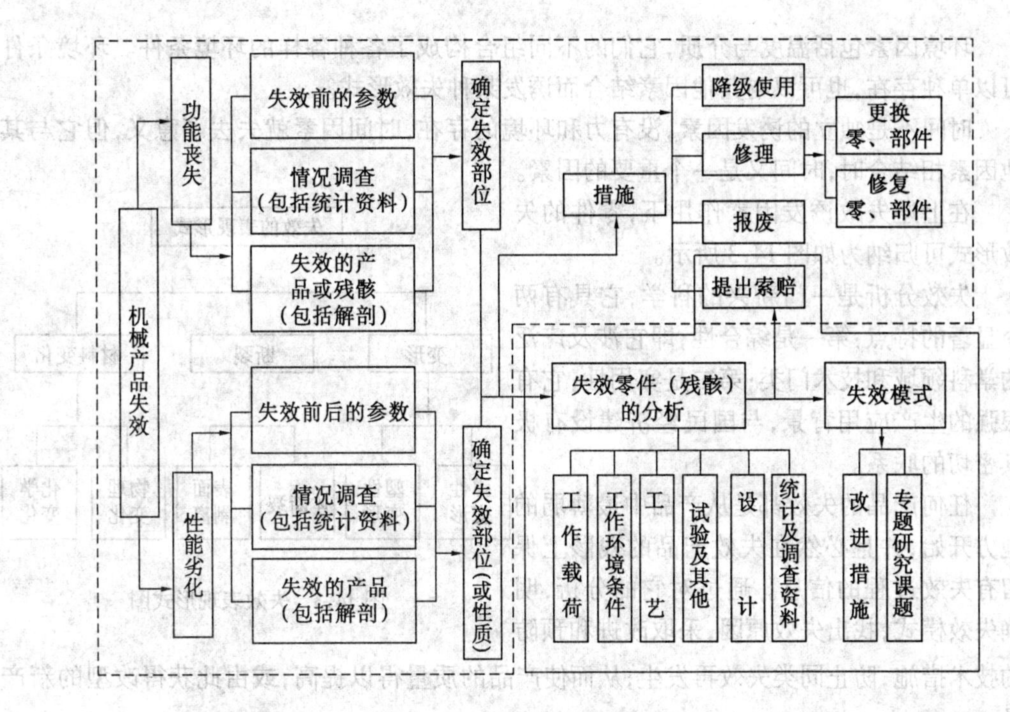

图 14.1　失效分析程序图

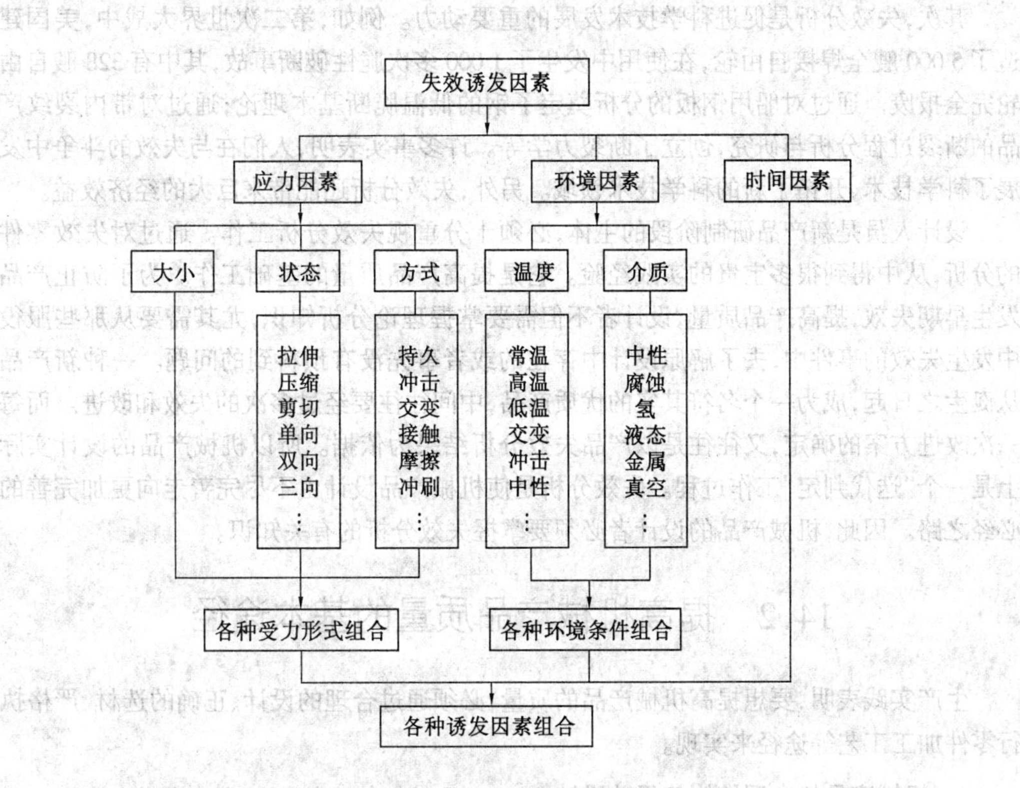

图 14.2　失效诱发因素图

环境因素包括温度与介质,它们的不同组合构成了各种各样的环境条件。环境条件可以单独存在,也可以与其他因素结合而诱发某种失效形式。

时间不是独立的诱发因素,没有力和环境的存在,时间因素就失去了意义,但它与其他因素相结合时,时间又是一个重要的因素。

在上述失效诱发因素作用下,零件的失效形式可归纳为如图 14.3 所示。

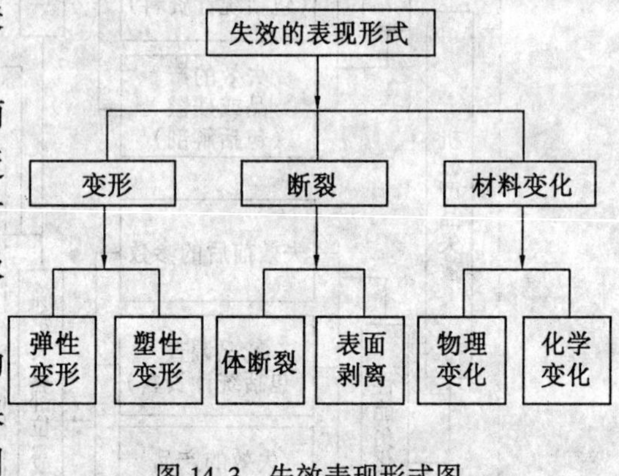

图 14.3 失效表现形式图

失效分析是一门新兴的科学,它具有两个显著的特点:第一是综合性,即它涉及广泛的学科领域和技术门类;第二是实用性,它有很强的生产应用背景,与国民经济建设有极其密切的联系。

任何产品的失效都是从产品中最薄弱的地方开始,并且必然在失效产品的残骸上保留有失效过程的信息。通过对它的分析,明确失效模式,找出失效原因,采取改进和预防的技术措施,防止同类失效再发生,从而使产品的质量得以提高,或由此获得改型的新产品。

其次,失效分析是促进科学技术发展的重要动力。例如,第二次世界大战中,美国建造了 5 000 艘全焊接自由轮,在使用中发生了 1 000 多次脆性破断事故,其中有 328 艘自由轮完全报废。通过对船用钢板的分析奠定了钢的低温脆断基本理论;通过对带内裂纹产品的断裂过程分析与研究,创立了断裂力学等。许多事实表明,人们在与失效的斗争中发展了科学技术,开拓了新的科学技术领域。另外,失效分析还能带来巨大的经济效益。

设计人员是新产品研制阶段的主体,必须十分重视失效分析工作。通过对失效零件的分析,从中得到很多宝贵的实践经验。它是提高产品质量的基础工作。为了防止产品发生早期失效,提高产品质量,设计者不但需要掌握理论分析知识,尤其需要从那些服役中发生失效的事件中,去了解原设计中存在的或者事先没有预料到的问题。一种新产品从诞生之日起,成为一个名符其实的优质产品,中间往往要经过多次的失效和改进。而每一次改进方案的确定,又往往是以产品失效分析结果为依据。所以机械产品的设计实际上是一个“迭代判定”工作过程。失效分析是使机械产品设计由不尽完善走向更加完善的必经之路。因此,机械产品的设计者必须要掌握失效分析的有关知识。

14.2 提高机械产品质量的基本途径

生产实践表明,要想提高机械产品的质量,必须通过合理的设计、正确的选材、严格执行零件加工工艺等途径来实现。

一、机械产品的合理结构与尺寸设计

各类机械都是要在各种载荷作用下完成某种特定的工作。它们所受的载荷不同,工

作条件也不同,但都要保证有足够的承载能力,也就是在设计时,首先要分析零部件中所受的载荷和产生的应力,并根据零件失效类型来确定许用应力;使零部件中的实际工作应力不超过许用应力[σ],即

$$\sigma \leqslant [\sigma]$$

式中 σ——工作应力;

[σ]——许用应力。

这就是保证所设计的机械能安全运行的强度判据。但经常容易忽略的是,为了保证足够的承载能力,一味加大零件截面尺寸,不注意审查其结构设计的合理性也是不行的。例如,图 14.4 为两种不同结构的弹簧,(a)为东 - 50 拖拉机板簧的结构示意图,(b)为东 - 40 拖拉机板簧的结构示意图。在使用中东 - 50 拖拉机板簧易出现裂纹,而东 - 40 拖拉机

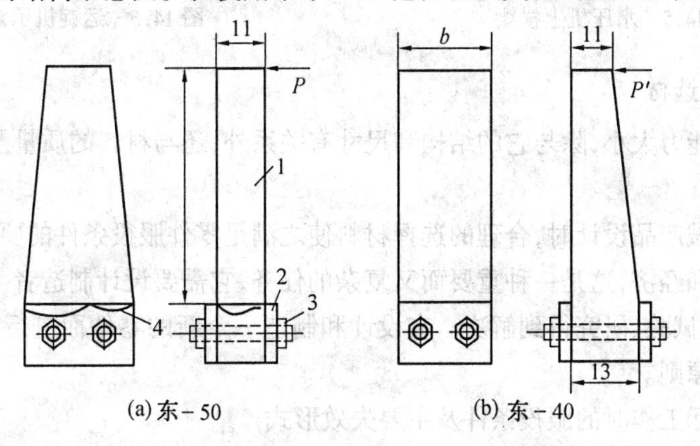

(a) 东 - 50　　(b) 东 - 40

图 14.4　拖拉机板簧的结构示意图

1—板簧;2—挡板;3—压紧螺栓;4—断裂处

板簧不易断裂。分析表明,这两种弹簧出现寿命差异的原因是二者的结构不同。不难看出,东 - 40 拖拉机板簧采用等宽不等厚的截面形状,基本上属于等强度梁的设计。而东 - 50 拖拉机板簧采用的是等厚不等宽截面形状,没有获得等强度梁的效果。另一方面后者的危险截面厚度为 11 mm 比东 - 40 板簧的厚度 13 mm 还要小。这样此处承受的应力比东 - 40 板簧承受的要大。因为板簧在工作时主要受弯曲应力,其数值大小为

$$\sigma_{\max} = \frac{6Pb}{6h^2} = \frac{6M}{bh^2}$$

式中 M—— 弯矩;

b—— 板簧矩形截面的宽度;

h—— 板簧矩形截面的厚度。

由上式可见,增大 b 和 h 时都能减少板簧单位截面上承受的弯曲应力,但增大 h 比增大 b 的效果要好得多。这一例子说明,零件结构合理与否,往往比尺寸因素还要重要。

在某些情况下,按理论上计算所设计的结构或零件的结构与尺寸尽管是正确的,而有时也会出现早期失效现象,这主要还有一些因素在理论计算时是无法考虑的,如应力集中等。图 14.5 是水压机上横梁,用 120 mm 厚的 Q235 钢板焊接而成,在平台 A 处,起初没有考虑圆角,应力集中十分严重,容易产生疲劳裂纹。图 14.6 为运锭车简图,由于在设计中

采用了直角窗口结构，产生应力集中现象，易在直角处产生裂纹。

失效分析已经指出，零件的受力因素是导致它失效最基本、最活跃的因素，因此，合理的设计，使机械产品有合理的结构尺寸是提高产品质量的基本途径之一。

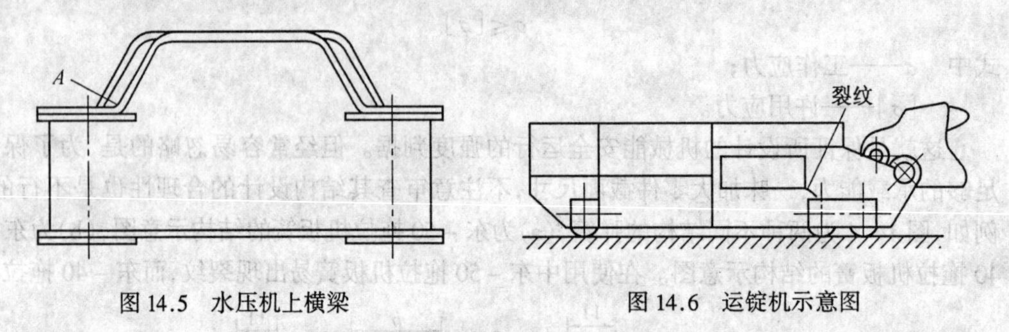

图 14.5　水压机上横梁　　　　图 14.6　运锭机示意图

二、合理的选材

零件承载能力大小，除与它的结构和尺寸有关系外，还与材料的质量及选材合理与否有密切的关系。

在进行机械产品设计时，合理的选择材料使之满足零件服役条件的要求，又保证产品生产过程可行和经济，这是一种重要而又复杂的任务，它需要设计制造者与材料工作者的通力合作，经过试验、研究得到解决。在设计和制造一个新的零件而进行选材时，通常要依据以下三条原则。

1.零件实际工作时的服役条件及主要失效形式

零件工作时的受力情况，运行环境及主要失效形式所提出的性能要求是选用材料的根本依据。由于各种零件的工作条件不同，承受负荷的情况不同，因此对材料性能应有不同的要求，必须予以满足。尽管对材料性能的要求是多方面的，但在一般情况下，首先应当满足其使用性能，其次是材料的工艺性能。材料的使用性能中首先应当满足其机械性能。

应当说明，设计者参考或依据的材料机械性能指标(手册、资料提供的数据)是在试验室中对样品进行试验而获得的性能数据，并不能完全反映真实零件在服役过程中的性能。这是由于试样形状简单，表面光滑，而实际零件形状多变，受力复杂，因此二者的应力状态、载荷模拟及服役条件等都有很大的差异。

基于上述情况，对于某一零件而言，应视其特定的服役条件进行具体分析。选择材料时，最好是将其制成零件进行实际运转试验，据此再做出结论。

2.材料的工艺性能

选用材料不能单纯依据使用性能指标，材料的工艺性能也是必须考虑的一个重要因素。因为材料工艺性能的好与差，直接决定了零件加工的难易程度、生产效率和产品成本。当材料的工艺性能与使用性能发生矛盾时，也就是说，尽管材料的使用性能满足使用条件的要求，但由于材料的工艺性能不佳而难以成型时，往往出于对工艺性能的要求，而对机械性能最适合的材料不得不舍弃，这对于大量流水生产的零件尤为重要。

材料加工工艺性能通常是指铸造性能、冷、热压力加工性能(冲压与锻造等)、焊接性能、热处理性能及切削加工性能。

材料的工艺性能好与差,直接影响产品的质量。如材料锻后形成网状碳化物倾向大的钢,因网状碳化物的析出,会使材料变脆,就不能用来制造截面尺寸很大的零件。

3.材料的经济性

在满足使用性能和工艺性能的前提下,选用零件材料时,还应当注意降低成本。

以上三条就是设计时选材的原则。正确执行选材的原则是提高产品质量的基本途径之一。

三、严格执行和合理编制零件的加工工艺

为了把设计的产品变成现实,必须经过一系列的加工工艺。而能否合理编制和严格执行加工工艺也是提高产品的重要途径之一。

尽管材料选择合理,而加工工艺编制或执行不当,也是达不到其性能要求的。因为在零件铸造、焊接、压力加工、热处理或切削加工过程中,不良的加工工艺都会给零部件带来工艺缺陷。

图 14.7 为柴油机曲轴断裂的实例。该柴油机在运行过程中,曲轴的第七曲柄突然断裂。该曲轴是用球墨铸铁制造的,经失效分析证明,它是属于疲劳断裂。导致断裂原因是在第七曲柄中存在严重的疏松缺陷。在服役过程中,疏松缺陷成为疲劳裂纹源,在交变应力作用下,裂纹进一步扩展,直至断裂,这就是因铸造工艺不良所造成的结果。

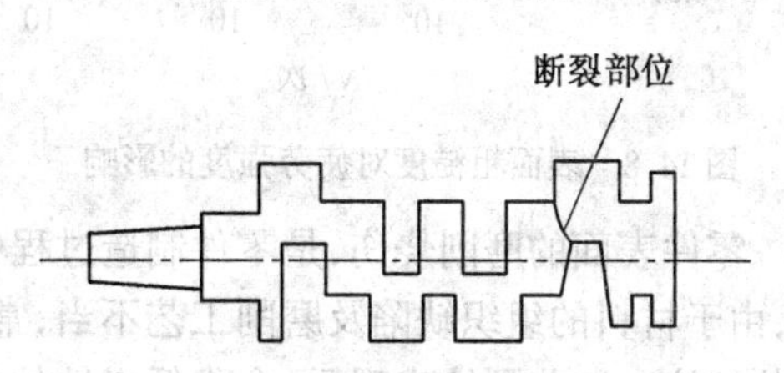

图 14.7　曲轴断裂部位示意图

又如材料的冶金质量欠佳,材料中的夹杂物往往是不可避免的,这是在冶炼中形成的。各种类型的夹杂物往往因为与基体之间的弹性系数、热膨胀系数以及与基体的结合较弱,从而损害材料的疲劳强度,如 S6102 汽油机排气阀弹簧的断裂。该弹簧是用 65Mn 制造,钢丝直径 4.5 mm,经索氏体化后多次冷拉,冷卷成型,再经去应力低温退火,最后经喷丸及发蓝处理。经失效弹簧断口分析表明,此弹簧为疲劳断裂,其原因是排气阀内侧表面的夹杂物引起的应力集中造成的。

另外,切削和磨削时,零件表面粗糙度不高或有磨削烧伤等,也能加速疲劳断裂过程的进行。

试验结果表明,粗糙度对材料的静弯强度和疲劳强度均有一定的影响,如表 14.1 所示和图 14.8 所示。粗糙度实质属于一种几何因素。即在表面造成了不同程度的缺口,从而引起应力集中,引发裂纹。所以表面粗糙度对材料强度的影响是通过几何因素改变力学因素从而实现的。

零件的表面粗糙度还对其使用寿命有重要的影响。图 14.9 为粗糙度对 6Cr3SiV 钢制冷挤压模寿命的影响。

表 14.1　试样粗糙度对 W9Cr4V2 钢抗弯强度的影响

加工工艺	铣　削	磨　削	抛　光
表面 3 粗糙度	6.3	0.8	0.05
抗弯强度/MPa	2 600	3 260	3 460
强度变化率/%	100	125	137

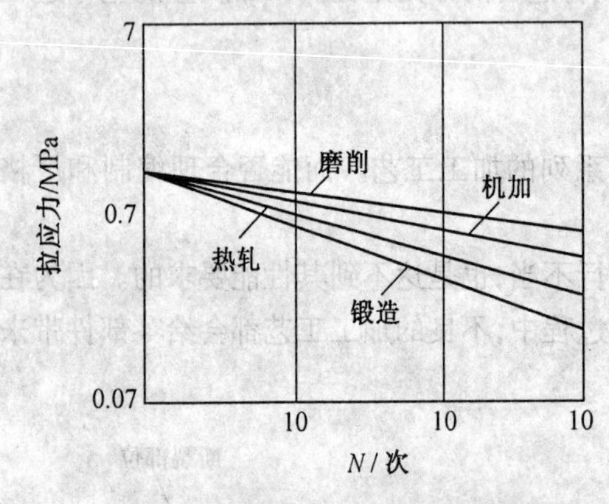

图 14.8　表面粗糙度对疲劳强度的影响

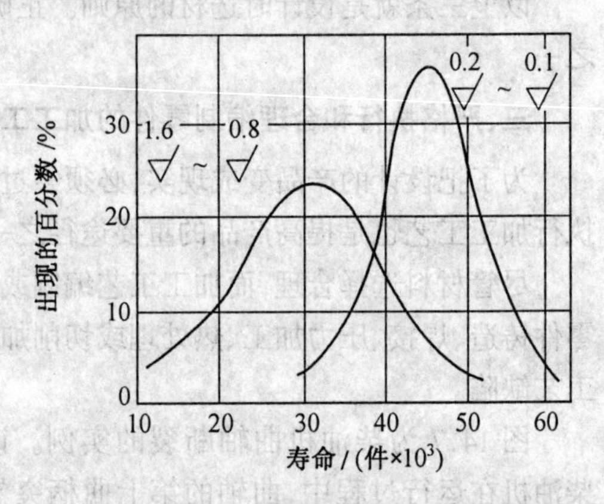

图 14.9　粗糙度对 6Cr3SiV 钢制冷挤压模寿命的影响

零件表面的磨削烧伤，是零件制造过程中常见的影响较大的冷加工缺陷，在磨削过程中，由于材料的组织缺陷及磨削工艺不当，常常在磨削表面出现与磨削加工方向相垂直的网状裂纹。这些裂纹出现后，会降低零件的耐磨性、疲劳抗力，可加剧断裂。硬度越高的材料，磨削出裂纹后，对零件的寿命影响更为严重。

不难看出，每种加工工艺如果编制不合理或执行不当，则会使零件产生各种缺陷，一旦工艺缺陷出现后，必然对零件的功能及寿命产生不良的影响。因此，要想提高产品的质量，必须在加工零件过程中合理地编制加工工艺，严格执行各道加工工艺的要求。

除上述外，精心的使用和维护产品也是延长使用寿命的重要措施。

第五篇 非金属材料

非金属材料是现代工业和高技术领域中不可缺少和占有重要地位的材料。非金属材料是包括除金属材料以外的几乎所有的材料。本篇主要介绍高分子材料(如塑料、橡胶、合成纤维以及合成胶黏剂等)、陶瓷材料(包括普通陶瓷、工程陶瓷等)以及树脂基复合材料三大类。当然,工程用非金属材料不止上述这些,还有涂料、油漆、玻璃、水泥、木材、竹材、纸张和纺织材料等,这里不作介绍。

第 15 章　高分子材料

15.1　高分子材料的基本知识

从 19 世纪初到现在是合成高分子材料迅速发展的时期。1872 年最早发现了酚醛树脂,19 世纪末到 20 世纪初,由于电气工业及仪器仪表制造工业的发展,对绝缘材料提出了更高的要求,因而推动了酚醛塑料工业的发展。随着交通运输工业等的发展,对橡胶的需求量越来越大,天然橡胶已不能满足这一要求,所以合成橡胶在这一时期得到了很大发展。二次世界大战前后,聚酰胺、聚脂等合成纤维工业又得以发展。总之,塑料、橡胶、合成纤维三大合成材料以及后来发展起来的油漆、胶黏剂等各种合成高分子材料比其他传统材料发展得更加迅速。

通常相对分子质量大于 10 000 的物质称为高分子化合物。塑料的相对分子质量一般由几万到几百万,橡胶相对分子质量在十万以上,合成纤维的相对分子质量也在一万以上。高分子化合物相对分子质量很大,但其化学组成一般较简单,是由一种或几种简单化合物(也称单体)聚合而成,因此亦称高聚物,又称聚合物。组成高分子的单元结构称为链节,一个高聚物中所具有的链节数称为聚合度(D.P),例如,由 n 个氯乙烯单体聚合而成的聚氯乙烯

$$n\,CH_2{=}\underset{\underset{Cl}{|}}{CH} \longrightarrow \left[CH_2{-}\underset{\underset{Cl}{|}}{CH} \right]_n$$

式中　n——聚合度。

聚合度×链节相对分子质量=高分子的相对分子质量

例如,n 为 1 500 的聚氯乙烯相对分子质量为 1 500×62=93 000。

一、高分子化合物的分类

高分子化合物的种类繁多,有各种各样的分类方法,现将常用的几种分类方法简介如下。

(一)按工艺性质分类

塑料、橡胶、纤维、油漆、胶黏剂等。

(二)按主链化学组成分类

碳链高聚物、杂链高聚物、元素有机高聚物、梯形高聚物。

(三)按聚合物反应类别分类

加聚高聚物、缩聚高聚物。

高聚物、聚合物、高分子、高分子化合物甚至“树脂”等名词往往通用。

高聚物的命名一般有三种形式。简单高聚物的命名常根据原料(单体)的名称,在前面加上“聚”字,例如,聚苯乙烯,聚乙烯。有些缩聚高聚物在它原料名称之后加上“树脂”

二字，如苯酚和甲醛的缩聚物，称酚醛树脂。另外，有一些结构复杂的高聚物，往往采用商品牌号，如聚酯纤维名为“涤纶”，聚酰胺名为“尼龙”。

二、高分子化合物的合成方法

高聚物常见的聚合方法有两种，即加成聚合反应（简称加聚反应）和缩合聚合反应（又称缩聚反应）。

加聚反应是目前高分子合成工业的基础，有 80%左右的高分子材料是由加聚反应得到的。加聚反应由一种或几种单体聚合而成高分子化合物，同一种单体加聚而成的高分子化合物称为均聚物，两种或多种单体加聚而成的高分子化合物称为共聚物。

缩聚反应是由一种或几种单体结合而成的高分子化合物（反应同时有副产物如水、氯化氢等低分子化合物）的聚合反应。它可以分为均缩聚和共缩聚两种，产物分别称为均缩聚物和共缩聚物。

三、高分子化合物的成型加工方法

高分子化合物成型加工方法很多，现以塑料为例简单介绍以下几种方法。

1.注射成型

本方法主要用于热塑性塑料的成型。将粒状料在注射机料筒内加热熔融，在高压下注入到冷却或加热的模具中制得塑料制品。如收音机壳体、各种机械零件以及塑料凉鞋等制品。采用的设备叫注射机，其成型能力的大小通常用每注射一次聚苯乙烯塑料的质量或体积表示。一般注射机有 30 g、60 g、125 g、300 g、400 g、500 g、1 000 g、10 000 g 等各种规格。

本方法的优点是生产速度快、效益高、操作完全自动化、复杂件也能成型。缺点是设备和模具成本高。

2.挤出成型

挤出成型是将颗粒或粉状塑料送入挤出机料筒内，经加热熔融呈黏流状态，借助螺杆的旋转推进压力将塑料进行挤压，通过一定的模型机头，得到板、管、棒以及电线等各种恒定断面长形制品。所用设备叫挤出机，按螺杆直径分为 20、30、45、63、90、150 mm 等系列设备。

本方法的优点是生产效率高、经济、可自动化、连续化，制品长度不受限制。缺点是制品精度不高。

3.压延成型

压延成型是生产薄膜和片材的主要方法，它是将已经塑化的接近黏流温度的热塑性塑料通过一系列相向旋转的水平辊筒间隙，使物料受压挤作用后成为一定厚度、宽度与表面光洁的薄片制品。聚氯乙烯薄膜和片材用的最多，也是生产人造革的主要方法。

本方法特点是生产能力大，产品质量好。缺点是设备庞大，精度要求高，辅助设备好。

其他的成型加工方法还有模压、吹塑、浇注或粉末冶金压制烧结等方法。塑料也可以进行车、铣、刨、磨、钻以及抛光等各种形式的加工，并可采用与金属加工相同的切削刀具和设备，只是应选择适当刀具角度、冷却介质及切削量等。

塑料的连接除采用一般机械连接外，尚可采用热熔接和胶接工艺。塑料还可进行电镀和喷涂。

15.2 高分子的结构

高分子材料的应用状态有各式各样,应用范围十分广泛,性质各异。性质不同的主要原因是结构不同。高分子结构比常见的低分子化合物复杂得多,高聚物按其研究单元不同分为两大类结构,一是分子内结构(称为高分子链结构),二是分子间结构(称为聚集态结构)。

一、高分子链结构

1.高分子链的大小

高分子链大小是指一根高分子的大小。高聚物聚合过程比较复杂,使得某一种高聚物中每个分子的聚合度都不相同,所以相对分子质量也不同,高聚物的相对分子质量是一种平均值,高聚物这种相对分子质量不同的特性称为"相对分子质量多分散性",也称相对分子质量分布,分布形式如图15.1那样。

高聚物平均相对分子质量大小及相对分子质量分布宽窄对材料强度有影响。当然,聚合度越大,机械强度越高,当聚合度大于200~250以后,机械强度增加就不多了。当聚合度达到600~700时对材料强度影响就不太显著了。

2.高分子链的形态

高分子链的几何形状有线形、支链形及交联形三种,但一般情况下都是线形的。线形高分子像一条长链,可以卷曲成团,也可以伸展成直线,其形式如图15.2所示。

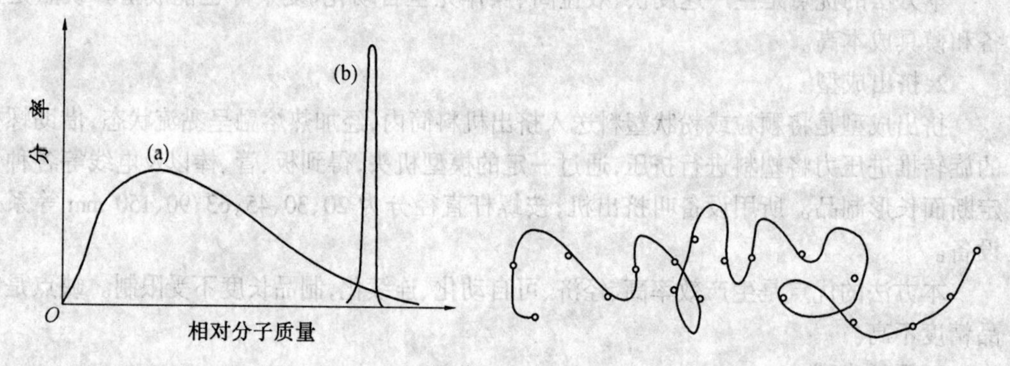

图15.1 一般合成高分子

图15.2 线形高分子链形象图

支化高分子有长支链、短支链、星形支链、梳形支链四种,如图15.3所示。

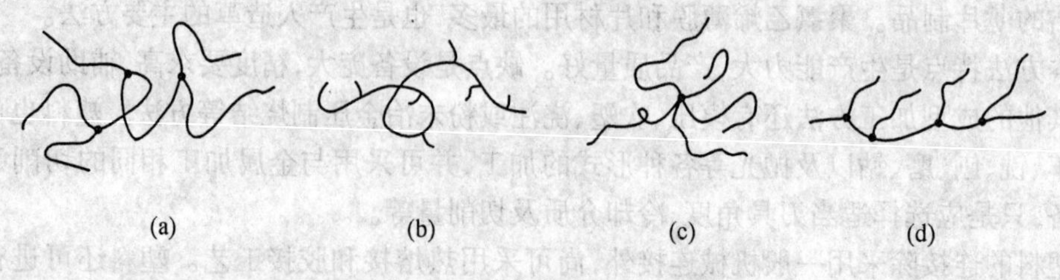

图15.3 支化高分子示意图

交联高分子链间通过支链结成一个三维空间网状大分子,即为交联结构。交联与支化是有质的区别的,支化高分子是可以熔融和溶解的,而交联的高分子是不可熔融不可溶解的,在溶剂中只能溶胀。热固性树脂固化以后就是交联结构,示意图如图 15.4 所示。

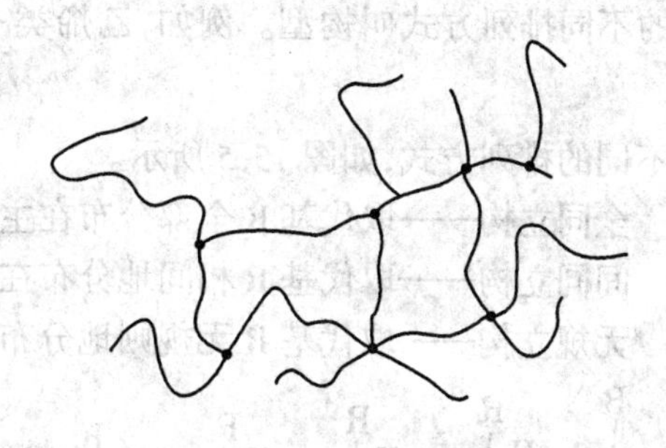

图 15.4 交联高聚物示意图

3.高分子链结构单元的连接方式

均聚物是由同种结构单元组成的高分子,在缩聚过程中结构单元的链接方式一般都是明确的,但在加聚过程中,单体的链接形式可以有所不同。对于单烯类如氯乙烯聚合,其单体单元在分子链中有三种不同的连接方式:

头-尾连接

$$—CH_2—\underset{\underset{Cl}{|}}{CH}—CH_2—\underset{\underset{Cl}{|}}{CH}—CH_2—\underset{\underset{Cl}{|}}{CH}—CH_2—\underset{\underset{Cl}{|}}{CH}—$$

头-头或尾-尾连接

$$—CH_2—\underset{\underset{Cl}{|}}{CH}—\underset{\underset{Cl}{|}}{CH}—CH_2—CH_2—\underset{\underset{Cl}{|}}{CH}—$$

无规连接

$$—CH_2—\underset{\underset{Cl}{|}}{CH}—CH_2—\underset{\underset{Cl}{|}}{CH}—\underset{\underset{Cl}{|}}{CH}—CH_2—CH_2—\underset{\underset{Cl}{|}}{CH}—$$

分子链中单体单元的连接方式往往对聚合物的性能有明显的影响,例如,用来作为纤维的高聚物,一般都要求排列规整,而使高聚物结晶性能较好,强度高,便于抽丝和拉伸。

共聚物是由两种或两种以上的单体聚合所得的高聚物。以 A、B 两种单体共聚为例,它们的链接方式可分为:

无规共聚 —ABBABBABAABAA—

交替共聚 —ABABABABABAB—

嵌段共聚 —AAAA—BB—AAAA—BB—

接枝共聚 $—AA\underset{\underset{\underset{\underset{B}{B}}{B}}{|}}{A}AAAAA\underset{\underset{\underset{\underset{B}{B}}{B}}{|}}{A}AA—$

各种共聚物远不是某一种共聚方式,很可能是上面各种方式的共存或部分共存形式存在。

4.高分子链的构型

构型是指分子中由化学键所固定的原子之间的几何排列。这种排列是稳定的,要改变分子的构型必须经过化学键的断裂,通常把相同组成高分子链的原子在空间的这种稳

定的不同排列方式叫构型。例如,乙烯类 $\left[CH_2-\underset{\underset{R}{|}}{C}H \right]_n$ 高聚物中的取代基 R 可以有三种不同的排列方式,如图 15.5 所示。

全同立构——取代基 R 全部分布在主链一侧。

间同立构——取代基 R 相间地分布在主链的两侧。

无规立构——取代基 R 无规则地分布在主链两侧。

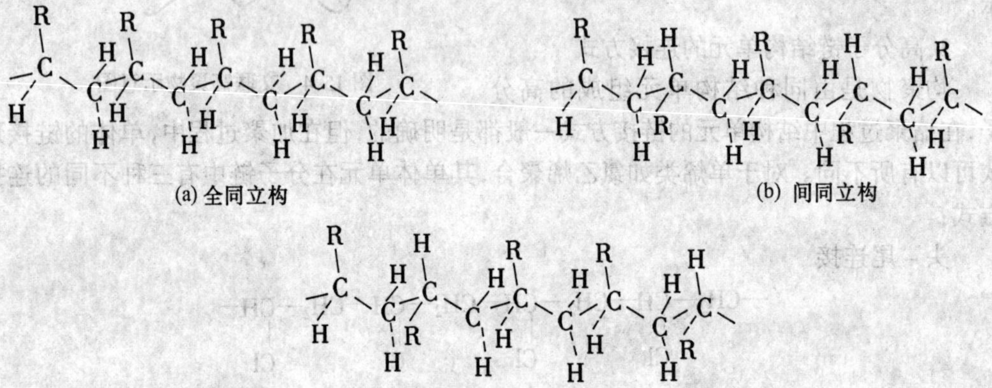

(a) 全同立构

(b) 间同立构

(c) 无规立构

图 15.5 $\left[CH_2-CHR \right]_n$ 型高分子链构型示意图

例如,全同立构的聚苯乙烯结构比较规整,能结晶,熔点为 240℃,而无规立构的聚苯乙烯结构不规整,为无定形态,软化温度为 80℃,全同或间同的聚丙烯,易结晶,可以纺丝做成纤维,而无规聚丙烯是一种橡胶状弹性体。

5.高分子链的构象

构象是指由于单键内旋转而引起的分子的不同空间形状。因而,对于一个有一定化学组成的分子,在不改变分子组成和分子中各原子的排列顺序,不改变化学键情况下,由于单键的内旋转,分子可以有许多不同的空间形状,也就是有很多不同的构象。如图 15.6 所示,ⓑ键按 θ 角绕ⓐ键旋转,对于烷烃类 $\theta = 109°28'$,一个高分子链有几百、几千个 C—C 键,因而使分子的形状具有无数的可能性,每一瞬间都不同,所以,高分子链可以是非常柔顺的。一个键或几个键组成一个运动单元,又称为链段。

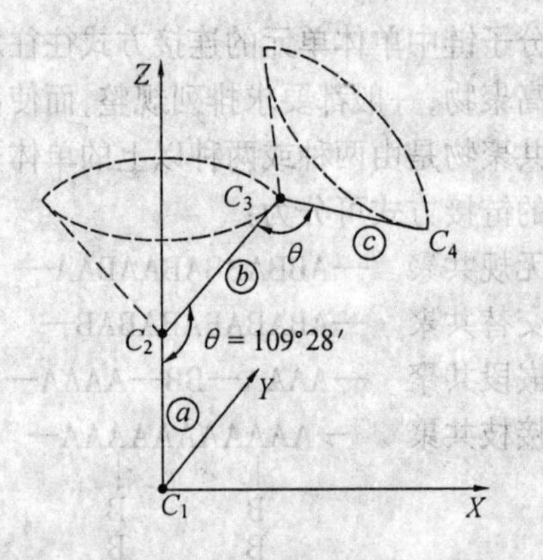

图 15.6 单键的内旋转

影响高分子链柔顺性的原因很多,主要的是主链结构影响,含有 Si—O 键比 C—O 键、C—C 键的柔顺。主链上含有苯环的刚硬,有孤立双键的橡胶一类高分子柔顺性好。取代基的性质、体积大小和所处位置对高分子链有较大影响,交联的高聚物,往往失去柔顺性而变硬。

二、高聚物的聚集态结构

高聚物的结构是由分子间的相互作用,使高分子能彼此聚集在一起组成一种微观结构,也有人称之为超分子结构。这种聚集态结构是在加工成型过程中形成的,是决定高聚物制品使用性能的主要因素。高分子之间的作用力,通常包括范德华力(取向力、诱导力、色散力)和氢键,使高分子聚集而成高分子的固态和液态形式。不管哪种形式,一种是无定形高分子,一种是结晶形高分子。

无定形高分子的分子链是无规则排列的,众多长短不一、柔性不同的大分子链,像杂乱的线团一样聚集在一起。经研究知道无定形区域中也包括一部分高分子链折叠成的胶粒存在,但它与结晶态完全不同。

图 15.7　两相结构示意图

结晶高聚物分为缨状胶束结构(图15.7)和折叠链结构。但不管哪种结构,高聚物都不可能百分之百结晶,总有一部分非结晶部分存在,因而是个两相结构。

高聚物的聚集结构决定了它的性能,结晶对性能影响十分明显。结晶使得高聚物熔点、密度、强度、刚度、耐热性等都提高,而冲击强度、伸长率和韧性变差。

15.3　高分子的性能

材料的物理机械性能又是分子运动的反映,不同结构的高聚物,由于它们分子运动方式不同,性能不同,即使是同一结构的材料,在不同条件下,由于分子运动不同,显示出不同物理性能,所以在研究其物理机械性能之前,先要清楚它的力学状态以及它们之间的转变。

一、无定形高聚物的三种状态和两种转变

无定形高聚物在很低温度下,如在 4 ~ 150 K,分子热运动能很低。这时高聚物表现出来的力学性质和小分子的玻璃差不多,形变与受力的大小成正比,当外力除去后形变能立即回复。这种力学性质称为普弹性。无定形高聚物处于这种普弹性的状态称为玻璃态。

随着温度升高,分子热运动能增加,当达到某一温度(T_g)时,分子热运动的能量已达到足以使大分子链段自由运动,可伸可缩。对于这一变化的力学性质称为高弹性,这一状态称为高弹态。

温度继续升高,当温度达 T_f 以上,高聚物受外力作用呈现出黏性流动,消除外力形变也不会回复,即所谓黏流态。

图 15.8 形变－温度曲线表明三种状态,在 T_g(玻璃化温度)由玻璃态向高弹态转变,在 T_f(黏流温度)由高弹态向黏流态转变。

二、结晶高聚物的力学状态转变

结晶高聚物的主要转变为结晶的熔融，结晶熔化的温度为熔点，通常以 T_m 表示。结晶聚合物在熔融前应当是硬性固态物质，但是普通结晶物一般只是部分结晶，含有相当数量无定形体，所以仍有玻璃化转变和高弹态。图 15.9 是聚苯乙烯的抗拉弹性模量与温度关系曲线。

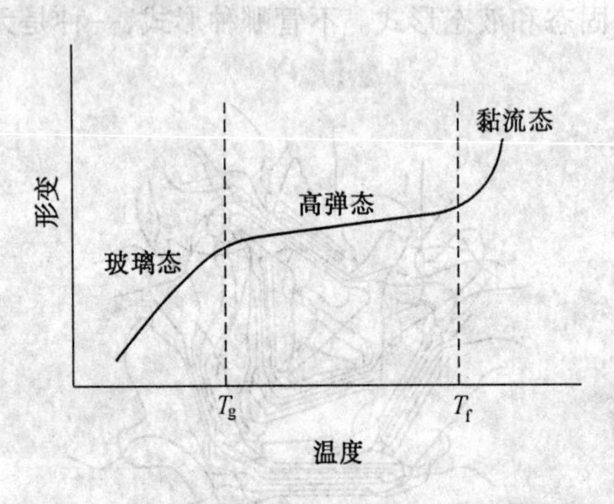

图 15.8　无定形高聚物三种力学状态及其两种转变

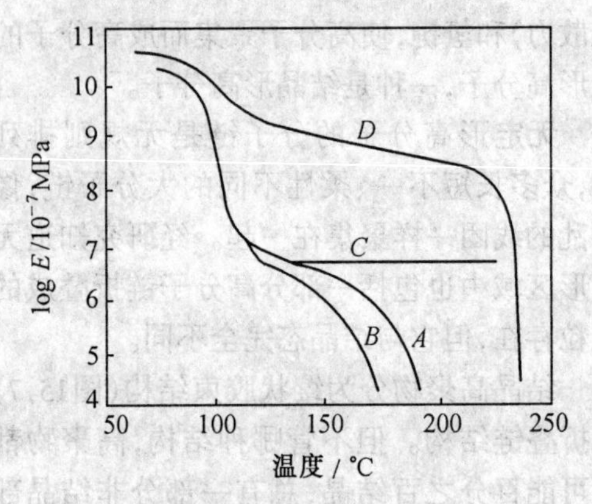

图 15.9　聚苯乙烯抗拉弹性模量与温度关系

A—线性无定形聚苯乙烯 $\bar{M}=217\ 000$

B—线性无定形聚苯乙烯 $\bar{M}=140\ 000$

C—以二乙烯苯交联聚苯乙烯

D—立规结构聚苯乙烯

从图 15.9 中看出虽然立规结晶的聚苯乙烯也有玻璃化转变点，但模量很高。当相对分子质量不大时呈现皮革态，当相对分子质量大时也可呈现橡胶态。结晶高聚物其中含有无定形部分，所以熔点范围可宽达 5～10℃。

三、高聚物的高弹性、黏流性和黏弹性

1. 高聚物的高弹性

高弹性的特点如下。

(1)弹性模量特别小，约为钢的 $1/10^6$，蚕丝的 $1/10^4$，各种材料的对比见表 15.1。

表 15.1　各种材料模量对比

材　料	E/Pa	泊松比	材　料	E/Pa	泊松比
钢	1.96×10^9	0.28	聚乙烯	0.20×10^7	0.38
铜	0.98×10^9	0.35	聚甲基丙烯酸甲酯	0.34×10^8	0.33
蚕丝	0.64×10^8	—	石英玻璃	0.78×10^9	0.14
尼龙 66	0.47×10^8	—	橡　胶	$0.2\sim1.0\times10^4$	0.49
聚苯乙烯	0.25×10^8	0.33			

(2)“泊松比”比其他材料都大，接近液体(0.50)。

(3)弹性模量随温度上升而增大，与钢材相反。

(4)形变率大,达100%~1 000%。

(5)形变过程有明显的热效应。

(6)未交联橡胶的形变随时间而发展的能力较其他固体材料强,而且这种形变可以形成不可逆的"冷流"现象。

橡胶材料就是在室温下处于高弹态的一类高聚物。

2.线形高聚物的黏性流动

高聚物黏性流动特点如下。

(1)高分子流动与低分子流动不同,它不是整个分子的迁移,而流动是通过链段的位移运动来完成的。

(2)高分子流体不符合牛顿流体规律。

(3)高分子流动时伴有高弹形变,在外力作用下流动形变,过后又有一部分形变要回复。

因为高聚物黏性流动的这些特点,对高分子材料加工温度的确定,以及加工方法和模具设计关系很大,在实际应用时必须注意。

3.高聚物的黏弹性——力学松弛

高分子材料受到外力作用时,产生的形变既与温度有关,又与时间有关。如果是一个理想的弹性体,当受力或撤去外力后,应力与应变的平衡是瞬间达到的,与时间无关,如果是一个理想的黏流体,当受力后形变是随时间瞬时发展的。根据前面所述,材料处在高弹态有"冷流",与黏流态伴随有高弹形变,都说明高分子材料的形变性质是与时间有关的,介乎理想的弹性材料和理想的黏性材料之间,因此常将高分子材料称为黏弹性材料。在恒定应力条件下形变与时间有非线性关系,如图15.10所示。

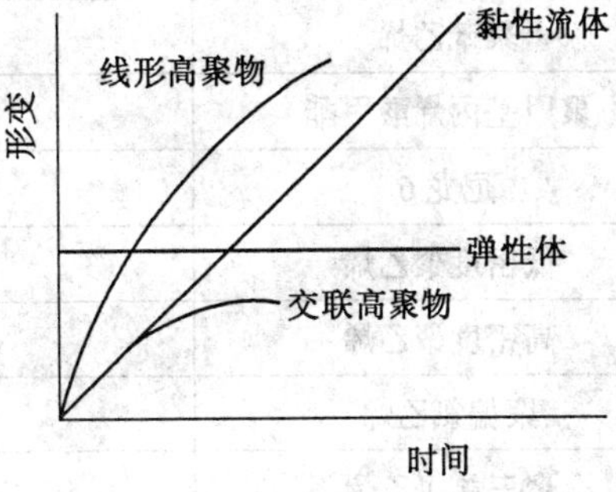

图15.10 高聚物的形变与时间关系

高聚物的黏弹性问题在平常实际应用中遇到很多,如蠕变、应力松弛、交变应力场下的滞后和内耗等。

四、高聚物的机械性能

高分子材料的某些力学性能绝对值一般低于金属材料,但也不是所有的指标都低。对于一个给定的高聚物来说,强度主要取决于它的物理状态、微观结构形态、结构的均匀性、试验条件,包括温度、试验速率、应力状态、试样尺寸以及化学介质等。因此关于高聚物的强度是个极其复杂的问题。

高聚物和其他材料一样,断裂的原因是微裂纹和缺陷的不断扩展的结果,由于加工和使用过程中的缺陷、裂纹,削弱了材料强度,造成更大应力集中,发展的结果使材料破坏。

形变速度对材料破坏也有影响,对于脆性材料,快速或慢速拉伸对强度影响不大。对一般材料,如拉伸速度快,分子来不及伸展,链还来不及充分受力,因而断裂机会少,强度显得高,伸长率小,相当于脆性破坏,慢速拉伸时才出现韧性破坏。拉伸速度、屈服应力和断裂伸长率关系见表 15.2。

表 15.2 聚苯乙烯不同拉伸速度下 $\sigma-\varepsilon$ 关系

拉伸速度 $\times 10^{-8}/(m\cdot s^{-1})$	屈服应力(相对值)	断裂伸长率/%
2	239	22.2
10	268	26.0
53	317	22.3
200	353	12.0
850	334	3.5

将材料加热至 T_g 以上进行退火,可以消除应力,减少裂纹,开裂概率减少而强度提高。

高分子材料的摩擦,在各种各样的用途中是应该注意的问题。例如,汽车的橡胶轮胎与路面的摩擦系数希望高一些,而塑料轴承的摩擦系数则低些好。橡胶、酚醛树脂、低密度聚乙烯等有较高的摩擦系数。聚四氟乙烯、高密度聚乙烯、尼龙有较小的摩擦系数,这些特性已在工业上得到应用。高分子材料的摩擦系数见表 15.3。

表 15.3 高分子材料摩擦系数

高分子材料	高分子-金属	高分子-高分子
聚氯乙烯	0.4~0.9	0.45~0.55
聚苯乙烯	0.4~0.5	0.4~0.5
聚甲基丙烯酸甲酯	0.25	0.4
尼龙 6	0.39	—
低密度聚乙烯	0.33~0.6	0.33~0.6
高密度聚乙烯	0.23	—
聚偏氯乙烯	0.68~1.8	0.8~2.0
聚三氟氯乙烯	0.56	—
聚四氟乙烯	0.04~0.10	0.04
酚醛树脂	0.61	—
橡胶	0.3~2.5	—

五、高聚物的热性能

热性能常用来表征高聚物的耐高温程度,耐热性好坏,可决定其使用温度,高分子材料一般不如金属和无机材料。“热变形温度”是常用的检测指标,表明该温度下试样不会出气泡、炭化、外观损伤以及没有大的形变和强度损失。有机氟、硅和热固性树脂耐热性好,树脂中填加石棉和玻璃后耐热性提高。对材料热性能表征还有导热性、热膨胀系数。高分子材料的热变形温度见表 15.4。

表 15.4 几种塑料的热变形温度

塑 料	热变形温度/℃	塑 料	热变形温度/℃
聚氯乙烯	55~75	聚甲醛	110~125
聚苯乙烯	90~105	聚碳酸酯	130~140
尼龙 66	60~105	聚苯醚	190
聚甲基丙烯酸甲酯	60~88	聚砜	174
氯化聚醚	99	聚四氟乙烯	121

六、高聚物的其他性能

有些行业对高分子材料有光学要求,透明塑料的一个重要用途是用做光导管和光导纤维以及透明材料。常用塑料的折射率和透光性见表 15.5。

表 15.5 透明塑料的光学性质

塑 料	折射率	透过率/%
聚甲基丙烯酸甲酯	1.49	94
醋酸纤维素	1.49	87
聚酯树脂	1.59	65
聚乙烯醇缩丁醛	1.48	71
聚苯乙烯	1.60	90
酚醛树脂	1.60	85

高聚物的电学性能包括导电性,电绝缘性以及电击穿强度,在高聚物表面还有静电现象。

高分子材料常常作为电介质使用,要求具有高的电阻系数,非极性高聚物由于内部无导电离子和自由电子,所以电阻值很大,可做绝缘材料使用。聚乙烯、聚四氟乙烯、聚苯乙烯的电阻系数在 $10^{16} \sim 10^{18}\ \Omega\cdot cm$ 以上。要想让高分子材料成为导电高分子,目前可以加入导电填料,用高分子材料本身制成导电材料,正在探索之中。

高聚物在生产和使用过程中,常有静电现象产生,如火花放电以及粉尘爆炸等,但有时也有用途,如用于静电复印机。抗静电的办法是表面涂敷或内里掺入抗静电剂,制成抗静电的高分子材料。

高分子材料耐化学介质性都好。一般的酸、碱、盐类对其没有腐蚀性,又由于它们是良好绝缘体,故不易产生电化学腐蚀,所以化学稳定性好,例如聚氯乙烯、氯化聚醚、酚醛树脂可用来制各种化工设备、管道、泵、贮槽等等。聚四氟乙烯俗称"塑料王",与浓碱、浓酸、强氧化剂不起反应,沸腾"王水"也不起反应。但是也有一些塑料如聚酰胺耐水性不好,聚碳酸酯能溶在四氯化碳那样的有机溶剂中。

高聚物还有一个特性是做胶黏剂使用,用来胶接各种金属、陶瓷、木材和塑料、橡胶等高分子材料。在飞机、舰船、电子电气、国民经济各部门都大量使用胶黏剂。

高聚物在贮存或使用过程中,随着时间的增长而出现某种力学性质变化,如材料发黏,脆裂或变色,以致丧失高聚物物理力学性能,这种现象称为老化。引起老化的原因很多,有物理作用(热、光、电、机械、辐射),也有化学作用(氧、臭氧、水、碱、酸等),以及生物作用(霉菌、虫等),长期作用使其高分子链裂解和交联,而使材料性能变坏。对不同的高聚物在老化过程中往往有一种或两种因素起主要作用。对聚乙烯等聚烯烃材料主要是光氧化问题,对于聚氯乙烯来说主要是受热脱氧化氢问题,对于聚酰胺塑料主要是水解的问题,对橡胶制品主要是臭氧氧化和热氧化问题。针对不同问题,可采取共混、共聚改性,加入防老剂、抗氧剂等措施,来改善和延缓材料老化过程,这些并不是不可解决的问题。

15.4 常用高分子材料

一、塑料

塑料工业从硝酸纤维素塑料算起已有一百多年历史,它是合成高分子材料工业中生产最早、发展最快、产量最大、应用最广的一个行业,每四五年世界塑料产量就翻一番。1985 年世界塑料产量为 7 600 万吨,我国是 235 吨。

通用塑料指产量大、用途广、价格低的一类。包括聚氯乙烯、聚烯烃、聚苯乙烯、酚醛树脂和氨基塑料,目前占塑料总产量的 3/4。

工程塑料指作结构材料,在机械装备和工程结构中使用的塑料,具有良好的刚度、韧性、耐热、耐腐蚀的一类塑料。包括聚甲醛、聚酰胺、聚碳酸酯、聚砜、ABS、氯化聚醚等。

耐高温塑料是一类价格高、产量少的一批塑料。通常用于宇宙航行、火箭导弹、原子能工业等特殊场合,如氟塑料、硅树脂和耐高温的芳杂环聚合物。表 15.6 ~ 表 15.10 列出了在机械制造工业中各种不同用途的零件所选用的塑料。

表 15.6 一般结构零件用塑料的特性与用途

塑料名称	特 性	用 途
高密度聚乙烯(HDPE)	比水轻, - 70℃仍柔软,耐酸、碱、有机溶剂,注射成型工艺好,成型温度范围宽	汽车调节器盖、喇叭后壳、电动机壳、手柄、风扇叶轮、机床低速运动导轨滚柱框等
改性聚苯乙烯(改性 PS)	刚性好,韧性好,吸水性低,耐酸、耐碱,不耐有机溶剂,成型性好	自动化仪表零件、切换开关、数字电压表壳、电镀表外壳等
丙烯腈 - 丁二烯 - 苯乙烯共聚物(ABS)	机械强度高,硬度高,表面可电镀	水表外壳、电话机外壳、泵叶轮、汽车挡泥板、小汽车车身等
改性有机玻璃(改性 PMMA)	透光性极好,可透紫外线,耐日光,老化性好,但不耐有机溶剂	微安表外壳、继电器罩壳等
聚丙烯(PP)	最轻的塑料,较高力学性能和抗应力开裂,耐腐蚀性好	化工容器、管道、法兰接头、汽车零件、仪表罩壳等

表 15.7 耐磨受力传动零件用塑料特性与用途

塑料名称	特　　性	用　　途
尼龙(PA)	良好冲击韧性,耐磨,耐油,吸水性大,影响尺寸稳定性	轴承、密封圈、轴瓦、高压碗状密封圈、石墨填充轴承等
尼龙(MC)	强度高,减摩,耐磨性超过尼龙(PA),可浇注大型铸件	大型轴承、齿轮、蜗轮、轴套、轴承等
聚甲醛(POM)	耐疲劳,抗蠕变,摩擦系数低,收缩率最大 2.5%	同上。汽车钢板弹簧衬套、阀杆、螺母等
聚碳酸酯(PC)	突出的抗蠕变性及冲击韧性,脆化温度 -100℃,透明,精度高	小模数仪表齿轮、水泵叶轮、灯罩,改性品用途广
氯化聚醚(CPE)	耐磨性好,抗腐蚀性仅次于氟塑料	腐蚀介质中轴承、防腐涂层、化工管道等

表 15.8 减摩自润滑零件用塑料特性与用途

塑料名称	特　　性	用　　途
聚四氟乙烯(F-4)	摩擦系数最低,不吸水,耐腐蚀,称"塑料王"。缺点是冷流大,加工麻烦	无油润滑活塞环、密封圈、输送酚的离心泵端面密封圈、耐热 250℃
填充聚四氟乙烯	用玻璃纤维粉末、MoS_2、石墨、铜粉填充,承载能力、刚性增加	高温腐蚀介质中工作活塞环、密封圈、轴承等
高密度聚乙烯(HDPE)	可喷涂于金属表面,防腐,耐磨	小载荷低温下衬套、机床导轨涂层
聚全氟乙-丙烯(F-46)	一些性能仅次于 F-4,可注射成型	大批量生产外形复杂零件、代替 F-4

表 15.9 各种耐腐蚀塑料特性与用途

塑料名称	特　　性	用　　途
聚四氟乙烯(F-4)	耐沸腾盐酸、硫酸、硝酸及王水。只有熔融碱金属、气态氟才能腐蚀	硝铵捕集回流管子法兰、化工用阀隔膜
聚三氟氯乙烯(F-3)	耐各种强酸、强碱、强氧化剂。在芳香烃及卤化烃中稍溶胀,悬浮液可涂金属表面	耐酸泵壳体、叶轮、阀座,可涂于反应炉、贮槽、搅拌器上
聚偏氟乙烯(F-2)	耐各种酸、碱,但不耐发烟硫酸、丙酮、吡啶等	
氯化聚醚(CPE)	耐各种酸及有机溶剂,不耐高温下浓硝酸、浓双氧水、湿氯气等	腐蚀介质中摩擦传动零件,并可涂于设备表面

注:聚全氟乙丙烯、高密度聚乙烯、聚丙烯都是很好耐腐蚀材料,用途与上表相似。

表 15.10　耐高温塑料的特性与用途

塑料名称	特　　性	用　　途
聚砜(PSU)	较高变形温度,抗蠕变,155℃长期工作	高温结构零件
聚苯醚(PPO)	强度高,耐热性好,收缩率低	高温下齿轮、轴承、外科医疗器械
聚酰亚胺(PI)	200℃下长期工作,短时间达480℃,耐磨性好,长期蒸气下工作易坏	用F-4粉填充,做高温无油润滑活塞环、轴承、封圈等
氟塑料	耐腐蚀、耐高温,-196~260℃下工作	高温环境中化工设备、零件

二、橡胶

在室温仍能保持其高弹性能,并且在相当宽的温度范围内仍不失其高弹性的高聚物,就是橡胶。橡胶有良好的耐磨性、绝缘性,可制轮胎、传送带、电缆、电线以及密封垫圈等各种零件。

表 15.11 为几种主要橡胶品种的性能和用途表。

表 15.11　橡胶的性能与用途

名称	天然橡胶	丁苯橡胶	丁二烯橡胶	氯丁橡胶	丁腈橡胶	乙丙橡胶	聚氨酯胶	硅橡胶	氟橡胶	聚硫橡胶
代　号	NR	SBR	BR	CR	NBR	EPDM	—	—	FPM	T
抗拉强度/MPa	25~30	15~20	18~25	25~27	15~30	10~25	20~35	4~10	20~22	9~15
伸长率/%	650~900	500~800	450~800	800~1000	300~800	400~800	300~800	50~500	100~500	100~700
使用温度/℃	-50~120	-50~140	120	-35~130	-35~175	150	80	-70~275	-50~300	80~130
特　性	高强、绝缘、防震	耐磨	耐磨耐寒	耐酸碱阻　燃	耐油、水,气密性好	耐水绝缘	高强耐磨	耐热绝缘	耐油、碱、真空	耐油、耐碱
用　途	通用制品 轮胎等	通用制品 胶板、胶布、轮胎等	轮胎 运输带等	管道、胶带、防毒面具 电缆外皮,黏合剂,轮胎等	耐油垫圈 油管等	汽车零件 绝缘体等	胶辊 耐磨件等	耐高低温零件等	化工设备衬里,高级密封件 高真空件,尖端技术用等	丁腈改性用,管子 水龙头,衬垫等

三、合成纤维

合成纤维发展速度很快，产量直线上升，过去 20 年中，差不多每年以 20% 增长率发展，品种越来越多。合成纤维强度高、耐磨、保暖，不会发生霉烂，大量用于汽车、飞机轮胎帘子线、渔网、索桥、船缆、降落伞布、炮衣、传送带、绝缘布，以及各种服装。

表 15.12 列出几大类合成纤维性能及用途。

表 15.12　主要合成纤维性能及用途

商品名称	锦　纶	涤　纶	晴　纶	维　纶	氯　纶	丙　纶	芳　纶
化学名称	聚酰胺	聚　酯	聚丙烯腈	聚乙烯醇缩　醛	含氯纤维	聚烯烃	聚芳香酰　胺
密度/($g \cdot cm^{-3}$)	1.14	1.38	1.17	1.30	1.39	0.91	1.45
吸湿率/%	3.5~5	0.4~0.5	1.2~2.0	4.5~5	0	0	3.5
软化温度/℃	170	240	190~230	220~230	60~90	140~150	160
特　　性	耐磨、强度高、模量低	强度高、弹性好、吸水低、耐冲击、黏着力差	柔软、蓬松、耐晒、强度低	价格低，性能比棉纤维优异	化学稳定性好，不燃，耐磨	轻，坚固，吸水低，耐磨	强度高、模量大、耐热，化学稳定性好
用　　途	轮胎帘子布、渔网、缆绳、帆布等	电绝缘材料、运输带、帐篷、帘子线等	窗布、帐篷、船帆、碳纤维的原料等	包括材料、帆布、过滤布、渔网等	化工滤布、工作服、安全帐篷等	军用被服、水龙带、合成纸、地毯等	用于复合材料，飞机驾驶员安全椅，绳索等

四、合成胶黏剂

胶黏剂亦称黏合剂，也常称“胶”。用胶来连接不同零件的工艺技术，称之为胶接技术，在现代工业和民用中应用越来越广，在许多场合代替螺栓、铆、焊等传统连接工艺，在航空工业已成为一种独立的工艺技术。胶黏剂可以用来胶接金属、陶瓷、木材、塑料、织物，几乎无所不黏。胶接连接可以连接各种同种或不同种材料，且不受厚度限制，极薄、极厚的两种材料也可以连接起来。接头处应力均匀，密封性好，绝缘性好，耐腐蚀，抗疲劳，结构质量轻，工艺简便。过去用的糨糊、虫胶、骨胶、蛋白、血胶等传统天然胶不如合成胶。胶黏剂如何选用参考表 15.13。

表 15.13　被胶接材料所适用的胶黏剂

被胶接材料	木材	织物	毛毡	皮革	纸	布	橡胶海绵	合成橡胶	天然橡胶	人造革	聚氯乙烯膜	硬聚氯乙烯	丙烯酸树脂	聚苯乙烯	赛璐珞	聚酯	酚醛树脂	瓷砖	混凝土	玻璃	金属
金属	E	V C	V C	C	V	C	C	C U	C U	N	N	N E	N E	E	V E	E C	E	E	E	E	E
玻璃	V E	V	V	C V	V	C V	C N	C N	C	C	N	N E	N E	E		E C	E	E	E	E	
混凝土	V E	V	V	C V	V	C V	C N	N	C	C	N	N	N	E C	N E	N E	E N	E V	E V		
瓷砖	V E			C V	V	C V	C	C N	C		N		N E	N C			E	E			
酚醛树脂	V C			N C	C V	N V	C N	C N	C	C N	C	C E	C E	C E	E N	E	E				
聚酯	N E			N C	N C	N C	C N	N C	C	N C	C	N	C E	C E	E N	E					
赛璐珞	E U			N V	V	V N		N C	C		N	N			V						
聚苯乙烯	V E			N C	C N	C N	C N	N C	C		C	N C	C E	E S							
丙烯酸树脂	C N			N C	N C	N C	N C	N C	C		N	N C	E A								
硬聚氯乙烯	C V			C V	C V	C	C	C N	C N		N	C									
聚氯乙烯膜	C V			C V	V C	C V	C	C	C		V C										
人造革	V C			N C			N	N	C	N											
天然橡胶	C	C	C	C V	C	C	C	C	C												
合成橡胶	N C	N C	N C	C U	C N	C N	N C	C N													
橡胶海绵	N C			N C	C V	C	C N														
布	V C	V C	V C	V N	V	V C															
纸	V C	V C	V C	V	V																
皮革	V C	V C	N C	N C																	
毛毡	V	V	V N																		
织物	V	V																			
木材	V P																				

A:丙烯酸胶黏剂
C:氯丁橡胶胶黏剂
E:环氧胶黏剂
N:丙烯腈橡胶
P:酚醛胶黏剂
U:聚氨酯胶黏剂
V:乙烯系胶黏剂
S:聚苯乙烯胶黏剂

第16章 陶瓷材料

16.1 概 述

陶瓷是自人类有史以来最古老的手工业品的一种，它也是最新的科学、技术产物，作为一种基础材料的重要性日益显示出来。

原始时代作为食器、容器、装饰品、土器、磁器、陶器；玻璃、砖、瓦、石膏、水泥等建筑材料；后来出现了蒸馏缸、坩埚、耐火砖那样的冶金用材料；电极、绝缘子、绝缘管、绝热体等电气材料；还有磨刀石、车刀；以及透镜、棱镜那样的光学器材等，也都相继发展起来。特别是第二次世界大战以来，电气、电子技术的发展，各种各样电子功能的陶瓷材料渐渐发展起来，原子能工业的出现，人工牙齿和其他以生物陶瓷材料为目的材料也不断涌现出来。现代机械装置，特别是高温机械部分，使用陶瓷材料将是一个重要的研究方向，会给社会带来很大效益。现在，一般的超耐热合金的使用温度界限为950～1 100℃，而1 200～1 600℃则需使用陶瓷材料效果最好。

除此之外，最近研究结果表明，高硬度的陶瓷材料，具有摩擦系数小、耐磨、耐化学腐蚀、密度小、热膨胀系数小等等特性，使之在精密机械中，应用于高温、中温、低温领域，可以作机械零件，也可作电机零件。以机械装置为代表使用的陶瓷叫工程陶瓷，狭义的称为精细陶瓷，也有的叫高级陶瓷、功能陶瓷、现代陶瓷及结构陶瓷。

陶瓷材料虽多，按照习惯可分为两类，即传统陶瓷和特种陶瓷。

(1)传统陶瓷：主要指黏土制品，可分为日用陶瓷、建筑卫生陶瓷、电器绝缘陶瓷、化工陶瓷、多孔陶瓷等。

(2)特种陶瓷：按性能和应用可分为电容器陶瓷、工具陶瓷、耐热陶瓷、压电陶瓷等。

陶瓷广泛应用于化工、冶金、机械、电子、能源和尖端科学技术领域中。

传统陶瓷是以黏土、长石、石英等天然原料为主，经粉碎、成型、烧结工艺制成制品。特种陶瓷是用化工原料制成具有许多优异性能的陶瓷，包括氧化物、氮化物、碳化物、硅化物、硼化物、氟化物制成的陶瓷。

以工程陶瓷为例。陶瓷制造工艺如下：

原料的合成→混合→干燥→造粒→成型→烧结→加工。

16.2 陶瓷的组成与结构

陶瓷产品所用的天然原料中，主要成份是硅酸盐和铝硅酸盐。天然原料组成复杂、杂质多，性能变化大，不能满足特种陶瓷的要求。生产特种陶瓷，原料必须由天然原料精选或人工合成原料(控制纯度和颗粒大小以及均匀度)。然后，按适当比例混合粉料，成型生坯，经过干燥以后，烧结成型。在上述陶瓷生产过程中，各种工艺因素不同程度的影响陶瓷制品的组织结构。可见，陶瓷的组成和结构是比较复杂的，甚至比金属复杂得多，主要包括晶体相（晶体种类、晶粒尺寸和形状）、玻璃相（玻璃的数量和分布）、气相（气孔的尺寸和数量）和杂质。同样化学成分陶瓷，如果组织结构不同，性能也会有很大差别，影响最大的是晶体相。陶瓷的化学成分和晶体相决定其物理化学性质。

一、晶体相

陶瓷的晶体结构比较复杂，它们主要是以离子键为主的晶体（例如 MgO，Al_2O_3）和以共价键为主的共价晶体（BN，SiC，Si_3N_4）。氧化物结构和硅酸盐结构是陶瓷晶体中最重要的两类结构。

1.氧化物结构

氧化物结构的结合键以离子键型为主。例如，岩盐（NaCl）型结构（称 AX 型），阴离子与阳离子位于各个六面体的角上和面中心位置，形成面心立方格子型，如图 16.1 所示。碱土金属氧化物，如 MgO、CaO、SrO、FeO 等也形成这样结晶结构。表 16.1 为陶瓷材料常见的各种氧化物晶体结构。

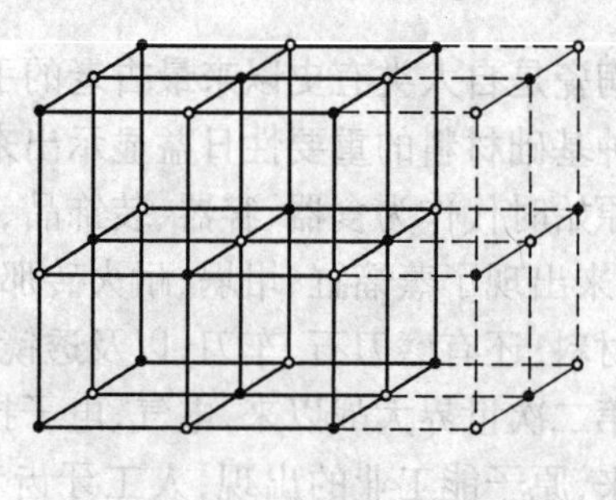

图 16.1　岩盐（NaCl）型结构

表 16.1　常见陶瓷的各种氧化物晶体结构

结构类型	晶体结构	陶瓷中主要化合物
AX 型	面心立方	碱土金属氧化物 MgO、BaO 等，碱金属卤化物，碱土金属硫化物
AX_2 型	面心立方	CaF_2（萤石）、ThO_2、VO_2 等
	简单四方	TiO_2（金红石）、SiO_2（高温方石英）等
A_2X_3 型	菱形晶体	$\alpha-Al_2O_3$（刚玉）
ABX_3	简单立方	$CaTiO_3$（钙钛矿）、$BaTiO_3$ 等
	菱形晶体	$FeTiO_3$（钛铁矿）、$LiNbO_3$ 等
AB_2X_4	面心立方	$MgAl_2O_4$（尖晶石）等 100 多种

许多陶瓷是用硅酸盐矿物原料制作的，应用最多的是高岭土、长石、滑石等。硅和氧的结合很简单，由它们组成硅酸盐骨架，构成硅酸盐的复合结合体。SiO_2 和硅酸盐是陶瓷结晶的主体成分，Si 和 O 有 44%是离子型共价结合，如图 16.2 所示，Si^{4+} 离子周围有四个 O^{2-} 离子组成为四面体，这个四面体带有 -4 电荷，SiO_2 是硅氧四面体的各顶点，O 为邻接四面体共有，形成 Si—O—Si 三维无限结合物。在常压下是以石英、磷硅石、方石英三种安定的状态存在。高温相的磷硅石、方石英比石英有更多开放空间，使其密度和折射率变小，结构如图 16.3 所示。

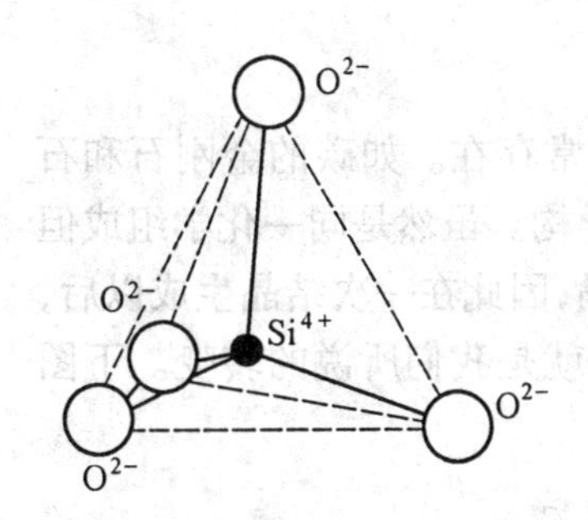

图 16.2　Si—O 四面体

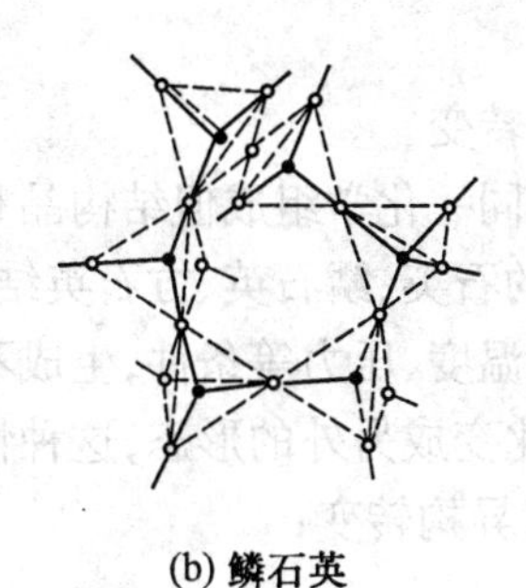

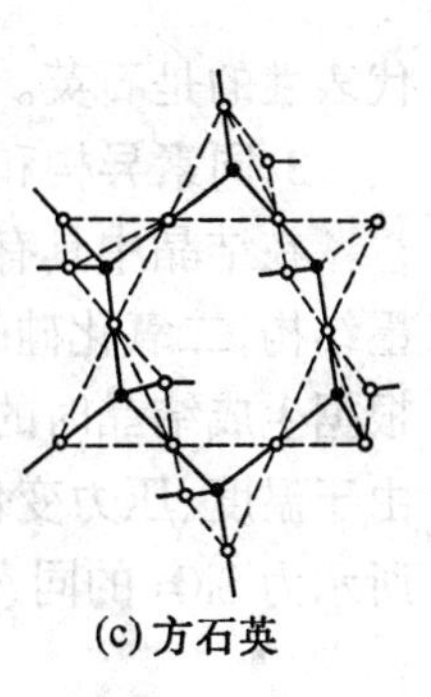

(a) 石英　(b) 鳞石英　(c) 方石英

图 16.3　SiO_2 的结构

架桥氧数	单位离子	离子式	形状
0		$[Si\ O_4]^{4-}$	点状
1		$[Si_2O_7]^{6-}$	
2	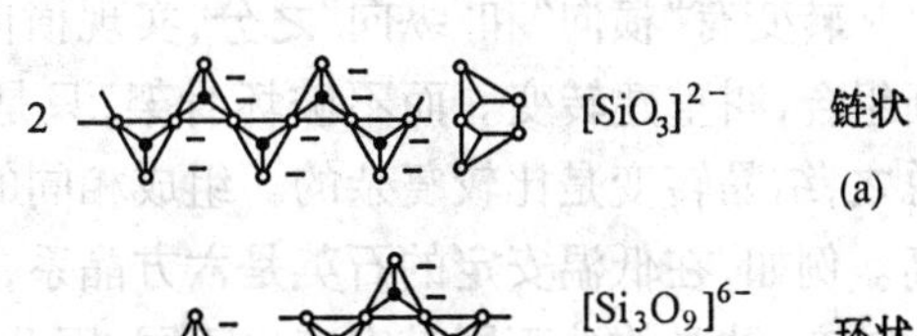	$[SiO_3]^{2-}$	链状 (a)
2	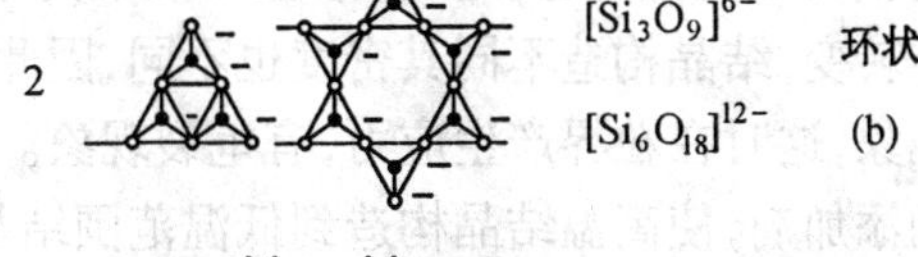	$[Si_3O_9]^{6-}$ $[Si_6O_{18}]^{12-}$	环状 (b)
3	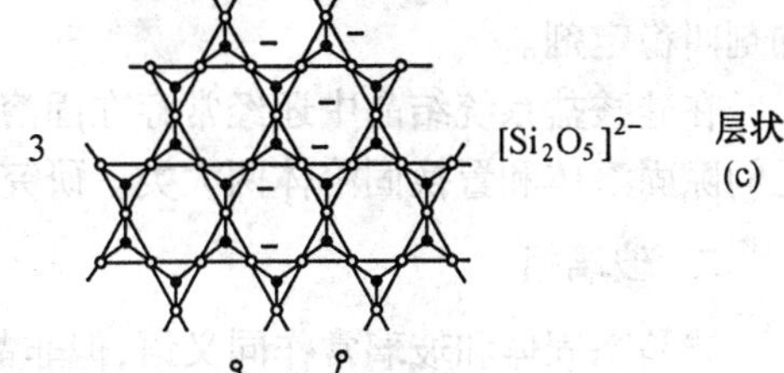	$[Si_2O_5]^{2-}$	层状 (c)
4	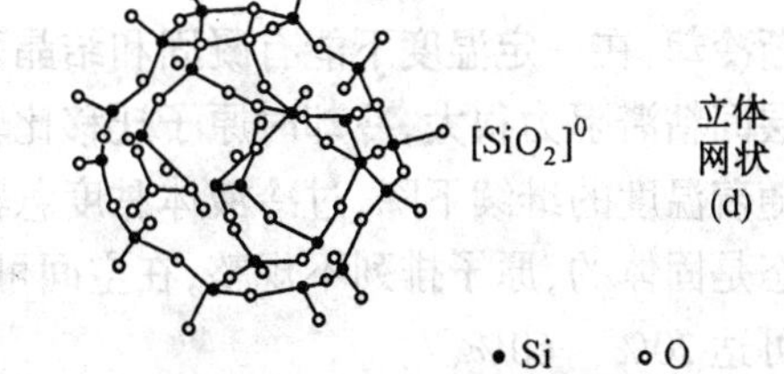	$[SiO_2]^0$	立体网状 (d)

• Si　∘ O

图 16.4　硅酸盐结构

硅氧四面体所有的原子相互不全是共价结合，一部分是 Si 以外的阴离子结合而成为硅酸盐。硅酸盐当中成为骨架$(SiO_4)^{4-}$的四面体，其结合方法不同，有如图 16.4 所示的若干类。分为链状、环状、层状和立体网状四大类。

链状硅酸盐的结构（如图 16.4(a)所示）是硅氧四面体以无限单链$(SiO_3)^{2-}$和双链$(Si_4O_{11})^{6-}$的形式存在，而足够的金属离子与链结合，使化合价达到饱和，成为无机大分子链。石棉类矿物、角闪石英顽辉石$(Mg_2Si_2O_6)$即是这样结构。

环状硅酸盐的主结构（如图 16.4(b)所示）是含有一定数量的$(SiO_4)^{4-}$四面体，当带有负电荷的硅氧四面体与若干个硅氧四面体与足够数量阳离子化合，使其化合价饱和以后，即有这种岛状结构，可以是单一四面体，成为四面体或环状四面体，典型物质为镁橄榄石$(MgSiO_4)$。

层状硅酸盐（如图 16.4(c)所示）是由硅氧四面体的某一个面，三个氧共有，在平面内以共有顶点方式连接成六角对称的无限二维结构，有一个氧原子处于自由端，价态未饱和，它可与金属离子结合而成稳定的结构，像高岭土、白云母$[KAl_2(AlSi_3O_{10})(OH)_2]$、滑石、蒙脱石、绿泥石这些物质有很好可塑性，就是水分进入层间以后起到润滑作用之故。

立体网状硅酸盐，硅氧四面体在空间连接成三维网络结构，结构如图 16.4(d)所示。$Na(Al\cdot Si)O_4$（霞石）、$K(Ai\cdot Si_3)O_8$（钾长石），$Ca(Al_2\cdot Si_2)O_8$（灰长石）是这种结构，当然最有代表性的是石英。

3.同素异构和转变

在结晶中具有同一化学组成但结构晶相不同的物质,常常存在。如碳的金刚石和石墨结构,二氧化硅的石英、鳞石英、方石英结构等,都叫同素异构。虽然是同一化学组成但根据生成结晶时的温度、压力等条件,生成不同安定性的结晶,因此在一次结晶生成以后,由于温度、压力变化变成另外的形态,这种情况常常发生,这就是我们所说的转变。下图所示为 SiO_2 的同素异构转变:

α 石英 $\xrightleftharpoons{870℃}$ α 磷石英 $\xrightleftharpoons{1\,470℃}$ α 方石英 $\xrightleftharpoons{1\,710℃}$ 熔融 SiO_2

α 石英 ⇅ 573℃ β 石英

α 磷石英 ⇅ 163℃ β 磷石英 ⇅ 117℃ γ 磷石英

α 方石英 ⇅ 180℃ ~ 270℃ β 方石英

熔融 SiO_2 ↓ 急冷 石英玻璃;石英玻璃 ↑ 加热熔化 熔融 SiO_2

转变有“横向”和“纵向”之分,实现横向转变,Si—O—Si 键要断开,Si—O 四面体要重新组合,叫重建转变。而不破坏骨架,只是骨架扭转即可,实现的纵向转变叫位移转变。总之,结晶转变是比较复杂的。组成相同的物质,高温型转变比低温时的结晶构造对称性高。例如,在低温安定的石英是六方晶系,在最高温度的方石英是等轴晶系。由于各种各样转变,结晶构造不同其密度也不同,因此引起转变时的体积变化,伴随着有膨胀和收缩现象,这时在粒界产生应力,有龟裂现象。利用这种体积变化来粉碎石英岩石。使用适当的添加剂,使高温结晶构造到低温范围结晶构造安定存在,这种转变也可进行,这样的添加剂叫稳定剂。

在硅酸盐系统结晶中还经常存在固溶体,两种不同型结晶互相贯穿稳定存在,多见的是间隙固溶体和置换固溶体两大类。研究这些相的存在条件和变化规律,也可采用相图。

二、玻璃相

非晶态固体和玻璃常作同义语,但非晶态含义更广泛。而玻璃一般是指熔融液态逐渐冷却,在一定温度下能有凝固和结晶两种倾向。但是,由于材料熔融态时黏度很大,即层间粘滞阻力很大,冷却时原子迁移比较困难,则晶体形成很困难。于是形成过冷液体,随着温度的继续下降,过冷液体黏度急骤增大,冷到一定程度,即固化成玻璃。这种玻璃态是固体的,原子排列不规整,在空间可以形成很大网络结构。陶瓷组织中,玻璃相有时可达 20% ~ 60%。

能成为玻璃状态的无机物有 Se、S 元素,B_2O_3、SiO_2、P_2O_5、GeO_2 等氧化物,还有硫化物、氯化物、硒化物、卤化物等。实用玻璃属硅酸盐最多,还有硼酸盐玻璃和磷酸盐玻璃。

在各种各样氧化物中,B_2O_3、SiO_2、GeO_2 自己本身可以形成玻璃那样网络模型。以 SiO_2 石英玻璃为例说明,SiO_2 的高温稳定相,画成平面图,如图 16.5(a)所示 Si—O 四面体规整的排列。成为石英玻璃时则成为不规则的排列,如图 16.5(b)所示那样。与点线的圆所围的硅-氧四面体的范围相比,这个石英玻璃和方石英完全相同,由于这个 Si—O 四面体相互结合不规整,所以主体原子排列就乱,成为不规则结构。

如图 16.5(c)所示那样不规则硅氧四面体中进入 Na^{+} 离子组成新的结构。这就是碱硅酸盐玻璃结构。

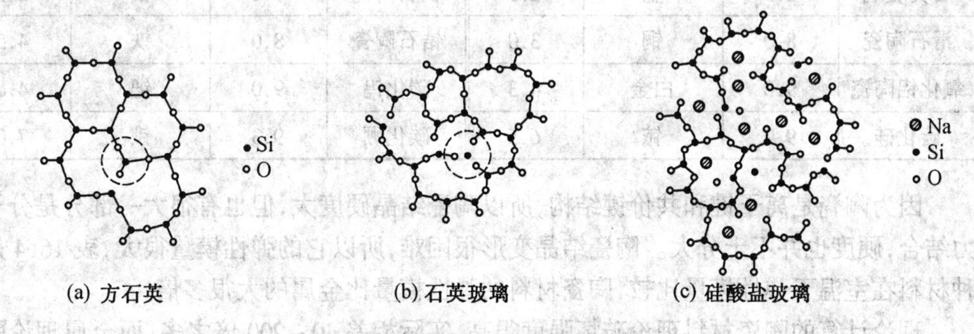

图 16.5 SiO_2 网络结构和玻璃网络结构

三、气相

在陶瓷中有一部分孔隙存有气体,俗称气相,如果孔隙是表面开口的,会使陶瓷质量下降。如果是闭口孔隙存在陶瓷内部,不易被发现,这种隐患常常是产生裂纹的原因,使陶瓷的力学性能大大下降。产生这部分气孔原因很多,与原料、组成、配比、含水量以及烧结工艺有关。一般,普通陶瓷的气孔率为 5%~10%,特种陶瓷在 5%以下,金属陶瓷要求在0.5%以下。

16.3 陶瓷的性能

一、机械性能

陶瓷材料,要有一定的机械强度,除了餐具、厨房用具外,作为结构工程用的陶瓷材料,更要有比较大的强度、硬度、弹性模量。人们知道日常生活中玻璃杯、茶碗一落地就破碎了,因此认为陶瓷是弱而脆材料,但是在现代,高强度陶瓷材料的性能是在不断进行研究和提高之中,过去的认识也可能要发生改变。

1.一般机械性能

各种材料的机械强度比较见表 16.2。

表 16.2 各种材料的机械强度

材　　料	抗拉强度/MPa	材　　料	抗拉强度/MPa
长石磁器	60	块滑石	68
氧化铍陶瓷	210	氧化铝陶瓷	270
碳化硅陶瓷	350	铸铁	315
软钢	470	不锈钢(18-8)	630

除了非氧化物碳化硅陶瓷有些接近普通钢,其他陶瓷机械强度都不大。但其他方面陶瓷有很多优异性能,例如硬度高,与其他材料相比见表 16.3。

表 16.3 各种材料的莫氏硬度

陶 瓷	莫氏硬度	金 属	莫氏硬度	陶 瓷	莫氏硬度	金 属	莫氏硬度
石英玻璃	6.5	金	2.5	长石陶瓷	7.0	铝	2.9
滑石陶瓷	8.0	铜	3.0	锆石陶瓷	8.0	铁	4.5
氧化铝陶瓷	9.0	白金	4.3	碳化钨	9.0	钯	4.8
碳化硅	9.2	铱	6.5	碳化硼	9.3	锇	7.0

因为陶瓷是离子键和共价键结构,所以陶瓷结晶硬度大,但也有很大一部分是分子间力结合,硬度也并不十分大。陶瓷结晶变形很困难,所以它的弹性模量很大,表 16.4 是各种材料在室温下弹性模量比较,陶瓷材料的弹性模量比金属的大很多倍。

理论计算的陶瓷材料理论破坏强度很高,实际相差 40~200 倍之多,而金属理论强度并不比陶瓷高,但相差都在 10 倍以下,为什么呢?主要是制造方面影响很大,金属是原料熔融成形(结晶)得到制品,材料均一,几乎无什么大的缺陷,而陶瓷材料是原料粉碎混合烧结成形,孔隙、缺陷大量存在,而且对裂纹敏感,所以它很脆,这是一个致命弱点。

2.陶瓷材料的增强和增韧

改变陶瓷材料的微观结构可以提高材料的强度,首先减少气孔率,致密烧结,使气孔和龟裂变小,使应力集中变得困难,使裂纹圆滑都可增加强度。组成和结晶粒子变小也会增加强度。用激光和等离子体喷射法制造超细($<1\ \mu m$)的胶体粉末,具有均一粒径的纯陶瓷粉体有助于制造性能可预测、并且接近理论特性的产品。另外采用具有不同晶体结构的粉体,在陶瓷脆裂时利用其由热引起的相变来减弱裂纹的扩展,都是当前增强和增韧陶瓷材料的有效途径。采取热处理、表面蚀刻、涂釉等办法可以使强度提高 20%~30%或更高些。图 16.6 列出了陶瓷材料和金属材料的高温强度的比较。

表 16.4 各种材料弹性模量(室温)

材 料	弹性模量/MPa
氧化铝	3.8×10^5
95%氧化铝陶瓷	3.0×10^5
尖晶石	2.4×10^5
氧化镁	2.1×10^5
锆	1.9×10^5
石英玻璃	0.7×10^5
碳钢	$(2.0\sim2.2)\times10^5$
铜	$(1.0\sim1.2)\times10^5$
铝	$(0.6\sim0.7)\times10^5$

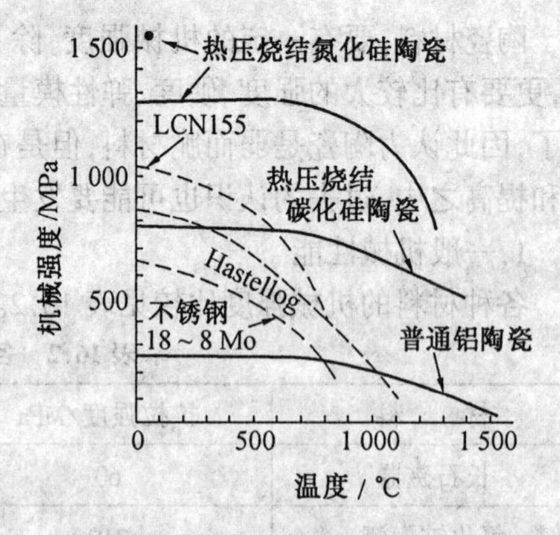

图 16.6 陶瓷材料与金属材料的高温强度比较

二、化学性能

陶瓷制品在许多工业方面应用时,要耐气体、酸、碱、盐以及熔渣等的腐蚀。陶瓷制品是良好的耐酸材料,它能耐无机酸和有机酸以及盐的浸蚀。但耐各种碱的浸蚀能力是不足的。在高温时酸性耐火陶瓷一般不与金属反应,但是其中的氧可与部分金属反应,例如：锰可以使二氧化硅还原，氧化物的硫化物不能完全熔到纯金属液中，而这不是引起浸蚀的原因。但高温熔盐和熔渣可以浸蚀陶瓷表面，这要与许多条件有关。经验告诉我们，酸性熔渣与酸性耐火陶瓷，碱性熔渣与碱性耐火陶瓷材料是不能浸蚀的。还有一个问题是，高温熔渣对多孔陶瓷材料的渗透，与孔径大小、多少、熔渣黏度等因素有关。与高温熔渣不同的气体，往往浸透所有孔隙，像 CO 这样的气体能起某些氧化物的还原剂作用，与之类似作用的还有沼气，其他碱、酸蒸气在一定条件下也有这样的作用。

三、热性能

陶瓷材料一般具有高的熔点，大多数在 2 000℃以上，而陶瓷材料在高温下有较好的化学稳定性，所以适合用做高温材料。

热容量是指材料温度改变时所需的热量，通常用“比热容”给出数值。陶瓷的热容量随温度升高而增加，达到一定温度后与温度无关。气孔率大的陶瓷热容量小。用于急热、急冷目的的炉体结构材料，以多孔的、热容量小的材料为好。

热传导是在一定温度梯度下，热量通过材料的传递速率。金属材料中导热主要靠晶格振动来完成，故一般导热能力较差。在陶瓷材料中热传导机构和过程很复杂，热传导能力与化学组成、晶体结构、气孔率、温度等均有密切关系。

热膨胀系数和温度关系说明，陶瓷材料的结构越紧密膨胀系数越大。陶瓷的热膨胀系数一般为 $10^{-5} \sim 10^{-6}\ K^{-1}$左右。

抗热震性是材料在温度急剧变化时抵抗破坏的能力，陶瓷等脆性材料的抗热震能力一般较差，常常在受热冲击时被破坏。

陶瓷的热稳定性与材料的热膨胀系数和导热性有关。热膨胀系数大和导热性低的材料热稳定性不高；韧性低的材料稳定性也不高，陶瓷组织中不同组分随温度变化产生不均匀膨胀，由此产生较大的内应力，所以陶瓷热稳定性很低，比金属低很多，这是陶瓷的缺点。

四、其他性能

大多数的陶瓷是良好的绝缘，少数的陶瓷具有半导体性质，例如，高温烧结的氧化锡、$BaTiO_3$、$SrTiO_3$ 等一些半导体陶瓷材料，电阻率为 $10^3 \sim 10^5\ \Omega \cdot cm$。陶瓷导体有电子导电材料氧化锌、氧化锆，还有离子导电材料如 $\beta-Al_2O_3$、$LiTiO_3$、Li_xN_y、ZrO_2 等。

在现代科学技术领域里，具有特殊光学性能的功能陶瓷材料占有极重要地位。陶瓷材料的透光性对日用陶瓷及艺术陶瓷有重要影响，对于光学材料是个重大突破。陶瓷还具有其他许多优异性能，如耐磨性、磁性、生物体性能等等。

16.4 常用陶瓷材料及其应用

一、陶瓷结构材料

特别是高温结构材料，发展前途很大。Al_2O_3 陶瓷、ZnO_2 陶瓷等一些氧化物，还有一些非氧化物陶瓷，如 Si_3N_4、SiC 已用于转子发动机叶片、汽车摇臂镶块摩擦副、汽车热交换器、炼钢炉衬、垫板、开关、切削刀具、机械密封等等。主要陶瓷性能与特征见表16.5。

表16.5 主要陶瓷性能与特征

材质名称	Al_2O_3	Si_3N_4	SiC	ZrO_2
主要性能和特征	机械强度优,耐磨耗性、耐化学介质性优	现代陶瓷中强度最高,高韧性,1 000℃强度不变,耐热冲击性好	高温强度不变,耐热达1 400℃,硬度高,耐磨耗性好,用于电炉等方面	高强而且耐热,膨胀系数接近金属,可作敏感元件
密度/$(g\cdot cm^{-3})$	3.94	3.15	3.15	5.7~5.8
压缩强度/MPa	3 300	—	—	—
抗折强度/MPa	550	650	450	600
弹性模量/MPa	3.5×10^5	3.3×10^5	4.5×10^5	2.0×10^5
硬度(45 N)	88.0	87.0	91.8	85.0
膨胀系数 RT~800℃(1/℃)	8.0×10^{-6}	2.9×10^{-6}	4.4×10^{-6}	11.0×10^{-6}
导热系数 /$(418\ W\cdot(cm\cdot K)^{-1})$	0.065	0.037	0.158	0.005
体积电阻 /Ω·cm	$>10^4$	$>10^{14}$	$10^3\sim10^6$	$>10^{10}$

陶瓷材料最有前途的是用于汽车发动机,10~15年会有所突破,还有的用在接触高温部分的零件上,如活塞、排气管、排气阀及涡轮、增压器等,用的材料有碳化硅、氮化锂、氧化锆、硅酸铝锂等。

二、利用电、磁性能的陶瓷

包括电绝缘、导电、导磁性质陶瓷。电子工业是精细陶瓷的世袭领域,应用量最大。1980年世界精细陶瓷的一半用于电气电子方面,其种类包括绝缘材料、半导体压电材料及导离子材料。最主要是作电绝缘材料,如集成电路管基,Al_2O_3或氧化铍、硅酸钡、钛酸钡以及新发现的锆酸钡是很好电容介质材料。与电介质陶瓷相反,还有在常温或高温下导电的陶瓷,如碳化硅、铬酸锶镧以及氧化锆、β-氧化铝。

铁酸钴、铁酸镍以及铁酸锰、铁酸镁等是负温效应的热敏电阻材料。而钛酸钡、铝酸镁及钛酸锌等可作正温效应的热敏电阻。

还有一类叫压电陶瓷,例如钛酸钡、钛酸铅、锆钛酸铅、铌酸钠锂等,具有一种特殊压电效应。可以探测粮仓内虫子爬动发音、发现遥远海域敌人军舰,预测火山爆发、地震等自然界现象。

铁氧体就是重要的磁性陶瓷,电阻率比金属大一千亿倍,而且涡流消耗和集肤效应都比较小,主要用于微波元件。钡铁氧体和锶铁氧体等磁性陶瓷可作恒磁的扬声器、电表、电机等。其他磁性陶瓷用途也十分广泛。

三、化学化工用陶瓷

硅酸盐陶瓷有惊人的化学稳定性,可以在空气中一万年不变质。而现代陶瓷对酸、碱、盐有很好的抵抗能力。氮化硅、碳化硅等除氢氟酸外几乎可耐一切无机酸的腐蚀。氧化钙陶瓷可用做熔炼高纯度铀、铂等金属的坩埚。化学化工上用的坩埚、蒸发皿、杯、舟、绝缘管、研钵,化工厂里输送液体和气体的管道、泵和阀为了防腐蚀,用陶瓷是最好的选择。

四、尖端工业用陶瓷

在原子能工业中强烈放射线照射下,氮化硅、碳化硅、氧化铍、氧化铝等都有很好的抗辐照性,以至于用来做原子反应堆的中子吸收棒。氧化铝是受控热核反应炉内壁很有希望的材料。洲际导弹的端头,人造卫星的鼻锥和宇宙飞船的腹部,都装有特别的防热烧蚀材料,其中重要的一种就是碳纤维增强碳素复合材料——陶瓷复合材料。

太阳能、磁流体发电、高温燃气轮机等这些重要的能源技术都要用到现代陶瓷。在军事技术领域中,“水中雷达”、复合装甲、雷达天线罩、红外整流罩,往往采用氧化铝、氮化硅以及氟化镁、硫化锌、硒化锌等陶瓷。

五、光学、医学用陶瓷

硅酸盐陶瓷一般是不透明的,或者只透过少量的光线。现代陶瓷却可以做得完全跟玻璃一样,可以透过可见光和 10 μm 以上红外线,这种透明陶瓷透光性能随温度升高而产生的变化很小,在 1 000℃高温下也不会变形和析晶。这一类陶瓷主要用于各种透镜、棱镜以及高压钠灯。

现代陶瓷在医学上的用途,在于它可以植入人体,替换某些组织和器官,如牙齿、颌部、骨骼、关节及心脏瓣膜等等。

总之,陶瓷的发展是很迅速的,除陶瓷本身,还有一个很大的有发展前途的领域,是以陶瓷为基础的玻璃纤维、碳纤维以及金属纤维增强的复合材料——陶瓷基复合材料。传统陶瓷、特种陶瓷的种类很多,用途十分广泛,这里列举的仅是其中一部分代表实例。

第 17 章　复合材料

17.1　概　　述

近几十年来，科学技术的飞速发展，其三大支柱技术是信息、能源和新材料。人类的历史也是材料发展的历史，从石器时代、铜器时代、铁器时代、塑料时代进而迈入复合材料时代。

复合材料实际上就是两种或两种以上不同物质所组成的新材料。我国劳动人民使用初级复合材料已有几千年的历史了。半坡村仰韶文化住房遗址，证明当时的房屋四壁、屋顶和地面已用草和泥土组成复合材料来建造。古埃及人的部落遗址也有类似的复合材料。马王堆出土大量漆器，古代遗留下来的大量寺庙佛像，都采用了大漆、木粉、黏土、麻等材料以制造出各种各样物品，所以说复合材料的历史源远流长。

现代复合材料则是以金属、陶瓷、树脂为基体制造的各种材料，尤其以纤维增强复合材料更突出，碳纤维、硼纤维、Al_2O_3 纤维、SiC 纤维，作为增强材料，在所有性能上几乎都超过了玻璃纤维。在解决航空、航天、航海、工业交通领域内关键技术问题，使其满足高模量、高强度、抗震、防腐、耐蚀等各方面的要求，起到了十分重要的作用。以材料的功能复合目的出发，在热、光、电、阻尼、烧蚀、润滑、生物等方面都有新的复合材料不断问世，这促进了复合材料的发展。

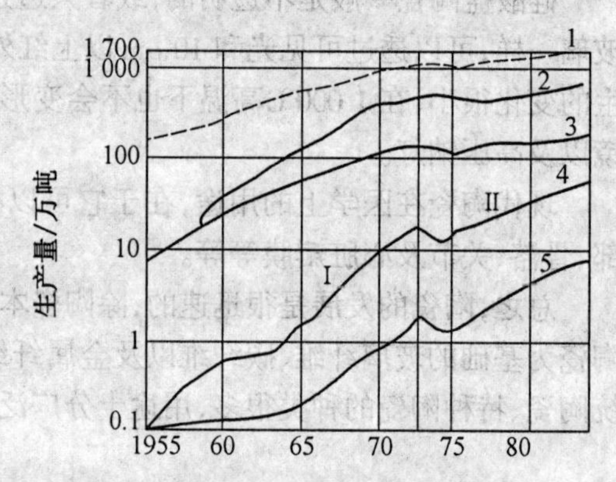

图 17.1　美国、日本复合材料发展状况

1—美国塑料增长率 13.7%；2—美国 FRTP 增长率 27.3%；3—美国 FRP 增长率 17.3%；4—日本 FRP 增长率Ⅰ41.3%；Ⅱ34.3%；5—日本 FRTP 增长率 28.8%

FRP：纤维增强热固性树脂基复合材料；FRTP：纤维增强热塑性树脂基复合材料

发达的工业国家，复合材料的发展速度每年以 20% ~ 40% 速度增长，超过任何一个技术领域的发展速度。复合材料的发展又促进了其他几乎所有技术领域的发展。21 世纪复合材料可能占国民经济使用结构材料的 70% ~ 85%。美国、日本近几年复合材料发展情况如图 17.1 所示。

一、复合材料命名和分类

复合材料多种多样，所以命名也不一，广义的称树脂基复合材料、金属基复合材料、陶瓷基复合材料。也有时以增强材料冠在命名前面，称纤维增强复合材料、粒子增强复合材料等。现在常用的型式是：斜线上写增强材料，斜线下写基体树脂。如碳纤维/环氧复合材料。

复合材料的分类有以下四种。

(1)以基体类型分类:金属基复合材料;树脂基复合材料;无机非金属基复合材料。

(2)以增强纤维类型分类:碳纤维复合材料;玻璃纤维复合材料;有机纤维复合材料;复合纤维(SiC、B)复合材料;混杂纤维复合材料。

(3)以增强物外形分类:连续纤维增强复合材料;纤维织物或片状材料增强复合材料;短纤维增强复合材料;粒状填料复合材料。

(4)同质物复合材料:碳纤维增强碳复合材料;不同密度聚合物复合的复合材料。

表 17.1 说明按组成原材料和基体配合情况的分类。

表 17.1 复合材料的种类

基体材料 / 增强材料		金属材料	无机材料		有机材料		
			陶瓷	水泥	木材	塑料	橡胶
金属材料		FRM 双金属	FRC 金属陶瓷	钢筋混凝土		FRP FRTP	轮胎 缓冲材
无机材料	陶瓷	FRM 超硬合金	FRC 增强陶瓷	GRC		FRP FRTP	轮带
无机材料	水泥					树脂凝土	胶浆水泥
无机材料	其他			石棉水泥板		CFRP BFRP	炭黑增强橡胶
无机材料	木材			水泥刨花板		WPC 装饰板 胶合板 FRTP	
无机材料	塑料				WPC 装饰板	复合层压 膜合成革 高分子合金	
其他						泡沫造革	橡胶布

注:FRM:纤维增强金属;FRC:纤维增强水泥;FRP:纤维增强塑料;FRTP:纤维增强热塑性塑料;GRC:玻璃纤维增强混凝土;CFRP:碳纤维增强塑料;BFRP:硼纤维增强塑料;WPC:木材塑料复合材料。

二、复合材料的组成

复合材料的主要组成部分,一是增强材料,二是基体材料。增强材料最有效的是纤维材料,它决定复合材料的主要力学性能,称为结构用复合材料。还有一类是不以改善力学性能为主要目的,加入各种粒子、短纤维等,称为功能复合材料,如导电塑料、光导纤维、绝缘材料、滑润材料等。

归纳起来复合材料常用纤维有三大类。

(1)金属纤维:钢、硼、钨、钼、铍等。

(2)有机纤维:人造丝、尼龙、聚酯、芳纶等。

(3)无机纤维:玻璃、碳、碳化硅、晶须等。

复合材料用纤维性能比较见表 17.2。

表 17.2 各种增强纤维的性能对比

性能	纤维						
	KeVlAr－49	尼 龙	聚 酯	高强度玻璃纤维	不锈钢	石墨纤维	硼纤维
抗拉强度/MPa	2 800	1 001	1 138	4 220	1 750	2 800	3 500
拉伸弹性模量/MPa	12 600	5 600	14 000	81 500	2 030 000	230 000	380 000
断裂伸长率/%	2.5	18.3	14.5	7.5	2.0	0.5	0.6
比强度/$(10^2 \cdot m^2 \cdot s^{-2})$	1.94	0.88	0.82	1.65	0.22	1.55	1.75
比模量/$(10^2 \cdot m^2 \cdot s^{-2})$	8.75	4.9	10.14	31.9	26.0	127.7	190
密度/$(g \cdot cm^{-3})$	1.44	1.44	1.38	2.55	7.8	1.8	2

复合材料的粒子增强材料,有时亦称充填材料。除了炭黑或超细无机粒子如 MgO、SiO_2 能对基体有一定增强作用外,一般起物理作用,有的是为了制成具有特种功能的复合材料,如需要导电性能、导热性能可以加银粉、石墨粉、铜粉等;需要导磁性能,加入 Fe_2O_3 磁粉;加入中空微珠可减少重量、提高耐热性;加入 MoS_2 可提高耐磨性。

常用的粒子填料有如下一些材料:碳酸钙、氧化铝、氢氧化铝、玻璃微小球、玻璃中空微珠,许多热塑性树脂粉末,包括聚乙烯、氟树脂、聚丙烯、聚酰胺、聚氨酯树脂等。其他一些填充料有:二氧化硅、滑石粉、硅藻土、高岭土、石英粉和木粉等。

无论是纤维还是粒子,在制造复合材料时都应进行表面处理,然后复合成材。

复合材料的基体树脂,主要有两大类,一类是热塑性树脂,加聚乙烯、聚丙烯、聚酰胺、聚碳酸酯、聚苯硫醚等;另一类是热固性树脂,如环氧、酚醛、不饱和聚酯、环氧丙烯酸酯、有机硅以及聚酰亚胺等。

总而言之,几乎所有高分子树脂都能用来制造复合材料,随着石油化工工业的发展,还会有更多的树脂可用来制成新的复合材料。

17.2 复合理论简介

复合材料理论研究工作在不断完善,复合效果牵扯到增强材料、基体以及它们之间结合、界面状态、断裂力学等诸项因素。粒子增强复合材料受外力时主要由基体承担。增强效果与所填加粒子体积、分布、直径等因素有关,粒子越细增强效果越大,实践表明粒子直径 $d = 0.01 \sim 0.1\ \mu m$ 较好。下面介绍纤维增强材料的复合理论。关于力学性能的复合原则是研究结构材料最关心的问题。

能显著提高机械强度的作用称为“增强”,这种能提高聚合物基体力学强度的物质称为增强材料。那么纤维增强复合材料应力是怎样传递到纤维上去的呢?基体除起保护纤维的作用之外,还起到把外载荷传递到纤维上去的作用。

如图 17.2 所示,半径为 r 的细纤维镶嵌在黏结树脂基体中,嵌入深度为 l,在拉伸纤维时,纤维－基体间黏结力造成平行于纤维表面的切应力 τ,作用在纤维上的总力为

$2\pi r/\tau$，设界面所能承受的最大切应力为 $\tau_{\max}$，纤维断裂应力为 σ_f，当纤维上的应力增加时，可能发生纤维本身的断裂或者纤维从基体中拉脱，纤维断裂先于拉脱的条件为

$$\pi r^2 \sigma_f < 2\pi r l \tau_{\max} \tag{17.1}$$

或

$$\frac{\sigma_f}{4\tau_{\max}} < \frac{l}{d} \tag{17.2}$$

其中 $d = 2r$，l/d 称为纤维的长径比。为了满足上述条件，要求纤维长和细。当 $\sigma_f/4\tau_{\max} < \frac{l}{d}$ 时就会产生纤维拉脱。只要基体的屈服应

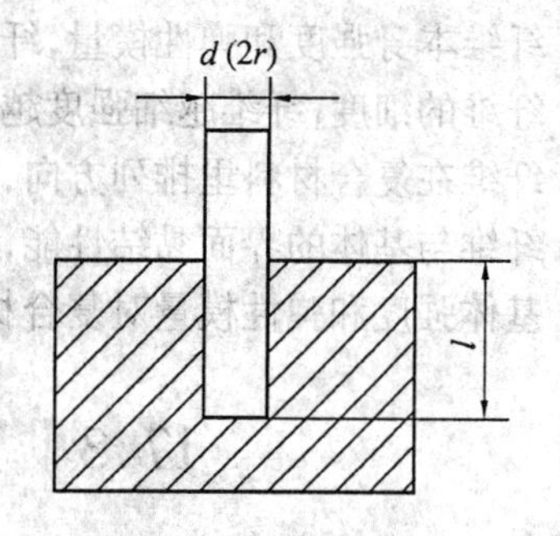

图 17.2　纤维增强复合材料单元示意图

力远低于纤维的断裂应力，就能够运用上述理论解释纤维增强复合材料的力学行为。把大量平行的纤维镶嵌在树脂中时，传递载荷的界面力主要是滑动摩擦力和黏结力。在应力作用下（与纤维方向平行），这种复合材料的特点是纤维的应变和基体树脂的应变相等。由于基体树脂的模量比玻璃纤维小很多，且容易产生塑性屈服，因而当纤维与基体处在相同应变时，纤维中的应力要比基体中应力大很多，即使有一些有裂口的纤维先断，紧靠断头的这部分纤维将不再承担负荷，但是由于断头部分受到黏结它的基体的塑性流动的阻碍，拉开纤维的趋势被阻止，断纤维在稍离开断头的未断部，仍然与其周围未断纤维一样承担同等的负荷。长纤维是如此，如果短纤维满足式(17.2) 条件，将仍然起到增强作用。

由于连续纤维平行排列于基体中，则得到单向增强材料，假设：在纤维方向(L) 上受到拉力 P，纤维与基体间相互没有滑移，有相同的拉伸应变，以 E_f、E_m 表示纤维与基体的弹性模量，A_f、A_m、σ_f、σ_m、V_f、V_m 分别表示纤维与基体的截面积、应力及体积分数。根据上述假设条件，可以计算出单向增强材料的弹性模量。

整个截面积为

$$A = A_f + A_m$$

而 $V_f = \frac{A_f L}{AL} = \frac{A_f}{A}$，$V_m = \frac{A_m L}{AL} = \frac{A_m}{A}$，所以 $V_f + V_m = 1$，根据力的平衡方程，有

$$P = \sigma_f A_f + \sigma_m A_m$$

将上式用 A 来除，则可得到复合材料所受的平均拉伸应力

$$\sigma_c = V_f \sigma_f + V_m \sigma_m \tag{17.3}$$

根据假设条件，在力 P 作用下，纤维与基体具有相同的应变 ε，则有 $\sigma_f = E_f\varepsilon$、$\sigma_m = E_m\varepsilon$。因此，单向增强材料沿纤维方向($L$) 的弹性模量 $E_c = \sigma_c/\varepsilon$，得

$$E_c = E_f V_f + E_m V_m \tag{17.4}$$

从式(17.3)、(17.4) 看出，复合材料的强度与模量和纤维含量成正比，但含量大于 40% 时，由于不能很好的黏结而模量或强度实际上要下降的。

实际复合材料制品，纤维不可能百分之百排列在 L 方向上，所以式(17.3)、(17.4) 中 σ_c 和 E_c 都应有一个修正系数。

影响纤维增强复合材料力学强度的因素是什么？总结起来主要有以下几点。

(1) 纤维本身强度和弹性模量,纤维强度高、弹性模量大、增强效果好。

(2) 纤维的细度,纤维越细强度越高。

(3) 纤维在复合材料里排列方向,它与材料受力方向关系很大。

(4) 纤维与基体的界面黏结性能,黏结性能越高,强度增长越高。

(5) 基体强度和弹性模量对复合材料的影响。

17.3 复合材料的性能

一、增强材料填加量及其强度对复合材料的影响

各种纤维增强的复合材料,其抗拉强度、弹性模量,随纤维含量增加而增加,超过40%以后,纤维太多与基体树脂黏合不好,而成型变得困难了。从式(17.3)、(17.4)看出,纤维强度、模量大则复合材料的强度和模量大。实践证明,短纤维在0.3~0.6 mm长度是可以有效增强的。

图17.3、17.4表明纤维含量与复合材料的强度、模量之间的关系。

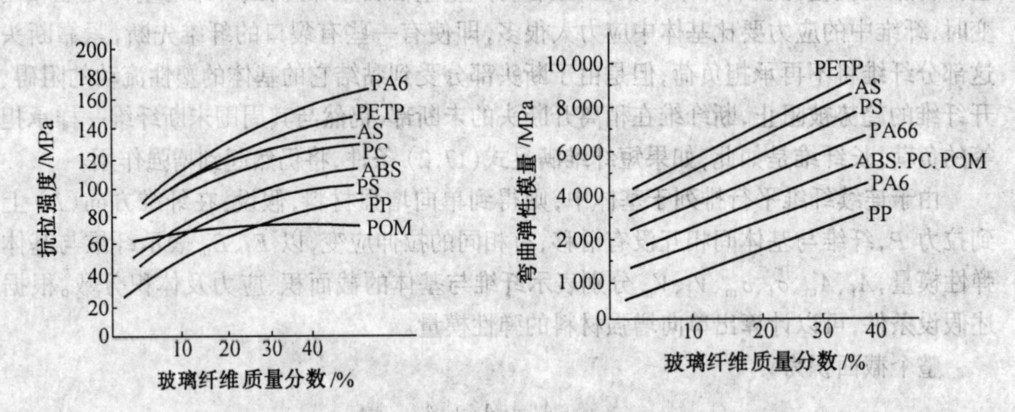

图17.3 玻璃纤维质量分数与抗拉强度关系　　图17.4 玻璃纤维质量分数与弯曲弹性模量关系

二、密度

相对树脂而言,复合材料的密度由于加入增强纤维是增加的。例如加入质量分数为30%玻璃纤维的聚丙烯材料它的密度是1.05~1.24 g/cm^3(聚丙烯是0.92 g/cm^3),改性聚苯醚则是1.27 g/cm^3(聚苯醚是1.06 g/cm^3),加入10%~40%玻璃纤维的聚碳酸酯是1.24~1.5 g/cm^3(聚碳酸酯是1.2 g/cm^3),加入20%~40%玻璃纤维的聚甲醛密度为1.55~1.20 g/cm^3(聚甲醛是1.43 g/cm^3),加入20%~40%玻璃纤维的尼龙$_{66}$为1.3~1.52 g/cm^3(纯尼龙是1.15 g/cm^3),加入10%~45%玻璃纤维的环氧为1.8~2.2 g/cm^3(纯环氧是1.12~1.15 g/cm^3),加入40%碳纤维的环氧为1.54 g/cm^3。

三、高比强度、高比模量

碳纤维的强度比基体树脂高数十倍,模量高数百倍,制成复合材料之后不但强度高、模量高,比强度及比模量更高(见表17.3)。

表 17.3 纤维复合材料与一般材料比强度、比模量

材料名称	密　度 /$(g\cdot cm^{-3})$	抗拉强度 /10^3 MPa	拉伸弹性模量 /10^5 MPa	比强度 /$(10^6\cdot m^2\cdot s^{-2})$	比模量 /$(10^8\cdot m^2\cdot s^{-2})$
钢	7.80	1.03	2.10	0.13	0.27
聚碳酸酯	1.20	0.07	0.02	0.06	0.02
高强碳纤维/环氧	1.45	1.50	1.40	1.03	0.21
高模碳纤维/环氧	1.60	1.07	2.40	0.07	1.50
芳纶/环氧	1.40	1.40	0.80	1.00	0.57
玻 璃 钢	2.00	1.06	0.40	0.53	0.21

四、抗蠕变

当用碳纤维增强树脂时，蠕变量显著变小，如图 17.5 所示。CF/PA66 的蠕变是 GF/PA66 的$\frac{1}{2}$，是纯 PA66 的$\frac{1}{10}$。

五、耐疲劳

碳纤维增强复合材料比玻璃纤维增强的复合材料以及基体本身耐疲劳性都高。聚醚醚酮(PEEK)基体耐疲劳特性也比环氧(EP)树脂高，见图 17.6。

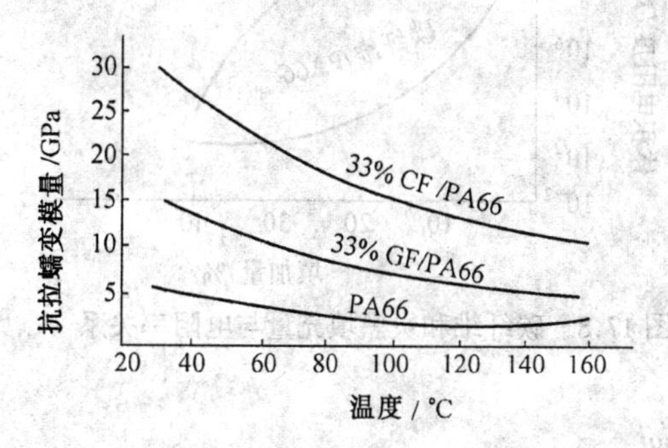

图 17.5　抗拉蠕变模量与温度关系

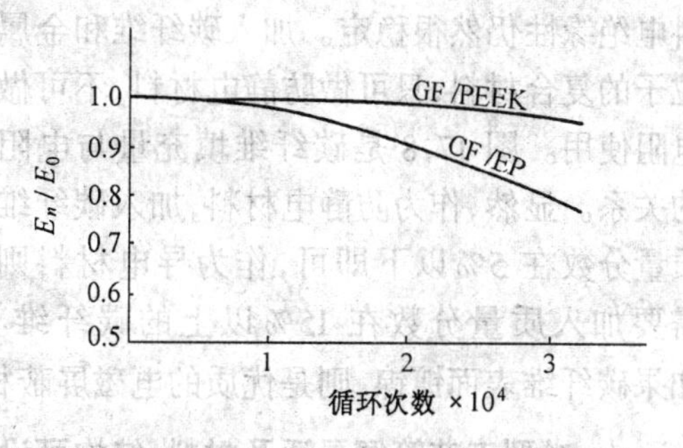

图 17.6　GF 织物/PEEK 与 CF 织物/EP 疲劳模量比较

E_0—实验开始模量；E_m—实验后模量

六、振动衰减特性

碳纤维增强复合材料振动衰减特性优异。它的内部损耗是铝的 10 倍，对振动有强的阻尼作用。与此相反，金属材料的内部损耗小，易起振而不易停振。碳纤维复合材料的衰减能是玻璃纤维复合材料的 3 倍，是钢的 10 倍，优于钢材、木材和塑料。比较如图 17.7 所示。

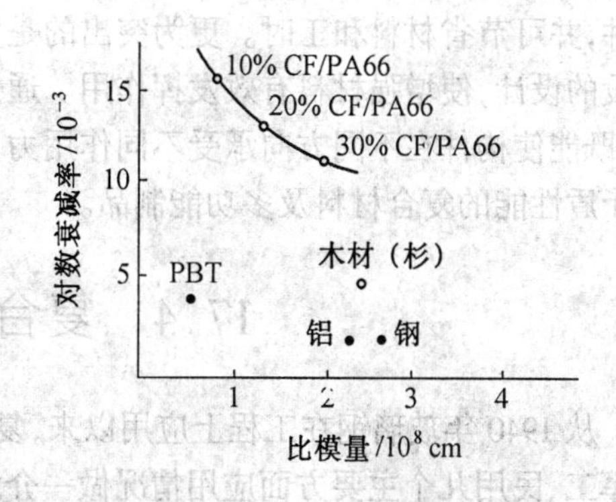

图 17.7　各种材料的振动衰减特性

七、耐摩擦和耐磨损

碳纤维本身具有自润滑性，热导率高和

摩擦系数小，是理想的摩擦材料。同时它又强度高、模量高，在高负荷下变形小，PV 值增高，可在苛刻条件下工作。例如，在聚苯硫醚中加入碳纤维和 MoS_2 后，具有高的 PV 值和自润滑特性，是非常高级的耐摩擦耐磨损材料。

八、热性能

热塑性树脂加入玻璃、碳纤维以及各种金属纤维之后，复合材料的耐热性能提高，连续耐热性大大提高，甚至赶上热固性塑料。

热固性塑料本来耐热性就高，加入增强纤维之后的复合材料耐热性会进一步提高。

玻璃钢是一种以玻璃纤维及其制品作增强材料与塑料基体组成的复合材料。玻璃钢导热系数低，一般室温状态下仅为(0.489～0.652) $W \cdot m^{-1} \cdot K^{-1}$，比金属小100～1 000倍，是一种优良的绝热材料。它的线膨胀系数为$(13 \sim 20) \times 10^{-6}$/℃。玻璃钢在超高温的作用下，能吸收大量热量，而且热传导很慢，故可作热防护材料和烧蚀材料。由于玻璃钢表层烧蚀消耗了大量热量，所以能有效地保护在 2 000℃以上高温下承受高速气流冲刷的火箭、导弹、宇宙飞行器。

九、电性能

一般塑性本身就是优良的电绝缘材料，玻璃纤维电绝缘性也很好。所以制成复合材料电绝缘性仍然很稳定。加入碳纤维和金属粒子的复合材料，只可做防静电材料，不可做电阻使用。图 17.8 是碳纤维填充量与电阻的关系。显然，作为防静电材料，加入碳纤维质量分数在 5% 以下即可，作为导电材料则需要加入质量分数在 15% 以上的碳纤维。如果碳纤维表面镀镍，则是优质的电磁屏蔽材料。

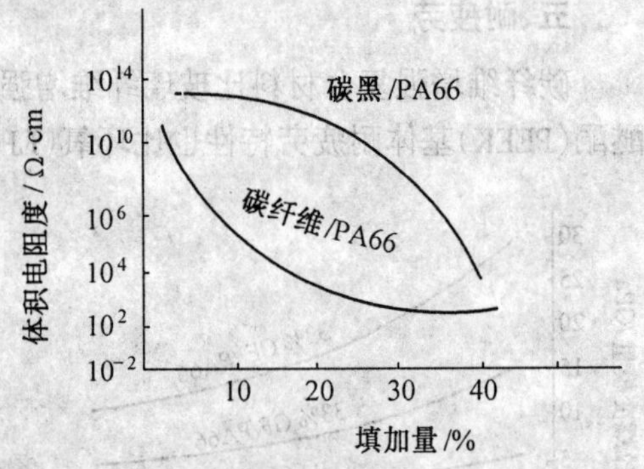

图 17.8 碳纤维和炭黑填充量与电阻率关系

十、成型工艺简便灵活及材料、结构可设计性

复合材料可用模具采用一次成型来制造各构件，从而减少了零件的数目及接头等紧固件，并可节省材料和工时。更为突出的是复合材料可以通过纤维种类和各种不同方向铺设的设计，使增强材料有效发挥作用。通过调整复合材料各组分的构成、结构及分配方式，既能使构件在不同方向承受不同作用力，而且还可制得兼有刚性和韧性、弹性和塑性等矛盾性能的复合材料及多功能制品。

17.4 复合材料的应用

从 1940 年玻璃钢在工程上应用以来，复合材料品种不断增加，应用面十分广泛，下面就军工、民用几个主要方面应用情况做一介绍。

一、航天、航空方面的应用

航天、航空领域需要比强度大、比刚度大的耐高温材料，在这里复合材料显示出最大优越性。特别是玻璃纤维以及最近出现的碳、硼、芳纶纤维增强的复合材料发展十分迅速。

在航天领域,火箭发动机的外壳和喷管部分,美国首先在“先锋”号飞船第二级发动机上使用,接着又在“大力神”、“北极星”火箭上应用。“阿特拉斯”导弹发动机使用复合材料以后,质量比用金属时减轻45%,射程由原来160 km增加到4 000 km。前苏联的“萨克”、“索弗林”等也用类似材料。航天飞机“哥伦比亚号”采用了大量树脂基、金属基复合材料。最大结构件是中部机身舱门,宽4.5 m,长18.29 m,为蜂窝夹层结构,其面板为石墨/环氧层压复合材料,夹芯为酚醛树脂蜂窝结构。

导弹的鼻锥、天线雷达罩应用复合材料十分普遍。

在航空领域,发动机风扇叶片以及装在直升机上的压气机叶片就是用碳纤维增强树脂基复合材料制造的。1960年以后,复合材料在各种飞机上陆续使用于起落架、舱门、方向舵、襟翼、机翼垂直安定面、天线正流罩、防弹油箱、机门、坐椅、行李架、隔板等。法国的“加拉维尔”飞机使用增强塑料800多种,总重达1.5吨。我国生产的海豚直升机的驾驶舱、胴体、旋翼、垂直尾翼等80%的表面使用了复合材料。“波音727”飞机上使用纤维增强塑料示意图如图17.9所示。

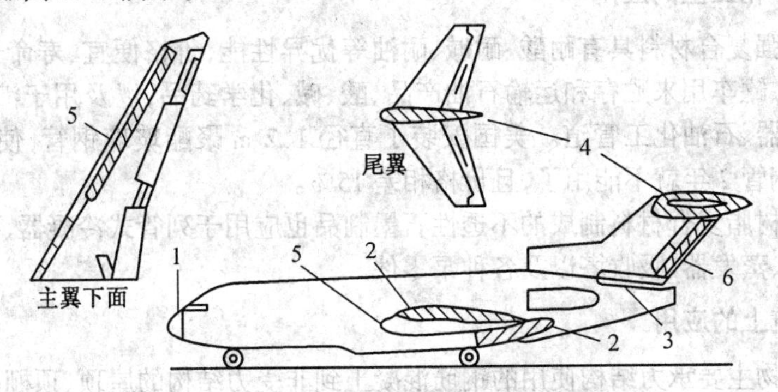

图17.9 “波音727”上纤维增强塑料示意图

1—雷达罩;2—机翼前正流片;3—飞机胴体与机翼的正流片;4—安全面正流片;
5—机翼前缘加速器板;6—安定面动翼正流片

二、造船方面的应用

由于玻璃布增强树脂基复合材料质轻、强度高、耐海水腐蚀、抗微生物附着性好、吸收撞击性强、设计和成型的自由度大,所以应用很广。美国1940年制造第一艘玻璃钢艇,到1972年这种船总数达55万多艘,英国、日本产量也不少。尤其在建造扫雷艇方面更显示其优越性。在游艇、汽艇、渔船、气垫船、工作艇、小型舰艇如巡逻艇、登陆艇、交通艇、消防艇等方面。复合材料常用于甲板、风斗、风帽、油箱、方向舵、仪表盘、推进器、导流帽、救生圈、驾驶室、浮鼓、蓄电池箱、汽缸罩、机棚室等的制造。

三、车辆方面的应用

在火车、汽车上无论是结构部位还是内部装饰方面也都大量使用复合材料。

火车上主要用于机车车身、客车和货车车厢,顶篷及门、窗、卫生间等零部件。应用最多的是泡沫塑料夹层结构以及多层复合板。

用整体复合材料制造汽车,质轻、强度和刚度好,大大提高车速。

四、机电设备方面的应用

机械上应用复合材料主要是各种齿轮、轴承、壳体方面,在精密磨床上采用高模量、高强度、低摩擦系数碳纤维复合材料最适宜。

在发电设备上一台 6 000 W 汽轮发电机使用的复合材料就有 1 800 多种。电动机的端盖,定子槽楔都使用了复合材料,作为绝缘材料在大型发电机上应用更是不可缺少的。碳纤维增强塑料制成的功率 130 万 W 的汽轮发电机端部线圈的护环,这种护环不但强度和弹性模量都能满足要求,而且质量只有金属的$\frac{1}{6}$,原来用金属做的护环质量有一千多千克,现在只有二百多千克,并且可以杜绝漏磁现象。

熔断器管和绝缘筒使用玻璃钢不仅绝缘性好,而且成本低。还用于集电环、整流子环、绝缘梯等方面。

电子计算机、收录机、电视机线路板、隔板都用绝缘性好的玻璃增强树脂基复合材料。导电、导磁材料也属这一范畴。家用电器用复合材料举不胜举。

五、化学化工上的应用

纤维增强复合材料具有耐酸、耐碱、耐油等优异性能,价格便宜、寿命长,所以广泛用于各种贮罐、罐车用来贮存和运输石油产品、酸、碱、化学药品,以及用于液体食品饮料和饲料的贮存器、石油化工管道。美国安装了直径 1.2 m 聚酯玻璃钢管,使用 7 年完好无损,而不锈钢管 2 年就不能用了,且价格相差 15%。

石墨和树脂复合材料制成的不透性石墨制品也应用于列管式冷凝器、孔板式冷凝器、盐酸合成炉、蒸发器、吸收塔以及各种泵零件。

六、建筑上的应用

从建筑物主要承力结构使用的钢筋混凝土到非受力结构的屋顶、顶棚、隔墙、地板、门窗,以及采光材料几乎全是复合材料制成的。

地质勘探、开矿、铁路、军队野营以及仓库所用活动房子,都采用蜂窝夹芯或泡沫夹芯复合板制造,质轻而装拆又十分方便,便于运输。屋顶的半透明波纹板,内外墙用树脂基人造大理石,更是丰富多彩。多层塑料地板、人造地毯等等无不都是复合材料制成的。

其他应用的还有胶合板、树脂砂浆、卫生间设备,以及屋檐板、落水管、风管等各种各样玻璃钢制品在建筑业上大量采用。

七、其他方面的应用

在兵器工业上用于防中子流的坦克补强复合材料板及枪托、枪把、盔帽、弹箱等等。

在医学上用于人造骨骼、器官、假肢等各方面。

在体育器材方面用于滑雪板、撑杆、球拍、跳板等方面,这些用复合材料制造的器材性能非常优异。

总之,上面所介绍的复合材料的应用,仅仅是很少一部分,由于篇幅所限不可能全面深入地介绍。但我们知道,复合材料是国内外、国民经济的所有部门都离不开的一种十分重要的材料。

附录　常用塑料、复合材料缩写代号

一、塑料、树脂部分

ABS	丙烯腈－丁二烯－苯乙烯共聚物
AS	丙烯腈－苯乙烯树脂
ASA	丙烯腈－苯乙烯－丙烯酸酯共聚物
CA	醋酸纤维素
CPE	氯化聚醚、氯化聚乙烯
EP	环氧树脂
VC/VAC	氯乙烯－乙酸乙烯酯共聚物
FEP	全氟乙－丙共聚物
HDPE	高密度聚乙烯
HIPS	高抗冲击聚苯乙烯
LDPE	低密度聚乙烯
MDPE	中密度聚乙烯
PA	聚酰胺
PAN	聚丙烯腈
PASF	聚芳砜
PBT	聚对苯二甲酸丁二醇酯
PC	聚碳酸酯
PCTFE(F－3)	聚三氟氯乙烯
PE	聚乙烯
PET	聚对苯二甲酸乙二醇酯
PF	酚醛树脂
PI	聚酰亚胺
PMMA	聚甲基丙烯酸甲酯
POM	聚甲醛
PP	聚丙烯
PPO	聚苯醚
PPS	聚苯硫醚
PS	聚苯乙烯
PSU	聚砜
PES	聚醚砜
PTFE(F－4)	聚四氟乙烯树脂
PVAC	聚醋乙酸乙烯酯
PVAL	聚乙烯醇
PVC	聚氯乙烯
UF	脲甲醛树脂
UP	不饱和聚酯
CR	氯丁橡胶
NBR	丁腈橡胶
SBR	丁苯橡胶

二、复合材料部分

B	硼纤维
BMC	块状模塑料
C	碳纤维
C/Al	碳纤维增强铝
CRTP	碳纤维增强热塑性塑料
CM	复合材料
FRP	纤维增强塑料
GRP	玻璃纤维增强塑料
GRPT	玻璃纤维增强热塑性塑料
HM	高弹性模量
K	凯芙拉纤维
PRCM	粒子增强复合材料
SMC	片状模塑材料
FRTP	纤维增强热塑性塑料

参 考 文 献

1 胡赓祥.金属学.上海:上海科学技术出版社,1980.
2 王健安.金属学与热处理.北京:机械工业出版社,1980.
3 宋维锡.金属学.北京:冶金工业出版社,1979.
4 金属学编写组.金属学.上海:上海人民出版社,1976.
5 史美堂.金属材料及热处理.上海:上海科学技术出版社,1979.
6 赵连城主编.金属热处理原理.哈尔滨:哈尔滨工业大学出版社,1987.
7 刘云旭.金属热处理原理.北京:机械工业出版社,1981.
8 范雄.X射线金属学.北京:机械工业出版社,1980.
9 大连工学院金属学及热处理编写组.金属学及热处理.北京:科学出版社,1975.
10 金属材料及热处理编写组.金属材料及热处理.上海:上海人民出版社,1974.
11 金属机械性能编写组.金属机械性能.北京:机械工业出版社,1982.
12 赵建康.铸造合金及其熔炼.北京:机械工业出版社,1985.
13 赵忠.金属材料及热处理.北京:机械工业出版社,1986.
14 蔡泽高.金属磨损与断裂.上海:上海交通大学出版社,1985.
15 冯晓曾.模具用钢和热处理.北京:机械工业出版社,1982.
16 庹鹏.机械产品失效分析与质量管理.北京:机械工业出版社,1987.
17 王仁智.疲劳失效分析.北京:机械工业出版社,1987.
18 苏德达.弹簧的失效分析.北京:机械工业出版社,1988.
19 王大伦.轴及紧固件的失效分析.北京:机械工业出版社,1988.
20 刘志儒.金属感应热处理.北京:机械工业出版社,1988.
21 Гуляев А П. Металловедение, Нздательство. Металлургия Москва, 1977.
22 Геллер Ю А. Инструментальные Стаяи. Металлургизхат, 1955.
23 费林 R A.工程材料及其应用.陈敏熊译.北京:机械工业出版社,1986.
24 布瑞克 R M.工程材料的组织与性能.王健安译.北京:机械工业出版社,1983.
25 旨莱克 L H.材料科学与材料工程基础.夏宗宁等译.北京:机械工业出版社,1983.
26 林肇琦.有色金属材料学.沈阳:东北工学院出版社,1986.
27 有色金属及其热处理编写组.有色金属及其热处理.北京:国防工业出版社,1981.
28 刘国勋.金属学原理.北京:冶金工业出版社,1979.
29 北京钢铁学院金相及热处理教研组.金属热处理.北京:中国工业出版社,1963.
30 沈培荣.金属材料学.北京:国防工业出版社,1980.
31 崔崑.钢铁材料及有色金属材料.北京:机械工业出版社,1981.
32 魏月贞主编.复合材料.北京:机械工业出版社,1987.
33 董均果主编.实用材料手册.北京:冶金工业出版社,2000.
34 《工程材料实用手册》编写委员会编.工程材料实用手册.北京:中国标准出版社,2002.
35 杨育中主编.标准化专业工程师手册.北京:企业管理出版社,1997.
36 吴人洁主编.复合材料.天津:天津大学出版社,2000.